高职高专规划教材

中文 AutoCAD 2007 建筑设计操作教程

罗洪涛　万　征　编

西北工業大學出版社

【内容提要】本书为高职高专计算机规划教材，主要介绍了中文 AutoCAD 2007 绘图基础知识、创建基本建筑图形、建筑设计中的编辑操作、建立绘图图层、创建建筑绘图常用图块、为建筑图形进行文字标注和尺寸标注、三维建筑造型设计以及建筑图形的输出等。书中配有大量生动典型的实例，书后还附有实训，即对每章所讲内容进行上机操作练习，使读者在学习使用中文 AutoCAD 2007 时更加得心应手，做到学以致用。

本书不仅适合高职高专学生使用，同时也适合于任何进行绘图设计学习的读者。

图书在版编目（CIP）数据

中文 AutoCAD 2007 建筑设计操作教程/罗洪涛，万征编. —西安：西北工业大学出版社，2007.6（2015.6 重印）

（高职高专规划教材）

ISBN 978-7-5612-2212-6

Ⅰ. 中… Ⅱ. ①罗… ②万… Ⅲ. 建筑设计：计算机辅助设计—应用软件，AutoCAD 2007—高等学校:技术学校—教材 Ⅳ. TU201.4

中国版本图书馆 CIP 数据核字（2007）第 057332 号

出版发行：西北工业大学出版社
通信地址：西安市友谊西路 127 号　邮编：710072
电　　话：(029) 88493844　88491757
网　　址：www.nwpup.com
电子邮箱：computer@nwpup.com
印 刷 者：兴平市博闻印务有限公司
开　　本：787 mm×1 092 mm　1/16
印　　张：15
字　　数：402 千字
版　　次：2007 年 6 月第 1 版　2015 年 6 月第 7 次印刷
定　　价：30.00 元

前　言

高等教育的发展方向是：只有培养出大量高素质的劳动者，才能把我国的人数优势转化为人力优势，提高全民族的竞争力。因此，我国近年来十分重视高等职业教育，把高等职业教育作为高等教育的重要组成部分，并以法律的形式加以约束与保证。高等职业教育从此进入了蓬勃发展时期，驶入了高速发展的快车道。

高等职业教育有其自身的特点。正如教育部"面向21世纪教育振兴行动计划"所指出的那样："高等职业教育必须面向地区经济建设和社会发展，适应就业市场的实际需要，培养生产、管理、服务第一线需要的实用人才，真正办出特色。"因此，不能以本科压缩和变形的形式组织高等职业教育，必须按照高等职业教育的自身规律组织教学体系。为此，我们根据高等职业教育的特点及社会对教材的普遍需求，组织高等职业院校有丰富教学经验的老师，编写了这套"高职高专规划教材"。

本套教材充分考虑了高等职业教育的培养目标、教学现状和发展方向，在编写中突出了实用性。本套教材重点讲述目前在信息技术行业实践中不可缺少的知识，并结合具体实践加以讲述。大量具体操作步骤、众多实践应用技巧与接近实际的实训材料保证了本套教材的实用性。

在本套教材编写大纲的制定过程中，我们广泛收集了高等职业院校的教学计划，对多个省、市高等职业教育的实际情况进行了调研，经过反复讨论和修改，使编写大纲能最大限度地符合我国高等职业教育的要求，切合高等职业教育的实际情况。

在选择作者时，我们特意挑选了工作在高等职业教育一线的优秀骨干教师。他们熟悉高等职业教育的教学实际，并有多年的教学经验，其中许多是"双师型"教师，既是教授、副教授，同时又是高级工程师、认证高级设计师。他们既有坚实的理论知识、很强的实践能力，又有较多的写作经验及较好的文字水平。

目前我国许多行业开始实行劳动准入制度和职业资格制度，为此，本套教材也兼顾了一些证书考试（如计算机等级考试等），并提供了一些针对性较强的训练题目。

本套教材是高等职业院校、高等技术院校、高等专科院校的计算机教材，适用于信息技术的相关专业，如计算机应用、计算机网络、信息管理、电子商务、计算机科学技术、会计电算化等，也可供优秀职高学校选作教材。对于那些要提高自己应用技能或参加一些证书考试的读者，本套教材也不失为一套较好的参考书。

由于编者水平有限，不足之处在所难免，恳请广大读者将本套教材的使用情况及各种意见、建议及时反馈给我们，以便我们在今后的工作中不断地改进和完善。

编　者

目 录

第一章　初识 AutoCAD 2007

随着计算机技术的不断普及和发展，CAD 技术已经在许多领域得到了广泛的应用。熟练掌握该项技术已经成为从事图形设计工作的基本要求之一。本章系统而全面地讲解了 AutoCAD 2007 工作界面、管理 AutoCAD 图形文件以及绘图区域和图形单位的设置等内容。

本章主要内容：

◆ AutoCAD 2007 的工作界面

◆ 管理 AutoCAD 图形文件

◆ 绘图区域和图形单位的设置

第一节　AutoCAD 2007 的工作界面

无论是“三维建模”模式下的工作界面还是“AutoCAD 经典”模式下的工作界面，都是由标题栏、菜单栏、工具栏、绘图区、命令行和状态栏等部分组成的。如图 1.1.1 所示为 AutoCAD 2007 的工作界面。

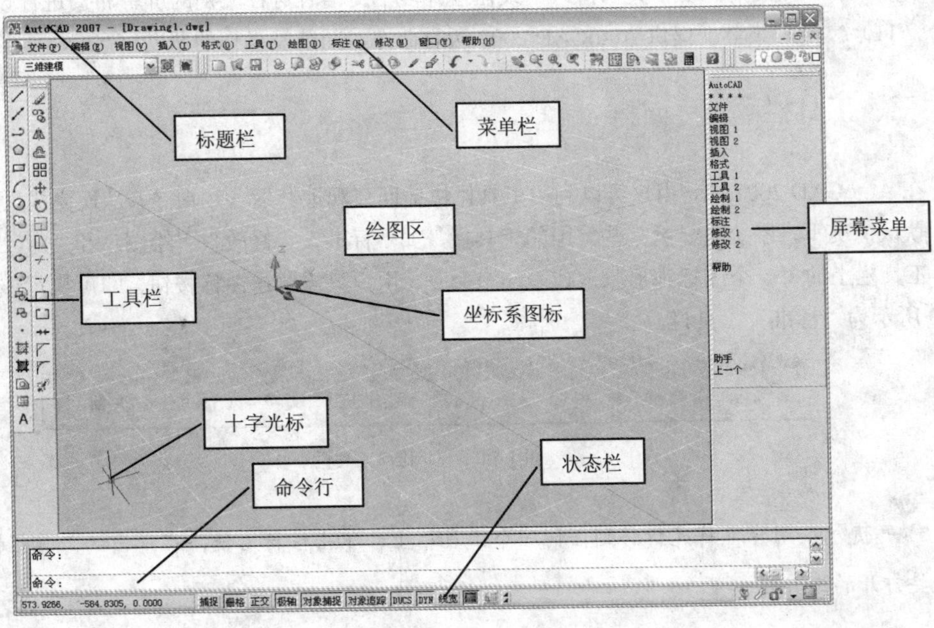

图 1.1.1　AutoCAD 2007 工作界面

一、标题栏

标题栏位于工作界面的最上方，用来显示 AutoCAD 2007 的程序图标以及当前所操作图形文件的名称。单击位于标题栏右侧的各按钮，可分别实现 AutoCAD 2007 窗口的最小化、还原（或最大化）

以及关闭操作。

二、菜单栏

菜单栏位于标题栏的下方，由 11 个主菜单组成，每个主菜单下又包含数目不同的子菜单，有些子菜单还包含下一级菜单。其中，下拉菜单几乎包括了 AutoCAD 2007 的所有命令，用户可以运用菜单栏中的命令进行绘图。

（1）文件(F)菜单：用于管理图形文件，如新建、打开、保存、打印、输入和输出等。

（2）编辑(E)菜单：用于对文件进行编辑，如复制、剪切、粘贴和清除等。

（3）视图(V)菜单：用于对 CAD 操作界面进行管理，可进行图形的缩放、平移、着色以及渲染等操作，用户还可以通过此菜单设置工具栏菜单。

（4）插入(I)菜单：用于对当前 CAD 绘图文件插入所需的图块或其他格式的文件。

（5）格式(O)菜单：用于设置与绘图环境有关的参数，如图层、颜色、线型、文字样式、标注样式以及点样式等。

（6）工具(T)菜单：用于设置用户自定义辅助绘图工具，包括栅格、极轴以及对象捕捉等。

（7）绘图(D)菜单：提供了绘制图形时所需的命令。

（8）标注(N)菜单：提供了标注图形时所需的各种标注命令。

（9）修改(M)菜单：用于对所绘制的图形进行编辑和修改。

（10）窗口(W)菜单：用于关闭窗口，或在打开多个文档时对各文档的屏幕布局进行设置。

（11）帮助(H)菜单：提供 AutoCAD 2007 所有命令、功能及操作的帮助信息。

三、工具栏

在 AutoCAD 2007 中，用户可以利用工具栏快捷而直观地获取各种命令，从而完成大部分绘图工作。默认情况下，系统只显示某些常用的工具栏，如“标准”、“修改”、“绘图”和“对象特征”工具栏。工具栏上的每一个图标都形象地代表一个命令，用户只需单击图标按钮，即可执行该命令。如图 1.1.2 所示为“标准”工具栏。

图 1.1.2　“标准”工具栏

提示：用户可将光标移到任何一个工具栏上，单击鼠标右键，在弹出的工具栏快捷菜单中选择要打开的工具栏。

四、绘图窗口

绘图窗口是显示绘制、编辑图形及文字的区域。在绘图窗口的右边和下边分别有滚动条，可使视窗上下或左右移动。绘图区没有边界，利用视窗功能可使绘图区无限增大或减小。另外，在绘图窗口中还有一个类似于光标的十字，其交点表示光标在当前坐标系中的位置，如图 1.1.3 所示。

图 1.1.3　绘图窗口

五、命令行

命令行位于图形窗口的下方，如图 1.1.4 所示。默认情况下，命令行由命令栏和历史窗口两部分组成，前者显示输入命令的内容及提示信息，后者存有 AutoCAD 2007 启动后所用过的命令及提示信息，该窗口中的内容可通过滑动滚动条进行查看。

图 1.1.4　命令行

拖动命令窗口也可以使它变成浮动窗口，如图 1.1.5 所示，命令行窗口浮动在 AutoCAD 系统窗口中不同的位置显示出不同的形状。在命令行窗口中单击鼠标右键，在弹出的快捷菜单中选择 透明(T)... 命令，系统将弹出如图 1.1.6 所示的 透明 对话框，利用该对话框可以设置命令行窗口的透明度。滑块越向右，透明度的级别越高，隐藏在命令行窗口下的图形显示越清晰。

图 1.1.5　浮动命令行

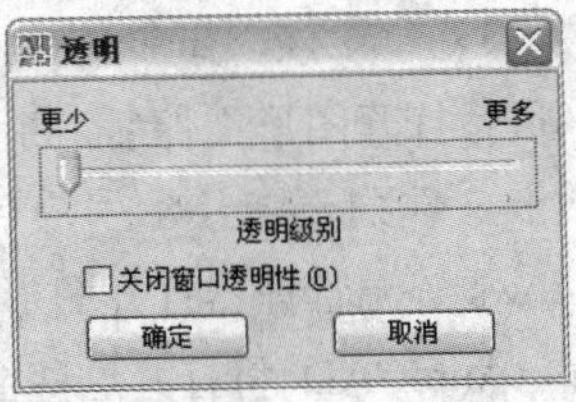

图 1.1.6　“透明”对话框

提示：AutoCAD 通过命令行可以反馈各种信息，包括出错信息，用户应时刻关注命令提示行中出现的信息。

六、状态栏

状态栏位于主窗口底部，用于显示用户当前的工作状态，如图 1.1.7 所示为“AutoCAD 经典”模式下的状态栏；如图 1.1.8 所示为“三维建模”模式下的状态栏。

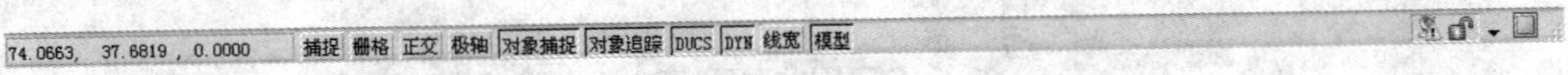

图 1.1.7　“AutoCAD 经典”模式下的状态栏

图 1.1.8 “三维建模”模式下的状态栏

状态栏显示了当前十字光标所处的位置、菜单或工具栏命令的帮助提示以及各种模式的开关状态等信息。

第二节 管理 AutoCAD 图形文件

AutoCAD 2007 中常用的管理文件命令有“新建”、“打开”、“保存/另存为”、“退出”等。

一、创建新图形

创建新图形有如下 3 种方法：

（1）菜单栏：选择 文件(F) → 新建(N)... 命令。

（2）工具栏：单击“标准”工具栏中的“新建”按钮。

（3）命令行：在命令行输入 NEW。

启动 AutoCAD 2007 时，如果用户没有对打开的 启动 对话框做任何选择，而是单击 取消 按钮，系统会自动打开一幅新图，绘图环境为默认值，图形文件名为“Drawing.dwg”。

二、打开图形文件

打开一个图形文件有如下 3 种方法：

（1）菜单栏：选择 文件(F) → 打开(O)... 命令。

（2）工具栏：单击“标准”工具栏中的“打开”按钮。

（3）命令行：在命令行输入 OPEN。

执行打开图形文件后，系统弹出 选择文件 对话框，如图 1.2.1 所示。在默认情况下，系统弹出的对话框文件列表中显示用户以前曾经操作过的图形文件。另外，用户还可通过拖动的方法，利用 Windows 资源管理器打开图形。如果将一个或多个选定的图形直接拖至 AutoCAD 绘图区以外的任何位置，AutoCAD 将打开这些图形。但是，如果将一个图形拖至已打开的图形区，新图形将被作为外部参照插入到当前图形中。

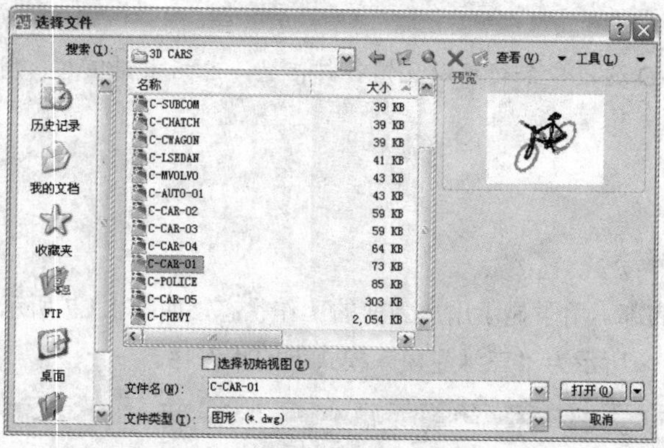

图 1.2.1 “选择文件”对话框

使用窗口(W)菜单，用户还可以控制在 AutoCAD 任务中显示多个图形的方式。既可以以层叠方式显示图形，如图 1.2.2 所示，也可以将它们垂直或水平平铺，如图 1.2.3 所示。

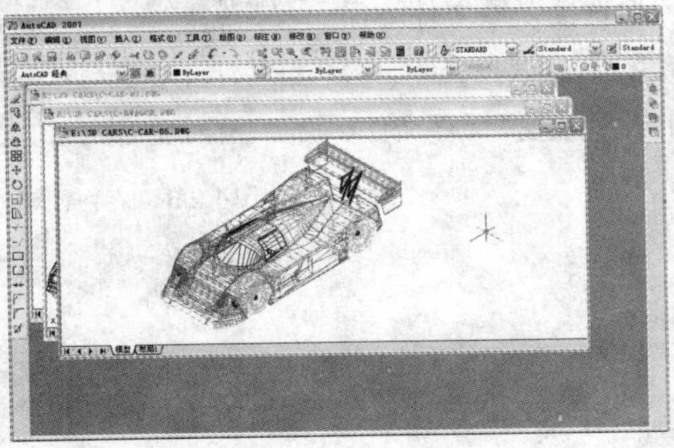

图 1.2.2　以层叠方式显示图形

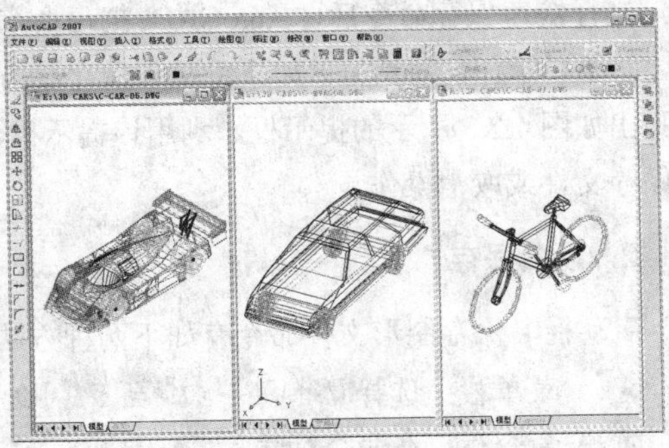

图 1.2.3　以垂直平铺方式显示图形

如果要处理一个很大的图形，可以使用“局部打开”功能，只打开图形中要处理的视图和图层中的对象。

局部打开操作步骤如下：

（1）选择文件(F)→打开(O)...命令。

（2）在选择文件对话框中选择一个图形文件，然后从打开(O)按钮后的下拉菜单中选择局部打开(P)命令，系统弹出局部打开对话框，如图 1.2.4 所示。

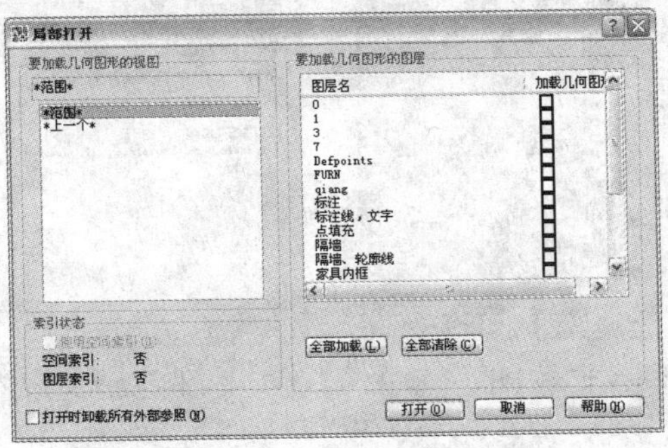

图 1.2.4　“局部打开”对话框

（3）在要加载几何图形的视图选项区中选择一个视图，然后在要加载几何图形的图层选项区选择一个或多个图层。

（4）单击打开(O)按钮，即可按所做的设置局部打开图形。

三、保存图形文件

在绘图过程中，为了防止由于出现意外情况造成死机，必须随时将已绘制的图形文件存盘。AutoCAD 2007 为用户提供了两种保存方式：一种是以当前文件名保存，即快速保存；另一种是以指定的新文件名保存，即换名保存。

1. 快速保存

启动快速保存图形文件命令有如下 3 种方法：

（1）菜单栏：选择文件(F)→保存(S)命令。

（2）工具栏：单击“标准”工具栏中的“保存”按钮。

（3）命令行：在命令行中输入 QSAVE。

执行快速保存命令后，AutoCAD 把已命名的图形直接以原文件名保存，而不显示任何对话框。如果将从未保存过的图形存盘，这时 AutoCAD 将弹出如图 1.2.5 所示的提示框。利用该提示框，用户可以选择保存文件、不保存文件或取消操作。

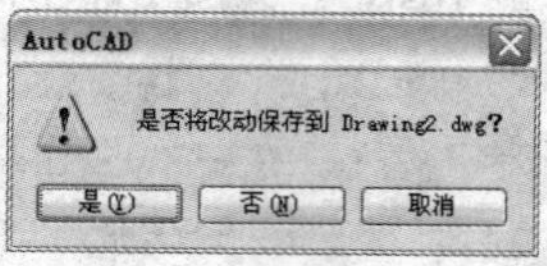

图 1.2.5　保存提示框

2．换名保存

启动换名保存图形文件命令有如下两种方法：

（1）菜单栏：选择 文件(F) → 另存为(A)... 命令。

（2）命令行：在命令行输入 SAVE AS。

执行换名保存命令后，系统弹出 图形另存为 对话框，如图 1.2.6 所示。在该对话框中用户可以为图形文件指定要保存的文件名称和文件路径，并在 文件类型(T): 下拉列表中根据需要选择一种图形文件的保存类型。

另外，为了对重要的图形进行保密，用户可以在保存文件时设置密码。其操作方法为：在 图形另存为 对话框中单击 工具(L) 按钮，在其下拉菜单中选择 安全选项(S)... 命令，系统弹出 安全选项 对话框，如图 1.2.7 所示，在该对话框中可以设置图形密码。

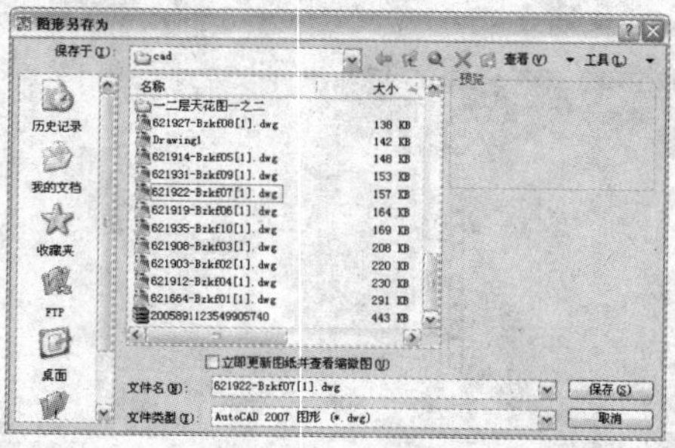

图 1.2.6　“图形另存为”对话框

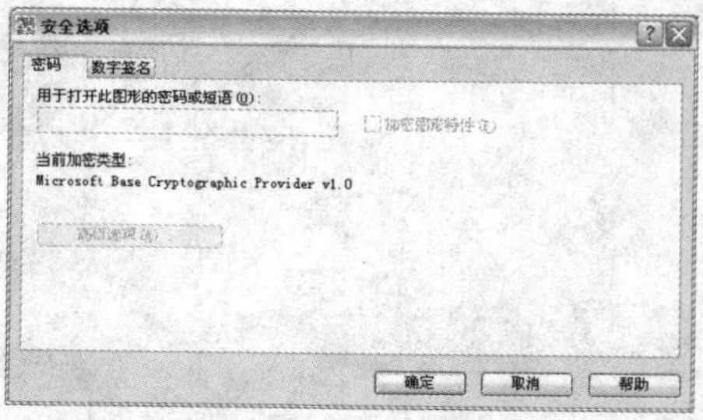

图 1.2.7　“安全选项”对话框

四、退出和关闭 AutoCAD

使用 QUIT 和 END 命令都能在绘图过程中退出 AutoCAD。

1．退出 AutoCAD

退出 AutoCAD 有如下两种方法：

（1）菜单栏：选择 文件(F) → 退出(X) 命令。

（2）命令行：在命令行输入 QUIT。

执行退出 AutoCAD 命令后，系统将立即结束所有命令并关闭图形。如果当前图形做过改动，系统将弹出如图 1.2.5 所示的提示框。在该提示框中，用户可以选择保存文件、不保存文件或取消操作。

2．结束绘图

END 命令用于自动快速存储当前图形后退出 AutoCAD。如果当前图形未命名，则系统会弹出 图形另存为 对话框；如果当前图形已经命名，则原文件改为备份文件，自动将当前的图形存盘，然后退出 AutoCAD。

五、修复图形文件

启动修复图形文件命令有如下两种方法：

（1）菜单栏：选择 文件(F) → 绘图实用程序(U) ▸ → 修复(R)... 命令。

（2）命令行：在命令行输入 RECOVER。

执行修复图形文件命令后，在弹出的 选择文件 对话框中选择要修复的文件，随后 AutoCAD 将在文本窗口中显示修复过程及其结果，如图 1.2.8 所示。

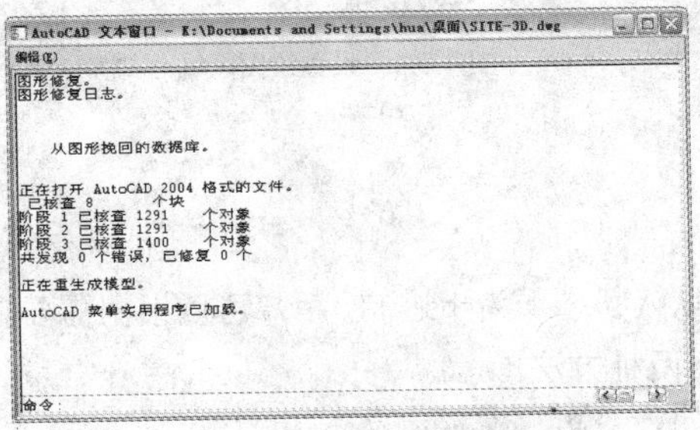

图 1.2.8　文件修复结果

第三节　绘图区域和图形单位的设置

一般在绘制图形前，用户都要对绘图区域和图形单位进行设置，下面分别进行介绍。

一、设置绘图区域

绘图区域就是标明用户的工作区和图纸的边界，设置绘图区域的目的是为了避免用户所绘制的图形超出某个范围。

启动设置绘图区域有如下两种方法：

（1）菜单栏：选择 格式(O) → 图形界限(A) 命令。

（2）命令行：在命令行输入 LIMITS。

执行该命令后，命令行出现如下提示信息：

（1）命令：limits↙。

（2）指定左下角点或[开(ON)/关(OFF)]<0.0000,0.0000>：输入图形界限左下角的坐标后按回车键。

（3）指定右上角点<420.0000,297.0000>：输入图形界限右上角的坐标后按回车键。

练习：设置绘图区域的大小。具体操作步骤如下：

（1）命令：limits↙。

（2）重新设置模型空间界限：

（3）指定左下角点或 [开(ON)/关(OFF)] <0.0000,0.0000>：100,100↙。

（4）指定右上角点 <420.0000,297.0000>：500,400↙。

（5）单击状态栏中的 栅格 按钮，显示栅格，该栅格的长宽尺寸为 400×300，如图 1.3.1 所示。

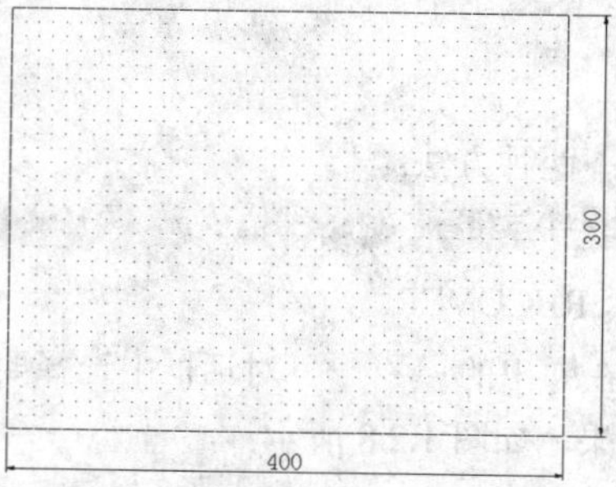

图 1.3.1　设置绘图区域

二、设置图形单位

AutoCAD 的图形单位在默认状态下为十进制，用户可以根据需要自己设置单位类型和数据精度。启动绘图单位命令有如下两种方法：

（1）菜单栏：选择 格式(O) → 单位(U)... 命令。

（2）命令行：在命令行输入 UNITS。

执行图形单位命令后，系统弹出 图形单位 对话框，如图 1.3.2 所示。用户可以在该对话框的 长度 和 角度 两个选项区中设置长度和角度单位以及各自的精度。在这两个选项区中，系统分别为其提供了两个下拉列表框。

（1）类型(T): 下拉列表框：该列表框提供了 5 种长度单位，用户可以根据需要进行选择。

（2）精度(N): 下拉列表框：该列表框用于设置长度单位的精度。AutoCAD 提供的最高精度为小数点后 8 位。

（3）☑顺时针(C) 复选框：系统默认的角度测量方向为逆时针，选中该复选框后测量方向变为顺时针。

（4）插入比例 选项区：用于设置设计中心向图形中插入图块时，如何对块及内容进行缩放，各选项代表了插入所代表的单位，一般选择“无单位”选项，不对块进行比例缩放而采用原始尺寸插入。

（5）方向(D)... 按钮：单击该按钮，系统弹出如图 1.3.3 所示的 方向控制 对话框，可以在该对话框中进行方向控制的设置。

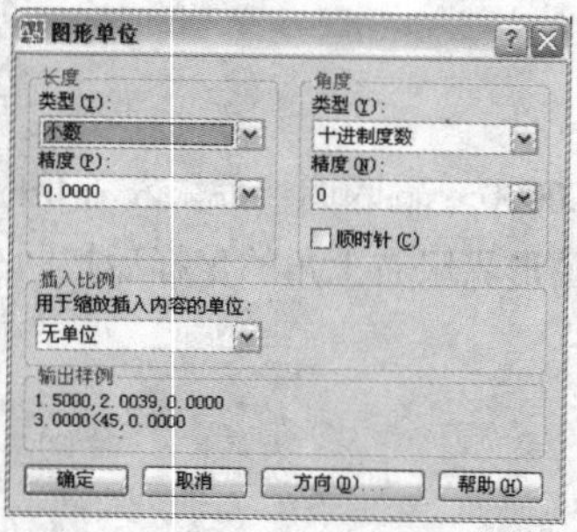

图 1.3.2　“图形单位”对话框

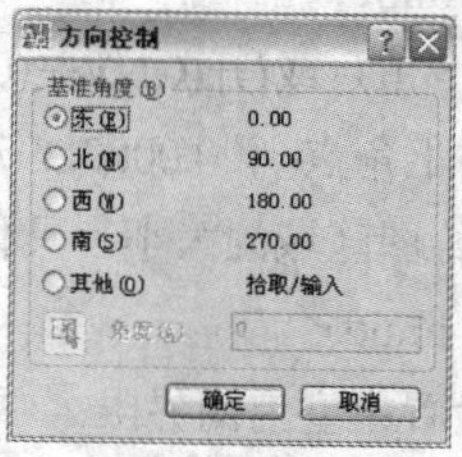

图 1.3.3　“方向控制”对话框

注意：基准角度(B) 选项区中参数的设置将会影响角度、显示格式、极坐标、柱坐标和球坐标等选项。

第四节　应用实例——管理图形文件

下面通过对图形文件的管理，来巩固本章所学知识。

（1）启动 AutoCAD 2007。打开一幅已经保存过的图形，如图 1.4.1 所示。

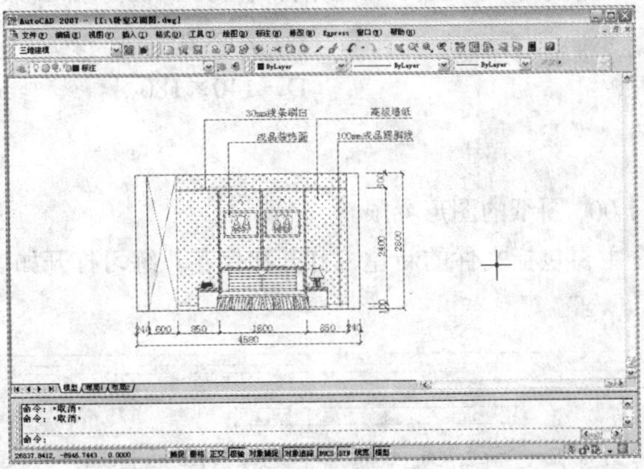

图 1.4.1　打开的图形

（2）单击“标准”工具栏中的“保存”按钮，对图形进行自动保存。

（3）选择 文件(F) → 另存为(A)... 命令，在弹出的 图形另存为 对话框中选择 工具(L) 下拉菜单中的 安全选项(S)... 命令，系统弹出 安全选项 对话框，在该对话框中的 用于打开此图形的密码或短语(O): 文本框中输入另存为密码，如图 1.4.2 所示。

（4）设置完毕后，则用户在下一次打开该图形时系统会弹出 密码 对话框，如图 1.4.3 所示。输入保存密码后，即可打开该图形。

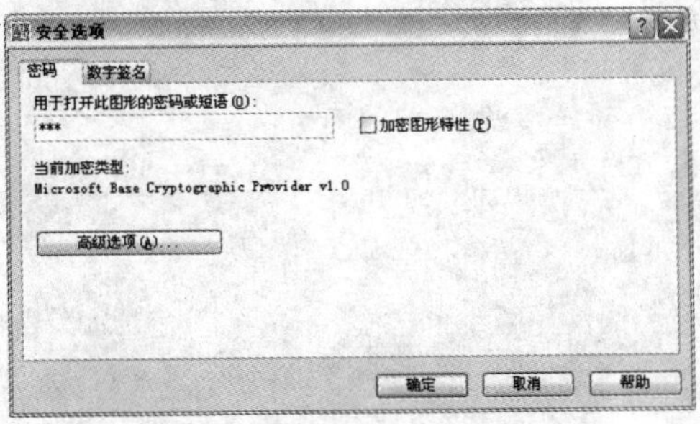

图 1.4.2　“安全选项”对话框

图 1.4.3　“密码”对话框

习 题 一

一、填空题

1．AutoCAD 2007 的操作界面主要由＿＿＿＿＿＿、＿＿＿＿＿＿、＿＿＿＿＿＿、绘图窗口、＿＿＿＿＿＿和状态栏等部分组成。

2．AutoCAD 2007 为用户提供了两种保存方式：一种是以当前文件名保存，即＿＿＿＿＿＿；另一种是以指定的新文件名保存，即＿＿＿＿＿＿。

二、选择题

1. 以下（　）命令可以存储已经存在的图形文件。

A．新建　　B．打开

C．保存　　D．另存为

2. 如果一张图纸的左下角点为（20,20），右上角点为（200,160），那么该图纸的图限范围为（　）。

A．200×160　　B．20×20

C．180×140　　D．140×180

三、上机操作题

1．练习设置 1 000×1 000 图纸的图形界限。

2．图形文件操作命令主要包括文件的新建、打开和保存。练习打开如题图 1.1 所示的文件，并将其另存为“平面布置图.dwg”。

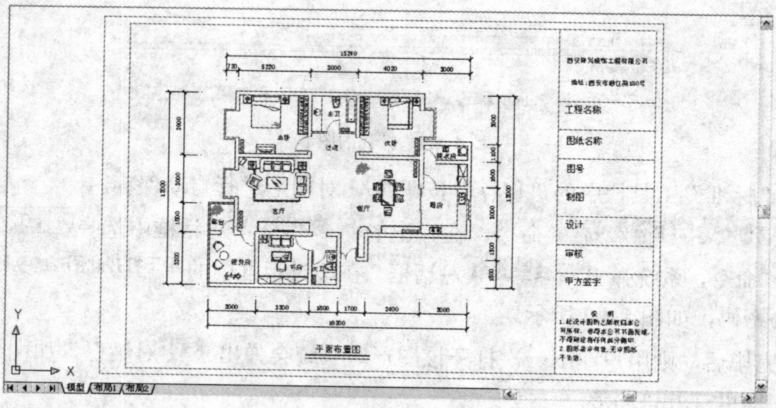

题图　1.1

第二章　AutoCAD 绘图基本知识

在利用 AutoCAD 绘制图形之前，了解 AutoCAD 的模型空间和图纸空间、命令的操作、系统坐标系的设置、控制图形的显示以及辅助工具的使用是非常有必要的。本章向读者介绍这几个方面的有关知识。

本章主要内容:

- AutoCAD 的命令操作
- 使用 AutoCAD 2007 坐标系
- 图形的缩放与平移
- AutoCAD 的辅助功能

第一节　模型空间和图纸空间

在 AutoCAD 2007 中，系统为用户提供了使用模型空间和图纸空间对图形文件进行输出设置与打印的功能。利用如图 2.1.1 所示绘图窗口左下角的“模型”或“布局”选项卡，即可实现模型空间和图纸空间的切换。

图 2.1.1　“模型”或“布局”选项卡

模型空间是用户建立图形对象时所在的工作环境。创建和编辑图形的大部分工作都是在模型空间中完成的。在模型空间中，用户不仅可以使用所有 AutoCAD 命令创建视图模型，实现二维或三维物体的造型，而且还可以根据实际需要，通过绘制多个二维或三维视图来表达物体，如图 2.1.2 所示。

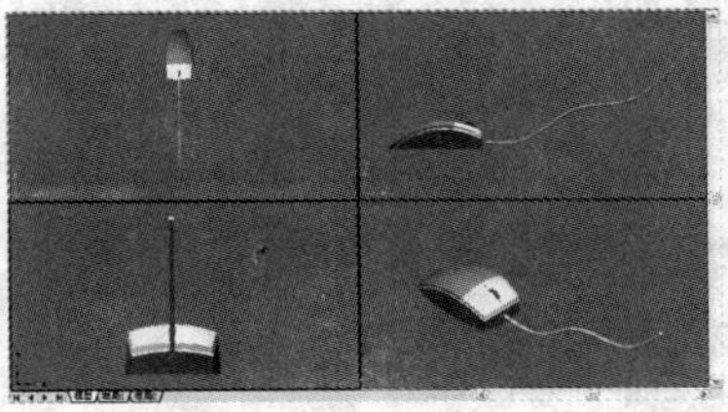

图 2.1.2　模型空间

图纸空间是 AutoCAD 提供给用户进行规划图形打印布局的工作环境。用户在图纸空间中同样可以用二维或三维视图来表示物体，也可以创建多视口以显示物体的不同部分，如图 2.1.3 所示。

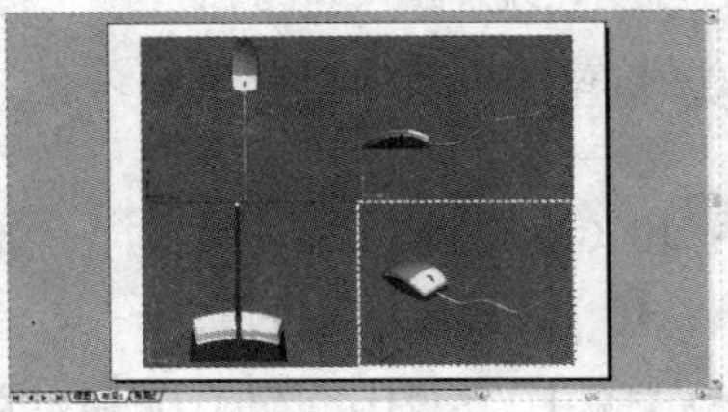

图 2.1.3　图纸空间

第二节　AutoCAD 的命令操作

掌握 AutoCAD 2007 中的各种命令及操作非常重要。通过了解各种命令，可使用户进一步掌握绘制图形的技巧。

一、AutoCAD 命令及输入法

AutoCAD 的命令用于控制 AutoCAD 绘图与编辑的方式。启动 AutoCAD 2007 后进入绘图界面，在屏幕底部的命令行中显示“命令:”的提示，该提示表示 AutoCAD 处于准备接受命令状态。

初学者应该特别注意观察命令行提示窗口，该窗口不仅向用户显示信息，而且还记录已执行的操作。

例如，执行菜单栏中的绘图(D)→矩形(G)命令，或单击“绘图”工具栏中的“矩形”按钮，或者在命令行输入 RECTANG，系统都会在命令行提示“指定第一个角点或[倒角(C)/标高(E)/圆角(F)/厚度(T)/宽度(W)]:”，此时应对该提示做出回应，可在命令提示行输入矩形的起始角点坐标，也可以单击鼠标左键指定起点；系统会再提示“指定另一个角点或[面积(A)/尺寸(D)/旋转(R)]:”，表示应输入另一个角点的坐标值或使用鼠标单击指定角点。

在 AutoCAD 命令执行过程中，通常有很多子命令出现，关于子命令中的一些符号的规定如下：

（1）“/”分隔符：分隔提示与选项，大写字母表示命令缩写方式，可直接通过键盘输入。

（2）“<>”符号：括号内为预设值或当前值。

（3）如果中途退出命令输入，可按 Esc 键，有些命令需要按两次 Esc 键。

（4）执行完一条命令后直接按 Enter 键或空格键，可重复执行上一条命令。

二、AutoCAD 命令的具体输入

AutoCAD 2007 命令的输入方式如下：

（1）在命令行输入命令名。

（2）命令行显示提示信息或子命令。

（3）根据信息选择具体操作，最后按下 Enter 键完成命令。

利用 PLINE 命令绘制如图 2.2.1 所示的图形。

（1）命令：pline↙。

（2）指定起点：单击点 A（指定起始点，可用鼠标单击或用键盘输入坐标值）。

（3）当前线宽为 0.0000（系统提示信息）。

（4）指定下一个点或[圆弧(A)/半宽(H)/长度(L)/放弃(U)/宽度(W)]：w（选择“宽度”选项）。

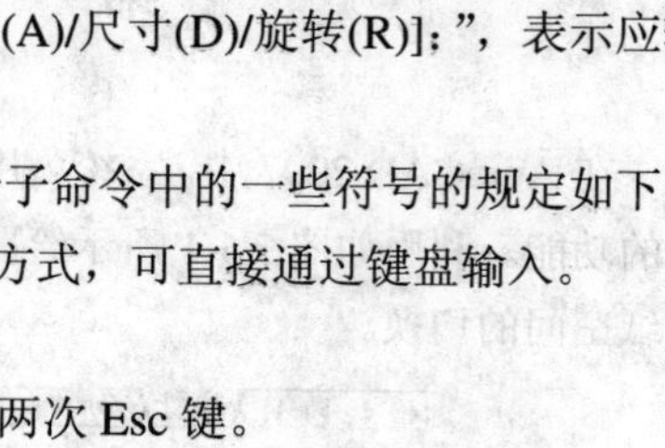

图 2.2.1　绘制多段线

（5）指定起点宽度<0.0000>：10（设置起点宽度值）。

（6）指定端点宽度<10.0000>：10（设置端点宽度值）。

（7）指定下一个点或[圆弧(A)/半宽(H)/长度(L)/放弃(U)/宽度(W)]：单击点 B（指定下一点）。

（8）指定下一点或[圆弧(A)/闭合(C)/半宽(H)/长度(L)/放弃(U)/宽度(W)]：单击点 C（指定下一点）。

（9）指定下一点或[圆弧(A)/闭合(C)/半宽(H)/长度(L)/放弃(U)/宽度(W)]：C（闭合绘制的多段线或者按下 Enter 键结束命令）。

退出绘制多段线状态后，命令行又回到等待命令输入状态。

第三节　使用 AutoCAD 2007 坐标系

在 AutoCAD 2007 中，默认的坐标系为世界坐标系（又称 WCS），但是用户也可定义自己的坐标系，即用户坐标系（UCS）。

一、世界坐标系和用户坐标系

世界坐标系（WCS）是 AutoCAD 2007 的基本坐标系，它包括 X 轴、Y 轴（如果在 3D 空间工作，还有一个 Z 轴）。位移从设定原点计算，沿 X 轴向右及 Y 轴向上的位移被规定为正方向。

如图 2.3.1 所示为二维绘图与 WCS 的关系。二维绘图的投影方向与 Z 轴平行，用户实际上是在 XOY 平面上绘图。

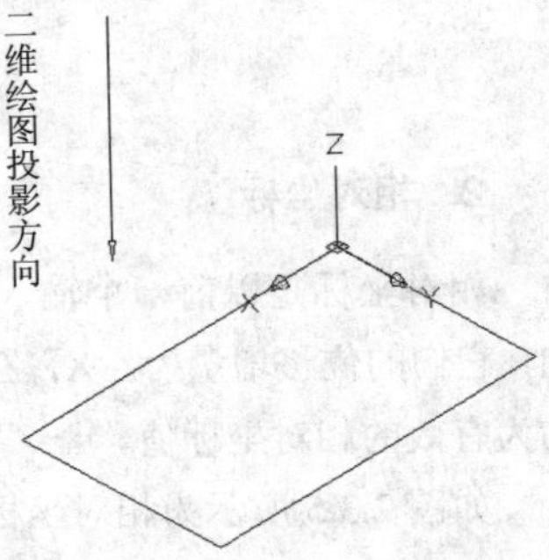

图 2.3.1　二维绘图与 WCS 的关系

注意：如果用户未改变坐标系，则在坐标系图标的坐标轴交汇处显示一个“口”型标志，如图 2.3.2 所示，表示当前采用的是世界坐标系。

为了更好地辅助绘图，用户经常需要修改坐标系的原点和方向，这就是用户坐标系（UCS）产生的原因。在 AutoCAD 中，用户可以使用 UCS 命令来创建用户坐标系。

在 UCS 坐标系中，X 轴、Y 轴、Z 轴仍然互相垂直，且 Z 轴的正方向可用右手定则来判断，具体方法是：伸出右手的中指、食指和拇指并保持相互垂直，拇指指向 X 轴的正方向，食指指向 Y 轴的正方向，中指的指向则为 Z 轴的正方向。

UCS 图标和 WCS 图标基本一样，只是没有了“口”型标记，如图 2.3.3 所示。

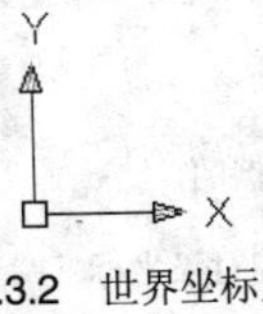

图 2.3.2　世界坐标系

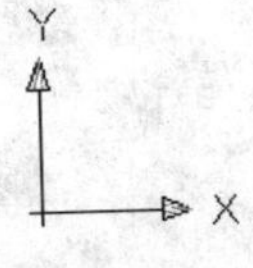

图 2.3.3　用户坐标系

二、坐标表示方法

用鼠标可以直接定位坐标点，但不是很精确，采用键盘输入坐标值的方式可以更精确地定位坐标点。从键盘输入坐标值有下列 3 种方式：

1. 绝对坐标

绝对坐标是指点相对坐标原点的 X 轴、Y 轴和 Z 轴方向的位移，绝对坐标又分为绝对直角坐标和绝对极坐标。

（1）绝对直角坐标：是指相对坐标原点的 X 轴、Y 轴和 Z 轴方向的位移。输入点的坐标时，坐标值之间用逗号隔开。例如（10,20）和（1.5,2.9,3.9）均为有效的坐标值。

（2）绝对极坐标：是指点相对坐标原点的位移，只不过给定的是距离和角度，其中距离和角度之间用“<”号隔开，且规定 X 轴正向为 0°，Y 轴正向为 90°。例如（20<60）和（2.6<70）均为合法的坐标值。

如图 2.3.4 所示为绝对直角坐标和绝对极坐标示例图。

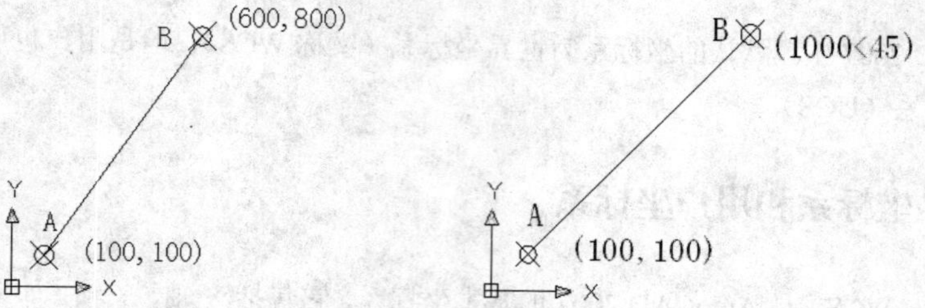

（a）　（b）

图 2.3.4　绝对坐标示例图

（a）绝对直角坐标；（b）绝对极坐标

2. 相对坐标

相对坐标是以前一个输入点为输入坐标值的参考点，输入点的坐标值是以前一点为基准而确定的，它们的位移增量为△X，△Y 和△Z，其格式为（@△X,△Y,△Z）。例如（@10,30）和（@20<60）均为有效的相对坐标值。

如图 2.3.5 所示为相对坐标示例图。

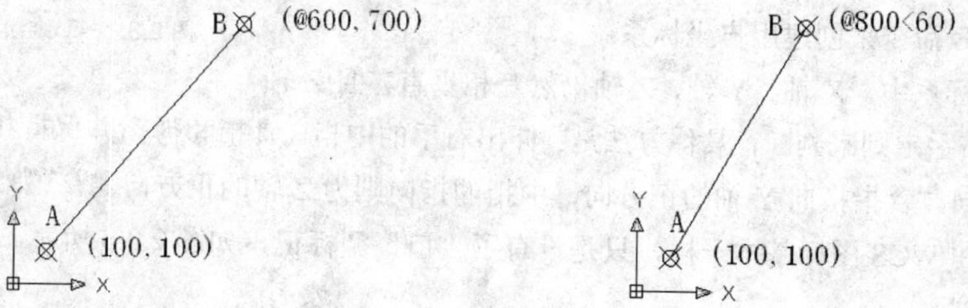

（a）　（b）

图 2.3.5　相对坐标示例图

（a）相对直角坐标；（b）相对极坐标

注意：在相对极坐标中，角度为新点和上一点连线与 X 轴的夹角。

三、创建用户坐标系

在命令行输入 UCS，命令行提示如下：

输入选项[新建(N)/移动(M)/正交(G)/上一个(P)/恢复(R)/保存(S)/删除(D)/应用(A)/?/世界(W)]<世界>：提示列出创建用户坐标系的各种类型，其各选项含义如下：

（1）新建(N)：选择该选项，命令行窗口出现如下提示：

指定新 UCS 的原点或 [Z 轴(ZA)/三点(3)/对象(OB)/面(F)/视图(V)/X/Y/Z] <0,0,0>：该提示提供了 7 种方式创建用户坐标系。

1）原点：该选项用于设置 UCS 的原点，通过直接输入坐标移动当前的原点，保持其 X，Y 和 Z 轴方向不变，从而定义新的 UCS。

2）Z 轴(ZA)：该选项用于定义 Z 轴的正方向来设置当前的 XY 平面。

3）三点(3)：该选项通过使用 3 个点确定的平面来定义用户坐标系。

4）对象(OB)：该选项通过确定一个已存在的图形对象来建立一个新的 UCS 坐标系，用户可以选择的对象及确定用户坐标系的规则如表 2.1 所示。

表 2.1 通过选择对象来确定 UCS 的规则

对 象	确定 UCS 的规则
圆弧	圆弧的圆心成为新 UCS 的原点，X 轴通过距离选择点最近的圆弧端点
圆	圆的圆心成为新 UCS 的原点，X 轴通过选择点
标注	标注文字的中点成为新 UCS 的原点，新 X 轴的方向平行于当绘制该标注时生效的 UCS 的 X 轴
直线	离选择点最近的端点成为新 UCS 的原点，AutoCAD 选择新的 X 轴使该直线位于新 UCS 的 XZ 平面中，该直线的第二个端点在新坐标系中 Y 坐标为零
点	该点成为新 UCS 的原点
二维多段线	多段线的起点成为新 UCS 的原点，X 轴沿从起点到下一顶点的线段延伸
对象	二维填充的第一个点确定新 UCS 的原点，新 X 轴沿前两点之间的连线方向
宽线	宽线的“起点”成为新 UCS 的原点，X 轴沿宽线的中心线方向
三维面	取第一点作为新 UCS 的原点，X 轴沿前两点的连线方向，Y 轴的正方向取自第一点和第四点，Z 轴由右手定则确定
形、文字、块参照、属性定义	该对象的插入点成为新 UCS 的原点，新 X 轴由对象绕其拉伸方向旋转定义，用于建立新 UCS 的对象在新 UCS 中的旋转角度为零

5）面(F)：该选项通过选择一个实体的平面作为新坐标系的 XOY 面。

6）视图(V)：该选项以垂直观察方向（平行于屏幕）的平面为 XY 平面，建立新的坐标系，UCS 的原点保存不变。

7）X/Y/Z：该选项用于将原坐标系坐标平面分别绕 X，Y，Z 轴旋转而形成新的坐标系。

（2）移动(M)：该选项通过移动坐标系原点的位置来建立新的用户坐标系。

（3）正交(G)：该选项用于指定系统提供的 6 个正交 UCS 中的一个。这 6 个正交 UCS 包括俯视、仰视、主视、后视、左视和右视。

（4）上一个(P)：该选项用于恢复上一个 UCS，AutoCAD 可保存创建的最后 10 个坐标系。

（5）恢复(R)：该选项用于调用一个已存入系统文件中的 UCS 坐标系。

（6）保存(S)：该选项用于把当前的 UCS 按指定的名称保存，以后可以根据名称调用。

（7）删除(D)：该选项用于从已保存的 UCS 列表中删除指定的 UCS。如果要删除多个 UCS 名称，可在命令行中输入通配符，或在名称之间用逗号隔开。

（8）应用(A)：该选项可以将当前的 UCS 应用到当前视口、指定视口或全部视口。

（9）?：该选项用于列表显示所有用户坐标系的名称、原点坐标及坐标轴的方向矢量等。

（10）世界(W)：该选项用于将当前用户坐标系设置为世界坐标系。

第四节 图形的重画与重生成

在绘制图形的过程中，由于操作的原因经常会在绘图窗口残留光标点。为了擦除这些不必要的光标点，AutoCAD 提供了重画和重生成功能。

一、重画图形

启动重画命令有两种方法：

菜单栏：选择 视图(V) → 重画(R) 命令。

命令行：在命令行输入 REDRAWALL，并按回车键。

重画命令用于刷新显示全部打开视窗中的图形，即在所有视窗中删除残留的点标记痕迹和由于编辑命令留下的杂乱显示内容。该命令只用于刷新当前视窗中的图形。

二、重生成图形

启动重生成命令有两种方法：

菜单栏：选择 视图(V) → 重生成(G) 命令。

命令行：在命令行输入 REGEN，并按回车键。

重生成命令用于重新生成图形并刷新显示窗口。与重画命令相比，该命令生成时间较长，因为重画命令只是把显示器的帧缓冲区刷新一次，而重生成命令则要把图形文件的原始数据全部重新计算一遍，形成显示文件后再显示出来，这样执行起来速度就较慢。

第五节　图形的缩放和平移

使用 AutoCAD 进行绘图时，需要从多个角度去绘制、观察以及编辑图形，而 AutoCAD 2006 就提供了多种观察图形的方法，掌握这些方法将会大大提高绘图的效率。

一、图形的缩放

在使用 AutoCAD 2006 绘图时，用户所看到的图都处在视窗中，使用 ZOOM 命令可以增加或减少图形实体在视窗中显示的比例，这样使用户既可观察图形中复杂的细部结构，又能观看图形全貌。

启动缩放图形命令有两种方法：

菜单栏：选择 视图(V) → 缩放(Z) ▸ 菜单下的子命令。

命令行：在命令行输入 ZOOM，并按回车键。

缩放并不改变图形的绝对大小，它只是在图形区域内改变视图的大小。AutoCAD 提供了多种缩放视图的方法，下面分别进行介绍。

1. 实时缩放

选择该选项后，在屏幕上会出现一个放大镜形状的光标。此时用户按住鼠标左键不放，将放大镜图形向“+”方向移动，图形将放大显示；向“－”方向移动，则图形将缩小显示，松开鼠标左键则缩放终止，如图 2.5.1 所示为实时缩放示例图。

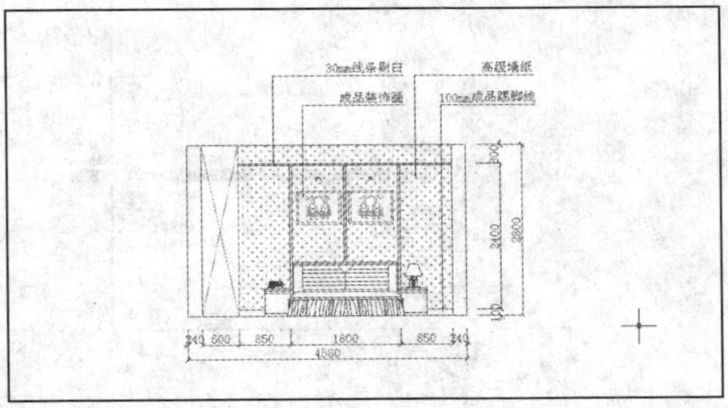

（a）

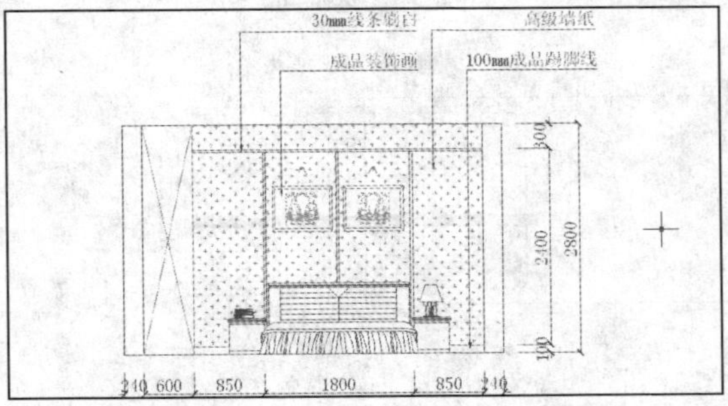

（b）

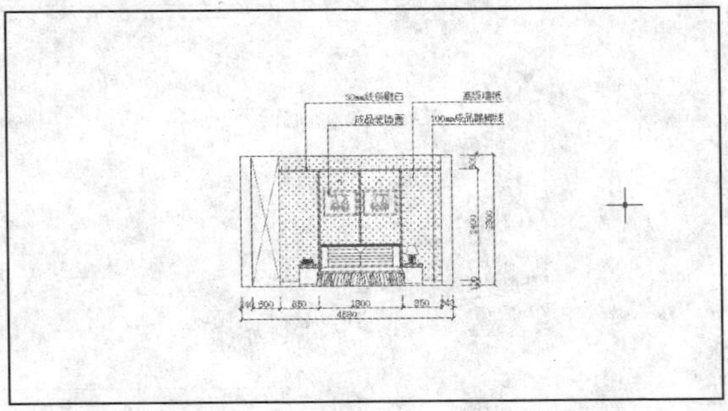

（c）

图 2.5.1　实时缩放示例图

（a）原图；（b）放大；（c）缩小

2．动态缩放

选择该选项后，首先显示平移视图框，将其拖动到所需位置后按住鼠标左键，系统显示缩放视图，调整其大小后按回车键进行缩放，或按住鼠标左键继续显示平移视图框。其操作步骤如下：

执行动态缩放命令后，这时图形中出现一个“×”符号，如图 2.5.2 所示。拖动线框把它平移到另一个区域。如果要将图形放大不同的倍数，可以按下选择框，“×”就会变成一个箭头，如图 2.5.3 所示。这时按下回车键，其图形显示范围如图 2.5.4 所示。

另外，还有窗口缩放、比例缩放、中心缩放、全部缩放和最大图形范围缩放，其操作方法与动态缩放类似，这里不再重复叙述。

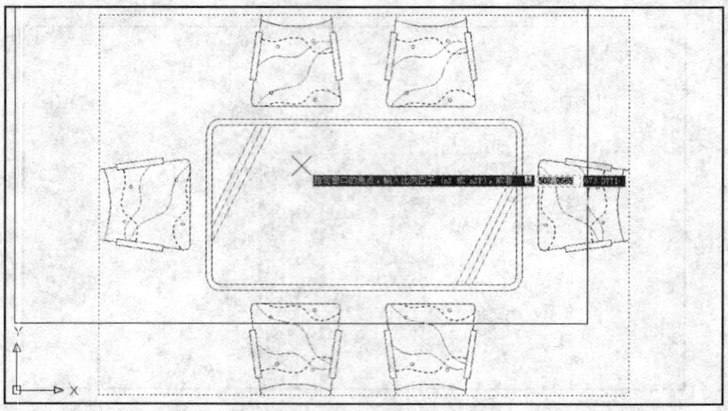

图 2.5.2　执行动态缩放命令

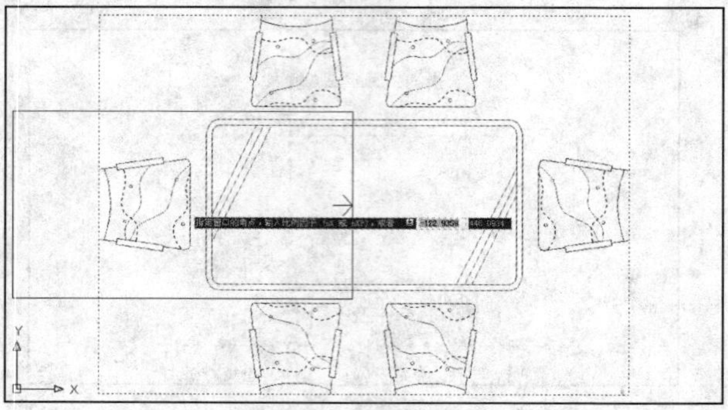

图 2.5.3　调整矩形窗口

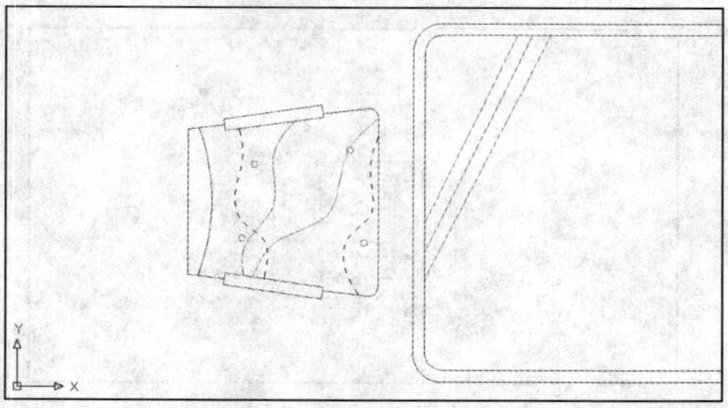

图 2.5.4　动态缩放后的显示效果

3. 缩放对象

通过在屏幕上选择图形对象来进行缩放，如图 2.5.5 所示。

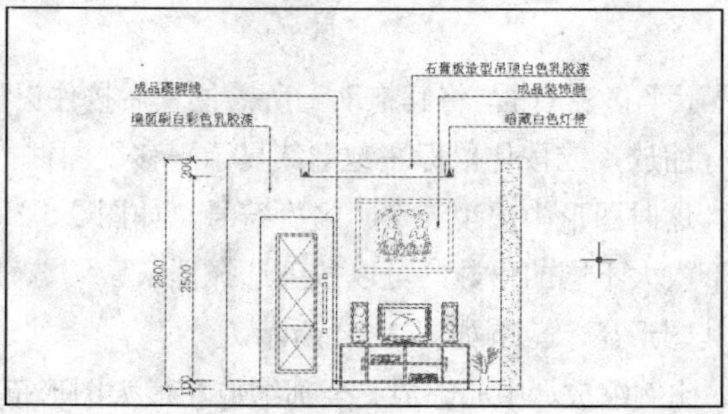

(a)

图 2.5.5　缩放对象

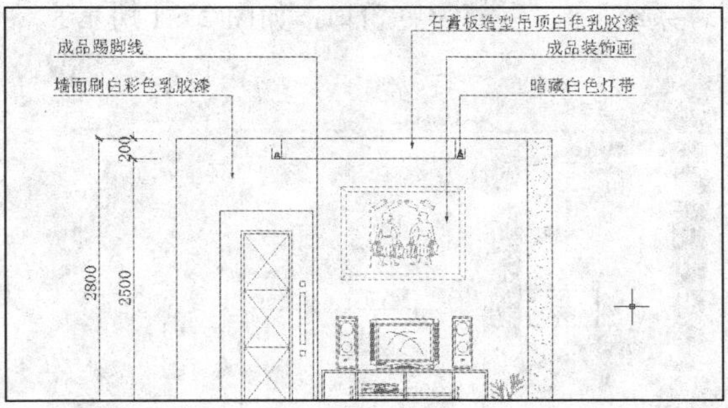

（b）

图 2.5.5 缩放对象（续）

（a）选择对象；（b）缩放结果

4．缩放上一个

当用户在观察图形细节时，可能会不断地缩小图形以便查看图形的整体情况。使用“缩放上一个命令”就可以返回上一视图。连续使用该命令，将逐步后退，直至返回到前 10 个视图。

二、图形的平移

平移命令允许用户在不改变窗口缩放比例及绘图界限的条件下，移动当前屏幕窗口中显示的图形，使图形更便于观察和绘制。

启动平移视图命令有两种方法：

菜单栏：选择 视图(V) → 平移(P) 菜单下的子命令。

命令行：在命令行输入 PAN，并按回车键。

注意：*在命令行提示下输入 PAN，启动实时平移模式，若输入 - PAN，则启动定点平移模式。*

（1）实时平移模式：进入实时平移模式，此时在屏幕上将出现一只小手符号。该模式提供了一种动态平移视图的功能，按住鼠标左键向任意方向移动光标，窗口内的图形就可以按光标移动的方向移动。松开鼠标左键，即可退出平移状态。

（2）定点平移模式：在定点平移模式下，AutoCAD 允许用户输入两个点，然后根据这两个点之间的方向和距离来确定视图移动的方向和距离。

第六节 鸟瞰视图

如果绘制的图形较大，并且又有很多细节时，利用鸟瞰视图平移和缩放图形更为方便。使用鸟瞰视图观察图形的方法与动态缩放图形的方法相似，所不同的是，鸟瞰视图和图形窗口是分离的，用户随时可以在绘图窗口放大浏览矩形框中的内容，便于用户确定显示内容。

启动鸟瞰视图命令有如下两种方法：

菜单栏：选择 视图(V) → 鸟瞰视图(W) 命令。

命令行：在命令行输入 DSVIEWER，并按回车键。

执行鸟瞰视图命令后，系统打开鸟瞰视图窗口，如图 2.6.1 所示。

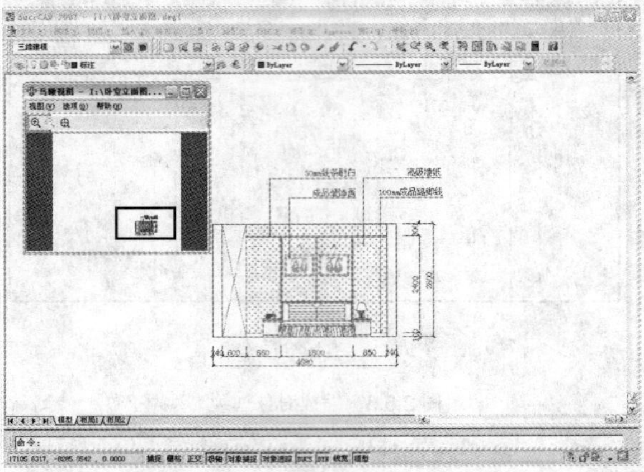

图 2.6.1　“鸟瞰视图”窗口

下面介绍如何使用鸟瞰视图观察图形，其操作步骤如下：

（1）在鸟瞰视图窗口中单击鼠标左键，此时窗口中出现一个可随光标移动的带“×”的矩形框，拖动该框（不按鼠标键），即可实现平移视图操作。

（2）单击鼠标左键，矩形框变为带“→”的矩形框，矩形框大小改变，绘图区域的内容也随之改变。调整好大小后，按回车键，或单击鼠标右键即可确定视图框的大小和位置，如图 2.6.2 所示。

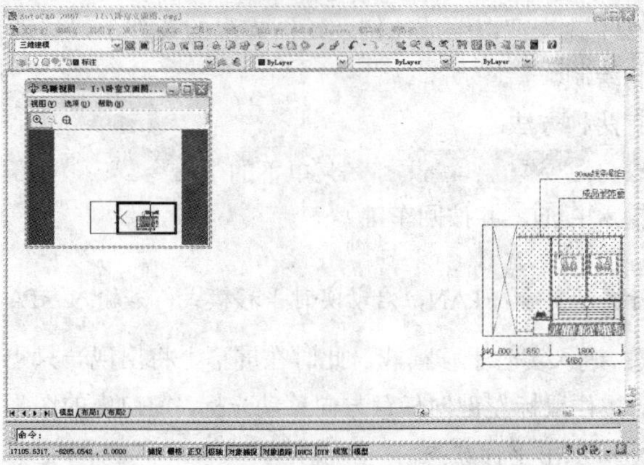

图 2.6.2　使用鸟瞰视图观察图形

（3）在此状态下，单击鼠标左键，再次激活视图框，拖动鼠标将平移放大视图。

第七节　AutoCAD 的辅助功能

在实际绘图过程中，由于鼠标定位不准确，不能满足工程制图的要求，因此，AutoCAD 提供了一系列帮助用户精确绘图的辅助功能。本节主要介绍这些辅助功能。

一、显示栅格

显示栅格主要用于显示引起标定位置的小点，从而给用户提供直观的距离和位置参照，如图 2.7.1

所示。在 AutoCAD 中，用户设置栅格显示及间距的命令是 GRID。

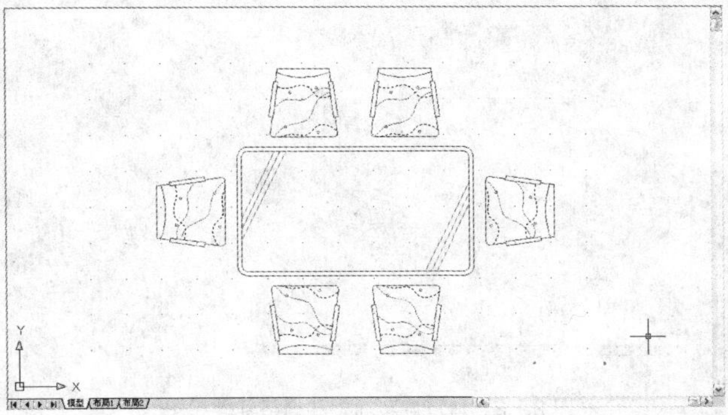

图 2.7.1 打开栅格显示

执行 GRID 命令，命令行提示信息如下：

指定栅格间距 (X) 或 [开(ON)/关(OFF)/捕捉(S)/纵横向间距(A)] <10.0000>:

上面提示中各选项含义如下：

（1）开(ON)：打开栅格显示。

（2）关(OFF)：关闭栅格显示。

（3）捕捉(S)：用于将栅格间距定义为与捕捉命令设置的当前光标的移动间距相同。

（4）纵横向间距(A)：设置显示栅格水平及垂直间距，用于设定不规则的栅格。

注意：（1）当栅格过于密集时，屏幕上将不会显示栅格，对图形进行局部放大观察时可以看到。

（2）如果用户已设置了绘图界限，则仅在绘图区域内显示栅格。

二、设置捕捉

捕捉用于设定光标移动间距。AutoCAD 提供了两种捕捉模式供用户选择：栅格捕捉和极轴捕捉。若选择栅格捕捉，则光标只能在栅格方向上精确移动；若选择极轴捕捉，则光标可在极轴方向精确移动。

设置捕捉的命令是 SNAP。执行 SNAP 命令，命令行提示如下：

指定捕捉间距或 [开(ON)/关(OFF)/纵横向间距(A)/样式(S)/类型(T)]:

上面提示中各选项含义如下：

（1）捕捉间距：用于设置捕捉增量。

（2）开(ON)：打开捕捉。

（3）关(OFF)：关闭捕捉。

（4）纵横向间距(A)：用于设置捕捉水平及垂直间距，设置不规则的捕捉。

（5）样式(S)：用于选择标准捕捉和等轴测捕捉。

（6）类型(T)：用于选择极轴捕捉和栅格捕捉。

注意：使用“捕捉”命令中的“样式”选项，可以设置捕捉为等轴测捕捉。这种捕捉模式如图 2.7.2 所示。

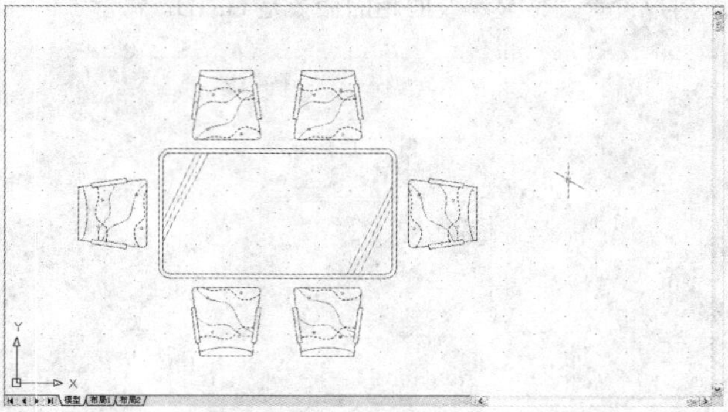

图 2.7.2　通过旋转捕捉和栅格辅助绘图

三、使用正交模式

AutoCAD 2007 提供的正交模式可以快速、方便地绘制水平线和垂直线。

设置捕捉的命令是 ORTHO。执行 ORTHO 命令，命令行提示如下：

输入模式 [开(ON)/关(OFF)] <关>:

上面提示中各选项含义如下：

（1）开(ON)：打开正交模式。

（2）关(OFF)：关闭正交模式。

启动正交模式后，意味着用户只能绘制水平或垂直的线。

注意：当打开正交模式后，用户不能通过拾取点的方法来绘制有一定倾斜角度的直线。但用键盘输入两点的坐标仍可绘制任何倾斜角度的直线。

四、利用对话框设置捕捉和栅格

选择 工具(T) → 草图设置(F)... 命令，系统弹出 草图设置 对话框，选择“捕捉和栅格”选项卡设置栅格和捕捉的类型与参数，如图 2.7.3 所示。

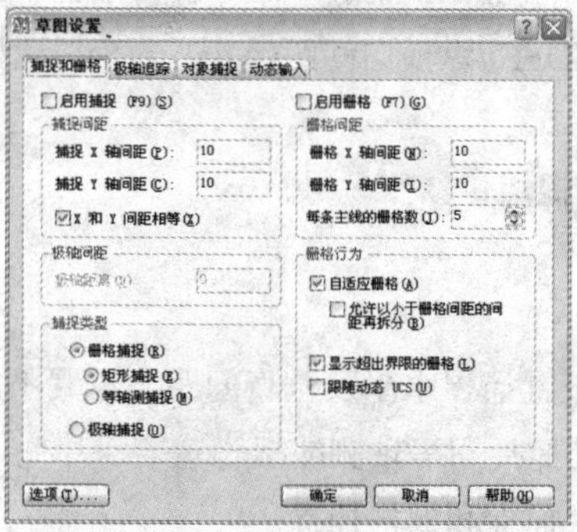

图 2.7.3　“草图设置”对话框

该选项卡各选项含义如下：

（1）捕捉 选项区：用于启用捕捉时，十字光标在图形窗口内每次沿 X 轴方向或 Y 轴方向移动的最小距离，以及与 X 轴的夹角和 Y 轴的夹角。

（2）栅格选项区：用于输入点阵中点之间的 X 轴方向或 Y 轴方向的距离。

（3）捕捉类型和样式选项区：用于将栅格和捕捉设置为矩形捕捉和等轴测捕捉。另外，还可以启动极轴捕捉。

提示：极轴捕捉是一种相对捕捉，也就是相对于上一点的捕捉。如果当前未执行绘图命令，光标能够在图形中自由移动，不受任何限制。当执行某一种绘图命令时，光标只能在特定的极轴角度上，并且定位在距离为间距的倍数的点上。

（4）极轴间距选项区：选中 ⊙极轴捕捉(O) 单选按钮，该选项才可用。

1. 自动追踪

选择草图设置对话框中的“极轴追踪”选项卡，如图 2.7.4 所示。

自动追踪功能可以用指定的角度绘制对象，或者绘制与其他已有对象有特定关系的对象。

该选项卡各选项含义如下：

（1）极轴角设置选项区：用于设置作为极轴追踪的角度增量，增加或删除追踪的极轴角度。单击 新建(N) 按钮，可以在列表中添加若干个需要进行追踪的特殊角度。

（2）对象捕捉追踪设置选项区：用于选择是否进行正交追踪或极轴追踪。

（3）极轴角测量选项区：用于设置极轴角为绝对角度或相对于上一段的角度。

2. 对象捕捉

选择草图设置对话框中的“对象捕捉”选项卡，如图 2.7.5 所示。

对象捕捉是使用最为广泛的一种辅助绘图工具。使用对象捕捉功能可以捕捉对象中的特殊点，如端点、中点、圆心和插入点等。

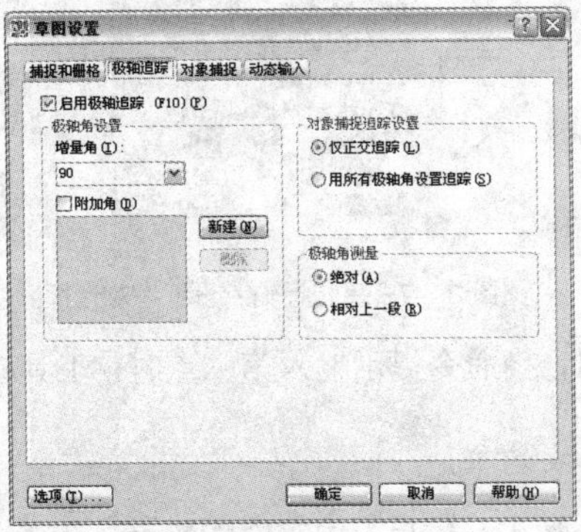

图 2.7.4　“极轴追踪”选项卡

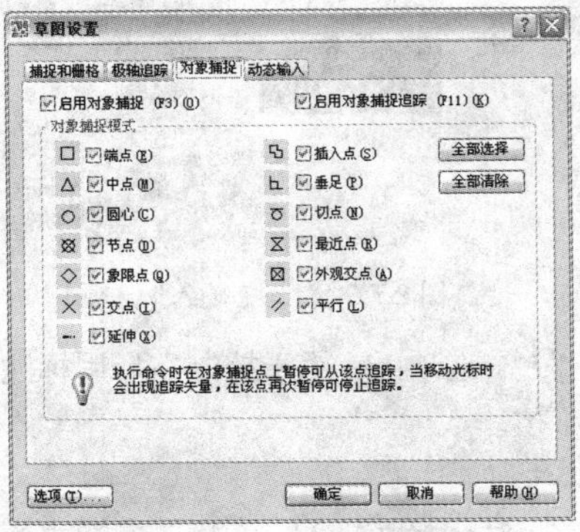

图 2.7.5　“对象捕捉”选项卡

该选项区中的各选项含义如下：

（1）□ ☑端点(E) 复选框：用于捕捉直线、多段线、圆弧或椭圆弧最近的端点。

（2）△ ☑中点(M) 复选框：用于捕捉直线、多段线、多线、圆弧、样条曲线以及三维实体和面域的边的中点。

（3）○ ☑圆心(C) 复选框：用于捕捉圆、圆弧、椭圆以及椭圆弧的圆心。

（4）⊠ ☑节点(D) 复选框：用于捕捉点对象 POINT，DIVIDE，MEASURE 命令绘制的点。

（5）◇ ☑象限点(Q) 复选框：用于捕捉圆、圆弧、椭圆弧以及椭圆的四分之一象限点。

（6）☑交点(I) 复选框：用于捕捉直线、多段线、圆、圆弧、椭圆弧、椭圆以及射线的交点。

（7）☑延伸(X) 复选框：用于捕捉以选定实体为基准，捕捉其延伸线上任意一点。

（8）☑插入点(S) 复选框：用于捕捉块、文字、属性以及属性定义的插入点。

（9）☑垂足(P) 复选框：用于捕捉选取点与选取对象的垂直交点。

（10）☑切点(N) 复选框：用于捕捉选取点与所选圆、圆弧、椭圆或样条曲线相切的点。

（11）☑最近点(R) 复选框：用于捕捉靠近十字光标的点。该点可以位于直线、圆、多段线、圆弧、样条曲线以及射线上等。

（12）☑外观交点(A) 复选框：用于捕捉两个在三维空间实际并未相交，但是由于投影关系在二维视图中相交的对象的交点，其对象包括直线、圆、圆弧、椭圆弧、椭圆、多线以及样条曲线等。

（13）☑平行(L) 复选框：用于捕捉当光标与所绘制的前一点的连线方向平行于基准方向时，系统将显示出一条临时的平行线，用户可捕捉到此线上的任意一点。

3. 动态输入

选择 草图设置 对话框中的“动态输入”选项卡，如图 2.7.6 所示。

动态输入是 AutoCAD 2007 的新增功能，利用该命令可以控制光标的显示。

该选项卡各选项含义如下：

（1）指针输入 选项区：用于控制十字光标的位置在光标附近的工具栏提示中显示为坐标。单击该选项区中的 设置(S)... 按钮，弹出 指针输入设置 对话框，如图 2.7.7 所示。利用该对话框可以修改坐标的默认格式以及控制何时显示坐标工具栏提示。

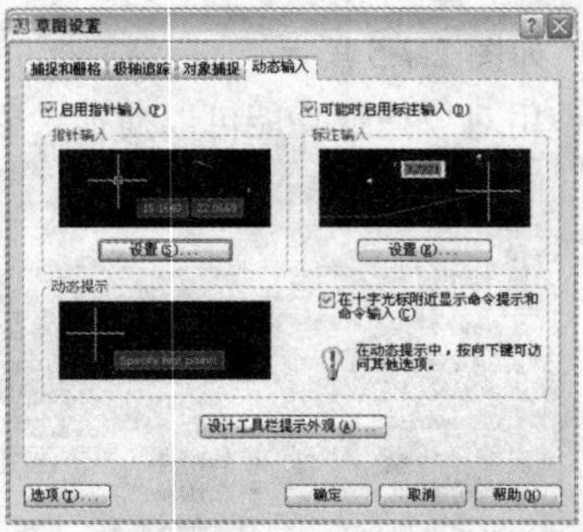

图 2.7.6 “动态输入”选项卡

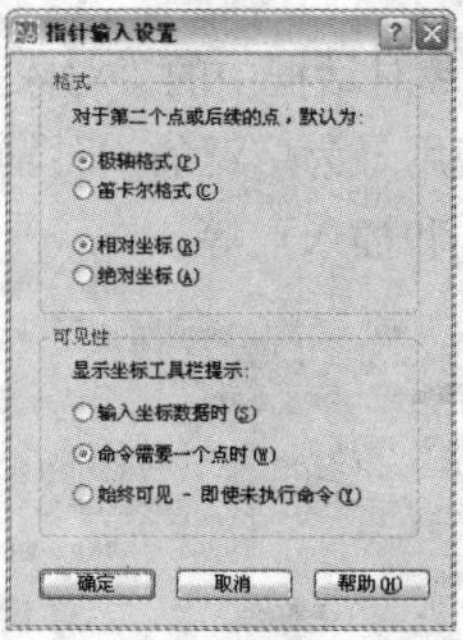

图 2.7.7 “指针输入设置”对话框

（2）标注输入 选项区：用于控制在启用标注输入时，当命令提示输入第二点时，工具栏提示将显示距离和角度值。

注意：对于标注输入，在输入字段中输入值并按 Tab 键后，该字段将显示一个锁定图标，并且光标会受输入值的约束。

（3）动态提示 选项区：用于控制在启用动态提示时，提示会显示在光标附近的工具栏提示中。

五、设置对象捕捉参数

在绘制图形时，为了绘图的方便，可设置相应捕捉标记的大小、颜色和捕捉靶框大小。靶框大小应根据选择的对象、图形的缩放对象、显示分辨率和图形的密度进行设置。此外，还可以确定是否显示捕捉标记，自动捕捉标记靶框的大小和颜色，是否显示自动捕捉靶框等。

选择 工具(T) → 选项(N)... 命令，在弹出的 选项 对话框中选择“显示”选项卡进行设置，如图 2.7.8 所示。

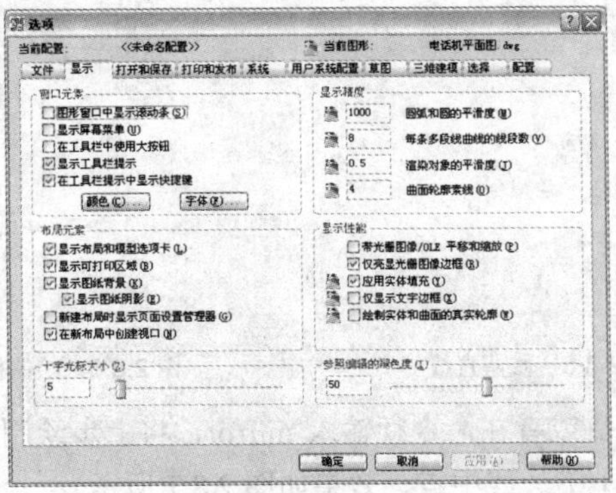

图 2.7.8 “显示”选项卡

第八节 应用实例——双人床平面图

利用前面介绍的 AutoCAD 命令的操作方法绘制双人床平面图。

（1）单击“矩形”按钮或者在命令行输入 rectang，以原点为角点绘制一个长为 1800，宽为 2000 的矩形，如图 2.8.1 所示。

（2）利用分解命令，将绘制的矩形进行分解处理，然后单击“偏移”按钮或者在命令行输入 offset，将分解后矩形的上边线向下偏移，偏移距离为 50，如图 2.8.2 所示。

图 2.8.1 绘制矩形

图 2.8.2 偏移直线

（3）重复矩形命令，以点（30,1500）为角点，绘制一个长为 1740，宽为 1470 的矩形，如图 2.8.3 所示。

（4）分解上步绘制的矩形，利用偏移命令将矩形的上边线分别向下偏移 300 和 450，将右边线向左偏移 450，然后单击“直线”按钮或者在命令行输入 line，绘制一条如图 2.8.4 所示的直线。

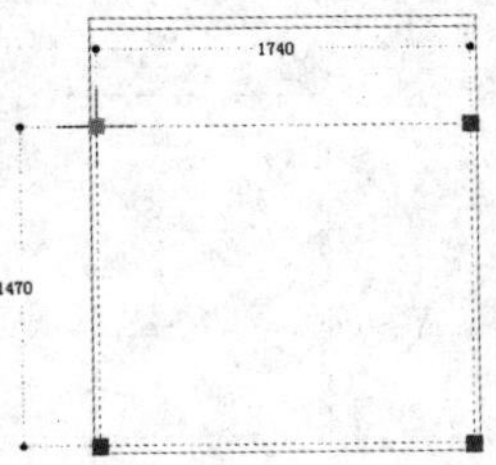

图 2.8.3 绘制矩形

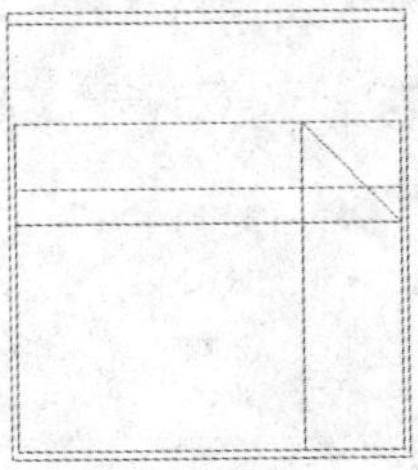

图 2.8.4 绘制直线

（5）单击“修剪”按钮或者在命令行输入 trim，修剪绘制的直线，如图 2.8.5 所示。

（6）单击“样条曲线”按钮或者在命令行输入 spline，根据如图 2.8.6 所示的尺寸绘制枕头。

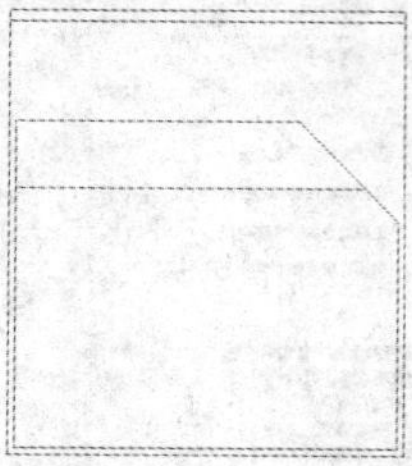

图 2.8.5　修剪直线

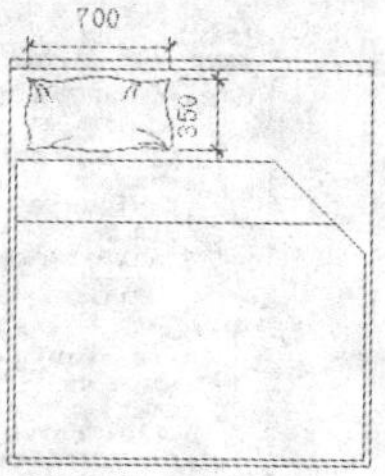

图 2.8.6　绘制枕头

（7）单击“镜像”按钮或者在命令行输入 mirror，将上步绘制的枕头进行镜像操作，镜像点分别为步骤（1）绘制矩形的上下边线中点，效果如图 2.8.7 所示。

（8）重复样条曲线和修剪命令，绘制靠垫和卷边，如图 2.8.8 所示。

图 2.8.7　镜像枕头

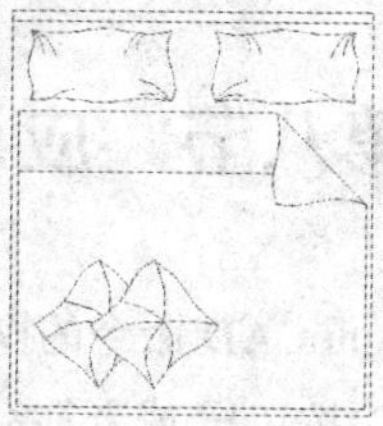

图 2.8.8　绘制靠垫和卷边

（9）单击“图案填充”按钮或者在命令行输入 bhatch，选择“GRASS”图案，设置填充比例为 1.5，对被子的卷边进行填充，结果如图 2.8.9 所示。

（10）重复矩形命令，在如图 2.8.10 所示的位置绘制一个长为 500，宽为 420 的矩形。

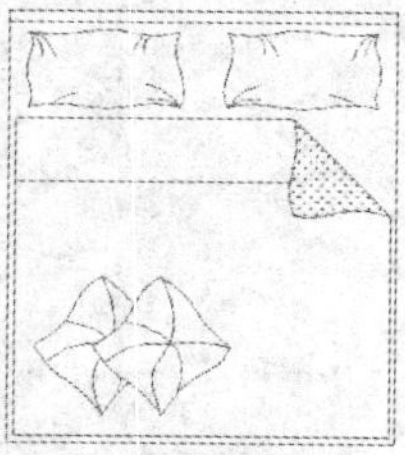

图 2.8.9　填充卷边

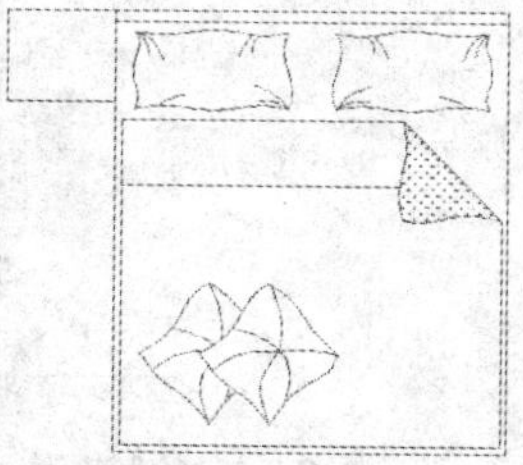

图 2.8.10　绘制矩形

（11）利用偏移命令，将上步绘制的矩形向内侧偏移 30，如图 2.8.11 所示。

（12）单击“圆”按钮或者在命令行输入 circle，捕捉步骤（10）绘制矩形的中心，绘制一个半径为 120 的圆，如图 2.8.12 所示。

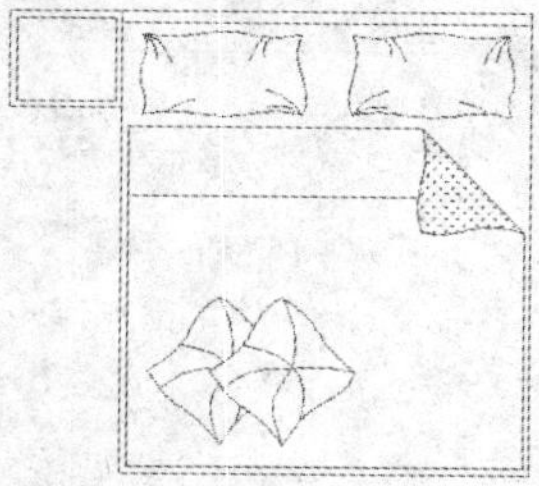

图 2.8.11　偏移矩形

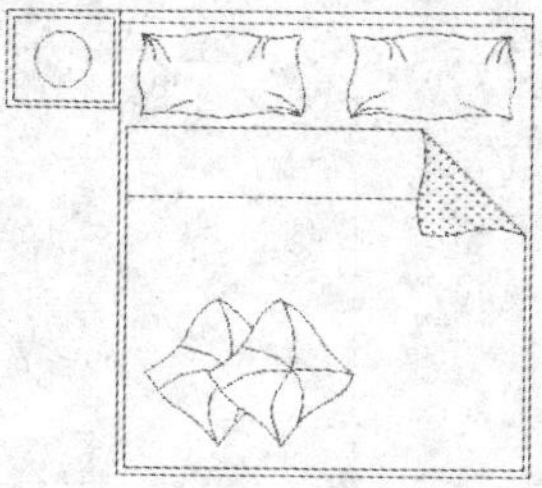

图 2.8.12　绘制圆

（13）利用直线命令，捕捉圆的象限点，绘制 4 条如图 2.8.13 所示的直线。

（14）重复镜像命令，将绘制的床头柜进行镜像操作，效果如图 2.8.14 所示。

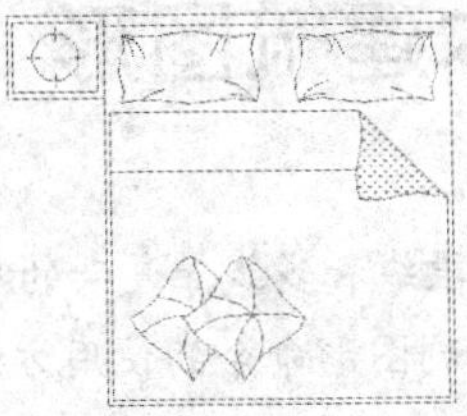

图 2.8.13 绘制直线

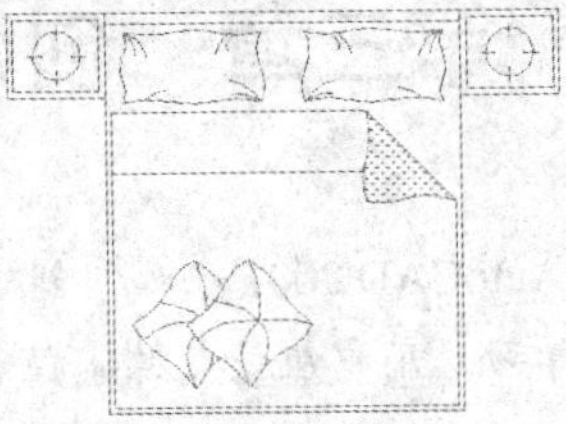

图 2.8.14 镜像床头柜

（15）利用矩形、修剪和填充命令绘制局部地毯，如图 2.8.15 所示。

（16）重复直线命令，绘制地毯的花边，最终效果如图 2.8.16 所示。

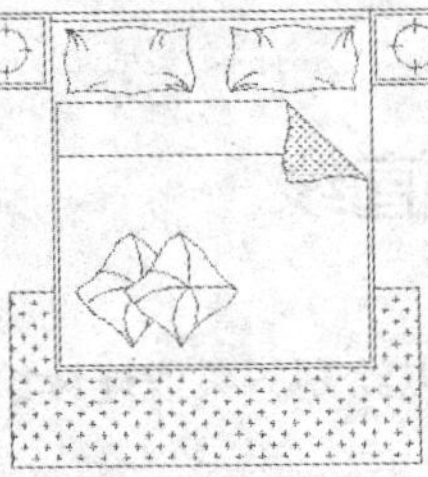

图 2.8.15 绘制局部地毯

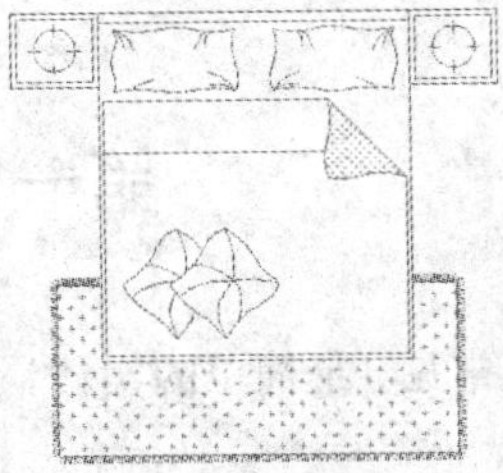

图 2.8.16 最终效果图

技巧：一般单人床的宽度为 900 mm，1050 mm，1200mm，长度为 1800 mm，2000 mm，2100 mm；双人床的宽度为 1500 mm 和 1800 mm，长度为 2000 mm 和 2100 mm。

习 题 二

一、填空题

1．__________和__________是 AutoCAD 中的两种绘图空间，用户可以在这两个空间中对图形对象进行操作。

2．__________是指点相对坐标原点的 X 轴、Y 轴和 Z 轴方向的位移，__________又分为绝对直角坐标和绝对极坐标。

3．AutoCAD 提供了几种方式来缩放视图：__________、动态缩放、__________和缩放上一个。

4．AutoCAD 2007 提供了两种捕捉类型供用户选择：__________和__________。

二、简答题

1．如何打开和关闭栅格、捕捉、对象追踪以及对象捕捉等辅助工具？

2．简要介绍几种控制图形显示的方法？

三、上机操作题

利用 AutoCAD 辅助功能绘制如题图 2.1 所示的餐桌平面图。

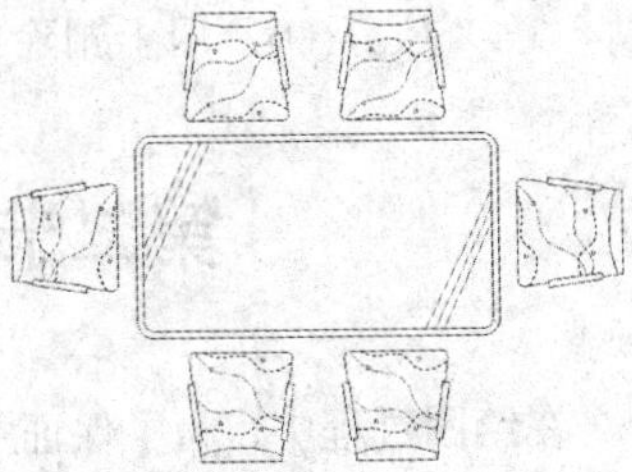

题图 2.1

第三章　创建基本建筑图形

本章主要介绍在 AutoCAD 2007 中如何创建与编辑多段线和多线等复杂的对象，以及其他的绘图命令等。通过本章的学习，用户应该熟练掌握利用这些绘制图形命令的使用方法和技巧。

本章主要内容：

◆ 绘制与编辑多段线
◆ 绘制与编辑多线
◆ 弧线的绘制

第一节　绘制直线

直线是图形中最常见、最简单的实体。通过该命令可以绘制一条或连续绘制多条直线。启动直线命令有 3 种方法：

（1）菜单栏：选择 绘图(D) → ／ 直线(L) 命令。

（2）工具栏：单击“绘图”工具栏中的“直线”按钮 ／。

（3）命令行：在命令行输入 LINE，并按回车键。

绘制如图 3.1.1 所示的图形，了解绘制直线的方法。

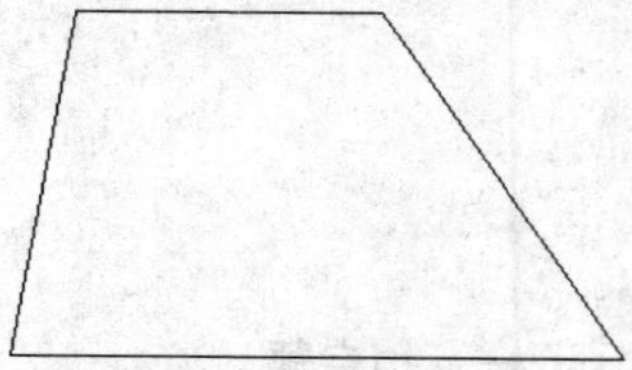

图 3.1.1　绘制直线

（1）命令：line↙。

（2）指定第一点：100,100↙。

（3）指定下一点或[放弃(U)]：@500,0↙。

（4）指定下一点或[放弃(U)]：400,380↙。

（5）指定下一点或[闭合(C)/放弃(U)]：150,380↙。

（6）指定下一点或[闭合(C)/放弃(U)]：c↙。

上面提示中选项功能如下：

（1）指定第一点：在该提示下，用户可以用鼠标指定第一点的位置，也可以通过输入点坐标的方法确定第一个点的位置。

（2）指定下一点：在该提示下，用户可指定点的位置，系统则绘制以上一点为起点，以该点为终点的直线。

（3）闭合(C)：用于绘制闭合直线。

（4）放弃(U)：用于删除上一条直线。

第二节　使用 XLINE 命令绘制辅助线

在绘图过程中，为了保证主视图与左视图、顶视图的投影关系，需要借助辅助线使图形对齐，此时就可以使用 AutoCAD 2007 提供的构造线来作为辅助线。启动构造线命令有 3 种方法：

（1）菜单栏：选择绘图(D)→构造线(T)命令。

（2）工具栏：单击“绘图”工具栏中的“构造线”按钮。

（3）命令行：在命令行输入 XLINE，并按回车键。

绘制如图 3.2.1 所示的图形，了解绘制构造线命令的方法。

（1）命令：xline↙。

（2）指定点或[水平(H)/垂直(V)/角度(A)/二等分(B)/偏移(O)]：a↙。

（3）输入构造线的角度(0)或[参照(R)]：45↙。

（4）指定通过点：捕捉点 A。

（5）指定通过点：捕捉点 B。

（6）指定通过点：↙。

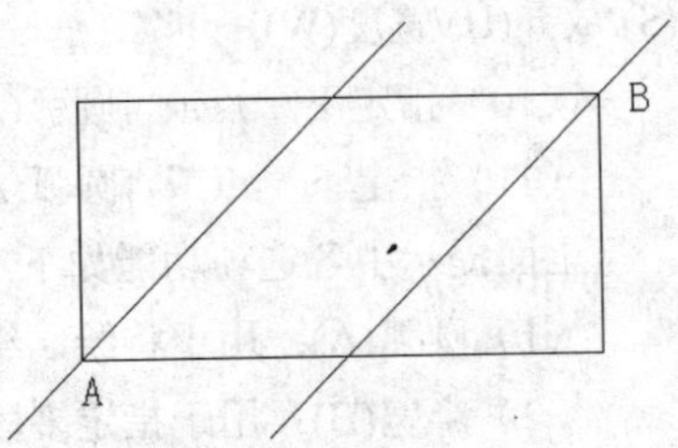

图 3.2.1　绘制构造线

上面提示选项的功能如下：

1）指定点：该项是默认选项，主要用于绘制通过指定两点的构造线。

2）水平(H)：该选项用于快速绘制水平方向的构造线。

3）垂直(V)：该选项用于绘制垂直方向的构造线。

4）角度(A)：该选项用于绘制与 X 轴正方向或与指定的直线成一定角度的构造线。

5）二等分(B)：该选项绘制的构造线用于二等分指定的一个角。

6）偏移(O)：该选项用于绘制和已知直线平行的、指定偏移量的构造线。

7）参照(R)：通过选择参照对象绘制构造线。

第三节　绘制与编辑多段线

多段线是 AutoCAD 中最常用且功能较强的实体之一，它由相连的直线段或弧线序列组成，作为单一对象使用。

一、绘制多段线

启动多段线命令有如下 3 种方法：

（1）菜单栏：选择绘图(D)→多段线(P)命令。

（2）工具栏：单击“绘图”工具栏中的“多段线”按钮。

（3）命令行：在命令行输入 PLINE，并按回车键。

绘制如图 3.3.1 所示的图形，了解多段线命令的使用方法。

（1）命令：pline↙。

（2）指定起点：0,0↙。

（3）指定下一个点或 [圆弧(A)/半宽(H)/长度(L)/放弃(U)/宽度(W)]：w↙。

图 3.3.1　绘制多段线

（4）指定起点宽度 <20.0000>：30↙。

（5）指定端点宽度 <30.0000>：30↙。

（6）指定下一个点或 [圆弧(A)/半宽(H)/长度(L)/放弃(U)/宽度(W)]：@500,0↙。

（7）指定下一点或 [圆弧(A)/闭合(C)/半宽(H)/长度(L)/放弃(U)/宽度(W)]：a↙。

（8）指定圆弧的端点或[角度(A)/圆心(CE)/闭合(CL)/方向(D)/半宽(H)/直线(L)/半径(R)/第二个点(S)/放弃(U)/宽度(W)]：捕捉点 A。

（9）指定圆弧的端点或[角度(A)/圆心(CE)/闭合(CL)/方向(D)/半宽(H)/直线(L)/半径(R)/第二个点(S)/放弃(U)/宽度(W)]：l↙。

（10）指定下一点或 [圆弧(A)/闭合(C)/半宽(H)/长度(L)/放弃(U)/宽度(W)]：捕捉点 B。

（11）指定下一点或 [圆弧(A)/闭合(C)/半宽(H)/长度(L)/放弃(U)/宽度(W)]：c↙。

上面提示中各选项功能如下：

1）圆弧(A)：用于将绘制线段方式切换为绘制圆弧方式。

2）半宽(H)：用于指定多段线的半宽值，即从多段线的中线到多段线边界的宽度。

3）长度(L)：用于指定将要绘制的直线段的长度。

4）放弃(U)：用于取消最后绘制的多段线。

5）宽度(W)：用于设置多段线的宽度，起点宽度和终点宽度也可设置不同。

注意：当多段线的宽度大于 0 时，若想封闭多段线，一定要选择“闭合”选项，如图 3.3.2（a）所示。否则，即使捕捉功能使起点与终点重合，起点与终点之间也会出现缺口，如图 3.3.2（b）所示。

（a）　　　　（b）

图 3.3.2　多段线不同封闭方式的不同效果

（a）使用“闭合”选项封闭的多段线；（b）利用捕捉功能封闭的多段线

提示：当系统变量 FILLMODE=0 时，绘制具有一定宽度的多段线将不会填充，如图 3.3.3 所示。

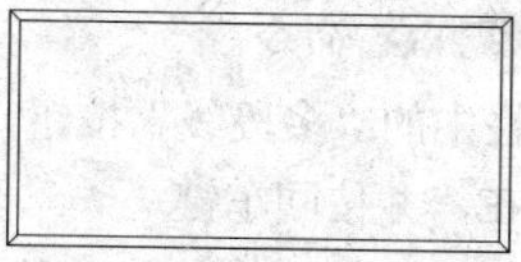

图 3.3.3　绘制没有填充的多段线

二、编辑多段线

绘制完多段线后，用户可以对其进行编辑。启动编辑多段线命令有 3 种方法：

（1）菜单栏：选择 修改(M) → 对象(O) → 多段线(P) 命令。

（2）工具栏：单击“修改Ⅱ”工具栏中的“编辑多段线”按钮。

（3）命令行：在命令行输入 PEDIT，并按回车键。

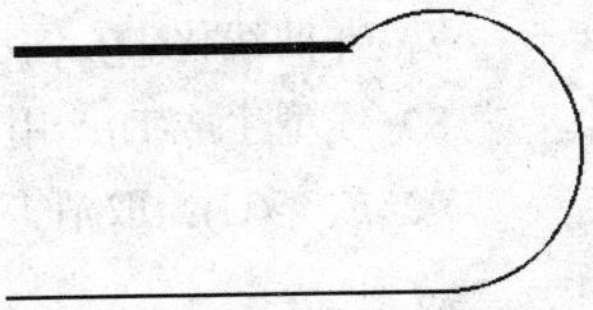

图 3.3.4　绘制多段线

绘制如图 3.3.4 所示的多段线，了解编辑多段线的方法。

（1）命令：pedit↙。

（2）选择多段线或 [多条(M)]：选择如图 3.3.4 所示的多段线。

（3）输入选项[闭合(C)/合并(J)/宽度(W)/编辑顶点(E)/拟合(F)/样条曲线(S)/非曲线化(D)/线型生成(L)/放弃(U)]：c↙，效果如图 3.3.5（a）所示。

（4）输入选项[打开(O)/合并(J)/宽度(W)/编辑顶点(E)/拟合(F)/样条曲线(S)/非曲线化(D)/线型生成(L)/放弃(U)]：o↙。

（5）输入选项[闭合(C)/合并(J)/宽度(W)/编辑顶点(E)/拟合(F)/样条曲线(S)/非曲线化(D)/线型生成(L)/放弃(U)]：f↙，效果如图 3.3.5（b）所示。

（6）输入选项[闭合(C)/合并(J)/宽度(W)/编辑顶点(E)/拟合(F)/样条曲线(S)/非曲线化(D)/线型生成(L)/放弃(U)]：s↙，效果如图 3.3.5（c）所示。

（7）输入选项[闭合(C)/合并(J)/宽度(W)/编辑顶点(E)/拟合(F)/样条曲线(S)/非曲线化(D)/线型生成(L)/放弃(U)]：d↙，效果如图 3.3.5（d）所示。

（8）输入选项[闭合(C)/合并(J)/宽度(W)/编辑顶点(E)/拟合(F)/样条曲线(S)/非曲线化(D)/线型生成(L)/放弃(U)]：w↙。

（9）指定所有线段的新宽度：1↙。

（10）输入选项[闭合(C)/合并(J)/宽度(W)/编辑顶点(E)/拟合(F)/样条曲线(S)/非曲线化(D)/线型生成(L)/放弃(U)]：↙，效果如图 3.3.5（e）所示。

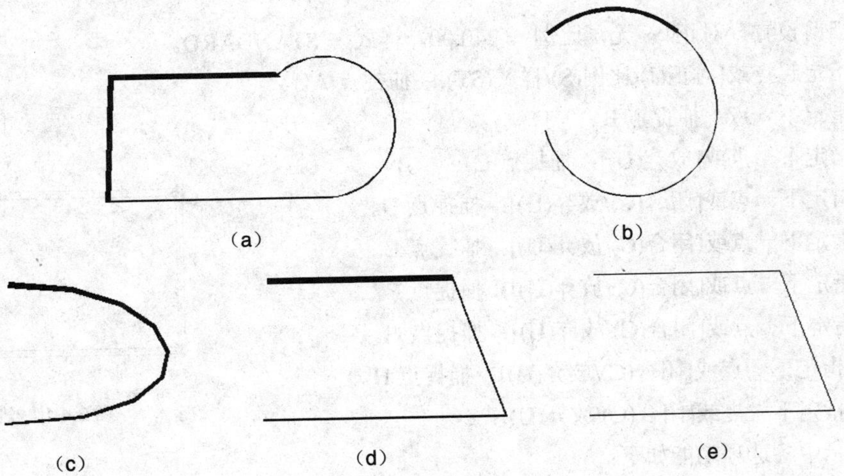

图 3.3.5　编辑多段线

（a）闭合效果；（b）拟合效果；（c）样条曲线效果；（d）非曲线化效果；（e）改变线宽效果

上面提示中各选项功能如下：

1）闭合(C)：用于封闭多段线。

2）合并(J)：用于将直线、圆弧或多段线与所编辑的多段线连接形成一条新的多段线。

3）宽度(W)：用于重新设置所编辑的多段线线宽。

4）编辑顶点(E)：用于编辑多段线的顶点。顶点是两条线段相连的点。

5）拟合(F)：用于将选择的多段线拟合成一条光滑曲线。

6）样条曲线(S)：用于将选择的多段线拟合成一条样条曲线。

7）非曲线化(D)：取消拟合或样条曲线，返回到初始状态。

8）线型生成(L)：用于设置非连续线型多段线在各顶点处的连线方式。

9）放弃(U)：取消上一步的编辑操作。

提示：二维多段线、矩形、正多边形以及以后要介绍的三维多段线和三维网格曲面，都可以用 PEDIT 命令编辑。

第四节　绘制与编辑多线

多线是一种复合型的对象，它由 1～16 条平行线构成。多线可具有不同的样式，在创建新图形时，AutoCAD 自动创建一个标准多线样式作为默认值。用户也可以定义新的多线样式。

一、绘制多线

启动多线命令有如下两种方法：

（1）菜单栏：选择 绘图(D) → 多线(M) 命令。

（2）命令行：在命令行输入 MLINE，并按回车键。

绘制如图 3.4.1 所示的墙线，了解绘制多线的方法。

（1）命令：mline↙。

（2）当前设置：对正 = 无，比例 = 240.00，样式 = STANDARD。

（3）指定起点或[对正(J)/比例(S)/样式(ST)]：捕捉点 A。

（4）指定下一点：捕捉点 B。

（5）指定下一点或[放弃(U)]：捕捉点 C。

（6）指定下一点或[闭合(C)/放弃(U)]：捕捉点 D。

（7）指定下一点或[闭合(C)/放弃(U)]：捕捉点 E。

（8）指定下一点或[闭合(C)/放弃(U)]：捕捉点 F。

（9）指定下一点或[闭合(C)/放弃(U)]：捕捉点 G。

（10）指定下一点或[闭合(C)/放弃(U)]：捕捉点 H。

（11）指定下一点或[闭合(C)/放弃(U)]：c↙。

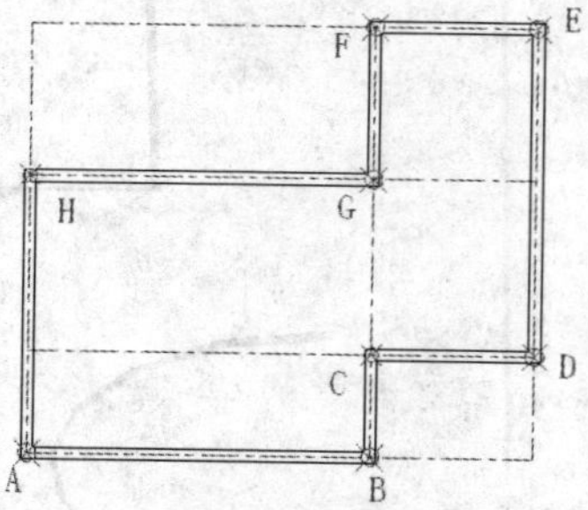

图 3.4.1　绘制墙线

上面提示中各选项功能如下：

1）对正(J)：用于设置绘制多线时采用何种偏移（相对于光标所在位置）。它包括 3 个选项，即底偏移、零偏移和顶偏移，如图 3.4.2 所示。

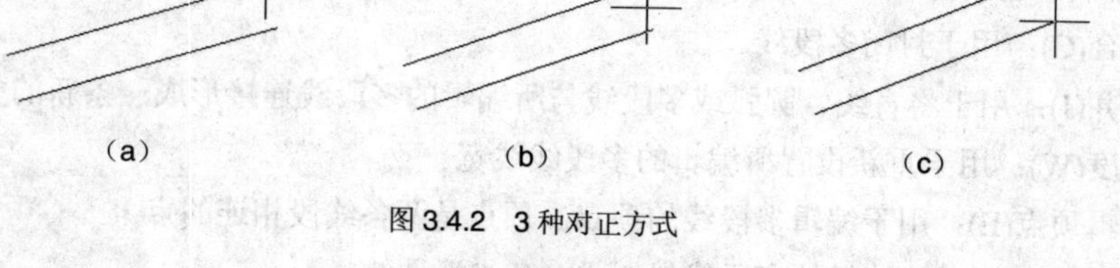

（a）　（b）　（c）

图 3.4.2　3 种对正方式

（a）底偏移；（b）零偏移；（c）顶偏移

2）比例(S)：用于确定多线的各条平行线之间的距离，如图 3.4.3 所示为不同比例绘制的多线。

图 3.4.3　不同比例绘制的多线

3）样式(ST)：用于确定绘制多线时所需要的线型样式，默认线型样式为“STANDARD”。用户可根据需要创建新样式。

注意：多线分解后将变成一条直线，多线不能用 OFFSET 命令偏移，也不能使用 CHAMFER，FILLET，EXTEND，TRIM 等命令编辑。

二、创建多线样式

系统默认的多线样式包含两条平行线，用户可以根据需要创建其他样式。多线样式用以控制元素的数量和每个元素的特性，还可以控制背景填充和封口。启动多线样式命令有如下两种方法：

（1）菜单栏：选择 格式(O) → 多线样式(M)... 命令。

（2）命令行：在命令行输入 MLSTYLE，并按回车键。

执行多线样式命令后，弹出 多线样式 对话框，如图 3.4.4 所示。通过该对话框用户可以创建和管理多线样式。

下面通过创建一个新多线样式来介绍该对话框的使用方法。

（1）单击 新建(N)... 按钮，在弹出的 创建新的多线样式 对话框中的 新样式名(N): 文本框中输入新建多线样式名称“ys1”，如图 3.4.5 所示。

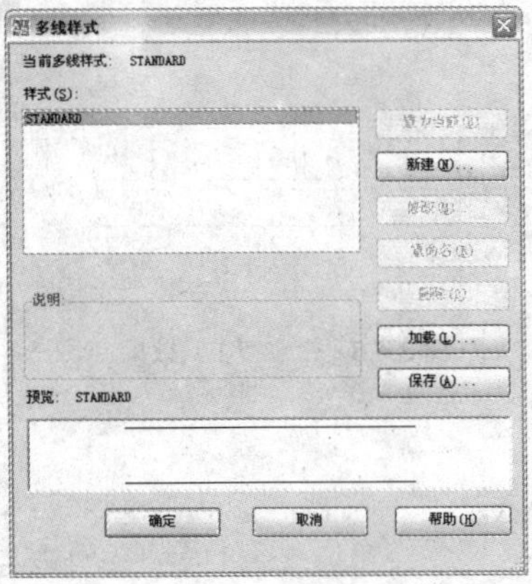

图 3.4.4　“多线样式”对话框

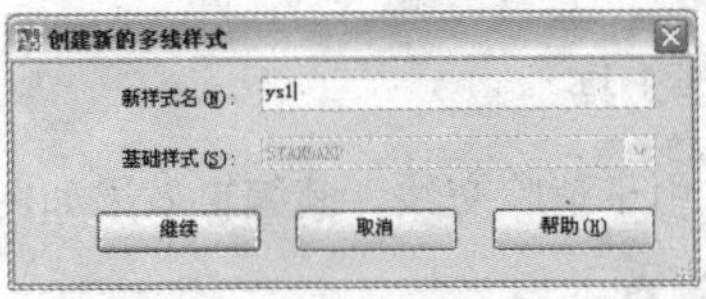

图 3.4.5　“创建新的多线样式”对话框

（2）单击 继续 按钮，系统弹出 新建多线样式：YS1 对话框，然后单击 添加(A) 按钮，系统自动在 元素(E) 选项区中添加一个图线项，其偏移量为 0，设置颜色为“黄色”，然后选择系统自带的两个偏移元素，设置其偏移量为 0.8 和-0.8，颜色为“红色”，如图 3.4.6 所示。

（3）单击 线型(Y)... 按钮，在弹出的 选择线型 对话框中为多线加载线型。

（4）设置完成后，单击 确定 按钮，系统返回到 多线样式 对话框，即可创建一个多线样式。

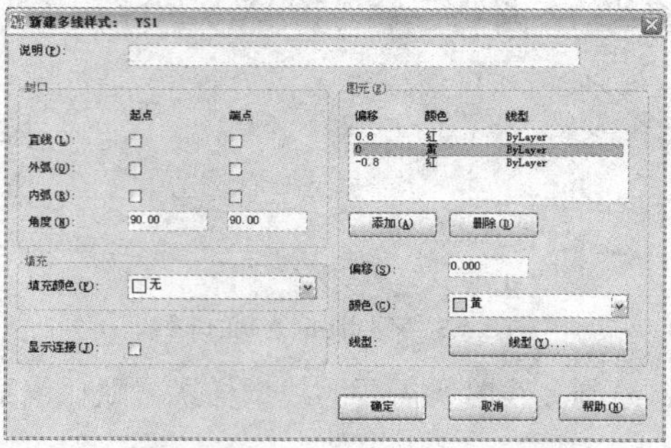

图 3.4.6 “新建多线样式：YS1”对话框

三、编辑多线

编辑多线主要是修改多线相交处的交点特征。启动编辑多线命令有两种方法：

（1）菜单栏：选择 修改(M) → 对象(O) → 多线(M)... 命令。

（2）命令行：在命令行输入 MLEDIT，并按回车键。

执行编辑多线命令后，系统弹出 多线编辑工具 对话框，如图 3.4.7 所示。该对话框中的各图形形象地说明了它所具有的功能。当单击某个图标之后，在对话框底部将会出现简要的说明文字。下面详细介绍各图标的功能。

1. 十字型工具

该工具用于消除各种相交线，如图 3.4.8 显示了运用这些工具后的效果。

图 3.4.7 “多线编辑工具”对话框

图 3.4.8 十字型工具效果

2. T 字型工具

该工具也用于消除交线，其编辑效果如图 3.4.9 所示。

3. 直角工具

该工具用于消隐相交线，还可以消除多线一侧的延伸线，从而形成直角。图 3.4.10 为使用直角工具后的效果。

4. 切断工具

该工具用于切断多线。工具用于切断多线中的一条；工具用于切断整条多线；工具用于重新显示所选两点间任何曾被切断的多线。

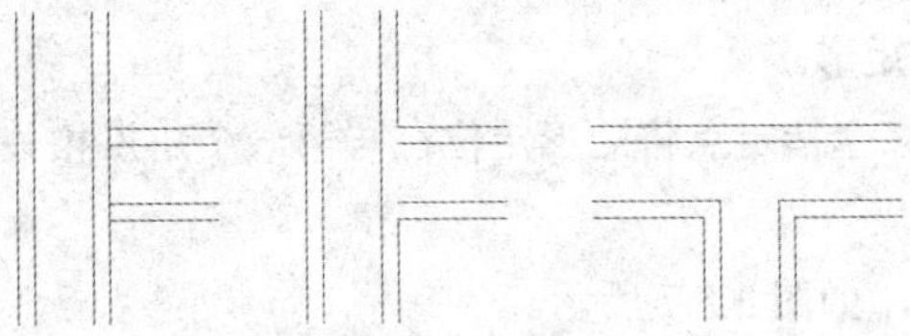

图 3.4.9　T 字型工具效果

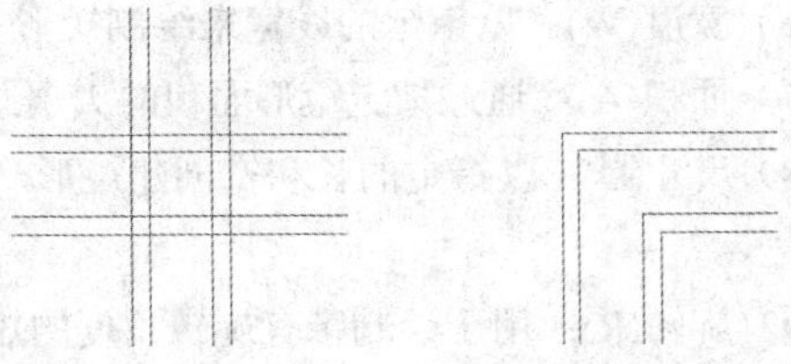

图 3.4.10　直角工具效果

提示：使用十字型工具和切断工具切断线条实际上不显示这些线条，不是真正意义上的切断，使用全部接合工具可以重新显示这些线条。

第五节　多边形的绘制

多边形指由三条边以上的线段围成的封闭图形，在工程制图中应用非常广泛。本节主要介绍如何绘制矩形和正多边形。

一、绘制矩形

虽然使用直线命令也能绘制矩形，但系统提供的专用矩形命令则更为方便。与直线命令绘制的矩形不同，矩形命令绘制的矩形是一个对象，而不是 4 个单独的直线对象。启动矩形命令有 3 种方法：

（1）菜单栏：选择绘图(D)→矩形(G)命令。

（2）工具栏：单击“绘图”工具栏中的“矩形”按钮。

（3）命令行：在命令行输入 RECTANG，并按回车键。

绘制如图 3.5.1 所示的矩形，了解绘制矩形的方法。

（1）命令：rectang↙。

（2）指定第一个角点或[倒角(C)/标高(E)/圆角(F)/厚度(T)/宽度(W)]：f↙。

（3）指定矩形的圆角半径<0.0000>：10↙。

（4）指定第一个角点或[倒角(C)/标高(E)/圆角(F)/厚度(T)/宽度(W)]：w↙。

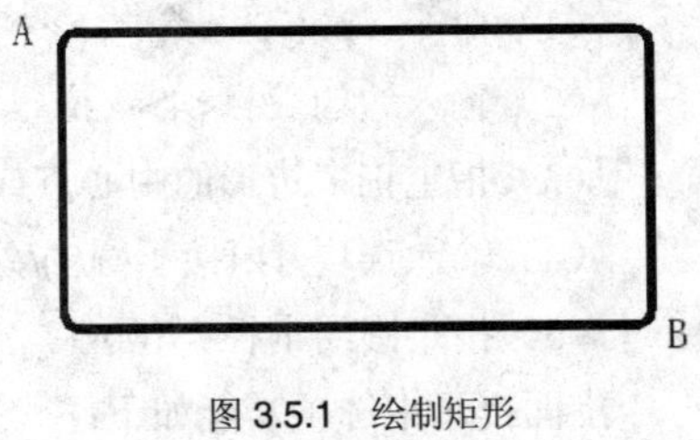

图 3.5.1　绘制矩形

（5）指定矩形的线宽<0.0000>：5↙。

（6）指定第一个角点或[倒角(C)/标高(E)/圆角(F)/厚度(T)/宽度(W)]：捕捉点 A。

（7）指定另一个角点或[面积(A)/尺寸(D)/旋转(R)]：捕捉点 B。

上面提示中各选项功能如下：

1）指定第一个角点：该项为默认选项，在此提示下，用户通过指定矩形的两个角点绘制矩形。

2）倒角(C)：用于设置矩形各顶点的倒角大小，如图 3.5.2 所示。

3）标高(E)：用于确定矩形在三维空间内的某面高度，该选项一般用于三维绘图，如图 3.5.3 所示。

4）圆角(F)：用于设置矩形各顶点的圆角半径，如图 3.5.4 所示。

5）厚度(T)：用于设置矩形厚度，即 Z 轴方向的高度，一般用于三维绘图，如图 3.5.5 所示。

6）宽度(W)：以指定的线宽来绘制矩形，如图 3.5.6 所示。

7）面积(A)：通过指定矩形面积的大小绘制矩形。

8）尺寸(D)：以指定的长和宽创建矩形，第二个指定点将矩形定位在与第一个角点相关的 4 个位置之一。

9）旋转(R)：用于绘制带有旋转角度的矩形，如图 3.5.7 所示。

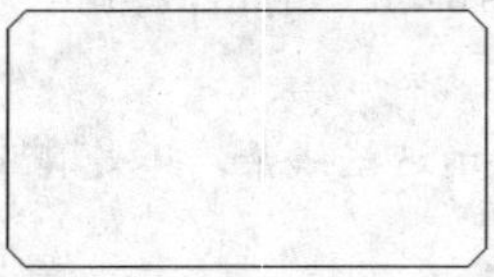
图 3.5.2　倒角矩形

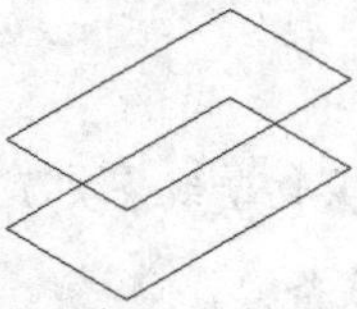
图 3.5.3　不同标高的矩形

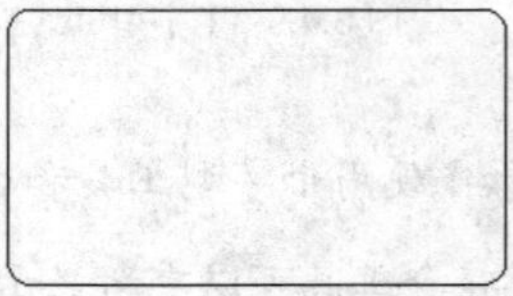
图 3.5.4　圆角矩形

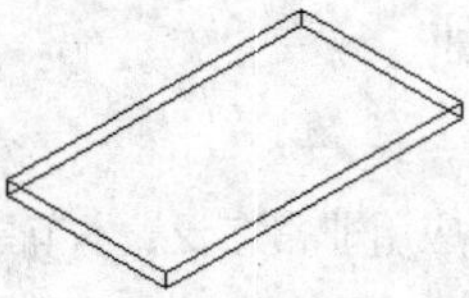
图 3.5.5　带厚度矩形

图 3.5.6　带宽度矩形

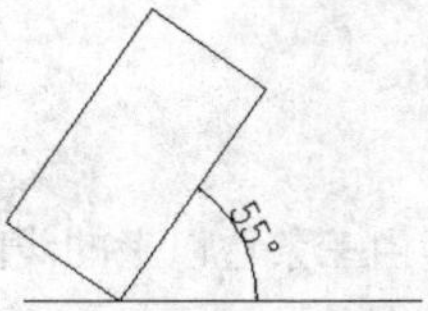

图 3.5.7　旋转矩形

二、绘制正多边形

用户可以利用 AutoCAD 2007 提供的 POLYGON 命令绘制正多边形，该图形是由 3～1 024 条长度相等的边组成的封闭对象。启动正多边形命令有 3 种方法：

（1）菜单栏：选择 绘图(D) → 正多边形(Y) 命令。

（2）工具栏：单击“绘图”工具栏中的“正多边形”按钮。

（3）命令行：在命令行输入 POLYGON，并按回车键。

绘制如图 3.5.8 所示的正多边形，了解绘制正多边形的方法。

（1）命令：polygon↙。

（2）输入边的数目<4>：6↙。

（3）指定正多边形的中心点或[边(E)]：0,0↙。

（4）输入选项 [内接于圆(I)/外切于圆(C)] <I>：I↙。

（5）指定圆的半径：100↙。

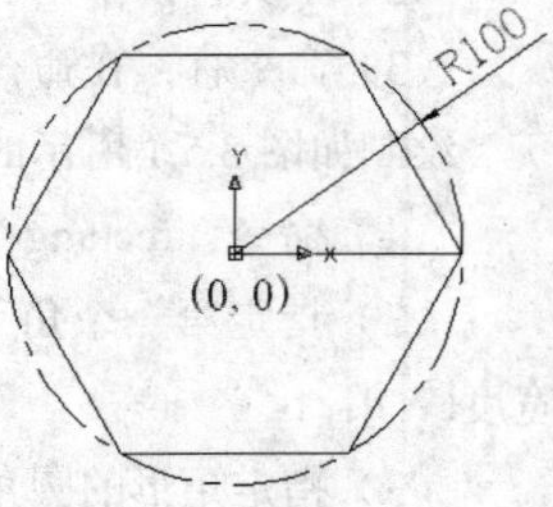

图 3.5.8　绘制正多边形

上面提示中选项功能如下：

1）边(E)：根据正多边形某条边的两个端点来绘制正多边形，如图 3.5.9 所示。

2）内接于圆(I)：根据外接圆绘制正多边形（见图 3.5.8）。

3）外切于圆(C)：根据内切圆绘制正多边形，如图 3.5.10 所示。

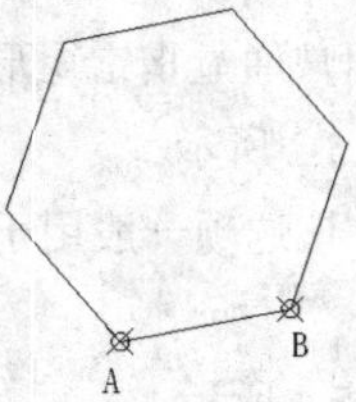

图 3.5.9　按指定边绘制正多边形

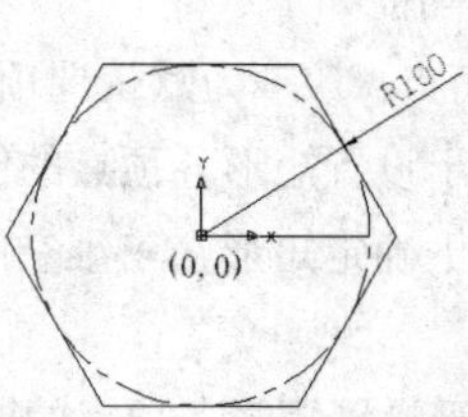

图 3.5.10　根据内切圆绘制正多边形

提示：如果需要绘制倾斜的正多边形，在输入圆半径时输入相应的极坐标即可。

第六节　弧线的绘制

弧线的绘制主要包括圆、圆弧、椭圆和椭圆弧的绘制，下面将分别进行介绍。

一、绘制圆

绘制圆的方法有多种，如指定圆心、半径或直径；指定圆上的 3 点；指定两个切点及半径等。绘制圆时，应根据具体给定的条件，选择合适的绘制方法。AutoCAD 2007 默认的绘制圆的方法是指定圆心和半径。启动圆命令有 3 种方法：

（1）菜单栏：选择 绘图(D) → 圆(C) 命令下的子命令。

（2）工具栏：单击“绘图”工具栏中的“圆”按钮。

（3）命令行：在命令行输入 CIRCLE，并按回车键。

绘制如图 3.6.1 所示的圆，了解绘制圆的方法。

（1）命令：circle↙。

（2）指定圆的圆心或[三点(3P)/两点(2P)/相切、相切、半径(T)]：0,0↙。

（3）指定圆的半径或[直径(D)] <100.0000>：50↙。

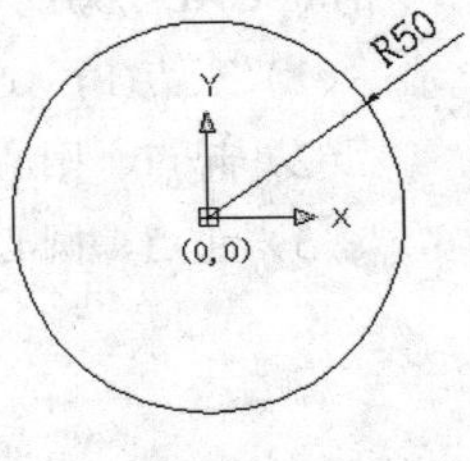

图 3.6.1　绘制圆

上面提示中选项功能如下：

1）三点(3P)：通过指定圆上的 3 个点绘制圆，如图 3.6.2 所示。

2）两点(2P)：指定两个点，并以这两点之间的距离为直径绘制圆，如图 3.6.3 所示。

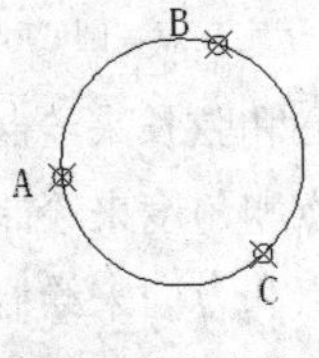

图 3.6.2　根据 3 点绘制圆

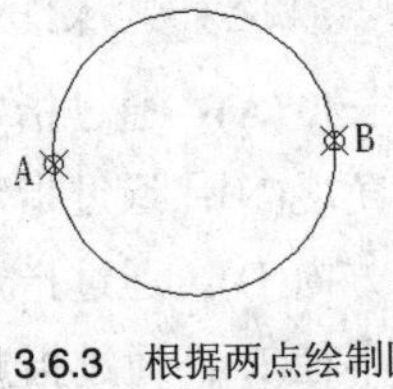

图 3.6.3　根据两点绘制圆

3）相切、相切、半径(T)：绘制与两个对象相切，并以指定值为半径的圆，如图 3.6.4 所示。另外，用户可以通过“相切、相切、相切(A)”方式绘制圆，使用该方式可以绘制与 3 个对象相切的圆，如图 3.6.5 所示。

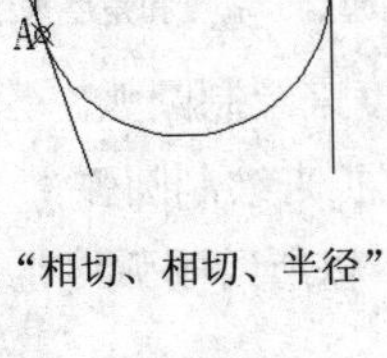

图 3.6.4　以“相切、相切、半径”方式绘制圆

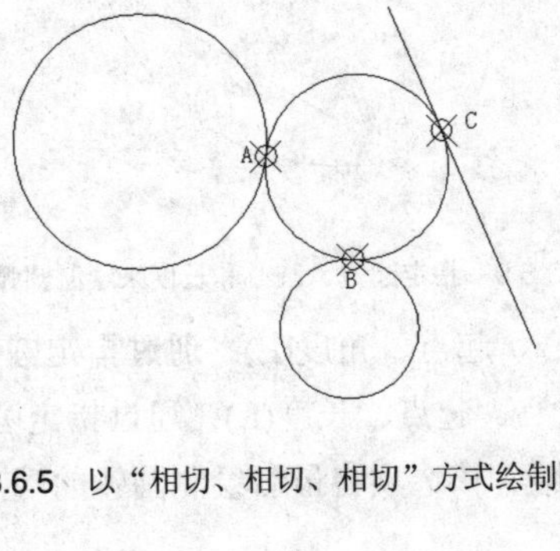

图 3.6.5　以“相切、相切、相切”方式绘制圆

二、绘制圆弧

AutoCAD 2007 提供了多种绘制圆弧的方式。当用户绘制圆弧时，应根据给定的具体条件选择合适的绘制方式。启动圆弧命令有 3 种方法：

（1）菜单栏：选择 绘图(D) → 圆弧(A) 命令下的子命令。

（2）工具栏：单击“绘图”工具栏中的“圆弧”按钮。

（3）命令行：在命令行输入 ARC，并按回车键。

绘制如图 3.6.6 所示的圆弧，了解绘制圆弧的方法。

（1）命令：arc↙。

（2）指定圆弧的起点或[圆心(C)]：捕捉点 A。

（3）指定圆弧的第二个点或[圆心(C)/端点(E)]：捕捉点 B。

（4）指定圆弧的端点：捕捉点 C。

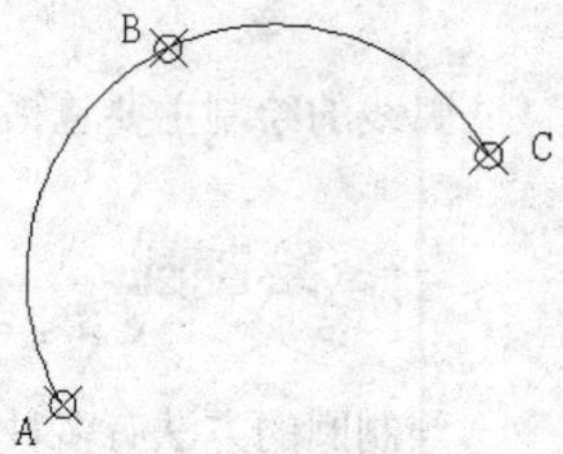

图 3.6.6　绘制圆弧

AutoCAD 2007 为用户提供了 11 种绘制圆弧的方法，下面分别进行介绍。

（1）三点(P)：通过指定 3 个点绘制圆弧，此为系统默认的绘制圆弧方式（见图 3.6.6)。

（2）起点、圆心、端点(S)：通过指定圆弧的起点、圆心和端点来绘制圆弧，如图 3.6.7 所示。

（3）起点、圆心、角度(T)：通过指定圆弧的起点、圆心和角度来绘制圆弧，如图 3.6.8 所示。

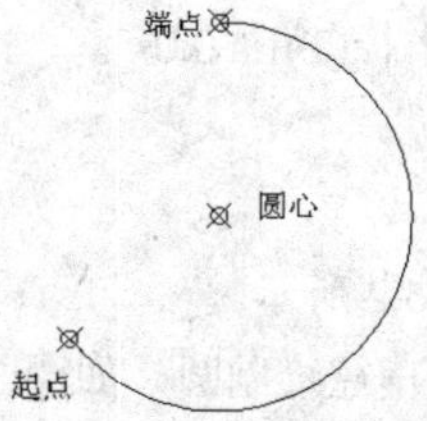

图 3.6.7　指定起点、圆心和端点来绘制圆弧

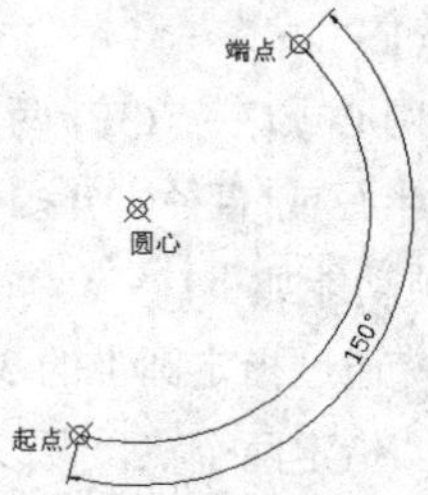

图 3.6.8　指定起点、圆心和角度来绘制圆弧

（4）起点、圆心、长度(A)：通过指定圆弧的起点、圆心和弦长来绘制圆弧，如图 3.6.9 所示。

（5）起点、端点、角度(N)：通过指定圆弧的起点、端点和角度来绘制圆弧，如图 3.6.10 所示。

（6）起点、端点、方向(D)：通过指定圆弧的起点、端点和方向来绘制圆弧。

（7）起点、端点、半径(R)：通过指定圆弧的起点、端点和半径来绘制圆弧。

（8）圆心、起点、端点(C)：通过指定圆弧的圆心、起点和端点来绘制圆弧。

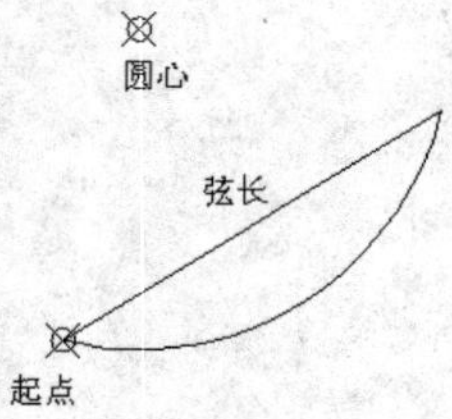

图 3.6.9　指定起点、圆心和长度来绘制圆弧

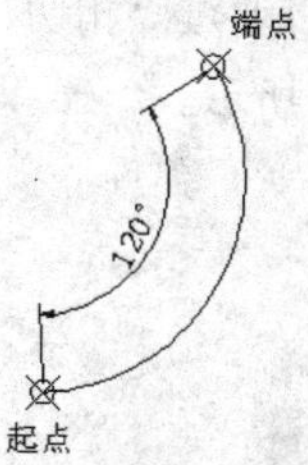

图 3.6.10　指定起点、端点和角度来绘制圆弧

（9）圆心、起点、角度(E)：通过指定圆弧的圆心、起点和角度来绘制圆弧。

（10）圆心、起点、长度(L)：通过指定圆弧的圆心、起点和弦长来绘制圆弧。

（11）继续：该选项将最后绘制圆弧的端点作为新圆弧的起点，以所绘圆弧终止点的切线方向为新圆弧起始点的切线方向来绘制新圆弧。

三、绘制椭圆

椭圆是由中心点、长轴和短轴 3 个参数决定的。启动椭圆命令有 3 种方法：

（1）菜单栏：选择绘图(D) → 椭圆(E)命令下的子命令。

（2）工具栏：单击“绘图”工具栏中的“椭圆”按钮。

（3）命令行：在命令行输入 ELLIPSE，并按回车键。

绘制如图 3.6.11 所示的椭圆，了解绘制椭圆的方法。

（1）命令：ellipse↙。

（2）指定椭圆的轴端点或[圆弧(A)/中心点(C)]：捕捉点 A。

（3）指定轴的另一个端点：捕捉点 B。

（4）指定另一条半轴长度或[旋转(R)]：捕捉点 C。

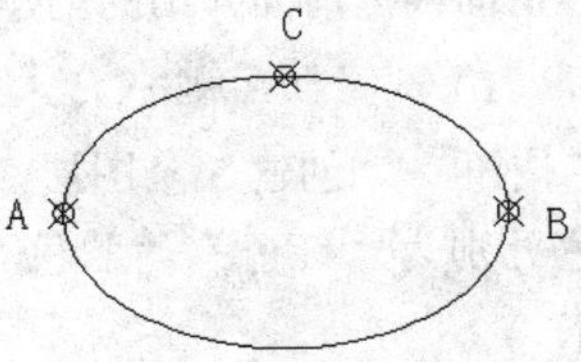

图 3.6.11　绘制椭圆

上面提示中选项功能如下：

1）圆弧(A)：利用该选项可以绘制椭圆弧。

2）中心点(C)：通过指定椭圆中心，轴的端点和轴的长度来绘制椭圆，如图 3.6.12 所示。

3）旋转(R)：通过旋转方式绘制椭圆，如图 3.6.13 所示。

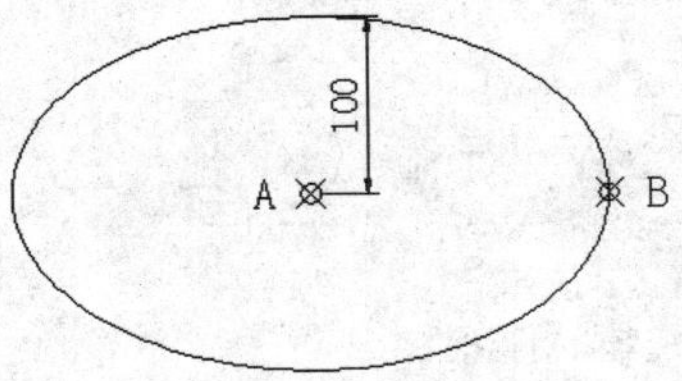

图 3.6.12　指定中心点来绘制椭圆

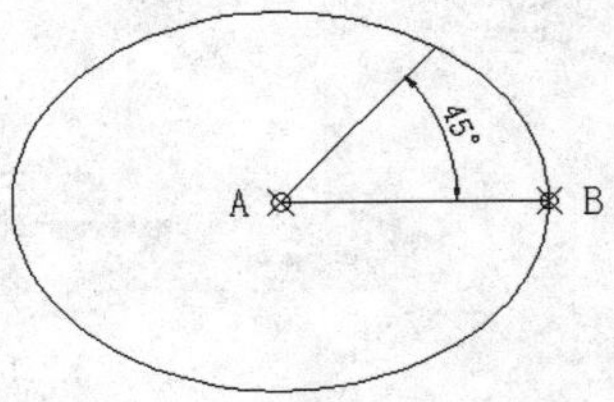

图 3.6.13　通过旋转方式绘制椭圆

四、绘制椭圆弧

在 AutoCAD 2007 中，为了用户使用方便，系统为绘制椭圆弧提供了独立的按钮。启动椭圆弧命令有 3 种方式：

（1）菜单栏：选择绘图(D) → 椭圆(E) → 圆弧(A)命令。

（2）工具栏：单击“绘图”工具栏中的“椭圆弧”按钮。

（3）命令行：在命令行输入 ELLIPSE，并按回车键。

绘制如图 3.6.14 所示的椭圆弧，了解绘制椭圆弧的方法。

（1）命令：ellipse↙。

（2）指定椭圆的轴端点或[圆弧(A)/中心点(C)]：a↙。

（3）指定椭圆弧的轴端点或[中心点(C)]：捕捉点 A。

（4）指定轴的另一个端点：捕捉点 B。

（5）指定另一条半轴长度或[旋转(R)]：100↙。

（6）指定起始角度或[参数(P)]：10↙。

（7）指定终止角度或[参数(P)/包含角度(I)]：260↙。

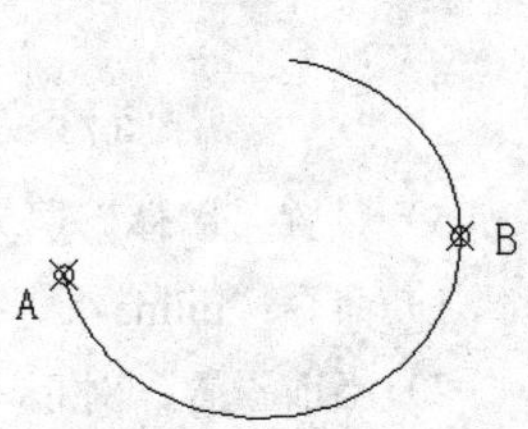

图 3.6.14　绘制椭圆弧

上面提示中选项功能如下：

1）指定起始角度：通过指定椭圆的起始角、终止角来绘制椭圆弧，其中起始角与终止角是以绘制椭圆的第一条轴为基准确定的。

2）参数(P)：通过设定的参数绘制椭圆弧。

第七节　应用实例——户型结构图

下面根据前面介绍的创建基本建筑图形的命令绘制户型结构图。

（1）选择格式(O)→图层(L)...命令，弹出图层特性管理器对话框。在该对话框中单击“新建图层”按钮，创建 5 个图层，名称分别为“辅助”、“墙体”、“门窗”、“尺寸标注”和“文本标注”，颜色分别为“红色”、“蓝色”、“洋红”、“86”和“220”，设置“辅助”层为当前图层，如图 3.7.1 所示。

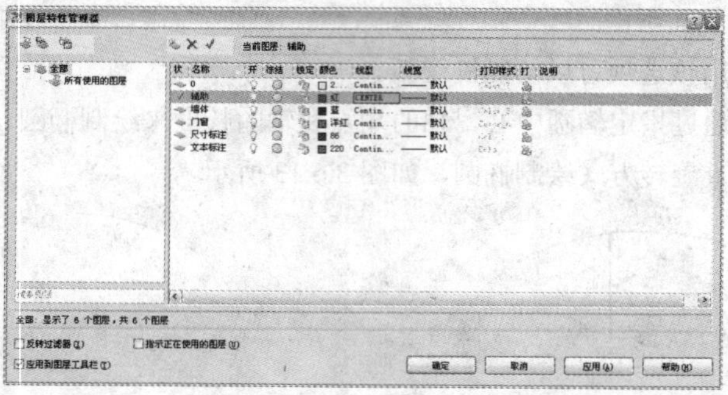

图 3.7.1　“图层特性管理器”对话框

（2）单击“直线”按钮或者在命令行输入 line，以原点为起点，绘制两条互相垂直的辅助线，长为 7 500，宽为 5 000，如图 3.7.2 所示。

（3）单击“偏移”按钮或者在命令行输入 offset，将上步绘制的水平辅助线向上进行偏移，偏移距离分别为 1 500，1 300 和 2 200。

（4）重复偏移命令，将步骤（2）绘制的垂直辅助线向右偏移，偏移距离分别为 3100，1700 和 2 700，如图 3.7.3 所示。

图 3.7.2　绘制垂直辅助线

图 3.7.3　偏移辅助线

（5）设置“墙体”层为当前图层，在命令行输入 mline，命令行提示如下：

1）命令：mline↙。

2）当前设置：对正=无，比例=240.00，样式=STANDARD。

3）指定起点或 [对正(J)/比例(S)/样式(ST)]：捕捉 A 点。

4）指定下一点：捕捉 B 点。

5）指定下一点或 [放弃(U)]：捕捉 C 点。

6）指定下一点或 [闭合(C)/放弃(U)]：捕捉 D 点。

7）指定下一点或 [闭合(C)/放弃(U)]：捕捉 E 点。

8）指定下一点或 [闭合(C)/放弃(U)]：捕捉 F 点。

9）指定下一点或 [闭合(C)/放弃(U)]：c↙，如图 3.7.4 所示。

（6）重复多线命令，设置线型比例为 120，绘制内墙线，如图 3.7.5 所示。

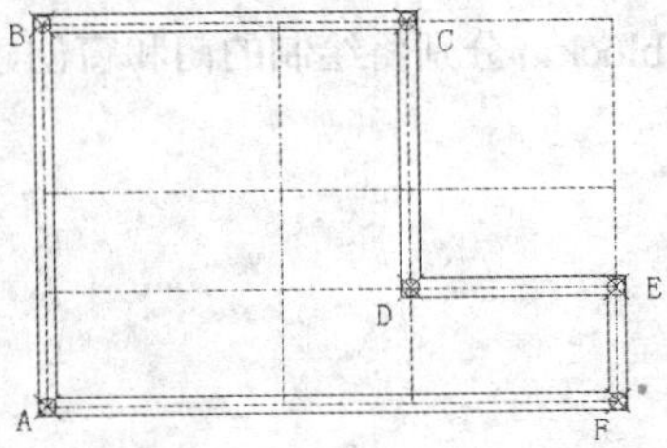

图 3.7.4　绘制墙线

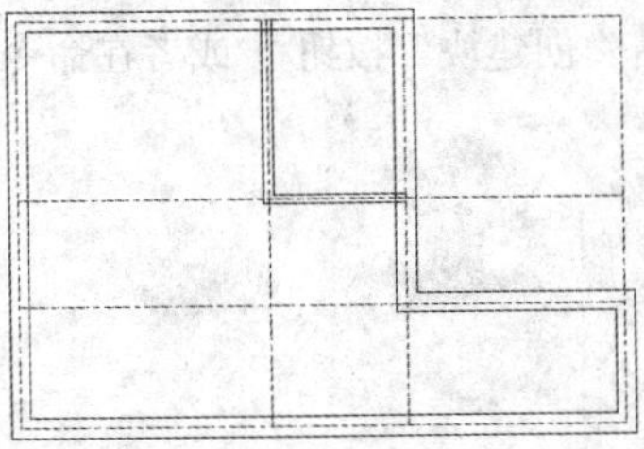

图 3.7.5　绘制内墙线

（7）选择 修改(M) → 对象(O) → 多线(M)... 命令，系统弹出 多线编辑工具 对话框。单击该对话框中的“T 形打开”按钮，如图 3.7.6 所示，然后单击 关闭(C) 按钮，编辑绘制的墙体线，编辑结果如图 3.7.7 所示。

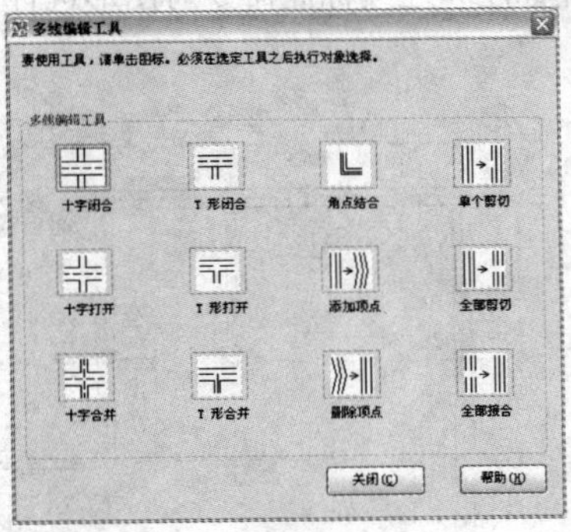

图 3.7.6　“多线编辑工具”对话框

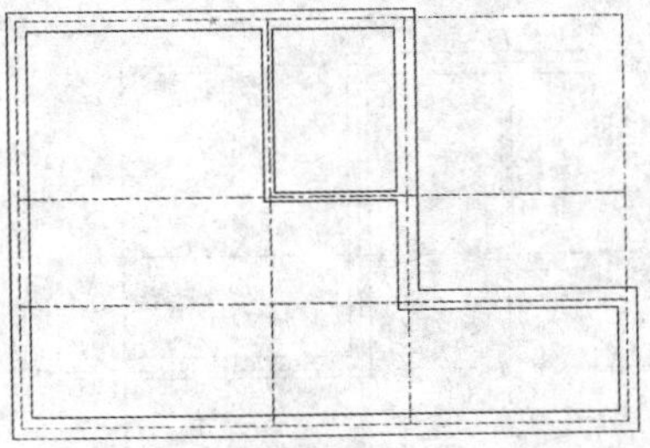

图 3.7.7　编辑多线

（8）设置“门窗”层为当前图层，然后利用直线命令绘制门洞和窗洞，如图 3.7.8 所示。

（9）单击“分解”按钮或者在命令行输入 explode，将墙体线进行分解处理，然后再单击“修剪”按钮或者在命令行输入 trim，修剪门洞和窗洞，如图 3.7.9 所示。

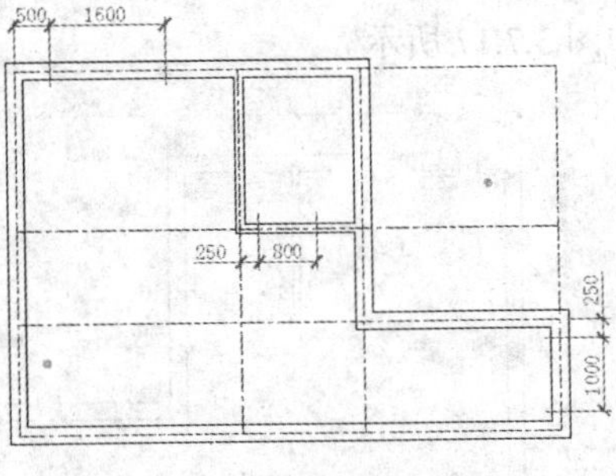

图 3.7.8　绘制门洞和窗洞

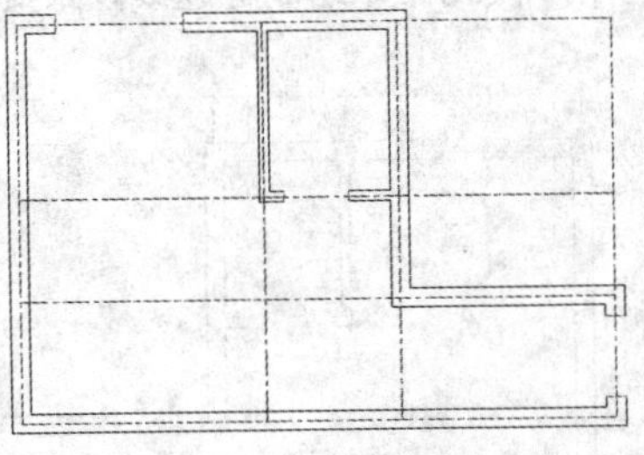

图 3.7.9　修剪门洞和窗洞

（10）单击“矩形”按钮或者在命令行输入 rectang，在屏幕上任取一点，绘制一个长为 1 600，宽为 240 的矩形，如图 3.7.10 所示。

（11）利用分解命令分解矩形，然后再利用偏移命令，向下偏移两次矩形的上边线，偏移距离为

80，如图 3.7.11 所示。

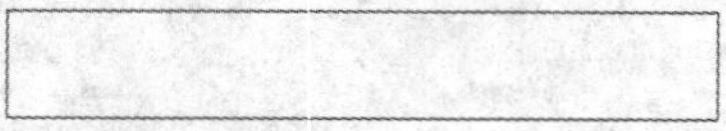

图 3.7.10　绘制矩形

图 3.7.11　偏移矩形边

（12）利用直线命令在屏幕上绘制一条垂直直线，然后单击“圆弧”按钮或者在命令行输入 circle，捕捉直线的端点，绘制一段圆弧，如图 3.7.12 所示。

（13）单击“创建块”按钮或者在命令行输入 block，分别将绘制的门和窗创建为图块，如图 3.7.13 所示。

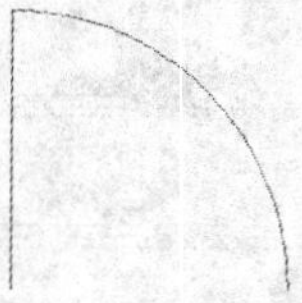

图 3.7.12　绘制门

图 3.7.13　创建门块和窗块

（14）单击“插入块”按钮或者在命令行输入 insert，将创建的门块和窗块插入到如图 3.7.14 所示的位置。

（15）设置“尺寸标注”层为当前图层，利用线性标注和连续标注命令对图形进行尺寸标注，效果如图 3.7.15 所示。

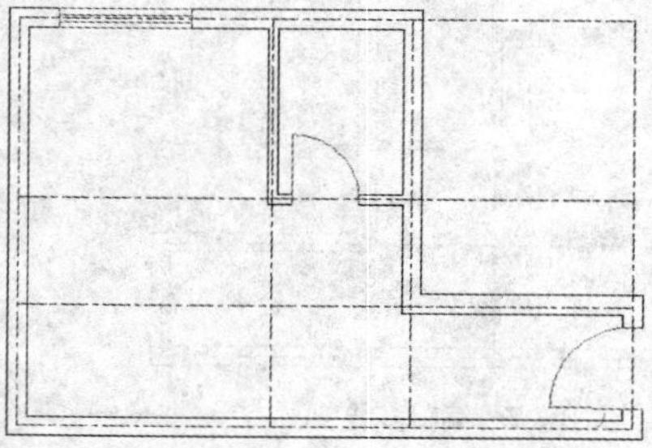

图 3.7.14　插入图块

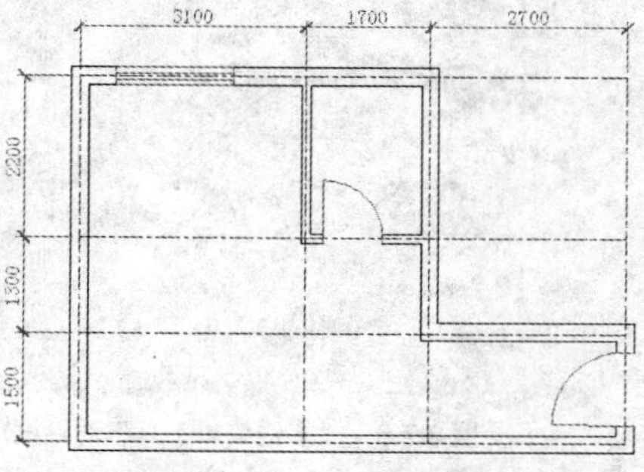

图 3.7.15　标注图形

（16）隐藏辅助层，设置“文本标注”层为当前图层，利用单行文字对图形进行标题说明，如图 3.7.16 所示。

（17）利用多段线命令绘制标题线，最终效果如图 3.7.17 所示。

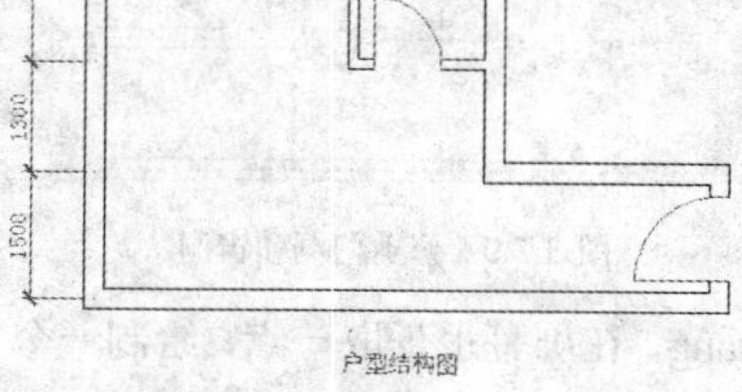

图 3.7.16　标注文本

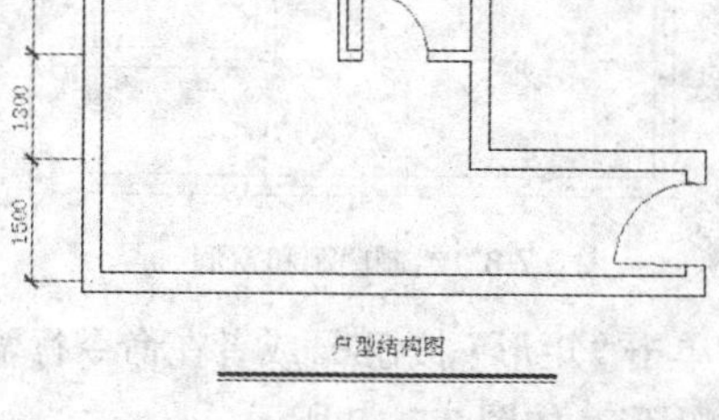

图 3.7.17　绘制多段线

习 题 三

一、填空题

1．多段线命令为________；矩形命令为________。

2．多线命令共有 3 种对正方式，分别为________、________和________。

3．在 AutoCAD 2007 中提供了________种绘制圆弧的方法。

二、选择题

1．以下各命令中，用于绘制椭圆的命令是（　）。

A．DONUT　　B．RECTANG

C．POLYGON　　D．ELLIPSE

2．在 AutoCAD 2007 中，用于绘制圆弧的命令是（　）。

A．RECTANG　　B．ARC

C．POLYGON　　D．ELLIPSE

三、简答题

简要说明如何设置多线样式。

四、上机操作题

利用多段线和多线等命令绘制如题图 3.1 所示的户型结构图。

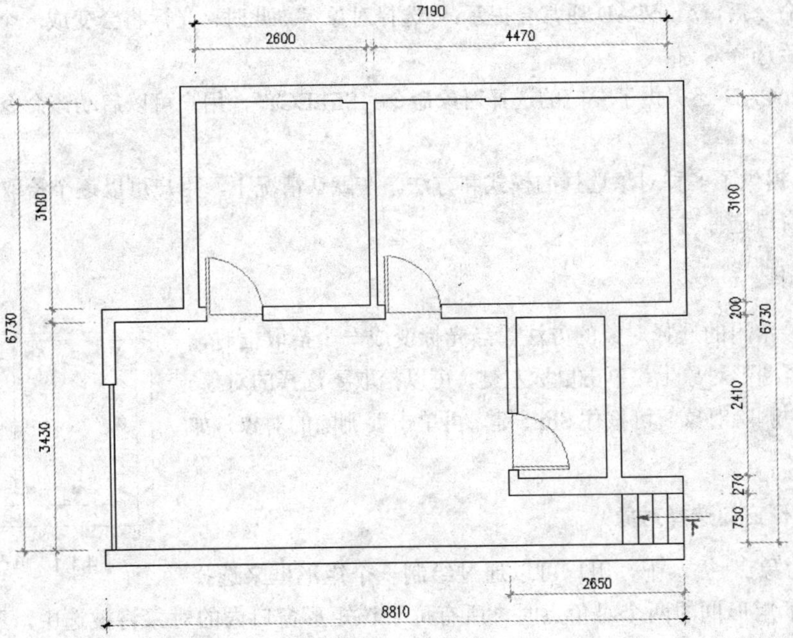

题图　3.1

第四章　建筑设计中的编辑操作

本章主要介绍 AutoCAD 2007 中建筑设计的编辑操作命令，另外还将介绍图案填充命令。通过本章的学习，用户应该熟练掌握利用这些编辑命令绘制建筑图形。

本章主要内容:

- ◆ 改变对象位置
- ◆ 复制对象
- ◆ 修改对象
- ◆ 图案填充

第一节　对象的选择

在对图形进行编辑操作之前，首先需要确定所编辑的对象。AutoCAD 2007 提供了多种选择对象的方法供用户操作。

一、选择对象的方法

启动编辑命令后，AutoCAD 通常会提示："选择对象:"，此时，光标将会变成一个拾取框，用户可以在该提示后选择对象。

另外，AutoCAD 还提供了专门的选择对象命令"SELECT"，用户可以启动该命令学习选择对象的方法。

AutoCAD 提供了多种对象选择的模式和方法。在默认情况下，用户可以逐个拾取对象，或者使用矩形、交叉窗口选择对象。

1. 单点选择

此方法是最常用的选择对象的方法。当光标变成一个拾取框时，将鼠标指针移至图形对象上，单击鼠标左键，可以拾取要选择的对象。若要从选择集中删除对象，可按住 Shift 键，再单击要删除的对象，如图 4.1.1 所示。

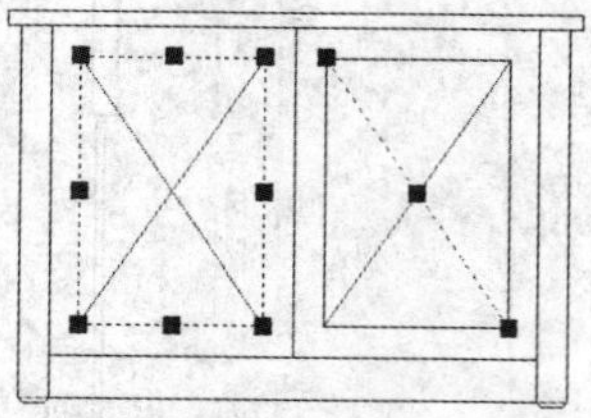

图 4.1.1　单点选择对象

2. 使用矩形窗口选择对象

在"选择对象:"提示下，用户可以通过绘制一个矩形框来选择对象，当指定了矩形框的两个对角点时，所有位于该矩形窗口内的对象将被选中，不在该窗口内或者只有部分在该窗口内的对象则不被选中，如图 4.1.2 所示。

3. 用交叉窗口选择对象

该方法与上述"窗口"选择方法类似，所不同的是在此窗口内或与此窗口四边相交的图形都将被选中，如图 4.1.3 所示。

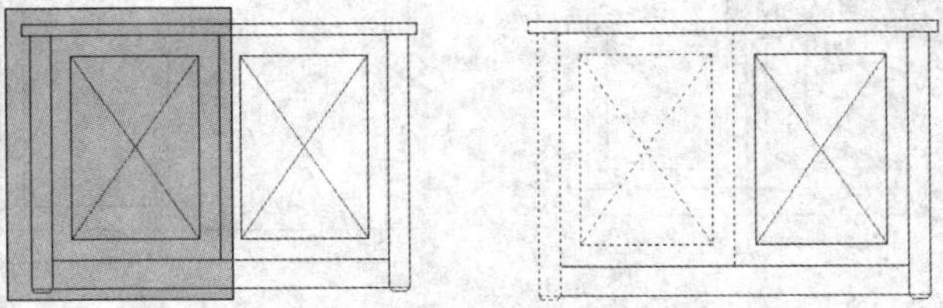

图 4.1.2 使用矩形窗口方式选择对象

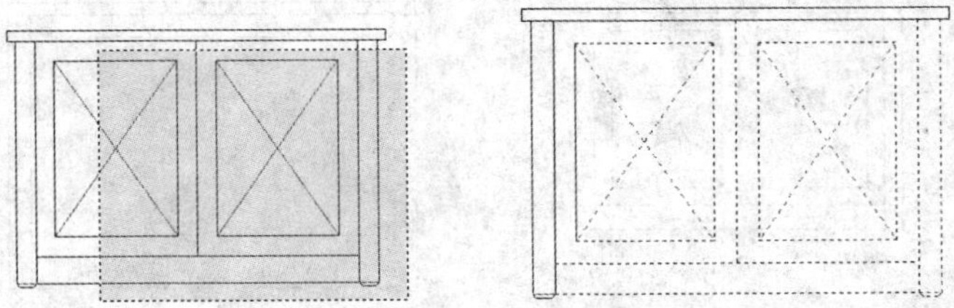

图 4.1.3 用交叉窗口方式选择对象

提示：在实际选择对象时，用户可根据具体情况配合使用上述几种选择方法。例如，可用矩形窗口、交叉窗口选取对象，然后再用单点选择的方法为选择集添加或去除对象。

4. 其他选择对象方法

选择对象时，如果在命令行的“选择对象”提示下输入“？”并按回车键，命令行提示如下信息：

需要点或窗口(W)/上一个(L)/窗交(C)/框(BOX)/全部(ALL)/栏选(F)/圈围(WP)/圈交(CP)/编组(G)/添加(A)/删除(R)/多个(M)/前一个(P)/放弃(U)/自动(AU)/单个(SI)/子对象/对象。

根据上面的提示信息，用户可以指定选择对象的方法。下面仅介绍几个主要选项。

（1）全部(ALL)：该选项用于选取图形中没有锁定、关闭或冻结的层上的所有对象。

（2）栏选(F)：通过绘制一条开放的多点栅栏（多段直线）选择对象，所有与栅栏相接触的对象均会被选中，如图 4.1.4 所示。

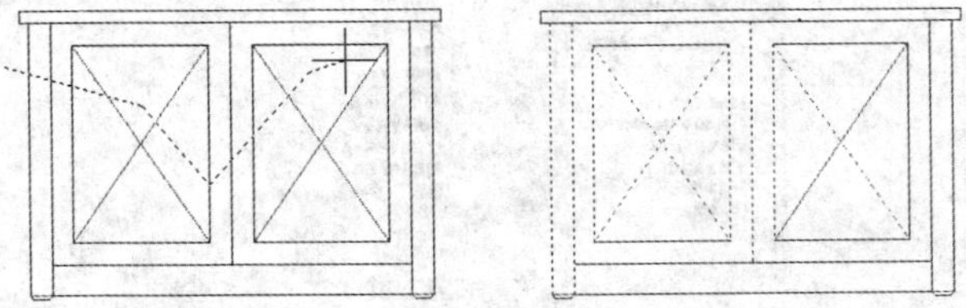

图 4.1.4 用栏选方式选择对象

（3）圈围(WP)：允许用户绘制一个不规则的封闭多边形，并用它作为窗口选择对象，完全包围在多边形内的对象都被选中，如图 4.1.5 所示。

（4）圈交(CP)：允许用户绘制一个不规则的封闭多边形，并用它作为交叉式窗口来选择对象。所有在多边形内或与多边形相交的对象都将被选中，如图 4.1.6 所示。

（5）编组(G)：可以使用预先定义的对象组作为选择集。事先将若干个对象组成组，用组名引用。

（6）添加(A)：可以通过设置 PICKADD 系统变量把对象加入到选择集中。如果 PICKADD 设为 1，则后面所选择的对象均被加入到选择集中；如果 PICKADD 设为 0，则最近所选择的对象均被加入到选择集中。

图 4.1.5　用圈围方式选择对象

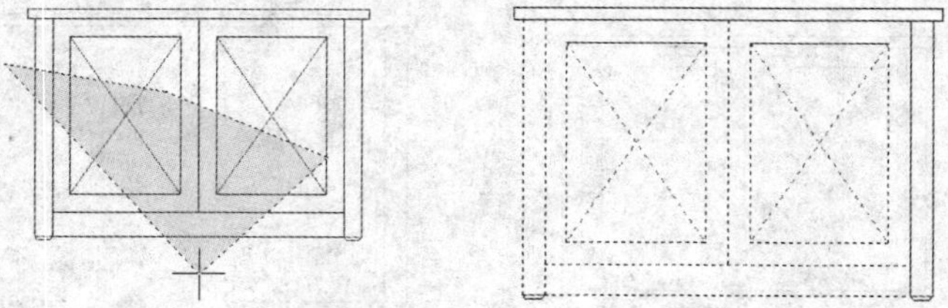

图 4.1.6　用圈交方式选择对象

（7）多个(M)：用于指定多个点，但不高亮显示，从而加速对象选取。

（8）自动(AU)：用于自动选择对象，若拾取点处恰好有一实体则选择该实体，否则，要求用户确定另一角点。

二、设置对象的选择模式

AutoCAD 提供的默认模式可以满足用户的一般需要。如果用户有特殊需要，还可对其进行设置。选择 工具(T) → 选项(N)... 命令，系统弹出 选项 对话框，打开“选择”选项卡，如图 4.1.7 所示，利用该选项卡，用户可以设置拾取框的大小及构造选择集模式。

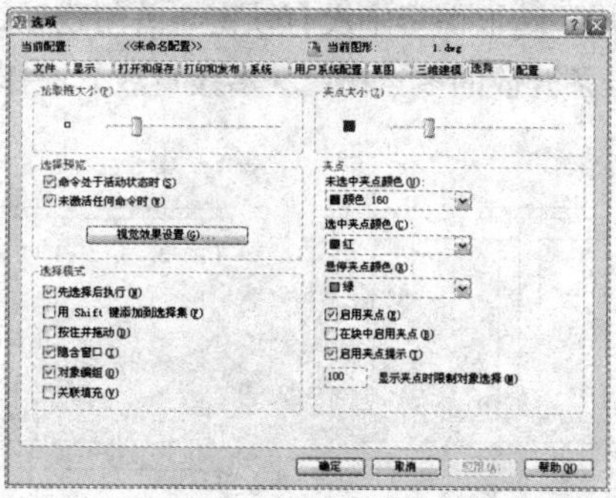

图 4.1.7　“选择”选项卡

在该对话框中，用户可以拖动 拾取框大小(P) 选项区中的滑块来改变拾取框的大小，还可以通过 选择模式 选项区设置构造选择集的模式。

第二节　改变对象位置

改变对象位置命令是按照指定要求改变当前图形或图形的某部分位置，包含移动命令和旋转命令两种。

一、移动对象

移动命令是指将对象从一个位置移动到另一个位置，在移动过程中不可以改变对象的方位和尺寸。启动移动命令有如下 3 种方法：

（1）菜单栏：选择修改(M)→移动(V)命令。

（2）工具栏：单击“修改”工具栏中的“移动”按钮。

（3）命令行：在命令行输入 MOVE，并按回车键。

执行移动命令后，命令行提示：“选择对象：”，选择要移动的对象。系统继续提示：“指定基点或 [位移(D)] <位移>：”，确定移动对象的基点，指定基点后，系统继续提示：“指定第二个点或 <使用第一个点作为位移>：”，指定移动对象的第二点，系统根据这两个点决定位置并移动对象。

使用移动命令编辑图形，如图 4.2.1 所示。

（1）命令：move↙。

（2）选择对象：选择如图 4.2.1（a）所示的圆 A。

（3）选择对象：↙。

（4）指定基点或 [位移(D)] <位移>：捕捉如图 4.2.1（a）所示的圆 A 的圆心。

（5）指定第二个点或 <使用第一个点作为位移>：捕捉如图 4.2.1（a）所示的交点 B，结果如图 4.2.1（b）所示。

（a）　（b）

图 4.2.1　使用移动命令编辑图形

（a）原图；（b）移动后的结果

二、旋转对象

旋转命令用于将指定对象绕基点旋转指定角度。启动旋转命令有如下 3 种方法：

（1）菜单栏：选择修改(M)→旋转(R)命令。

（2）工具栏：单击“修改”工具栏中的“旋转”按钮。

（3）命令行：在命令行输入 ROTATE，并按回车键。

执行旋转命令后，命令行提示：“选择对象：”，选择要旋转的对象。继续提示：“指定基点：”，指定旋转对象的基点。系统继续提示：“指定旋转角度，或 [复制(C)/参照(R)] <0>：”，输入旋转对象的角度，各选项含义如下：

1）复制(C)：输入 C，命令行提示：“旋转一组选定对象。”，将选定的对象复制旋转。

2）参照(R)：输入 R，命令行提示：“指定参照角 <0>：”，指定当前的参照角度。继续提示：“指定新角度或 [点(P)] <0>：”，指定所需的新角度或者通过指定点来确定。

使用旋转命令编辑图形，如图 4.2.2 所示。

（1）命令：rotate↙。

（2）UCS 当前的正角方向：ANGDIR=逆时针，ANGBASE=0。

（3）选择对象：选择如图 4.2.2（a）所示的图形。

（4）选择对象：↙。

（5）指定基点：捕捉如图 4.4.2（a）所示圆 A 的圆心。

（6）指定旋转角度，或 [复制(C)/参照(R)] <0>：r↙。

（7）指定参照角 <0>：↙。

（8）指定新角度或 [点(P)] <0>：60↙，结果如图 4.2.2（b）所示。

（a）　　　　（b）

图 4.2.2　使用旋转命令编辑图形

（a）原图；（b）旋转后的结果

第三节　复制对象

AutoCAD 2007 提供的复制对象命令主要包括：复制、镜像、偏移和阵列命令，利用这些命令可以方便地编辑绘制的图形。

一、复制对象

复制命令用于将多个相同形状的图形对象复制到指定位置。启动复制对象命令有如下 3 种方法：

（1）菜单栏：选择 修改(M) → 复制(Y) 命令。

（2）工具栏：单击“修改”工具栏中的“复制”按钮。

（3）命令行：在命令行输入 COPY，并按回车键。

执行复制对象命令后，命令行提示：“选择对象:”，选择要复制的对象，继续提示：“指定基点或 [位移(D)] <位移>:”，确定复制对象的基准点或者通过指定位移点进行复制。系统继续提示：“指定第二个点或 <使用第一个点作为位移>:”，指定复制的第二点，系统将根据这两点确定对象的位置。指定第二点后，系统继续提示：“指定第二个点或 [退出(E)/放弃(U)] <退出>:”，在该提示下连续指定新的第二点，实现多重复制。各选项含义如下：

1）退出(E)：用于结束复制操作。

2）放弃(U)：用于放弃上一次的复制操作。

使用复制命令绘制图形，如图 4.3.1 所示。

（1）命令：copy↙。

（2）选择对象：选择如图 4.3.1（a）所示的圆 A。

（3）选择对象：↙。

（4）指定基点或 [位移(D)] <位移>：捕捉圆 A 的圆心。

（5）指定第二个点或 <使用第一个点作为位移>：捕捉如图 4.3.1（a）所示的交点 B。

（6）指定第二个点或 [退出(E)/放弃(U)] <退出>：↙，结果如图 4.3.1（b）所示。

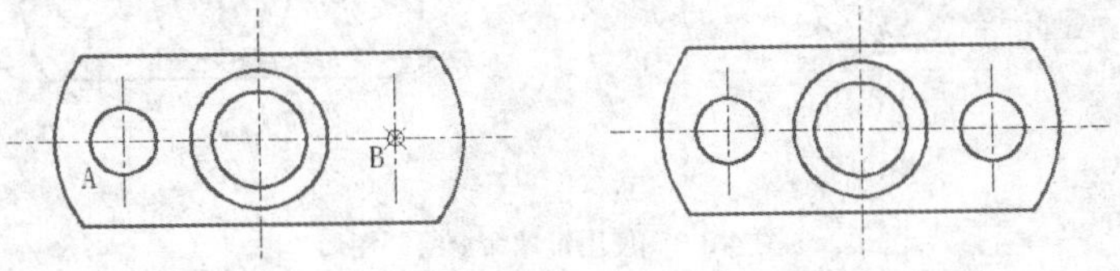

（a） （b）

图 4.3.1 使用复制命令绘制图形

（a）原图；（b）复制后的结果

二、镜像对象

镜像命令用于生成所选对象的对称图形，操作时需要指定对称线。启动镜像命令有如下 3 种方法：

（1）菜单栏：选择修改(M)→镜像(I)命令。

（2）工具栏：单击“修改”工具栏中的“镜像”按钮。

（3）命令行：在命令行输入 MIRROR。

执行镜像命令后，命令行提示：“选择对象：”，选择要镜像的对象，继续提示：“指定镜像线的第一点：”，确定对称线的第一点。系统继续提示：“指定镜像线的第二点：”，确定对称线的第二个点。最后命令行提示：“是否删除源对象？[是(Y)/否(N)]<N>：”，确定是否删除镜像对象，输入 N，不删除原对象；输入 Y，则镜像后删除原对象。

通常情况下，执行镜像操作时，如果选择集中包含了文字、属性和属性定义，此时这些对象同样被反转或倒置。要防止镜像文字被反转或倒置，请将 MIRRTEXT 系统变量设置为 0，如图 4.3.2 所示。

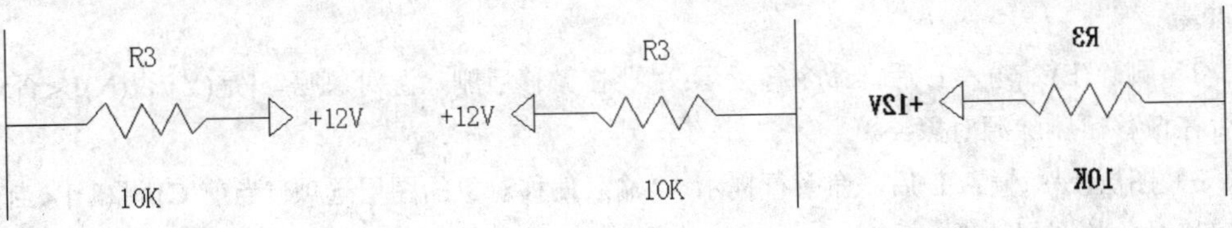

（a） （b） （c）

图 4.3.2 镜像包含文字的对象

（a）镜像前的对象；（b）MIRRTEXT=0 后的效果；（c）MIRRTEXT=1 后的效果

但是，MIRRTEXT 只影响用 TEXT 或 MTEXT 命令创建的文字、属性定义和可变属性。由于插入块内的文字和固定属性是作为块的一部分而整体生成镜像的。因此，不管 MIRRTEXT 的设置如何，这些对象都将被倒置。

使用镜像命令绘制图形，如图 4.3.3 所示。

（1）命令：mirror↙。

（2）选择对象：选择如图 4.3.3（a）所示的圆 A。

（3）选择对象：↙。

（4）指定镜像线的第一点：捕捉如图 4.3.3（a）所示的交点 B。

（5）指定镜像线的第二点：捕捉如图 4.3.3（a）所示的交点 C。

（6）要删除源对象吗？[是(Y)/否(N)] <N>：↙，结果如图 4.3.4（b）所示。

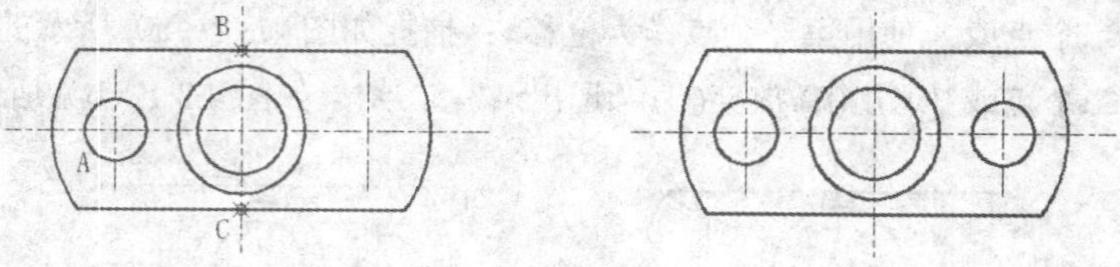

（a）　　　　（b）

图 4.3.3　使用镜像命令绘制图形

（a）原图；（b）镜像后的结果

提示：镜像命令的对称线是任意的，随对称线的方向不同，对称对象的位置也有所不同，利用该特性可绘制一些特殊图形。

三、偏移对象

偏移命令可根据指定距离或通过指定点建立一个与选择对象相似的另一个平行对象，用做平行对象的图形可以是直线、圆、圆弧、样条曲线和多段线。启动偏移命令有如下 3 种方法：

（1）菜单栏：选择修改(M) → 偏移(S)命令。

（2）工具栏：单击“修改”工具栏中的“偏移”按钮。

（3）命令行：在命令行输入 OFFSET，并按回车键。

执行偏移命令后，命令行提示：“指定偏移距离或 [通过(T)/删除(E)/图层(L)] <10.0000>：”，输入偏移距离，各选项含义如下：

1）通过(T)：输入 T 后，命令行提示：“选择要偏移的对象或 [退出(E)/放弃(U)] <退出>：”，指定偏移对象，继续提示：“指定通过点或 [退出(E)/多个(M)/放弃(U)] <退出>：”，指定偏移对象所在的点。

2）删除(E)：输入 E 后，命令行提示：“要在偏移后删除源对象吗？[是(Y)/否(N)] <否>：”，确定是否在偏移后删除源对象。

3）图层(L)：输入 L 后，命令行提示：“输入偏移对象的图层选项 [当前(C)/源(S)] <当前>：”，确定偏移对象的图层特性。

输入偏移距离后，命令行继续提示：“选择要偏移的对象，或 [退出(E)/放弃(U)] <退出>：”，选择偏移对象，或者按回车键结束偏移操作。确定偏移对象后，系统继续提示：“指定要偏移的那一侧上的点，或 [退出(E)/多个(M)/放弃(U)] <退出>：”，指定偏移对象的位置。

练习：使用偏移命令绘制图形，如图 4.3.4 所示。

（1）命令：offset↙。

（2）当前设置：删除源=否，图层=当前，OFFSETGAPTYPE=0。

（3）指定偏移距离或 [通过(T)/删除(E)/图层(L)] <10.0000>：20↙。

（4）选择要偏移的对象，或 [退出(E)/放弃(U)] <退出>：选择如图 4.3.4（a）所示的圆 A。

（5）指定要偏移的那一侧上的点，或 [退出(E)/多个(M)/放弃(U)] <退出>：在圆 A 的内侧指定一点。

（6）选择要偏移的对象，或 [退出(E)/放弃(U)] <退出>：↙，结果如图 4.3.4（b）所示。

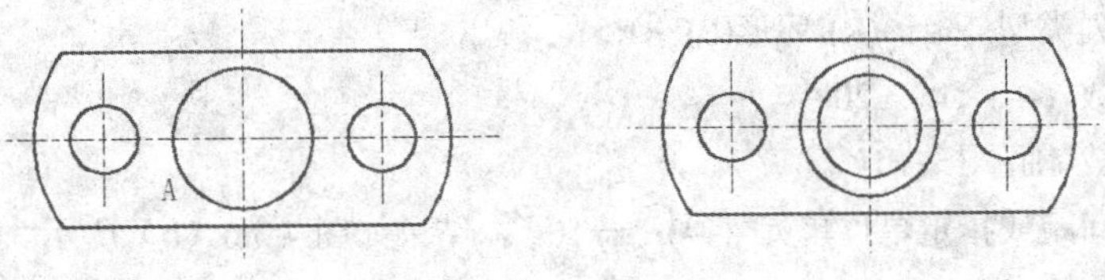

(a)　　　　　　　　(b)

图 4.3.4　使用偏移命令绘制图形

(a) 原图；(b) 偏移后的结果

技巧：在实际绘图时，利用直线的偏移可以快速地解决平行轴线、平行轮廓线之间的定位问题。

四、阵列对象

阵列命令可以将目标对象进行矩形阵列和环形阵列，而且每个对象都可以单独处理。启动阵列命令有如下 3 种方法：

（1）菜单栏：选择 修改(M) → 阵列(A)... 命令。

（2）工具栏：单击“修改”工具栏中的“阵列”按钮。

（3）命令行：在命令行输入 array，并按回车键。

执行阵列命令后，系统将弹出 阵列 对话框，如图 4.3.5 所示。利用该对话框可以设置矩形阵列和环形阵列的相关参数。

1．矩形阵列

矩形阵列是把同一对象进行多行或多列的分布，用于指定所需的行数和列数，如图 4.3.5 所示。

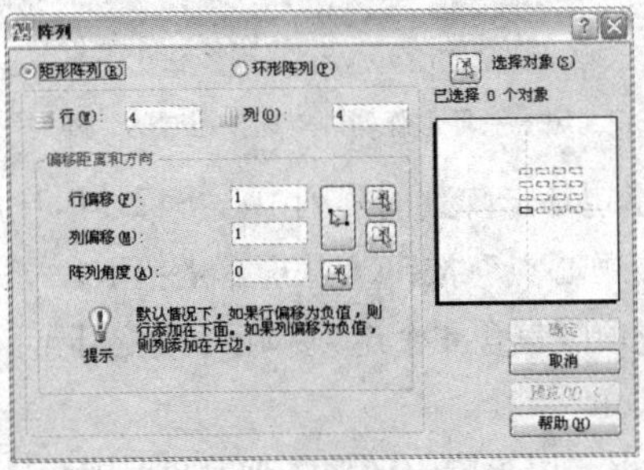

图 4.3.5　“阵列”对话框

该对话框中各选项含义如下：

（1）行(W): 文本框：用于输入矩形阵列的行数。

（2）列(O): 文本框：用于输入矩形阵列的列数。

（3）偏移距离和方向 选项区：该选项区包含 3 个文本框，用于输入行间距、列间距以及相对 UCS 坐标系 X 轴旋转的角度。

使用矩形阵列绘制图形，如图 4.3.6 所示。

（1）命令：-array↙。

（2）选择对象：选择如图 4.3.6（a）所示的直线 A。

（3）输入阵列类型 [矩形(R)/环形(P)] <R>：↙。

（4）输入行数 (---) <1>：20↙。

（5）输入列数 (|||) <1>：1↙。

（6）输入行间距或指定单位单元 (---)：－10↙，结果如图 4.3.6（b）所示。

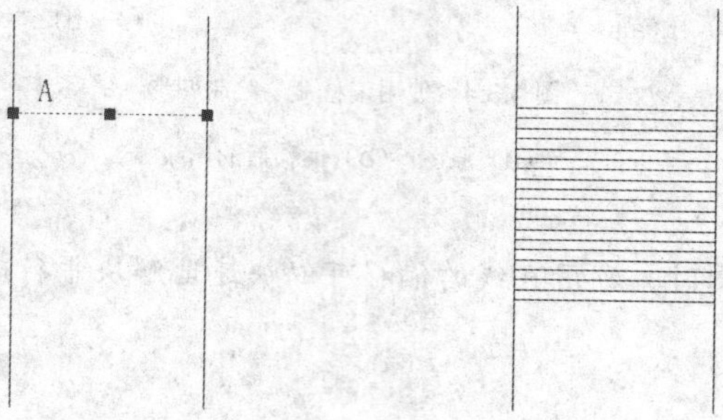

（a）　　（b）

图 4.3.6　使用矩形阵列命令绘制图形

（a）阵列前；（b）矩形阵列后的结果

2．环形阵列

环列阵列是指把对象绕阵列中心等角度均匀分布。选中 阵列 对话框中的 环形阵列(P) 单选按钮，其对话框如图 4.3.7 所示。该对话框中各选项含义如下：

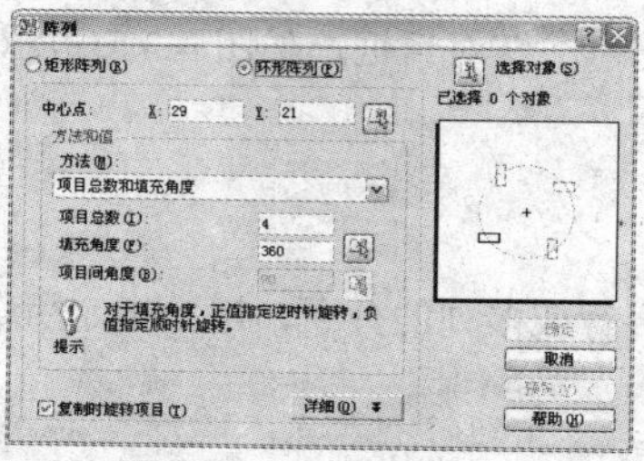

图 4.3.7　选中“环形阵列”单选按钮时的“阵列”对话框

（1）中心点: 文本框：用于指定环形阵列的阵列中心坐标。用户可以在 X 和 Y 文本框中输入对应坐标值，也可单击右侧的“拾取中心点”按钮从屏幕上拾取。

（2）方法和值 选项区：该选项区包含 4 个选项：用于确定环形阵列的方法、阵列数目、环形阵列的填充角度，以及各项目间的夹角。

（3）☑复制时旋转项目(T) 复选框：用于确定环形阵列对象时对象本身是否绕其基点旋转，其具体效果如图 4.3.8 所示。

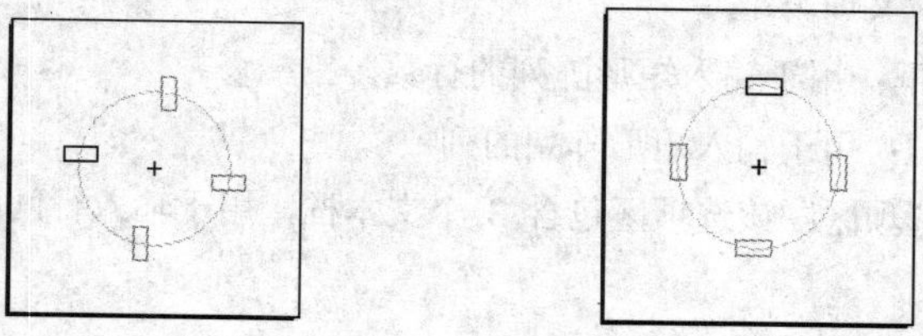

（a）　　（b）

图 4.3.8　环形阵列

（a）未选中时效果；（b）选中时效果

使用环形阵列绘制图形，如图 4.3.9 所示。

（1）命令：-array↙。

（2）选择对象：选择如图 4.3.9（a）所示的椅子。

（3）选择对象：↙。

（4）输入阵列类型 [矩形(R)/环形(P)] <R>：p↙。

（5）指定阵列的中心点或 [基点(B)]：捕捉如图 4.3.9（a）所示的圆心。

（6）输入阵列中项目的数目：8↙。

（7）指定填充角度 (+=逆时针，－=顺时针) <360>：↙。

（8）是否旋转阵列中的对象？[是(Y)/否(N)] <Y>：↙，结果如图 4.3.9（b）所示。

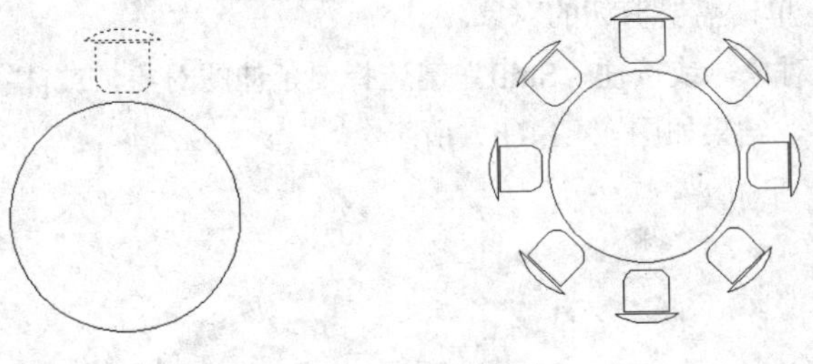

（a）　　　　　　（b）

图 4.3.9　使用环形阵列命令绘制图形

（a）阵列前；（b）环形阵列后的结果

第四节　修改对象

修改对象命令是指在对指定对象进行修改后，被修改对象的几何特征将发生改变，包括修剪、圆角、倒角、延伸、打断等命令。

一、修剪对象

修剪命令用指定的一个或多个边界来修剪与之相交的对象。启动修剪命令有如下 3 种方式：

（1）菜单栏：选择 修改(M) → 修剪(T) 命令。

（2）工具栏：单击“修改”工具栏中的“修剪”按钮。

（3）命令行：在命令行输入 TRIM，并按回车键。

执行修剪命令后，命令行提示：“选择对象：”，选择要修剪的对象。系统继续提示：“选择要修剪的对象，或按住“Shift”键选择要延伸的对象，或[栏选(F)/窗交(C)/投影(P)/边(E)/删除(R)/放弃(U)]：”，通过鼠标左键逐个单击需要修剪的部分，完成修剪操作。各选项含义如下：

1）栏选(F)：输入 F，命令行提示：“指定第一个栏选点：”，通过指定栏选点修剪图形对象。

2）窗交(C)：输入 C，命令行提示：“指定第一个角点：”，通过指定窗交对角点修剪图形对象。

3）投影(P)：输入 P，命令行提示：“输入投影选项 [无(N)/UCS(U)/视图(V)] <UCS>：”，确定修剪操作的空间。

4）边(E)：输入 E，命令行提示：“输入隐含边延伸模式 [延伸(E)/不延伸(N)] <不延伸>：”，确定修剪边的隐含延伸模式。

5）删除(R)：输入 R，命令行提示：“选择要删除的对象或 <退出>：”，确定要删除的对象。

6）放弃(U)：用于取消上一次操作。

使用修剪命令编辑图形。

（1）命令：trim↙。

（2）当前设置：投影=UCS，边=无。

（3）选择剪切边...

（4）选择对象或 <全部选择>：选择如图 4.4.1（a）所示的圆和圆弧。

（5）选择对象：↙。

（6）选择要修剪的对象，或按住“Shift”键选择要延伸的对象，或 [栏选(F)/窗交(C)/投影(P)/边(E)/删除(R)/放弃(U)]：单击需要剪切的对象。

（7）选择要修剪的对象，或按住“Shift”键选择要延伸的对象，或[栏选(F)/窗交(C)/投影(P)/边(E)/删除(R)/放弃(U)]：↙，结果如图 4.4.1（b）所示。

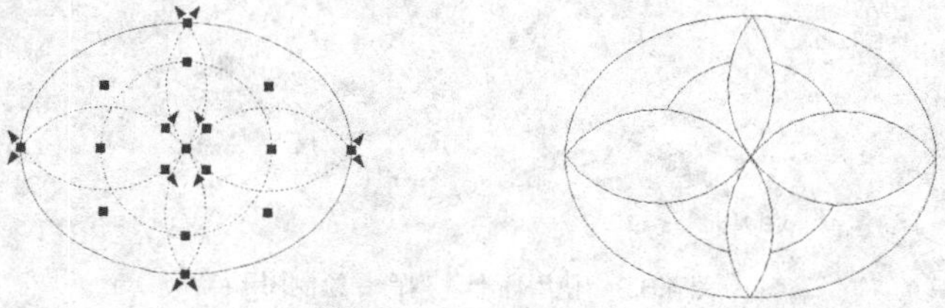

（a）　　（b）

图 4.4.1　使用修剪命令编辑图形

（a）原图；（b）修剪后的结果

二、圆角对象

圆角命令是以指定半径的一段平滑的圆弧来连接两个对象。圆角的对象可以是圆弧、圆、椭圆、直线和多段线等。启动圆角命令有如下 3 种方式：

（1）菜单栏：选择 修改(M) → 圆角(F) 命令。

（2）工具栏：单击“修改”工具栏中的“圆角”按钮。

（3）命令行：在命令行输入 FILLET，并按回车键。

执行圆角命令后，命令行提示：“选择第一个对象或 [放弃(U)/多段线(P)/半径(R)/修剪(T)/多个(M)]：”，选择要进行圆角操作的第一个目标对象，各选项含义如下：

1）放弃(U)：放弃圆角操作命令。

2）多段线(P)：输入 P，命令行提示：“选择二维多段线：”，对整个二维多段线的相邻边进行圆角操作。

3）半径(R)：输入 R，命令行提示：“指定圆角半径 <10.0000>：”，输入连接圆角的圆弧半径。

4）修剪(T)：输入 T，命令行提示：“输入修剪模式选项 [修剪(T)/不修剪(N)] <修剪>：”，设置圆角后是否对对象进行修剪。

5）多个(M)：用于对多个对象进行圆角操作。

使用圆角命令编辑图形，如图 4.4.2 所示。

（1）命令：fillet↙。

（2）当前设置：模式 = 修剪，半径 = 0.0000。

（3）选择第一个对象或 [放弃(U)/多段线(P)/半径(R)/修剪(T)/多个(M)]：r↙。

（4）指定圆角半径 <0.0000>：10↙。

（5）选择第一个对象或 [放弃(U)/多段线(P)/半径(R)/修剪(T)/多个(M)]：m↙。

（6）选择第一个对象或 [放弃(U)/多段线(P)/半径(R)/修剪(T)/多个(M)]：选择如图 4.4.2（a）所示的上边直线。

（7）选择第二个对象，或按住“Shift”键选择要应用角点的对象：选择如图 4.4.2（a）所示的右边圆弧。

（8）选择第一个对象或 [放弃(U)/多段线(P)/半径(R)/修剪(T)/多个(M)]：选择如图 4.4.2（a）所示的下边直线。

（9）选择第二个对象，或按住“Shift”键选择要应用角点的对象：选择如图 4.4.2（a）所示的右边圆弧。

（10）选择第一个对象或 [放弃(U)/多段线(P)/半径(R)/修剪(T)/多个(M)]：↙，如图 4.4.2（b）所示。

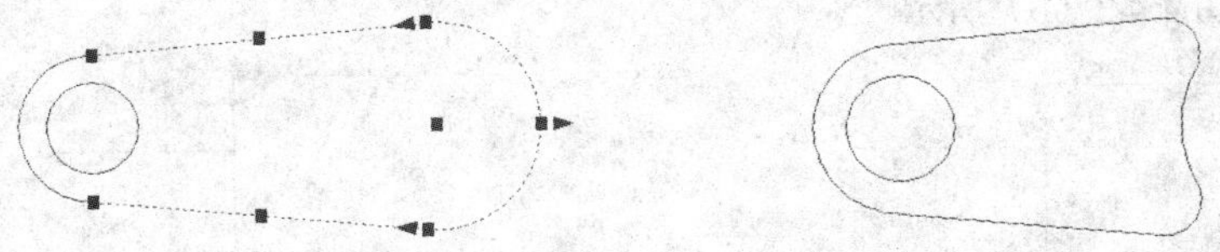

（a）　　　　　　　　　　　　（b）

图 4.4.2　使用圆角命令编辑图形

（a）原图；（b）圆角后的结果

三、倒角对象

倒角命令用于在两条非平行线之间创建直线，倒角的对象可以是直线和多段线等。启动倒角命令有如下 3 种方式：

（1）菜单栏：选择修改(M)→倒角(C)命令。

（2）工具栏：单击“修改”工具栏中的“倒角”按钮。

（3）命令行：在命令行输入 CHAMFER，并按回车键。

执行倒角命令后，命令行提示：“选择第一条直线或 [放弃(U)/多段线(P)/距离(D)/角度(A)/修剪(T)/方式(E)/多个(M)]：”，选择要进行倒角的对象，各选项含义如下：

1）放弃(U)：放弃倒角操作命令。

2）多段线(P)：输入 P，命令行提示：“选择二维多段线：”，对整个二维多段线的各个交叉点进行倒角操作。

3）距离(D)：输入 D，命令行提示：“指定第一个倒角距离 <0.0000>：”，输入倒角的第一个斜线距离。系统继续提示：“指定第二个倒角距离 <0.0000>：”，输入倒角的第二个斜线距离，这两个斜线距离可以相同也可以不相同。

4）角度(A)：输入 A，命令行提示：“指定第一条直线的倒角长度 <0.0000>：”，输入一段倒角距离，系统继续提示：“指定第一条直线的倒角角度 <0>：”，输入一个角度进行倒角操作。

5）修剪(T)：输入 T，命令行提示：“输入修剪模式选项 [修剪(T)/不修剪(N)] <修剪>：”，设置倒角后是否对对象进行修剪。

6）方式(E)：输入 M，命令行提示：“输入修剪方法 [距离(D)/角度(A)] <角度>：”，确定采用“距离”方式还是“角度”方式来倒斜角。

7）多个(M)：同时对多个对象进行倒角操作。

使用倒角命令编辑图形，如图 4.4.3 所示。

（1）命令：chamfer↙。

（2）（“修剪”模式）当前倒角距离 1 = 10.0000，距离 2 = 10.0000。

（3）选择第一条直线或 [放弃(U)/多段线(P)/距离(D)/角度(A)/修剪(T)/方式(E)/多个(M)]：d↙。

（4）指定第一个倒角距离 <0.0000>：20↙。

（5）指定第二个倒角距离 <20.0000>：↙。

（6）选择第一条直线或 [放弃(U)/多段线(P)/距离(D)/角度(A)/修剪(T)/方式(E)/多个(M)]：选择如图 4.4.3（a）所示的直线 AB。

（7）选择第二条直线，或按住“Shift”键选择要应用角点的直线：选择如图 4.4.3（a）所示的直线 BC，结果如图 4.4.3（b）所示。

（a）　　　　（b）

图 4.4.3　使用倒角命令编辑图形

（a）原图；（b）倒角后的结果

四、打断对象

打断命令用于把已有的对象分成两个，或删除对象的某些部分。该命令可以将直线、圆弧、圆、多段线、椭圆、样条曲线分成两个实体。启动打断命令有如下 3 种方法：

（1）菜单栏：选择 修改(M) → 打断(K) 命令。

（2）工具栏：单击“修改”工具栏中的“打断”按钮。

（3）命令行：在命令行输入 BREAK，并按回车键。

执行打断命令后，命令行提示：“选择对象：”，选择要打断的对象。系统继续提示：“指定第二个打断点或 [第一点(F)]：”，指定第二个断开点或者输入 F，系统将放弃前面的第一个选择点，重新提示用户指定两个断开点。

使用打断命令编辑图形，如图 4.4.4 所示。

（1）命令：break↙。

（2）选择对象：选择如图 4.4.4（a）所示的圆弧。

（3）指定第二个打断点或 [第一点(F)]：f↙。

（4）指定第一个打断点：单击如图 4.4.4（a）所示的点 A。

（5）指定第二个打断点：单击如图 4.4.4（a）所示的点 B，结果如图 4.4.4（b）所示。

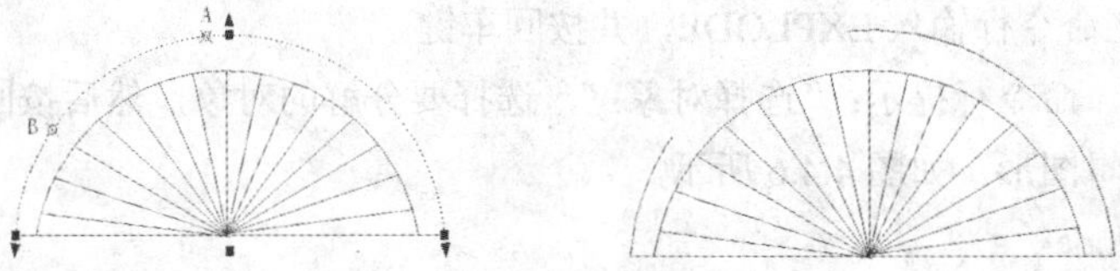

（a） （b）

图 4.4.4 使用打断命令编辑图形

（a）原图；（b）打断后的结果

五、延伸对象

延伸命令用于延长指定的对象到指定的边界。启动延伸命令有如下 3 种方式：

（1）菜单栏：选择修改(M)→延伸(D)命令。

（2）工具栏：单击“修改”工具栏中的“延伸”按钮。

（3）命令行：在命令行输入 EXTEND，并按回车键。

执行延伸命令后，命令行提示：“选择对象：”，选择要延伸到的对象，用任何一种目标选择方式选择对象。系统继续提示：“选择要延伸的对象，或按住“Shift”键选择要修剪的对象，或[栏选(F)/窗交(C)/投影(P)/边(E)/放弃(U)]：”，选择要延伸的对象或者利用其他选项进行操作。

上面各选项含义与“修剪”命令中的选项含义相同，这里不再赘述。

利用延伸命令编辑图形，如图 4.4.5 所示。

（1）命令：extend↙。

（2）当前设置：投影=UCS，边=无。

（3）选择边界的边...

（4）选择对象或 <全部选择>：选择如图 4.4.5（a）所示的圆弧。

（5）选择对象：↙。

（6）选择要延伸的对象，或按住“Shift”键选择要修剪的对象，或[栏选(F)/窗交(C)/投影(P)/边(E)/放弃(U)]：分别单击如图 4.4.5（a）所示的直线，结果如图 4.4.5（b）所示。

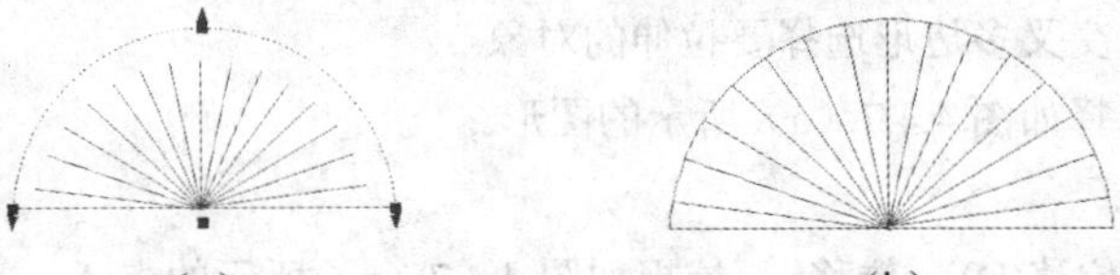

（a） （b）

图 4.4.5 使用延伸命令编辑图形

（a）原图；（b）延伸后的结果

六、分解对象

分解命令用于将组合对象如多段线、填充图案以及块分解为组合前的单个对象。启动分解命令有如下 3 种方法：

（1）菜单栏：选择修改(M)→分解(X)命令。

（2）工具栏：单击“修改”工具栏中的“分解”按钮。

（3）命令行：在命令行输入 EXPLODE，并按回车键。

执行分解命令后，命令行提示：“选择对象：”，选择要分解的对象，然后按回车键结束。

使用分解命令编辑图形，如图 4.4.6 所示。

（1）命令：explode↙。

（2）选择对象：选择如图 4.4.6（a）所示的餐桌平面图。

（3）选择对象：↙，结果如图 4.4.6（b）所示。

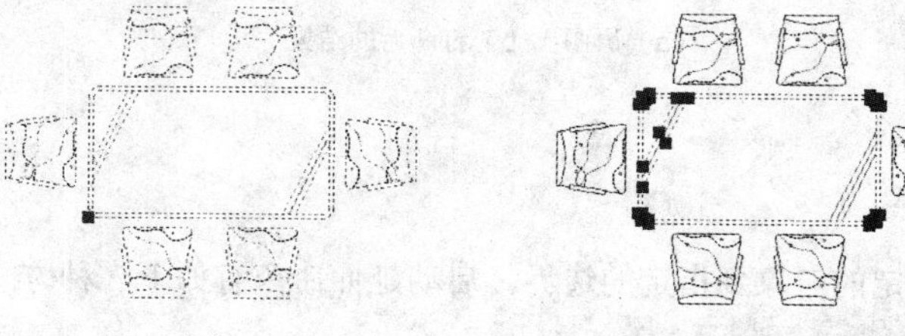

（a）　　　　（b）

图 4.4.6　使用分解命令编辑图形

（a）原图；（b）分解后的结果

七、拉伸对象

拉伸命令是指拖动选择的对象，且对象的形状发生改变。启动拉伸命令有如下 3 种方法：

（1）菜单栏：选择 修改(M) → 拉伸(H) 命令。

（2）工具栏：单击“修改”工具栏中的“拉伸”按钮。

（3）命令行：在命令行输入 STRETCH，并按回车键。

执行拉伸命令后，命令行提示：“选择对象：”，采用交叉窗口的方式选择拉伸对象；继续提示：“指定基点或 [位移(D)] <位移>：”，指定拉伸的基点。系统继续提示：“指定第二个点或 <使用第一个点作为位移>：”，指定拉伸的位移点。

使用拉伸命令编辑图形，如图 4.4.7 所示。

（1）命令：stretch↙。

（2）以交叉窗口或交叉多边形选择要拉伸的对象...

（3）选择对象：选择如图 4.4.7（a）所示的图形。

（4）选择对象：↙。

（5）指定基点或 [位移(D)] <位移>：捕捉如图 4.4.7（a）所示的点 A。

（6）指定第二个点或 <使用第一个点作为位移：捕捉如图 4.4.7（a）所示的点 B，结果如图 4.4.7（b）所示。

（a）　　　　（b）

图 4.4.7　使用拉伸命令编辑图形

（a）原图；（b）拉伸后的结果

第五节　图案填充

图案填充指的是用某种图案填充图形对象中的指定区域，这一功能在用户绘制剖面图或利用不同的填充来表示不同物体时非常有用。启动图案填充命令有如下3种方法：

（1）菜单栏：选择 绘图(D) → 图案填充(H)... 命令。

（2）工具栏：单击“绘图”工具栏中的“图案填充”按钮。

（3）命令行：在命令行输入BHATCH，并按回车键。

执行图案填充命令后，系统弹出 图案填充和渐变色 对话框，如图4.5.1所示。该对话框包含“图案填充”和“渐变色”两个选项卡。

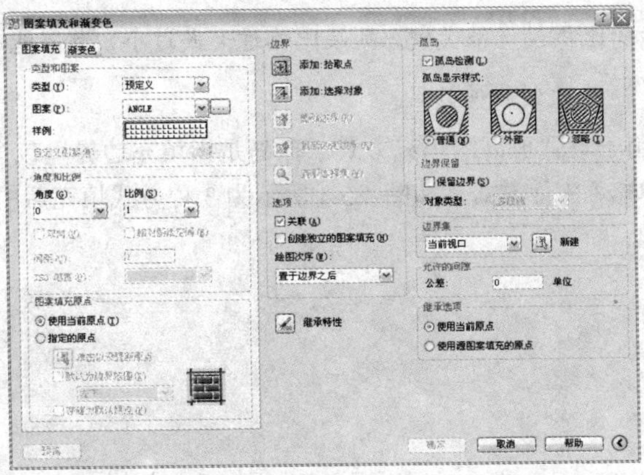

图4.5.1　“图案填充和渐变色”对话框

1.“图案填充”选项卡

该选项卡（见图4.5.1）用于快速设置图案填充。其中各选项的含义如下：

（1）类型和图案 选项区：用于设置填充的类型、图案以及填充角度。

1）类型(Y): 下拉列表框：用于设置填充图案的类型，包括“预定义”、“用户定义”和“自定义”3个选项。“预定义”选项：选择AutoCAD提供的图案；“用户定义”选项：选择用户临时定义的简单填充图案；“自定义”选项：选择用户事先定义好的填案图案。

2）图案(P): 下拉列表：主要用于设置填充的图案，在选中“类型”选项区的“预定义”选项时才可用。单击右側的 ... 按钮，系统弹出 填充图案选项板 对话框，如图4.5.2所示。利用该对话框选择填充图案。

3）样例: 预览框：显示所选图案的样式。单击窗口中的样例，系统同样可以弹出 填充图案选项板 对话框。

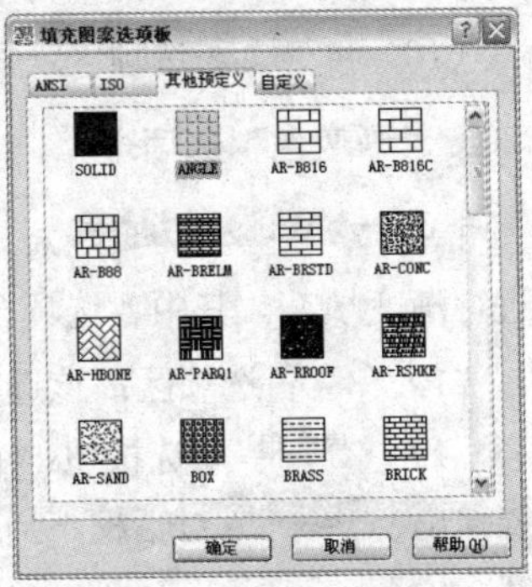

图4.5.2　“填充图案选项板”对话框

（2）角度和比例 选项区：用于设置填充图案的旋转角度和图案的缩放比例因子。如图4.5.3所示为设置不同角度、不同比例时的图案填充效果。

（3）图案填充原点 选项区：用于设置图案填充点的位置。

（4）边界 选项区：用于选择填充边界。单击“拾取点”按钮，系统将自动搜索到包含该点的区域边界，并以虚线显示边界；单击“选择对象”按钮，系统将提示选择实体边界。

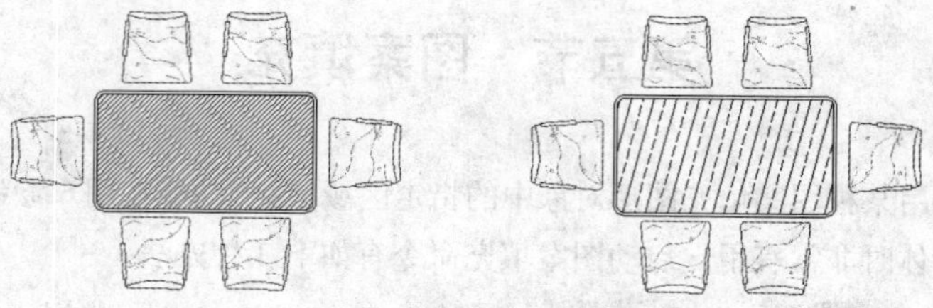

(a) (b)

图 4.5.3 不同角度和比例时的填充效果

(a) 角度为 0°，比例为 20；(b) 角度为 30°，比例为 60

（5）选项 选项区：用于设置图案是否关联。

注意：填充图案的比例设置很关键，如果比例过大或过小，都不能达到理想的填充效果。因此，用户可以调整比例，使其达到最佳效果。

（6）孤岛 选项区：用于设置孤岛的填充方式。孤岛是指填充边界里包含的闭合区域。其中包括“普通”、“外部”和“忽略”3 种方式，如图 4.5.4 所示为 3 种方式填充后的效果。

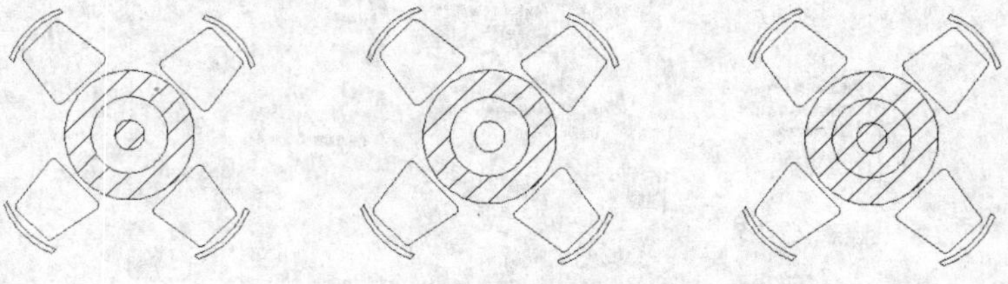

(a) (b) (c)

图 4.5.4 3 种孤岛填充方式

(a) 普通；(b) 外部；(c) 忽略

（7）边界保留 选项区：选中该复选框，表示将选择的填充边界保留。

（8）边界集 选项区：用于定义填充边界的对象集，即 AutoCAD 将根据哪些对象来确定填充边界。

（9）允许的间隙 选项区：用于设置填充区域允许的最大间隙。

（10）继承选项 选项区：用于设置图案的填充原点。

2．“渐变色”选项卡

打开 图案填充和渐变色 对话框中的“渐变色”选项卡，如图 4.5.5 所示。该选项卡用于对图形区域进行渐变填充。其中各选项含义如下：

（1）颜色(C) 选项区：该选项区包含 ◉单色(O) 和 ◉双色(T) 两个单选按钮。

1）◉单色(O) 单选按钮：使用一种颜色产生的渐变色来填充图形。单击其后的“浏览”按钮 ...，系统弹出 选择颜色 对话框，通过该对话框可以选择需要的颜色，通过拖动滑块可调整渐变色的渐变程度。

2）◉双色(T) 单选按钮：使用由两种颜色形成的渐变色来填充图形，如图 4.5.6 所示为单色和双色填充效果图。

（2）方向 选项区：用于设置填充的位置和角度。

1）☑居中(C) 复选框：选中该复选框，所选颜色将以居中的方式渐变。

2）角度(L): 下拉列表框：用于设置渐变的方向。

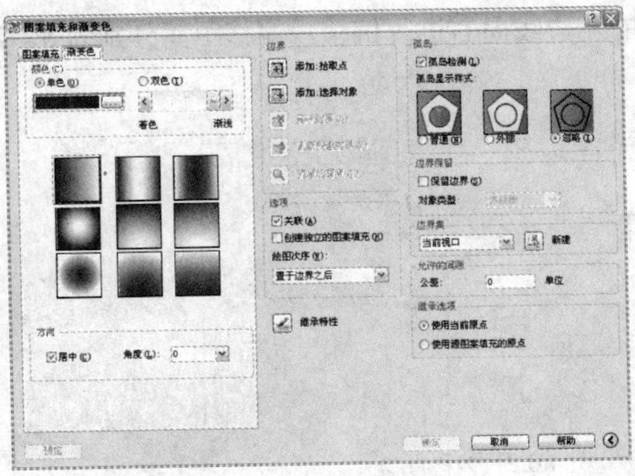

图 4.5.5　“渐变色”选项卡

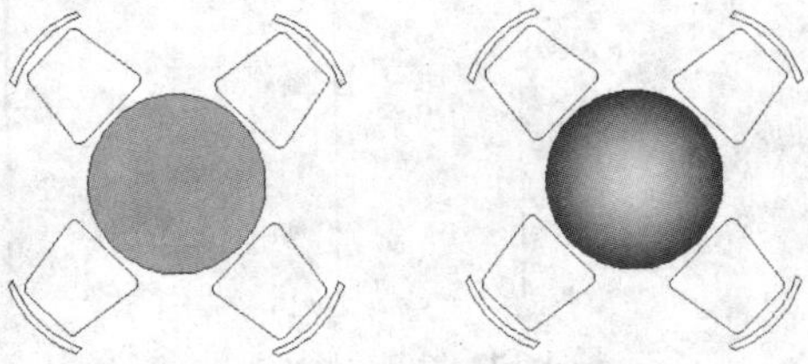

图 4.5.6　单色和双色填充效果

提示：在 AutoCAD 2007 中，尽管可以使用渐变色来填充图形，但渐变色最多只能由两种颜色组成。另外，在 AutoCAD 2007 中，不能使用位图填充图形。

3．编辑填充图案

对图形进行填充后，用户还可根据需要对图案进行编辑和修改。启动图案填充编辑命令有如下两种方法：

（1）菜单栏：选择 修改(M) → 对象(O) → 图案填充(H)... 命令。

（2）命令行：在命令行输入 HATCHEDIT，并按回车键。

执行图案填充编辑命令，按照提示选择要编辑的图案填充对象，AutoCAD 将弹出 **图案填充编辑** 对话框，如图 4.5.7 所示。该对话框中的选项与前面介绍的 **图案填充和渐变色** 对话框中的选项完全相同，这里不再介绍。

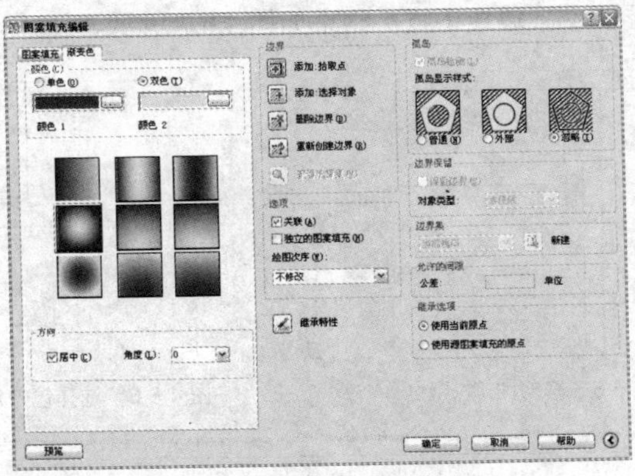

图 4.5.7　“图案填充编辑”对话框

第六节　应用实例——进户门立面图

下面根据前面介绍的编辑建筑图形命令绘制进户门立面图。

（1）单击“矩形”按钮或者在命令行输入 rectang。以原点为角点绘制一个长为 950，宽为 2000 的矩形，如图 4.6.1 所示。

（2）单击“分解”按钮或者在命令行输入 explode，将绘制的矩形进行分解处理，然后单击

“偏移”按钮或者在命令行输入 offset，将矩形的左边线向右进行偏移，偏移距离分别为 5，25 和 30，如图 4.6.2 所示。

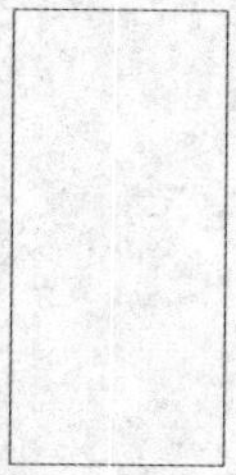

图 4.6.1　绘制矩形

图 4.6.2　偏移直线

（3）重复偏移命令，将矩形的上边线向下偏移 5 个单位，然后利用直线命令连接角点，如图 4.6.3 所示。

（4）重复偏移和直线命令绘制如图 4.6.4 所示的图形。

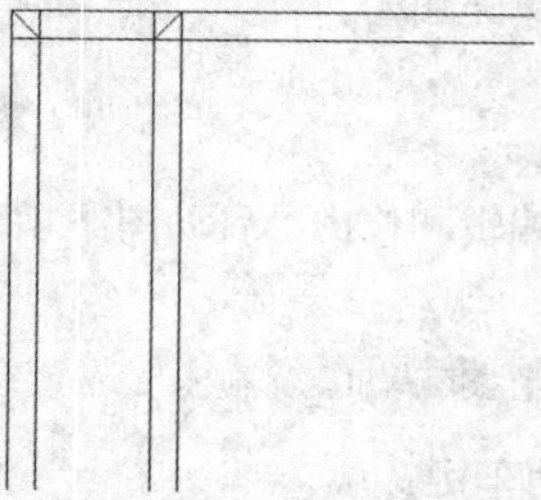

图 4.6.3　连接角点

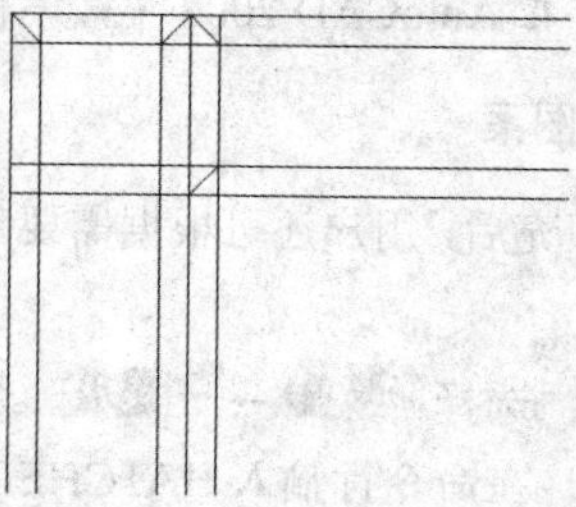

图 4.6.4　继续偏移并连接角点

（5）单击“修剪”按钮或者在命令行输入 trim，修剪偏移后的直线，如图 4.6.5 所示。

（6）单击“镜像”按钮或者在命令行输入 mirror，将如图 4.6.6 所示的图形进行镜像复制，镜像点为步骤（1）绘制矩形的上下边线中点，结果如图 4.6.7 所示。

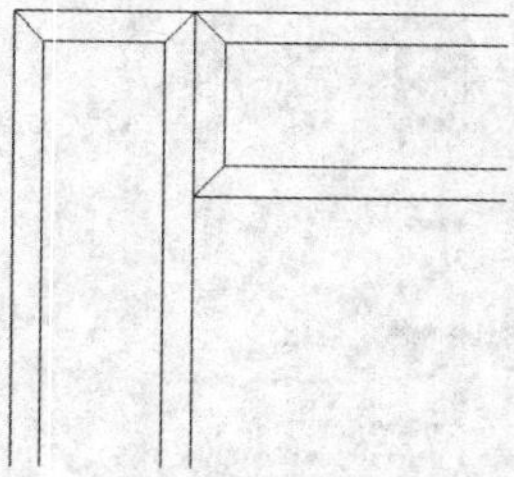

图 4.6.5　修剪图形

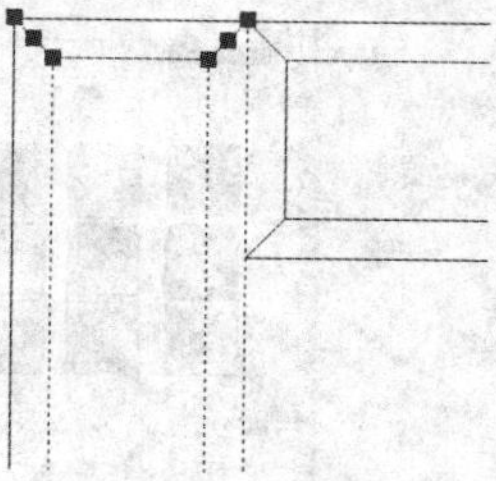

图 4.6.6　选择镜像对象

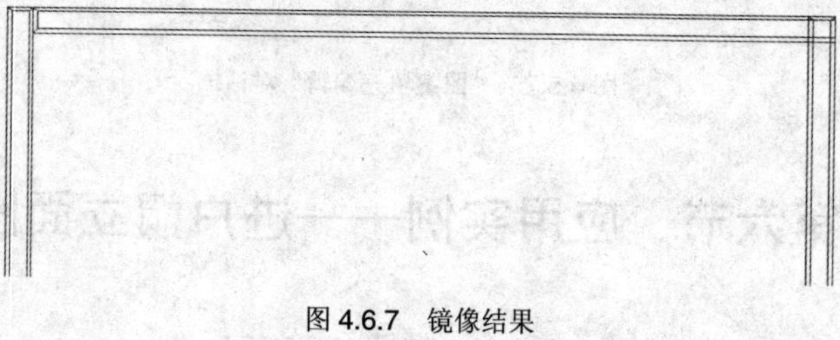

图 4.6.7　镜像结果

（7）重复偏移、直线和修剪命令绘制如图 4.6.8 所示的图形。

（8）利用矩形命令，以点（250,1700）为角点，绘制一个长为 450，宽为 1400 的矩形，如图 4.6.9 所示。

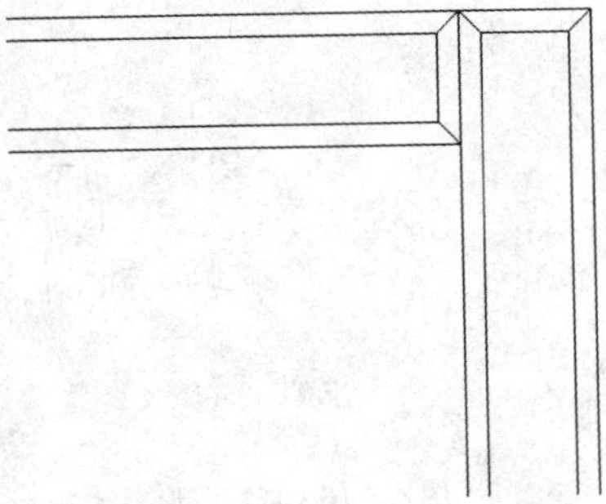

图 4.6.8　绘制图形

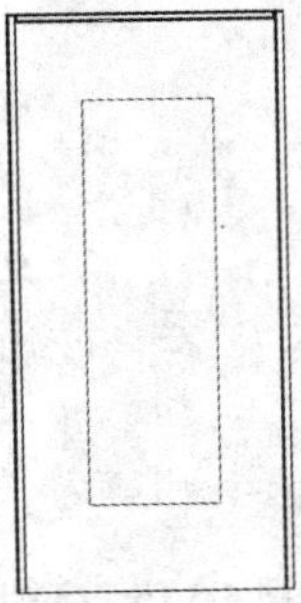

图 4.6.9　绘制矩形

（9）利用偏移命令，将上一步绘制的矩形向里侧偏移 20 个单位，如图 4.6.10 所示。

（10）选择 绘图(D) → 图案填充(H)... 命令，系统弹出 图案填充和渐变色 对话框，设置该对话框参数如图 4.6.11 所示，填充效果如图 4.6.12 所示。

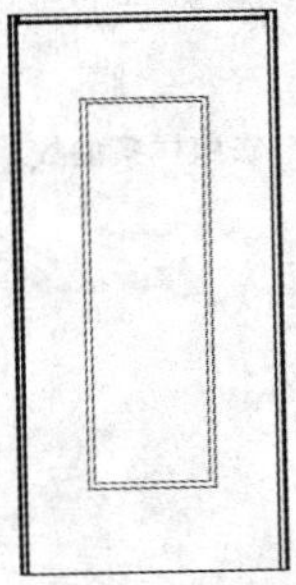

图 4.6.10　偏移矩形

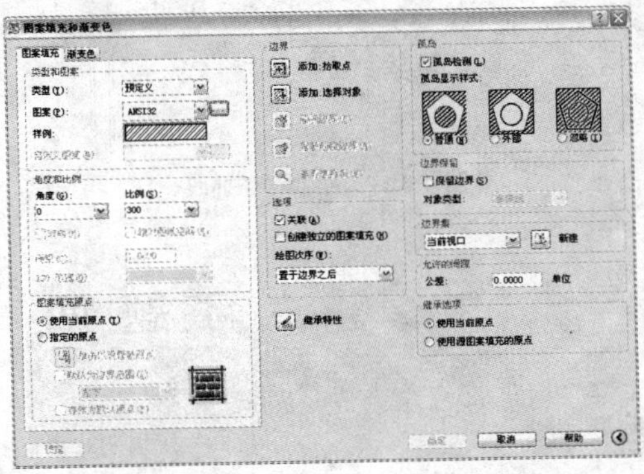

图 4.6.11　设置填充参数

（11）单击“椭圆”按钮或者在命令行输入 ellipse，在如图 4.6.13 所示的位置绘制一个椭圆。

（12）利用偏移命令将椭圆向里侧偏移 10 个单位，如图 4.6.14 所示。

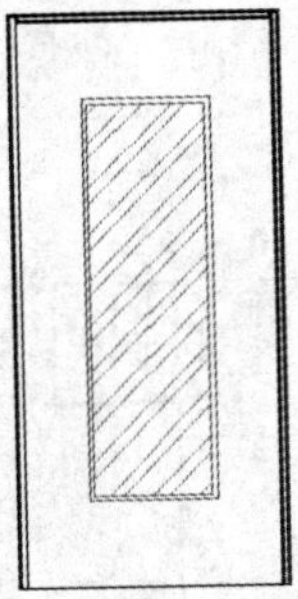

图 4.6.12　填充效果

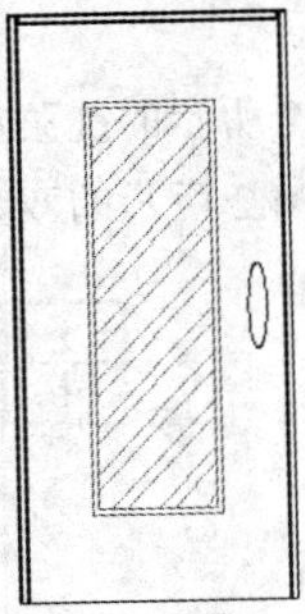

图 4.6.13　绘制椭圆

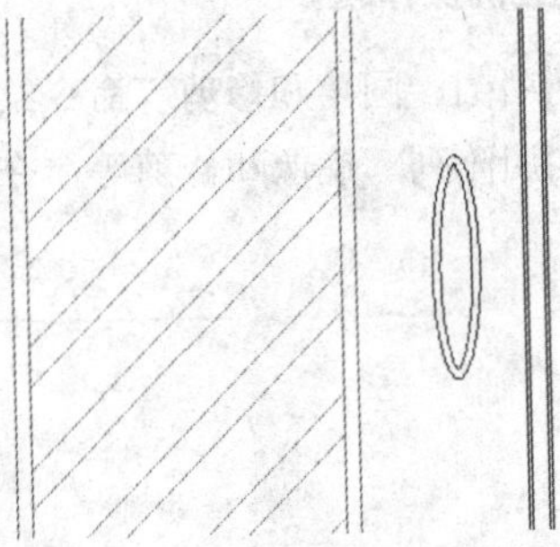

图 4.6.14　偏移椭圆

（13）单击“圆”按钮或者在命令行输入 circle，捕捉椭圆的中心点，绘制 3 个同心圆，半径分别为 30，15 和 8，如图 4.6.15 所示。

（14）利用修剪命令修剪绘制的圆，结果如图 4.6.16 所示。

（15）单击“样条曲线”按钮或者在命令行输入 spline，绘制门把，最终效果如图 4.6.17 所示。

（16）重复修剪命令修剪绘制的样条曲线，最终效果如图 4.6.18 所示。

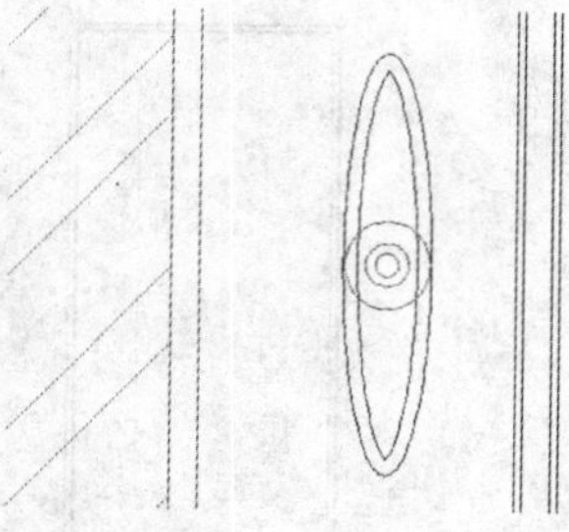

图 4.6.15　绘制同心圆

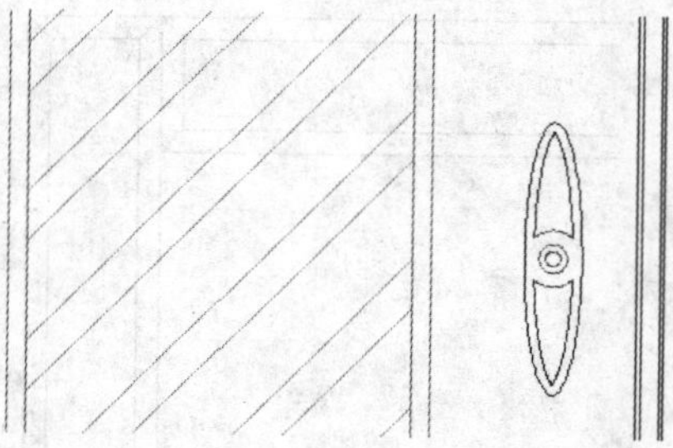

图 4.6.16　修剪图形

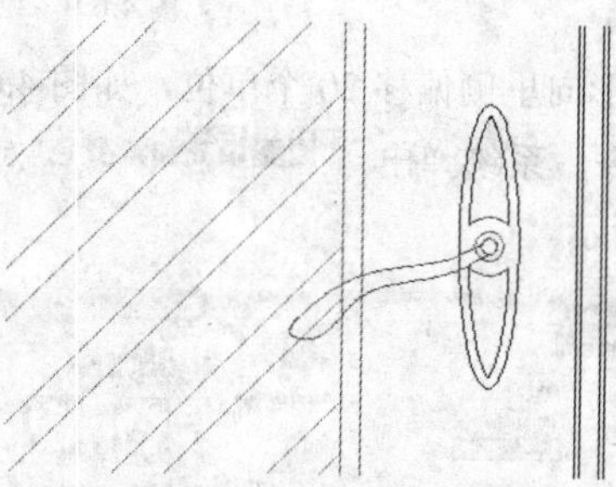

图 4.6.17　绘制样条曲线

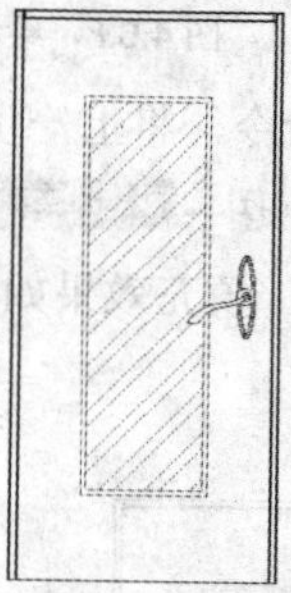

图 4.6.18　修剪样条曲线

习 题 四

一、填空题

1．镜像命令为________；偏移命令为________。

2．阵列命令分为________和________。

3．在 AutoCAD 中设置孤岛的填充方式有 3 种，分别为________、________和________。

二、上机操作题

1．利用圆、圆角和修剪等命令绘制如题图 4.1 所示的洗菜盆平面图。

2．利用阵列、镜像和修剪等命令绘制如题图 4.2 所示的双人床平面图。

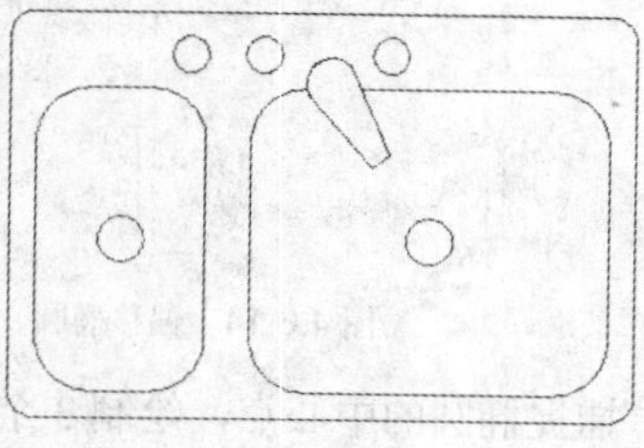

题图　4.1

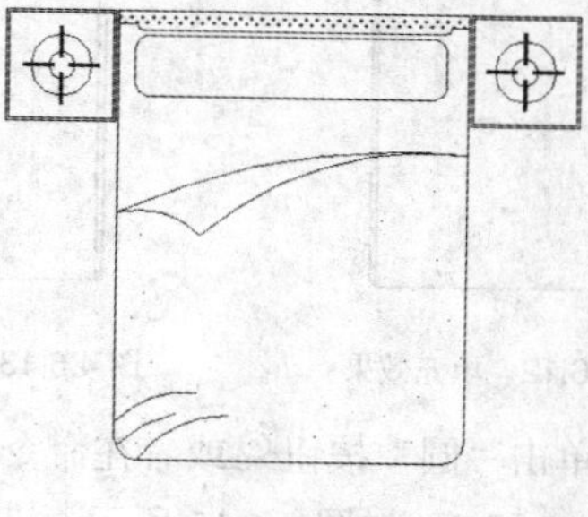

题图　4.2

第五章　建立绘图图层

图层就像是透明的覆盖图，利用它可以很好地组织不同类型的图形信息。本章主要介绍图层的设置，包括颜色、线型和线宽等，用户还可以使用图形所在图层定义的特性区分不同的对象。

本章主要内容：

- 图层的创建与设置
- 图层的管理方法
- 设置图层特性
- 图层过滤与图层转换器

第一节　图层的创建与设置

图层是 AutoCAD 提供给用户管理图形对象的重要工具。一个图形中可包括多个图层，每个图层就相当于没有厚度的透明纸一样。在实际绘制工程图时，用户可以将工程图中不同类型的图形对象绘制在不同的图层上，最后将这些透明的图层叠加起来，就形成了一张完整的工程图。

在 AutoCAD 2007 中，图层具有以下特性：

（1）用户根据绘图需要，在每个图层上可以放置任意数目的图形对象。

（2）在新建任何一个图形文件时，系统总是以 0 图层为默认图层，并且不能对其进行删除和重命名操作。

（3）用户可以为每个图层指定不同的颜色和线型；为每个图层上不同的图形对象分别设置颜色和线型；为每个对象的不同部分单独设置颜色和线型。

（4）系统每次只能将一个图层设置为当前图层，并且用户只能在当前图层上进行绘图、编辑等各种操作。

（5）各图层具有相同的坐标系、绘图区域、显示时的缩放倍数等。用户可以对位于不同图层上的图形对象同时进行编辑和修改等操作。

提示：建议用户在绘制图形时，使用几个图层来组织图形，而不是将整个图形均创建在 0 层上。

当用户使用 AutoCAD 的绘图工具绘制对象时，该对象将位于当前图层上。AutoCAD 提供了几种方法来创建和使用图层。

启动创建新图层命令有如下 3 种方法：

（1）菜单栏：选择 格式(O) → 图层(L)... 命令。

（2）工具栏：单击“图层”工具栏中的“图层”按钮。

（3）命令行：在命令行输入 LAYER，并按回车键。

执行创建图层命令后，系统弹出 图层特性管理器 对话框，如图 5.1.1 所示。

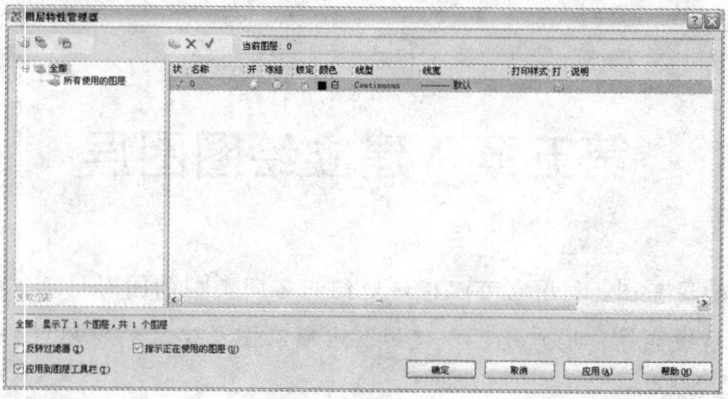

图 5.1.1　“图层特性管理器”对话框

下面利用该对话框，具体介绍图层的创建方法。

1. 创建图层

单击“新建图层”按钮，图层列表将自动添加名称为“图层 1”的图层。连续单击该按钮，系统将向图层列表中继续添加名称为“图层 N”的图层，其中，N 为 1，2，3 等自然数，用户可以根据实际需要重新设置图层名称。图层名称最多可为 31 个字符，可以是数字、字母和$（美元符号）、-（连字符）、_（下画线）等，最新添加的图层呈高亮状态显示，如图 5.1.2 所示。

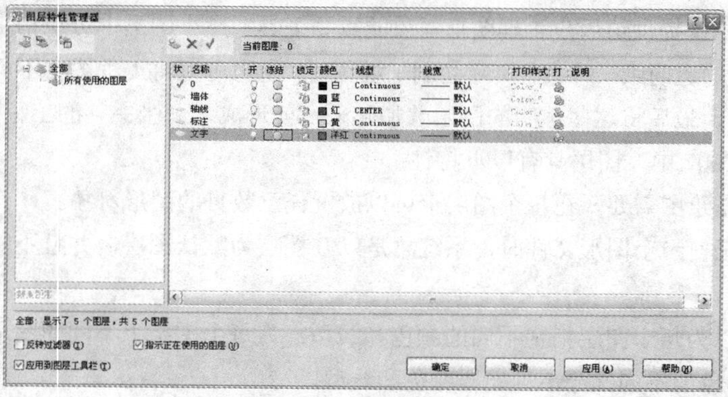

图 5.1.2　创建图层

2. 删除图层

要删除图层，可以在图层列表区中选中要删除的图层后按 Delete 键。

注意：0 图层、当前图层、已绘制图形对象的图层、已经定义的图层和依赖外部参照所建立的图层不能被删除。

3. 设置当前图层

单击“置为当前”按钮，可以将选定的图层设置为当前图层。另外，双击图层名也可把该图层设置为当前图层。

4. 设置图层状态和属性

图形对象中每个图层都有自己的状态和属性，用户可以在图层状态和属性的列表框中选中某一层，然后对图层的状态和属性进行设置。用户对图层状态和属性的设置内容如下：

（1）“状态”选项：用于显示当前图层所处的状态。

（2）“名称”选项：用于显示满足条件的图层的名称。

（3）“开”选项：用于控制图层的打开或关闭状态。如果图层是打开的，则灯泡为黄色；如果图层是关闭的，则灯泡为灰色，如图 5.1.3 所示为打开或关闭标注层状态示例图。

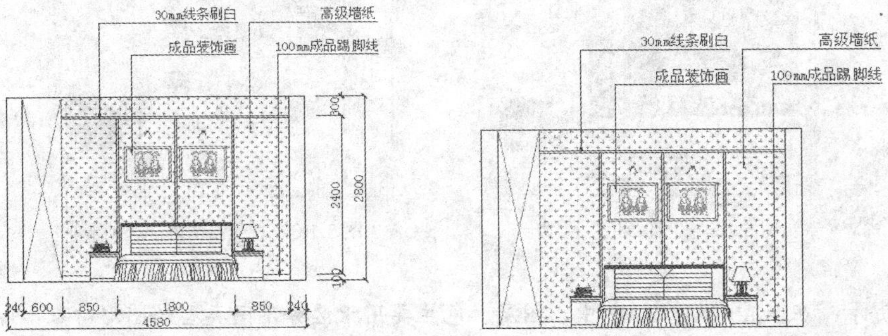

（a） （b）

图 5.1.3 打开或关闭标注层状态示例图

（a）打开标注层；（b）关闭标注层

（4）“冻结”选项：用于控制图层的冻结与解冻状态。图层被冻结后，图层上的图形对象既不可见，也不能打印输出，且不参与重生成图形的计算。如果“太阳”图标变为“雪花”图标，则表示该图层被冻结，反之，则表示该图层被解冻。

（5）“锁定”选项：用于控制图层的锁定与解锁状态。当图层被锁定后，该图层上的图形对象仍可见，但用户不能对其进行编辑和修改。

（6）“颜色”选项：用于设置图层的颜色。图层的设置方法是在图层状态和属性的列表框中选中某层，然后单击选定图层的颜色框，系统将弹出如图 5.1.4 所示的 选择颜色 对话框，该对话框包含“索引颜色”、“真彩色”和“配色系统”3 个选项卡。

1）“索引颜色”选项卡：该选项卡是将系统定义好的 256 种颜色排列在一张颜色表中，用户可以在其中任选一种作为图层的颜色，如图 5.1.4 所示。

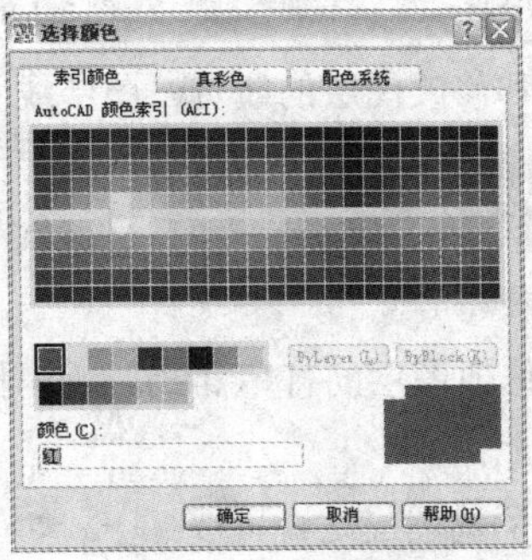

图 5.1.4 “选择颜色”对话框

2）“真彩色”选项卡：该选项卡使用的是 24 位颜色定义的 16 色，如图 5.1.5 所示。在该选项卡中的 颜色模式(M): 下拉列表中有 RGB 或 HSL 两种颜色模式，用户可以通过任何一种模式调用需要的颜色。

3）“配色系统”选项卡：该选项卡提供了几个标准的配色系统，也可以输入其他配色系统，如图 5.1.6 所示。在该对话框中的 配色系统(B): 下拉列表中，AutoCAD 2007 提供了 9 种定义好的色库表，用户可以任选一种色库表，然后在下面的颜色条中选择需要的颜色。

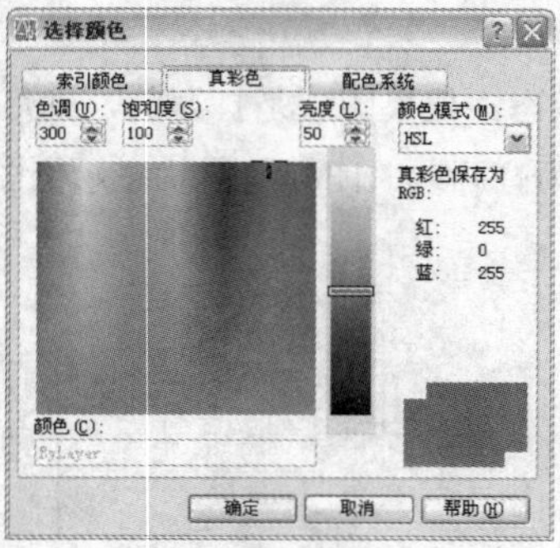

图 5.1.5　“真彩色”选项卡

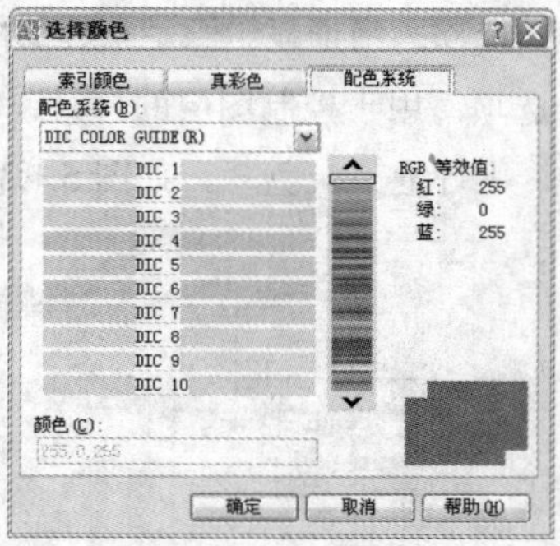

图 5.1.6　“配色系统”选项卡

提示：在 AutoCAD 2007 中，图层颜色主要用于区分不同类型的图形对象，以方便用户观察和操作。因此，在同一个图形中，可以为不同的对象设置不同的颜色。

（7）“线型”选项：用于显示和改变图层的线型。图层线型的设置方法是在图层状态和属性的列表框中选中某层，然后单击选定图层的线型名称，系统将弹出如图 5.1.7 所示的 **选择线型** 对话框，该对话框显示当前可用的线型。如果用户需要选择其他线型，可以单击该对话框中的 加载(L)... 按钮，在弹出的 **加载或重载线型** 对话框中选择需要的线型，如图 5.1.8 所示。

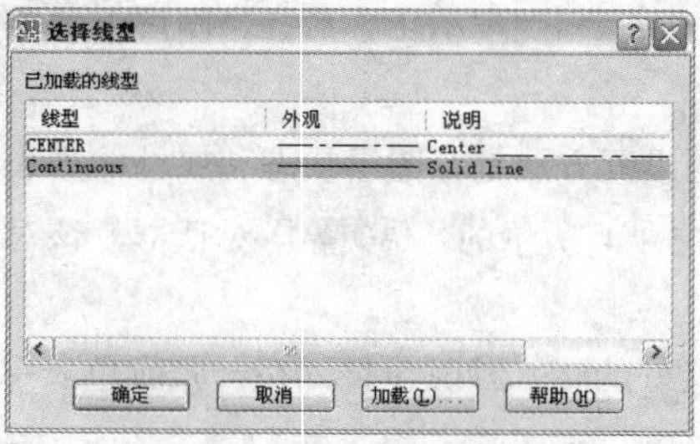

图 5.1.7　“选择线型”对话框

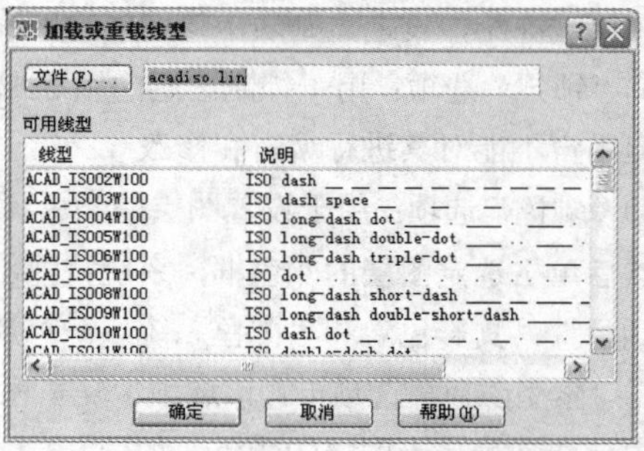

图 5.1.8　“加载或重载线型”对话框

（8）“线宽”选项：用于显示和修改图层的线宽。图层线宽的设置方法是在图层状态和属性列表框中选中某层，然后单击选定图层的线型，系统将弹出如图 5.1.9 所示的 **线宽** 对话框，在该对话框中系统列出了各种线宽供用户选择。

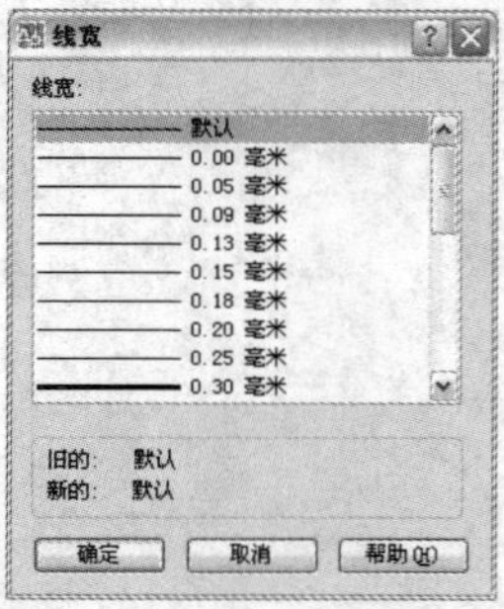

图 5.1.9　“线宽”对话框

（9）“打印样式”选项：用于修改图层的打印样式。所谓打印样式，是指打印图形时各项属性的设置。

（10）“打印”选项：用于控制所选图层是否可被打印。如果关闭某层的打印开关，则说明该层上的图形对象不可以打印输出，但仍然可见。

5. 设置图层过滤器

单击“新特性过滤器”按钮，系统弹出 **图层过滤器特性** 对话框，如图 5.1.10 所示。通过该对话框用户可以从中基于一个或多个图层特性创建图层过滤器，用户还可以单击“新组过滤器”按钮，直接创建一个图层过滤器，该过滤器包含用户选定并添加到该过滤器的图层。

6. 管理图层状态

单击“管理图层状态”按钮，系统弹出图层状态管理器对话框，如图 5.1.11 所示，通过该对话框用户可以在其中将图层的当前特性设置保存到命名图层状态中。

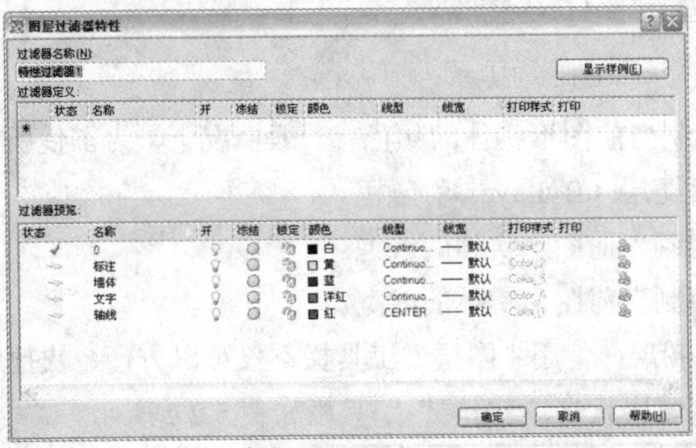

图 5.1.10　“图层过滤器特性”对话框

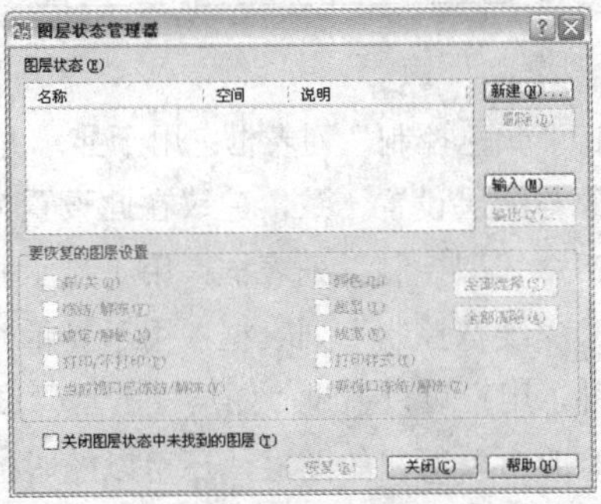

图 5.1.11　“图层状态管理器”对话框

设置图层状态的操作步骤如下：

（1）选择格式(O)→图层(L)...命令，弹出图层特性管理器对话框，在该对话框中连续单击“新建图层”按钮 5 次，创建 5 个图层。

（2）选择“名称”选项，将图层的名称分别更改为“辅助”、“墙体”、“门窗”、“尺寸标注”和“文本标注”层。

（3）单击“颜色”选项中的■白色图标，将各图层的颜色分别设置为“红色”、“蓝色”、“品红”、“200”和“76”。

（4）单击“线型”选项中的 Continuous 线型，弹出选择线型对话框。单击加载(L)...按钮，在弹出的加载或重载线型对话框中选择 CENTER，将“辅助”图层的线型设置为 CENTER。

（5）设置完成后，单击应用(A)按钮，创建的图层如图 5.1.12 所示。

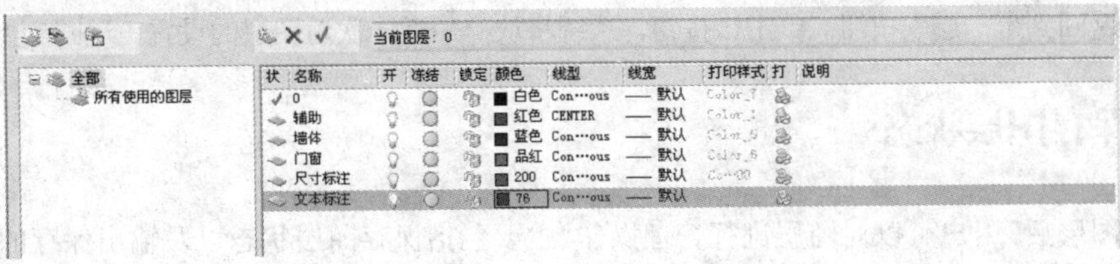

图 5.1.12　设置图层状态

第二节　图层的管理方法

图层是 AutoCAD 进行图形对象管理的重要工具，除上面介绍的有关图层的设置方法外，下面再向用户介绍几种图层的管理方法。

一、利用工具栏管理图层

AutoCAD 提供了一个“对象特性”工具栏，如图 5.2.1 所示。用户可以利用该工具栏上的工具图标快速地查看和改变所选对象的图层、颜色、线型、线宽等特性。

图 5.2.1 “对象特性”工具栏

（1）“颜色控制”列表框：用于显示并控制当前图形实体的颜色。一般情况下，为了使所绘制的图形对象与图层设置一致，建议在此设置为“随层（ByLayer）”颜色。

（2）“线型控制”列表框：用于显示并控制当前图形实体的线型。

（3）“线宽控制”列表框：用于显示并控制当前图形实体的线宽。

另外，用户可以通过“图层”工具栏设置图层，使用“图层”工具栏不仅可以方便、快捷地切换图层与修改对象所在的图层，还可以随时控制图层状态，“图层”工具栏如图 5.2.2 所示。

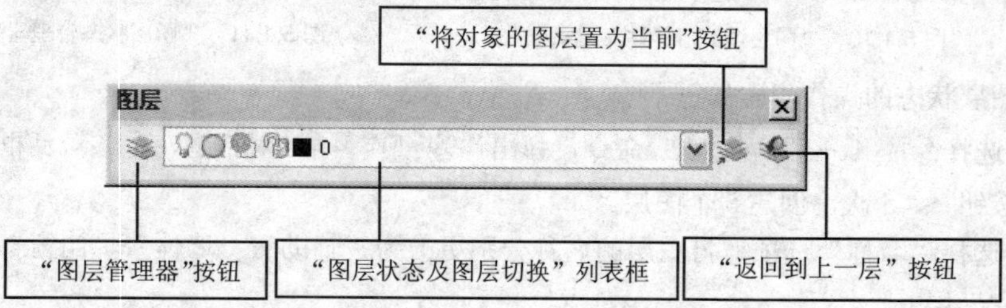

图 5.2.2 “图层”工具栏

（1）“图层管理器”按钮：单击该按钮，系统弹出 图层特性管理器 对话框。

（2）“图层状态及图层切换”列表框：该列表框用于显示和控制图层的状态及设置当前层。

（3）“将对象的图层置为当前”按钮：单击该按钮，系统可以将选定的图形对象所在的图层变为当前层。

（4）“返回到上一层”按钮：单击该按钮，系统将放弃最近一次对图层的设置，返回到上一个图层。

二、保存图层状态

设置完图层后，用户可以对图层进行管理操作，主要包括保存图层状态以及输出保存的图层设置，其操作步骤如下：

（1）选择 格式(O) → 图层(L)... 命令，弹出 图层特性管理器 对话框。在该对话框右边的图层特性显示框中单击鼠标右键，从弹出的快捷菜单中选择 保存图层状态... 命令，系统弹出 要保存的新图层状态 对话框，如图 5.2.3 所示。

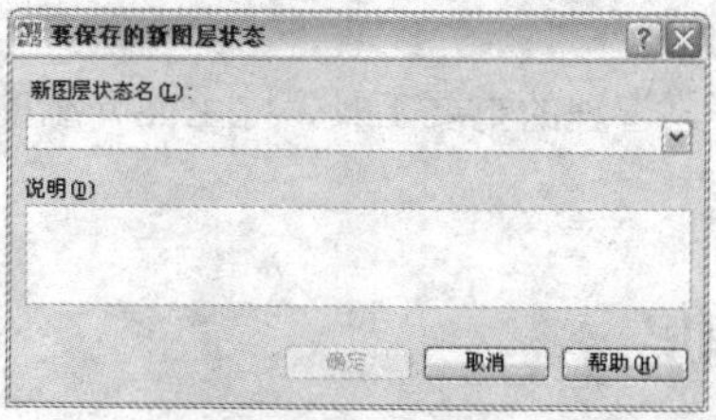

图 5.2.3 “要保存的新图层状态”对话框

（2）在该对话框中的 新图层状态名(L): 下拉列表框中输入新图层状态的名称。

（3）单击 确定 按钮即可完成图层的保存。

三、特性匹配命令

利用 AutoCAD 提供的特性匹配命令，用户可以将一个图形对象实体（源实体）的属性复制给另一个或另一组图形对象实体（目标实体），使这些实体的某些属性或全部属性与源实体相同。

启动特性匹配命令有如下 3 种方法：

（1）菜单栏：选择 修改(M) → 特性匹配(M) 命令。

（2）工具栏：单击“标准”工具栏中的“特性匹配”按钮。

（3）命令行：在命令行输入 MATCHPROP，并按回车键。

执行特性匹配命令后，命令行提示如下：

（1）选择源对象：选择源实体对象。

（2）当前活动设置：颜色 图层 线型 线型比例 线宽 厚度 打印样式 文字 标注 填充图案 多段线 视口 表格。

（3）选择目标对象或 [设置(S)]：选择要复制属性的目标实体对象，或者在命令行输入 S，系统弹出 特性设置 对话框，如图 5.2.4 所示，该对话框显示了要复制的各属性项供用户选择。

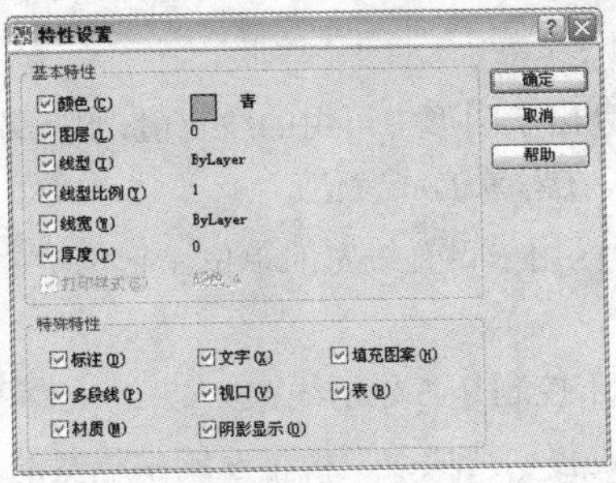

图 5.2.4　“特性设置”对话框

第三节　设置图层特性

每个新建图层的特性都被指定为默认设置：颜色为白色或黑色（由背景色决定），线型为 Continuous，线宽为默认值。

为了满足绘图需要，用户一般应为每个图层的图形实体对象指定新的颜色、线型和线宽。

一、实体颜色设置

用户可以通过图层指定实体对象的颜色，通过图层指定的颜色可以容易地识别每个图层，明确地指定颜色会在同一图层的对象之间产生其他的差别。

启动颜色命令有如下两种方法：

（1）菜单栏：选择 格式(O) → 颜色(C)... 命令。

（2）命令行：在命令行输入 COLOR，并按回车键。

执行图层颜色命令后，系统弹出 选择颜色 对话框，该对话框的内容与操作方法前面已经做过介绍，这里不再重述。

二、实体线宽设置

使用线宽命令，可以用粗线和细线清楚地表现出实体部件的截面、标高的深度、尺寸线、标记和不同对象的厚度。

启动线宽命令有如下两种方法：

（1）菜单栏：选择 格式(O) → 线宽(W)... 命令。

（2）命令行：在命令行输入 LWEIGHT，并按回车键。

执行线宽命令后，系统弹出 线宽设置 对话框，如图 5.3.1 所示。

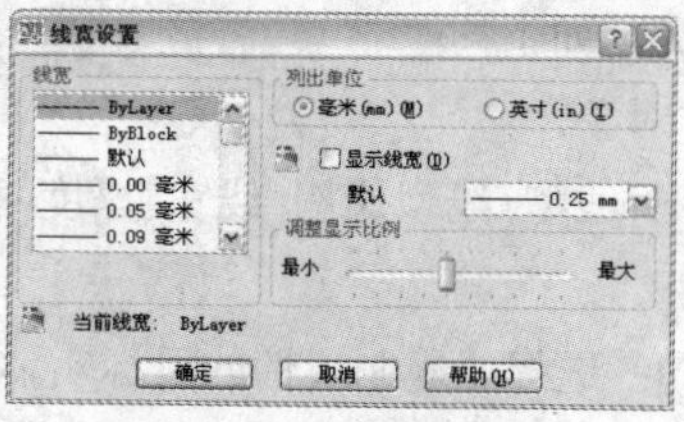

图 5.3.1　“线宽设置”对话框

该对话框中各选项的含义如下：

（1）线宽 列表框：该列表框列出了图形中可用的线宽值，用户可任选一个线宽值作为当前线宽，也可以用选中的值改变图形中已存在对象的线宽值。

（2）列出单位 选项区：该选项区用于设置线宽的单位。它包括 ⊙毫米(mm)(M) 和 ⊙英寸(in)(I) 两个单选按钮。

（3）☑显示线宽(D) 复选框：用于控制是否显示线宽。

（4）调整显示比例 选项区：通过移动滑块改变模型空间中线宽的显示比例。向右移动滑块，显示比例增大；向左移动滑块，显示比例减小。如图 5.3.2 所示为不同线宽显示示例图。

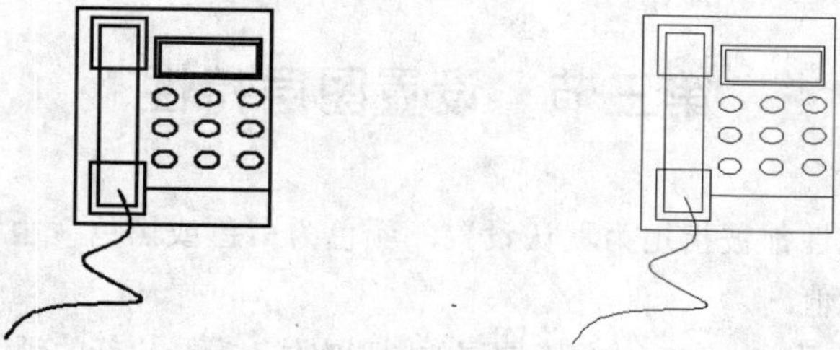

图 5.3.2　不同线宽显示示例图

注意：调整线宽显示比例只对图形对象的屏幕显示有效，但是图形对象实际的线宽不变，因此对图形对象的打印输出没有影响。

三、实体线型设置

线型是由画线、点、空白段等要素组成的重复图案，复杂的线型还包括与画线、点、空白一起重复的符号或字符。除选择线型外，用户可以设置线型比例以控制横线和空格的大小，也可以创建自定义线型。AutoCAD 提供了多达 45 种特殊线型。

启动线型命令有如下两种方法：

（1）菜单栏：选择 格式(O) → 线型(N)... 命令。

（2）命令行：在命令行输入 LINETYPE，并按回车键。

执行线型命令后，系统弹出 线型管理器 对话框，如图 5.3.3 所示。

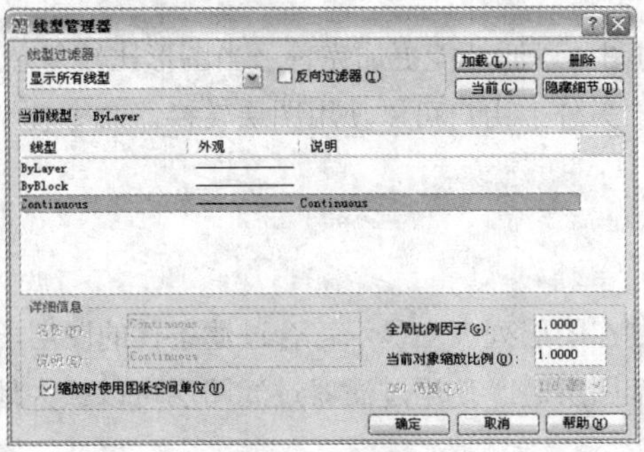

图 5.3.3　“线型管理器”对话框

该对话框中各选项含义如下：

（1）线型过滤器 选项区：该下拉列表框中列出了 3 种线型过滤方式，通过选择过滤方式来控制将在线型列表框中显示的线型。这 3 种方式分别是：

1）“显示所有线型”选项：显示当前图形中已加载的所有线型。

2）“显示所有使用的线型”选项：显示当前图形中所有已使用的线型。

3）“显示所有依赖于外部参照的线型”选项：显示所有外部参照依赖线型。

（2）加载(L)... 按钮：单击该按钮，系统弹出 加载或重载线型 对话框，该对话框显示了当前的线型库文件，以及该文件中定义的所有线型。另外，用户也可以单击 文件(F)... 按钮从文件中调出加载的线型。

提示：在 AutoCAD 2007 中，线型保存在线型库文件 acad.lin 和 acadiso.lin 中。其中，在英制测量系统中，使用 acad.lin 文件；在公制测量系统中，使用 acadiso.lin 文件。

（3）删除 按钮：单击该按钮，可删除用户选定的线型。

（4）当前(C) 按钮：单击该按钮，可以将下面列表中选定的线型设置为当前线型。

（5）隐藏细节(D)/显示细节(D) 按钮：用于控制是否显示对话框中的 详细信息 选项区。

如图 5.3.4 所示为设置全局比例因子线型示例图。

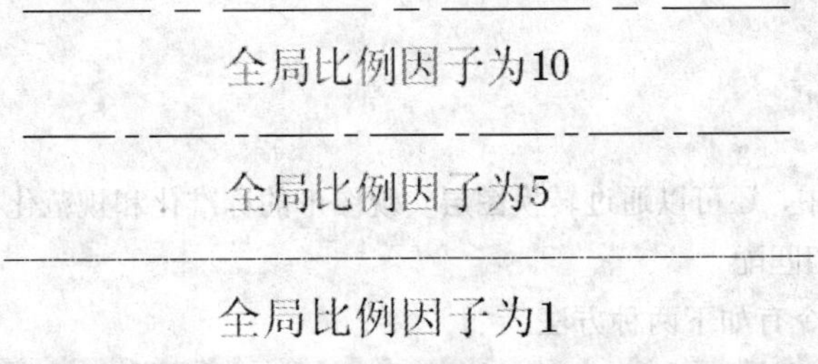

图 5.3.4　设置全局比例因子线型示例图

注意：不要把 AutoCAD 内部使用的线型与某些绘图仪提供的硬件线型混淆，这两类线型的画线结果有时很近似。建议不要同时使用这两类线型，因为同时使用两类线型，最终的出图结果可能是无法预料的。

第四节　图层过滤与图层转换器

AutoCAD 2007 改进后的图层过滤功能更加完善。当图形比较复杂，含有大量图层时，使用过滤功能可以方便用户操作图层。另外，用户可以使用图层转换器命令转换图层。

一、图层过滤

图层的过滤功能用于控制在图层列表中显示符合过滤条件的图层，还可用于同时对多个图层进行修改。当图形文件中包含多个图层时，使用过滤器过滤图层可以极大地方便用户的操作，如图 5.4.1 所示。

在 图层过滤器特性 对话框中的 过滤器名称(N): 文本框中设置过滤器的名称；在 过滤器定义: 列表框中设置图层名称、状态、颜色、线型、线宽以及打印样式等过滤条件。

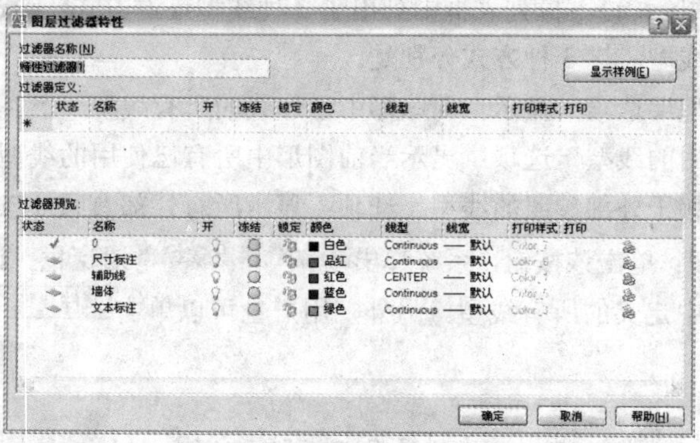

图 5.4.1　“图层过滤器特性”对话框

技巧：当设置图层名称、状态、颜色、线型、线宽以及打印样式等过滤条件时，用户可以使用标准的“?”和“*”等通配符。其中，“*”用于代替任意多个字符，“?”用于代替任意一个字符。

另外，如果在 图层特性管理器 对话框中选中 ☑反转过滤器(I) 复选框，将只显示不符合过滤条件的图层；如果选中 ☑应用到图层工具栏(T) 复选框，则“图层”工具栏仅显示符合当前过滤条件的图层。

二、图层转换器

在 AutoCAD 2007 中，还可以通过转换图层实现图形的标准化和规范化，使其与其他图形的图层结构或 CAD 标准文件相匹配。

启动图层转换器命令有如下两种方法：

（1）菜单栏：选择 工具(T) → CAD 标准(S) → 图层转换器(L)... 命令。

（2）工具栏：单击“CAD 标准”工具栏中的“图层转换器”按钮。

执行图层转换器命令后，系统弹出 图层转换器 对话框，如图 5.4.2 所示。

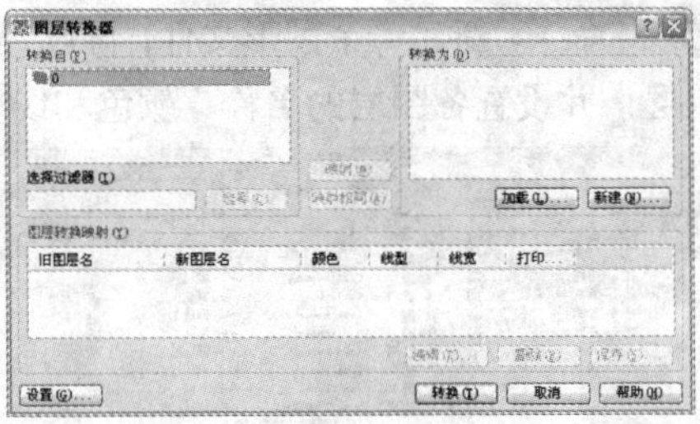

图 5.4.2　“图层转换器”对话框

该对话框中各选项含义如下：

（1）转换自(F)列表框：用于显示当前图形中将被转换的图层结构。用户可以在该列表框中选择相应图层，也可以通过图层过滤器选择要转换的图层。

（2）转换为(O)列表框：用于显示将当前图形所在的图层转换成的图层名称。单击加载(L)...按钮，系统弹出选择图形文件对话框，利用该对话框可以选择作为图层标准的图形文件，然后单击新建(N)...按钮，弹出新图层对话框，如图 5.4.3 所示，利用该对话框可以将新图层转换为匹配图层。

（3）映射(M)按钮：单击该按钮，可以将在转换自(F)列表框中选中的图层映射到转换为(O)列表框中，并且当图层被映射后，它将从转换自(F)列表框中被删除。

注意：只有在转换自(F)列表框和转换为(O)列表框中都选择了对应的转换图层后，映射(M)按钮才可以使用。

（4）映射相同(A)按钮：单击该按钮，可以将转换自(F)列表框和转换为(O)列表框中名称相同的图层进行转换映射。

（5）图层转换映射(Y)选项区域：用于显示已经映射的图层名称以及图层的相关特性值。

（6）设置(G)...按钮：单击该按钮，系统弹出设置对话框，如图 5.4.4 所示。通过该对话框可设置图层转换规则。

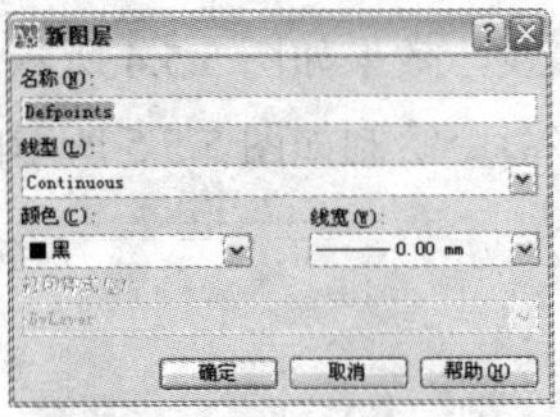

图 5.4.3　“新图层”对话框

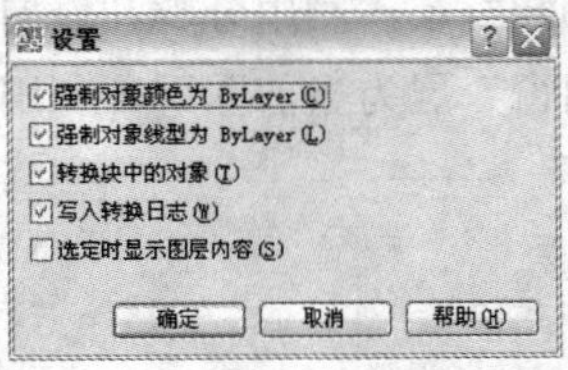

图 5.4.4　“设置”对话框

（7）转换(T)按钮：单击该按钮，开始转换图层，并关闭图层转换器对话框。

提示：在实际绘图中，有时绘制完某一图形元素后，发现该元素并没有绘制在预先设置的图层上，这时可选中该图形元素，并在“图层”工具栏的图层控制下拉列表框中选择预设层名，然后按“Esc”键即可将选定的图形对象转换到所需图层上。

第五节　应用实例——别墅地下室平面图

下面根据前面主要介绍的图层命令绘制别墅地下室平面图。

(1) 选择 文件(F) → 新建(N)... 命令，新建一个图形文件，再设置图形文件的绘图界限为 42 000，29 700。根据图层命令创建新图层，并设置各图层的名称、颜色和线型等，如图 5.5.1 所示。

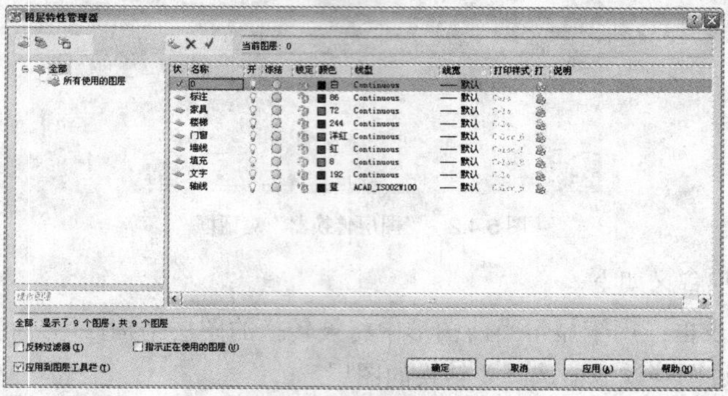

图 5.5.1　“图层特性管理器”对话框

(2) 设置“轴线”层为当前图层，利用直线和偏移命令绘制轴线，效果如图 5.5.2 所示。

(3) 设置“墙线”层为当前图层，利用多线命令绘制墙线，设置外墙线的比例为 240，内墙线的比例为 120，完成后的效果如图 5.5.3 所示。

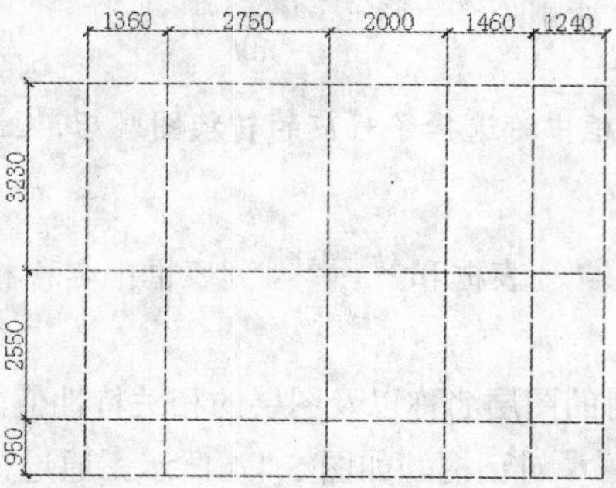

图 5.5.2　绘制轴线

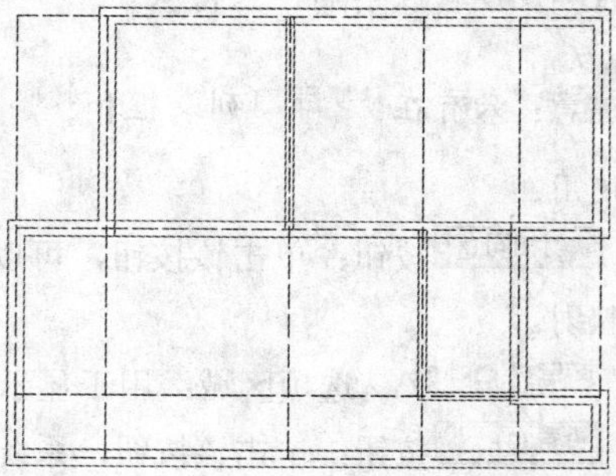

图 5.5.3　绘制墙线

(4) 隐藏“轴线”层，利用分解和修剪命令修剪墙线，效果如图 5.5.4 所示。

(5) 设置“门窗”层为当前图层，利用直线和偏移命令绘制如图 5.5.5 所示的门洞。

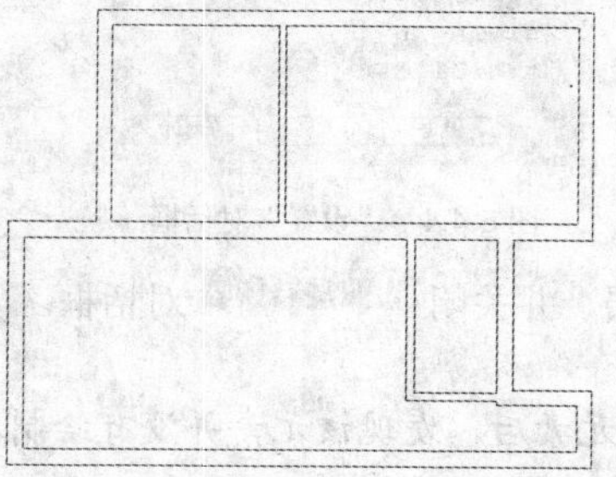

图 5.5.4　修剪墙线

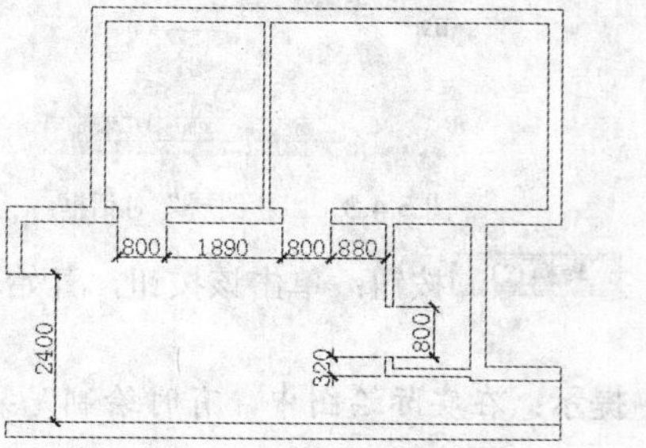

图 5.5.5　绘制门洞

(6) 使用圆弧和矩形命令绘制门，效果如图 5.5.6 所示。

(7) 设置“楼梯”层为当前图层，利用偏移和修剪命令绘制楼梯平面图，效果如图 5.5.7 所示。

(8) 使用多段线命令绘制楼梯走向，效果如图 5.5.8 所示。

(9) 设置“文字”层为当前图层，利用单行文字命令在楼梯附近位置输入文字，效果如图 5.5.9 所示。

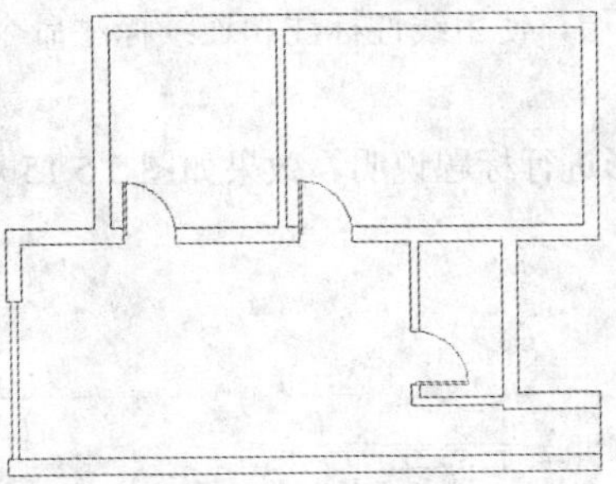

图 5.5.6　绘制门

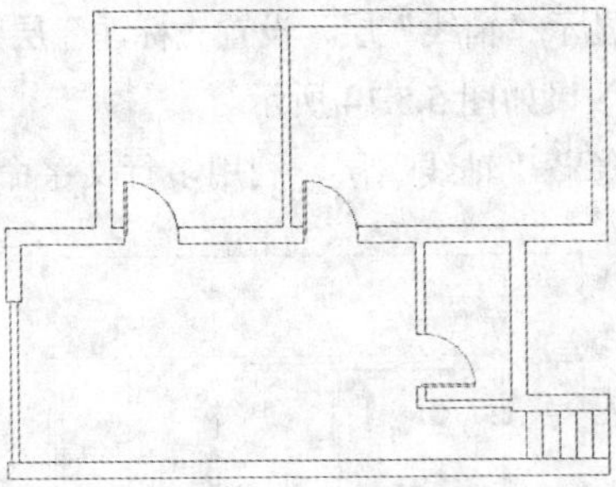

图 5.5.7　绘制楼梯平面图

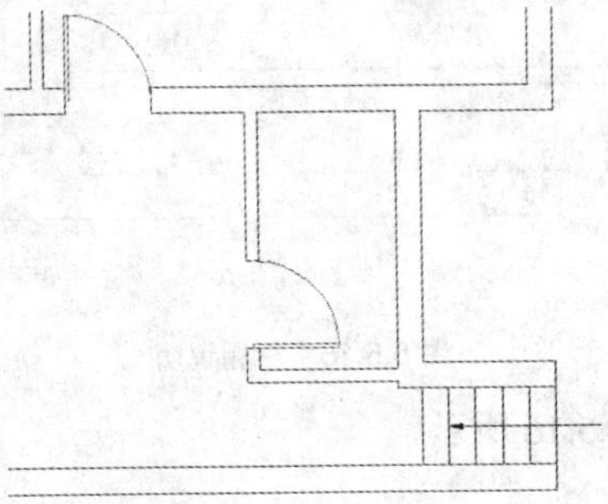

图 5.5.8　绘制楼梯走向

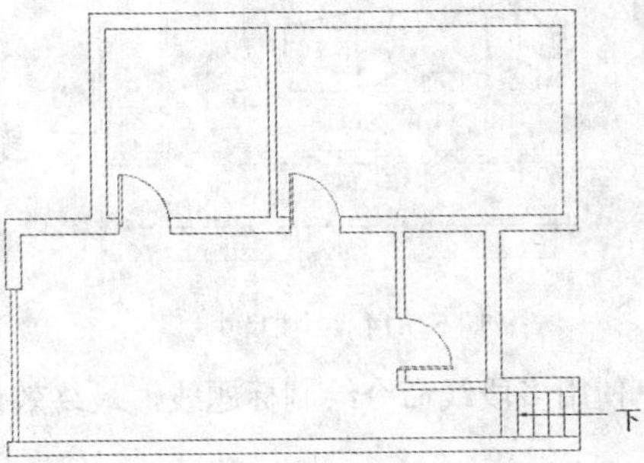

图 5.5.9　输入单行文字

（10）使用多行文字命令，对各个房间进行文字说明，效果如图 5.5.10 所示。

（11）打开“练习文件”文件夹下的“模块.dwg”，选择汽车图块和健身器图块，将其插入到如图 5.5.11 所示的位置。

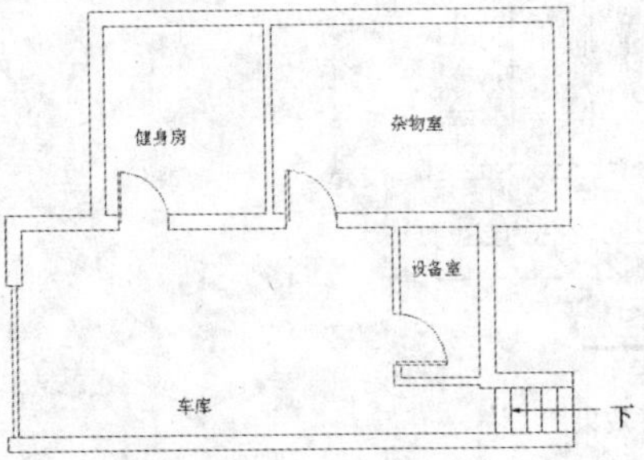

图 5.5.10　文字说明

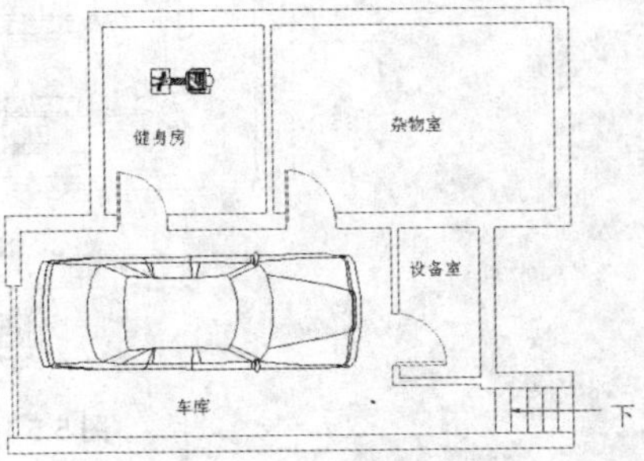

图 5.5.11　插入图块

（12）设置“填充”层为当前图层，利用图案填充命令对图形进行填充，填充参数设置如图 5.5.12 所示，填充后的效果如图 5.5.13 所示。

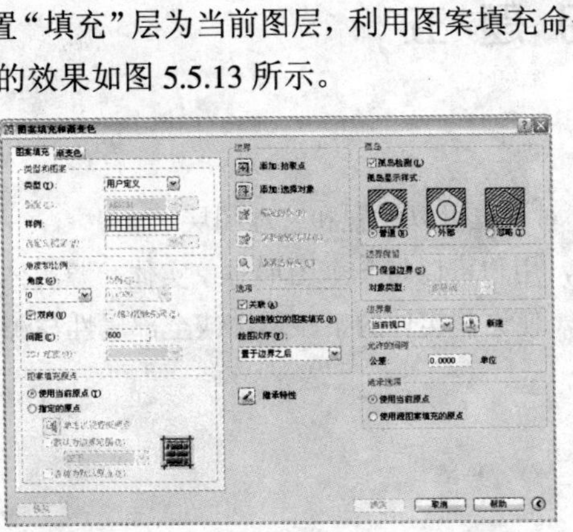

图 5.5.12　设置填充参数

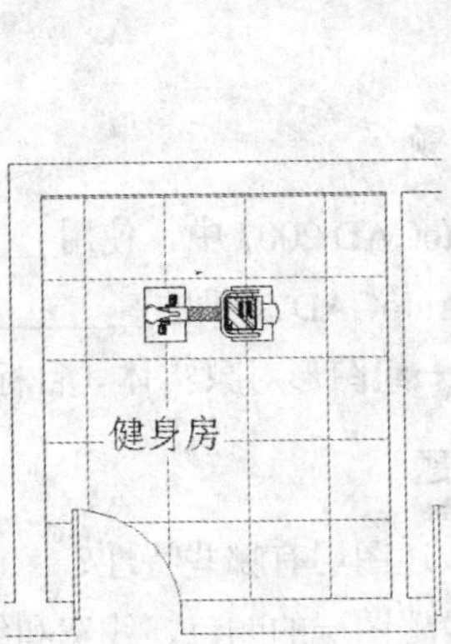

图 5.5.13　填充后的效果

（13）显示“轴线”层，设置“标注”层为当前图层，使用线性标注和连续标注命令对图形进行尺寸标注，效果如图 5.5.14 所示。

（14）隐藏“轴线”层，利用多行文字命令对图形进行标题说明，效果如图 5.5.15 所示。

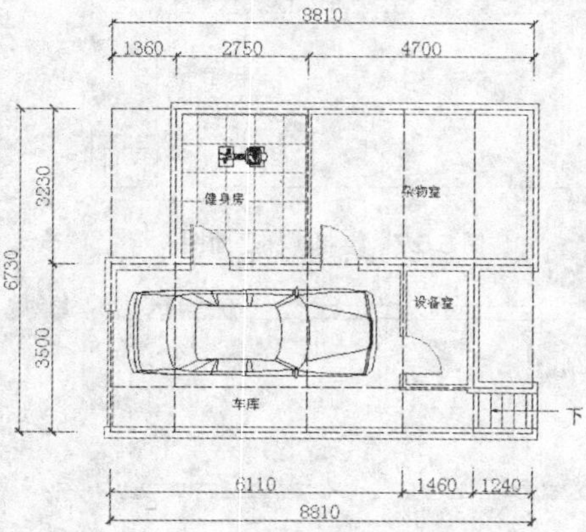

图 5.5.14　标注尺寸

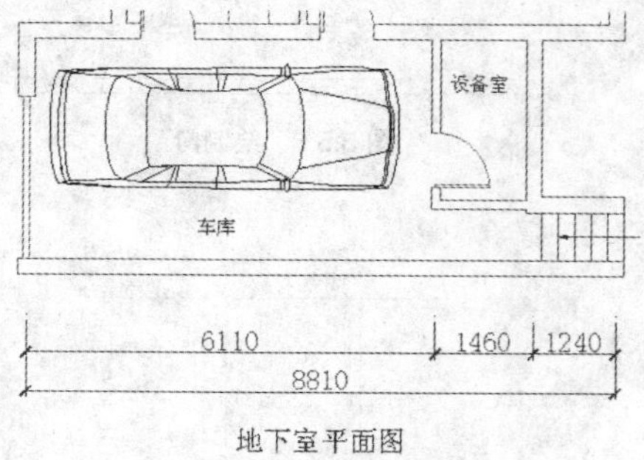

图 5.5.15　标题说明

（15）使用多段线命令绘制标题线，最终效果如图 5.5.16 所示。

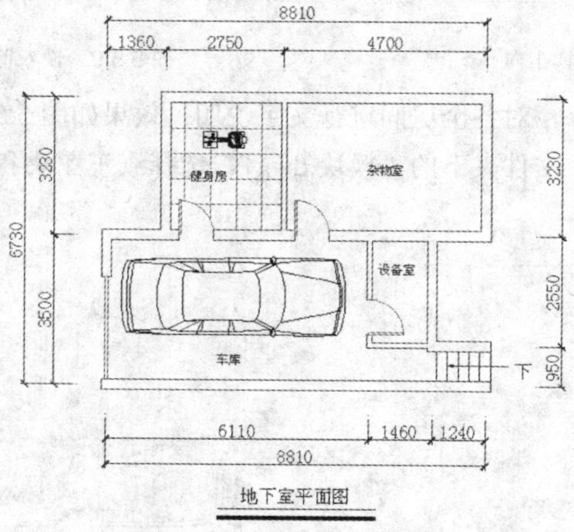

图 5.5.16　最终效果图

习 题 五

一、填空题

1．在 AutoCAD 2007 中，使用_________对话框可以设置和管理图层。

2．利用 AutoCAD 提供的_________命令，用户可以将一个图形对象实体（源实体）的属性复制给另一个或另一组图形对象实体（目标实体），使这些实体的某些属性或全部属性与源实体相同。

二、简答题

1．简要叙述图层有哪些特性？

2．如何设置图层的颜色、线宽和线型？

三、上机操作题

利用图层命令绘制如题图 5.1 所示的办公室平面图。

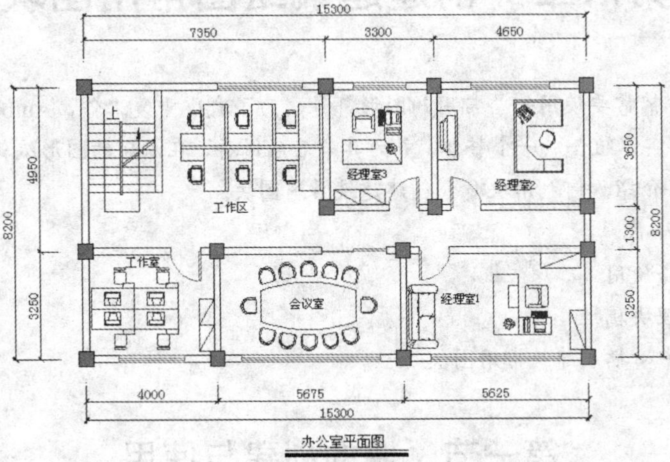

题图　5.1

第六章　创建建筑绘图常用图块

在工程绘图中，常常要使用一些常用的图形符号，为了减少重复工作，AutoCAD 提出图块的概念。图块就是将多个实体组合成一个整体，并为其命名后保存，在以后的图形编辑中该整体就被视为一个实体。本章主要介绍如何利用块命令创建建筑常用图块。

本章主要内容：

◆ 块的创建与使用

◆ 编辑与管理块属性

◆ 利用设计中心插入建筑常用图块

第一节　块的创建与使用

块是由图形中的多个对象组合而成的一个对象集合。需要时，可将块作为单一对象插入到图形中的指定位置，插入时可以指定不同的缩放比例和旋转角度，还可以对其进行移动、复制等编辑操作。

一、创建图块

在 AutoCAD 2007 中，用户可以使用 BLOCK 命令创建块，启动创建图块命令有如下 3 种方法：

（1）菜单栏：选择 绘图(D) → 块(K) → 创建(M)... 命令。

（2）工具栏：单击“绘图”工具栏中的“创建块”按钮。

（3）命令行：在命令行输入 BLOCK，并按回车键。

执行创建块命令后，弹出 块定义 对话框，如图 6.1.1 所示。下面分别介绍该对话框中各选项的含义。

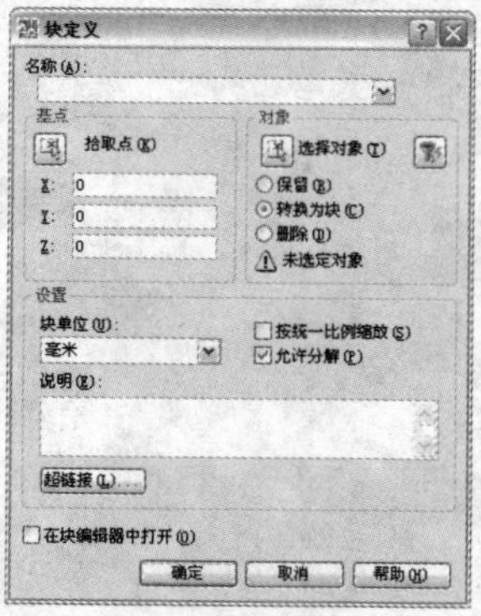

图 6.1.1　“块定义”对话框

（1）名称(A): 下拉列表框：用于输入创建图块的名称。最多可使用 255 个字符，也可以利用下拉列表，从当前图形的所有块名列表中选择一个作为块名。

（2）基点 选项区：用于设置块插入基点的位置。用户可以直接在 X，Y，Z 文本框中输入基点的坐标，也可以单击“拾取点”按钮，系统切换到绘图窗口，此时需要用户使用鼠标在图形屏幕上拾取所需要的点作为图块插入基点。

（3）对象 选项区：用于指定组成块的对象，及创建块之后是否保留块定义中所选的对象，其中包含 ⊙保留(R)、⊙转换为块(C) 和 ⊙删除(D) 3 个单选按钮，下面分别进行介绍。

1）⊙保留(R) 单选按钮：表示创建块后，仍在绘图窗口中保留组成块的各对象。

2）⊙转换为块(C) 单选按钮：表示保留组成块的各对象并将其转换为块。

3）⊙删除(D) 单选按钮：表示生成块后原选取实体被消除。

（4）设置 选项区：用于确定用户使用该图块插入 AutoCAD 时所采用的单位。

（5）☑按统一比例缩放(S) 复选框：确定是否按照块参照统一缩放比例。

（6）☑允许分解(P) 复选框：确定块参照是否可以被分解。

（7）说明(E): 文本框：输入与块定义相关的描述信息。

（8）超链接(L)... 按钮：用于插入超级链接文档。

（9）☑在块编辑器中打开(O) 复选框：选中该复选框，单击 确定 按钮后，系统打开“块编辑器”窗口，如图 6.1.2 所示。在该编辑器中用户可以添加块的参数和动作，以定义自定义特性和动态行为。块编辑器包含一个特殊的编写区域，在该区域中可以像在绘图区中一样绘制和编辑几何图形。

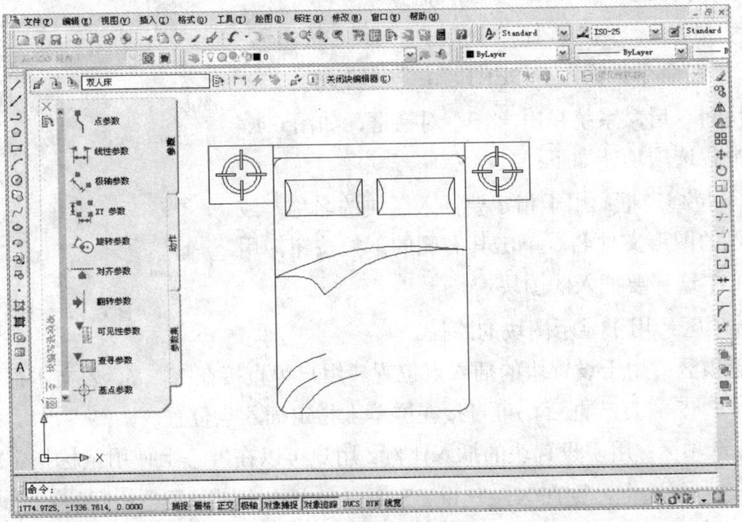

图 6.1.2 “块编辑器”窗口

二、保存块

用 BLOCK 命令创建的块，又称为内部块，仅限于在存储该块的图形文件内部使用。为了能在其他文件中使用块，系统提供了 WBLOCK 命令将块保存为一个独立的图形文件。执行 WBLOCK 命令，系统弹出 写块 对话框，如图 6.1.3 所示。该对话框中各选项的功能如下：

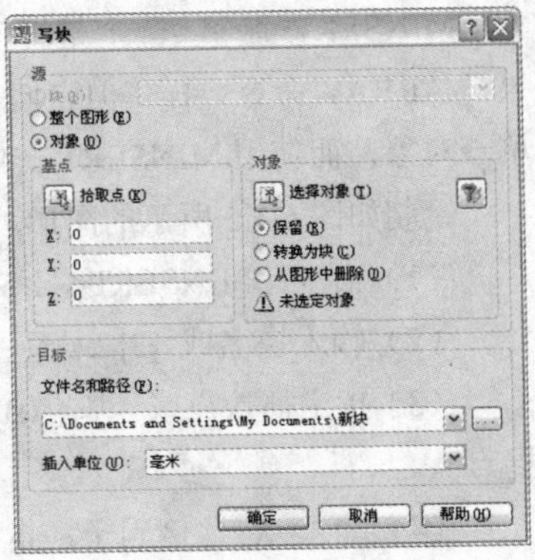

图 6.1.3 “写块”对话框

（1）源 选项区：用于定义写入外部块的源实体。它包括如下内容：

1）◉块(B): 单选按钮，保存为独立图形文件的对象来自于块。

2）◉整个图形(E) 单选按钮，保存为独立图形文件的对象来自于全部图形。

3）◉对象(O) 单选按钮，保存为独立图形文件的对象来自于选定的图形对象。

（2）目标 选项区：用于指定外部块文件的文件名、存储位置以及采用的单位。

技巧：使用 BLOCK 和 WBLOCK 命令建立的图块，确定的插入点即为块插入的基点，插入图块时将以该基点来改变图块的比例和旋转角度。如果插入文件未指定基点，将以原点为默认的插入基点。

三、插入图块

显然，生成块的目的是为了在图形中插入块。当用户在图形中放置一个块后，无论块的复杂程度如何，AutoCAD 均将该块作为一个对象。启动插入图块命令有如下 3 种方法：

（1）菜单栏：选择 插入(I) → 块(B)... 命令。

（2）工具栏：单击“绘图”工具栏中的“插入块”按钮。

（3）命令行：在命令行输入 INSERT，并按回车键。

执行插入图块命令后，系统弹出 插入 对话框，如图 6.1.4 所示。该对话框中各选项功能如下：

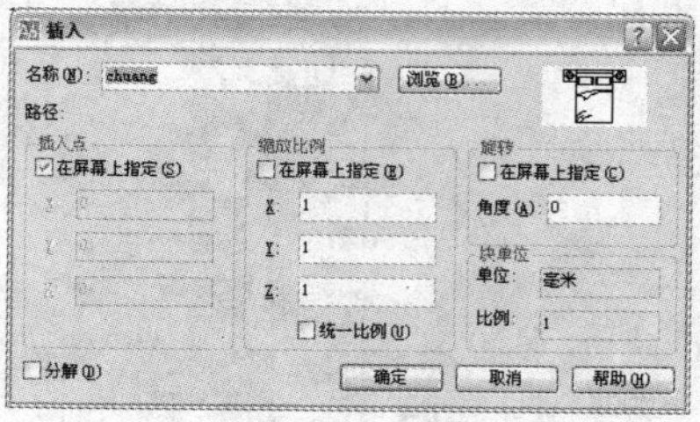

图 6.1.4　“插入”对话框

（1）名称(N): 下拉列表框：用于指定要插入图块的名称，或指定要作为块插入的图形文件名。单击其右侧的下拉按钮，用户可以从该列表框中选择要插入的图块。

（2）路径: 选项区：用于显示图块的路径。

（3）插入点 选项区：用于设置块的插入点位置。用户可直接在 X，Y，Z 文本框中输入插入点的坐标，选中 ☑在屏幕上指定(S) 复选框后，可直接在屏幕上指定插入点位置。

（4）缩放比例 选项区：用于设置块的插入比例。用户可以在屏幕上使用鼠标指定或直接输入缩放比例。选中 ☑统一比例(U) 复选框，则在 X，Y 和 Z 3 个方向上的比例因子是相同的。

（5）旋转 选项区：用于设置插入块时的旋转角度。图块在插入图形时，用户可以任意改变其角度，使其按需要的角度插入到图形中。对于旋转角度是否为正或为负，都应参照块的原始位置。

（6）块单位 选项区：用于显示块的单位。

（7）☑分解(D) 复选框：可以将插入的块分解成组成块的各个基本对象。

1. 使用 MINSERT 插入多个块

MINSERT 命令实际上是将阵列命令和块插入命令合二为一的命令。尽管表面上 MINSERT 的效果同 ARRAY 命令一样，但它们本质上是不同的。ARRAY 命令产生的每一个目标都是图形文件中的单一对象，而使用 MINSERT 产生的多个块则是一个整体，用户不能单独编辑一个组成块。

绘制如图 6.1.5 所示的图形，了解阵列插入图块的使用方法。

（1）命令：MINSERT↙。

（2）输入块名或 [?] <椅子平面图>：花瓶立面图↙。

（3）指定插入点或 [基点(B)/比例(S)/X/Y/Z/旋转(R)/预览比例(PS)/PX/PY/PZ/预览旋转(PR)]：捕捉点 A。

（4）输入 X 比例因子，指定对角点，或[角点(C)/XYZ] <1>：0.6↙。

（5）输入 Y 比例因子或<使用 X 比例因子>：0.6↙。

（6）指定旋转角度<0>：↙。

（7）输入行数(---) <1>：2。

（8）输入列数(|||)<1>：3。

（9）输入行间距或指定单位单元(---)：400。

（10）指定列间距(|||)：500。

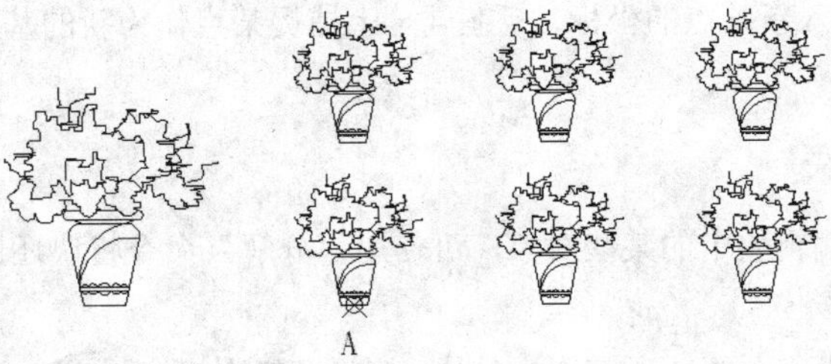

图 6.1.5　阵列插入后的图块

2. 利用 DIVIDE，MEASURE 来设置块

在前面已经提到，用户可以利用 DIVIDE 和 MEASURE 在所选对象上间隔放置点。实际上，这两个命令也可用来间隔放置块。

（1）DIVIDE 命令：用于根据用户指定数目将所选图形进行等分，并在等分位置插入图块，如图 6.1.6 所示。

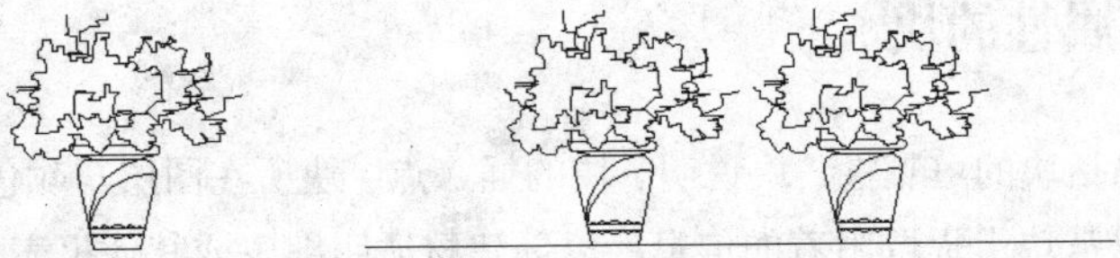

图 6.1.6　等分插入后的图块

（2）MEASURE 命令：用于按用户给定的距离在所选的目标图形中等距离插入图块，如图 6.1.7 所示。

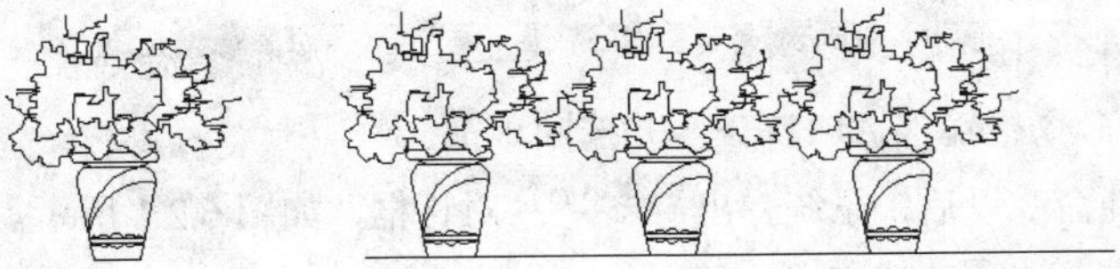

图 6.1.7　等距离插入后的图块

注意：DIVIDE 和 MEASURE 命令只能将图块以 1:1 比例插入，并且对插入的图块可单独进行编辑（如复制、移动、旋转、缩放比例等）。

四、编辑块

块创建完成并插入到图形中以后，可以对其进行编辑修改。

1. 改变插入基点

块创建完成后，如果设置的插入基点使用起来不方便，可以重新设置插入基点的位置。具体操作步骤如下：

（1）打开欲重新设置基点的图块文件。

（2）改变插入基点。选择 绘图(D) → 块(K) → 基点(B) 命令，或在命令行输入 BASE，并按 Enter 键，命令行出现如下提示：

base 输入基点 <0.0000,0.0000,0.0000>:

在该提示下，直接输入新基点的坐标，或在屏幕上捕捉某点作为新的基点，均可将原来的插入基点置换为新的插入基点。

2．分解块和重定义块

（1）分解块：为了编辑块中的某些对象，可使用“分解”命令将块还原为单个对象，然后进行编辑修改。

（2）重定义块：如果需要修改所有引用的块，就需要对块重新定义。块的重定义与创建块的命令相同。

第二节　编辑与管理块属性

属性是从属于图块的非图形信息，是图块的组成部分。通常用于块插入过程中的自动注释。

一、创建带有属性的块

块有许多属性，包括块的可见性、块说明、块的插入点、块所在图层与颜色等。把这些属性信息附着到块上以后还可以从块上提取附着的信息，以创建材质明细表或其他报表等。

1．定义属性

图块的属性需要预先定义，并且在创建块时将属性与图形对象同时选中才能创建出具有属性的块。启动定义图块属性命令有如下两种方法：

（1）菜单栏：选择 绘图(D) → 块(K) → 定义属性(D)... 命令。

（2）命令行：在命令行输入 ATTDEF，并按回车键。

执行定义图块属性命令以后，系统弹出 属性定义 对话框，如图 6.2.1 所示。通过该对话框可以定义块属性。该对话框中各选项功能如下：

（1）模式 选项区：用于设置属性的模式。它包含 4 个复选框，选中 ☑不可见(I) 复选框，表示不显示属性值；选中 ☑固定(C) 复选框，表示属性值为固定值；选中 ☑验证(V) 复选框，表示在插入属性块时，系统将显示一次提示，使用户验证所输入的属性值是否正确；选中 ☑预置(P) 复选框，表示在插入属性块时，系统直接将默认值自动设置为实际属性值，系统将不再提示用户输入新值。

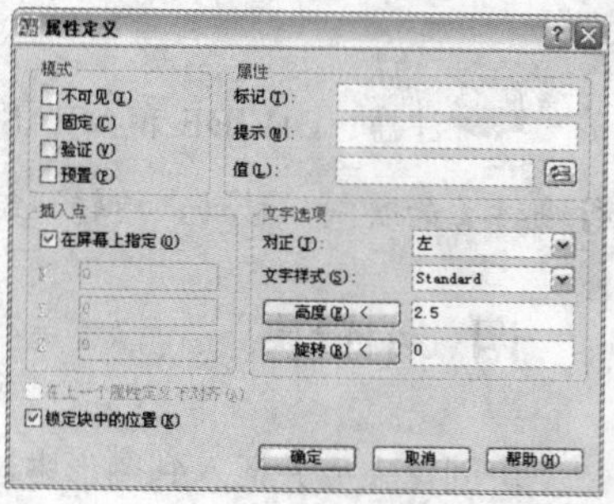

图 6.2.1　“属性定义”对话框

（2）属性 选项区：用于设置块的属性。

1）标记(T): 文本框：用于设置属性的标记。

2）提示(M): 文本框：用于设置插入块时系统显示的提示信息。

3）值(L): 文本框：用于设置属性的默认值。

（3）插入点 选项区：用于设置属性的插入点，即属性文字排列的参照点。用户可以直接在 X，Y，Z 文本框中输入插入点的坐标，也可以选中 ☑在屏幕上指定(O) 复选框，在绘图窗口中指定一点作为插入点。

（4）文字选项 选项区：用于设置属性文字的格式。

2．创建带属性的块

为块定义属性后，可以将它和块中的其他对象一起创建成图块。这种块称为带属性的块，块中可以附带多个属性。

带有属性的块的创建方法与一般块的创建方法并无区别，因为图块除包含图形对象以外，还可以具有非图形信息。例如把一个机械零件的图形定义为图块后，还可把零件的编号、价格、注释和制造商的名称等文本信息一并加入到图块当中。

二、编辑块属性

1．修改属性定义

启动修改属性定义命令有如下两种方法：

（1）菜单栏：选择 修改(M) → 对象(O) → 文字(T) → 编辑(E)... 命令。

（2）命令行：在命令行输入 DDEDIT，并按回车键。

启动该命令后，命令行提示信息如下：

选择注释对象或 [放弃(U)]：

此时，在绘图窗口单击属性标记，系统弹出 编辑属性定义 对话框，如图 6.2.2 所示。通过该对话框可以修改属性定义的标记、提示和默认值。

2．编辑块属性

用户在图形中插入块以后，还可以随时根据需要编辑块的属性值。启动该命令有如下 3 种方法：

（1）菜单栏：选择 修改(M) → 对象(O) → 属性(A) → 单个(S)... 命令。

（2）工具栏：单击“修改Ⅱ”工具栏中的“编辑属性”按钮。

（3）命令行：在命令行输入 EATTEDIT，并按回车键。

执行该命令后，选择创建包含属性的图块，系统弹出如图 6.2.3 所示的 增强属性编辑器 对话框。

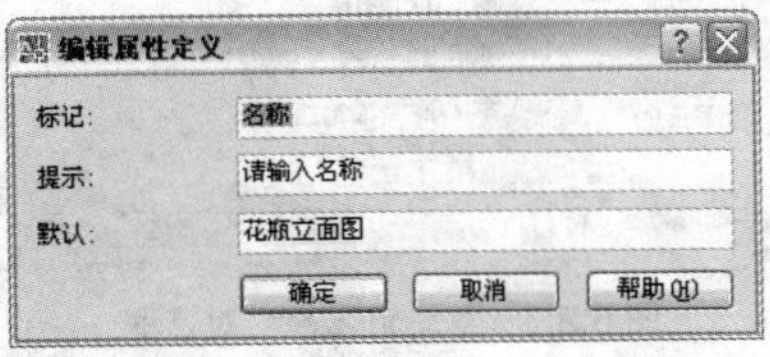

图 6.2.2　“编辑属性定义”对话框

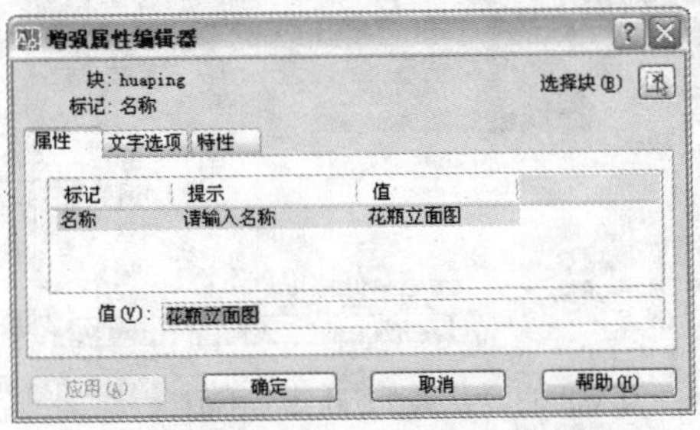

图 6.2.3　“增强属性编辑器”对话框

该对话框中各选项含义如下：

（1）“属性”选项卡：显示了块中所有属性的标记、提示和值。在列表中选择某一属性后，在下方的 值(V): 文本框中将显示出该属性对应的属性值，用户可以通过它来修改属性值。

（2）“文字选项”选项卡：用于修改属性文字的格式。用户在该选项卡中还可以对属性值文字的各个方面进行编辑修改，如图 6.2.4 所示。

（3）“特性”选项卡：用于修改属性文字的图层以及它的线型、颜色、线宽及打印样式等，如图 6.2.5 所示。

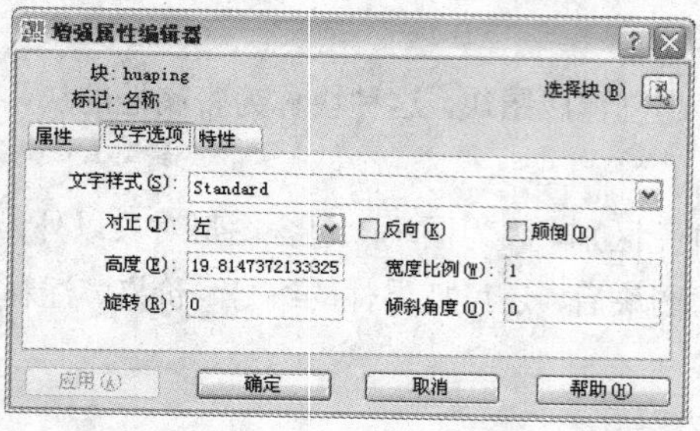

图 6.2.4　“文字选项”选项卡

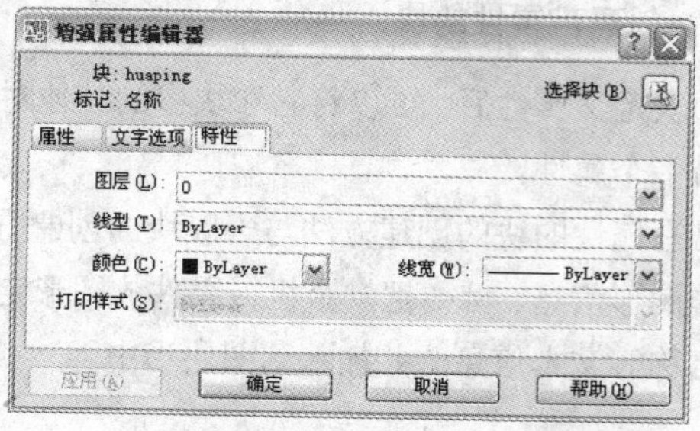

图 6.2.5　“特性”选项卡

3. 管理块属性

BATTMAN 命令用于编辑由于插入外部属性块而在当前图形中自动生成的同名内部属性块的属性。启动该对话框有如下 3 种方法：

（1）菜单栏：选择 修改(M) → 对象(O) → 属性(A) → 块属性管理器(B)... 命令。

（2）工具栏：单击“修改Ⅱ”工具栏中的“块属性管理器”按钮。

（3）命令行：在命令行输入 BATTMAN，并按回车键。

执行该命令后，系统弹出 块属性管理器 对话框，如图 6.2.6 所示。该对话框中各选项含义如下：

（1）“选择块”按钮：单击该按钮，系统返回到绘图窗口选择已定义的属性块，或者在 块(B): 下拉列表中选择需要编辑的属性块。

（2）同步(Y) 按钮：单击该按钮，可以更新已修改的属性特性。

（3）上移(U)/下移(D) 按钮：单击这两个按钮，可以分别将选中的属性上移或下移一行。

（4）编辑(E)... 按钮：单击该按钮，系统弹出 编辑属性 对话框，如图 6.2.7 所示。该对话框包括“属性”、“文字选项”和“特性”3 个选项卡，其中后两个选项卡与前面介绍的 增强属性编辑器 对话框中的选项卡完全相同。而在“属性”选项卡中，用户可以修改选中属性的模式和属性的标记、提示及默认值。

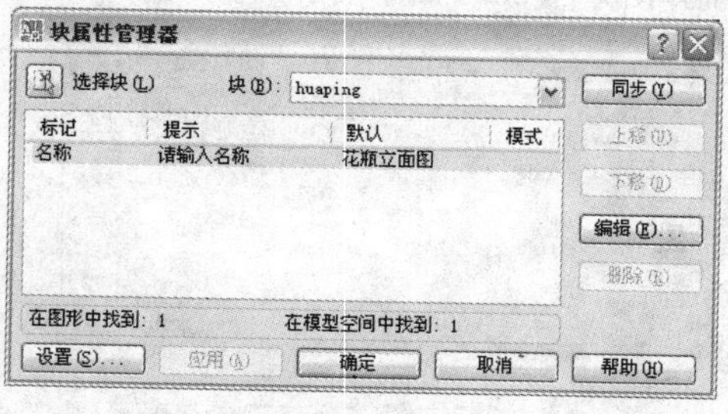

图 6.2.6　“块属性管理器”对话框

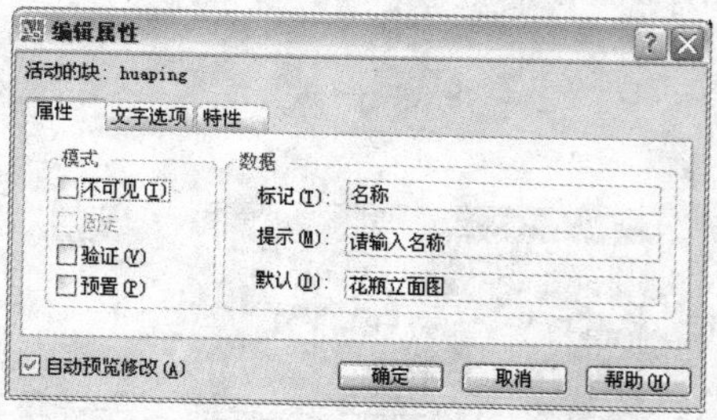

图 6.2.7　“编辑属性”对话框

（5）删除(R) 按钮：单击该按钮，可以从中删除在属性列表框中选中的属性定义，并且块中对应的属性值也被删除。

（6）设置(S)... 按钮：单击该按钮，系统弹出 设置 对话框，如图 6.2.8 所示。利用该对话框可以设置需要编辑的块属性，包括属性标记、提示以及属性值等。

4. 修改属性值

ATTEDIT 命令用于修改属性块插入后的属性值。在命令行输入 ATTEDIT，系统提示“选择块参照”，用户在该提示下选择已插入的属性块后，系统弹出 编辑属性 对话框，如图 6.2.9 所示。利用该对话框用户可以修改属性值。

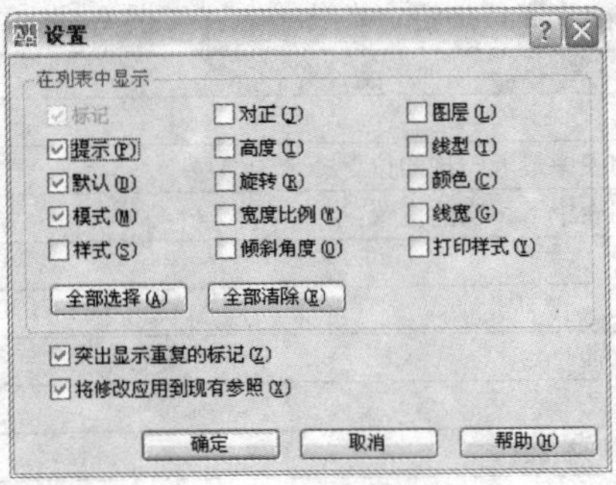

图 6.2.8　“设置”对话框

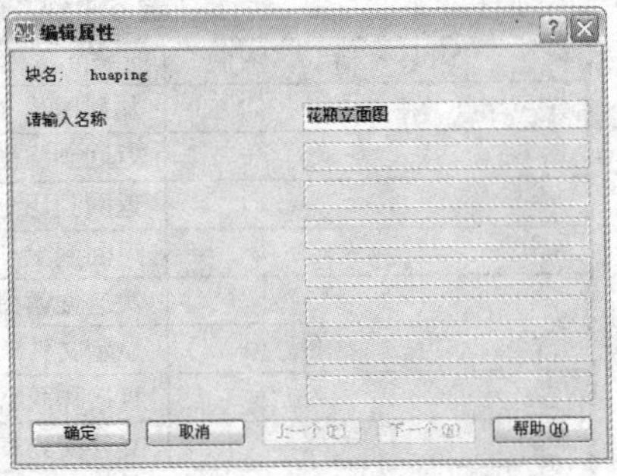

图 6.2.9　“编辑属性”对话框

第三节　利用设计中心插入建筑常用图块

AutoCAD 设计中心是 AutoCAD 中的一个非常有用的工具。在进行建筑设计时，用户可以直接从设计中心插入需要的建筑图块。

一、启动设计中心

用户可以通过以下 4 种方法打开 AutoCAD 2007 的设计中心。

（1）菜单栏：选择 工具(T) → 选项板 → 设计中心(G) 命令。

（2）工具栏：单击“标准”工具栏中的“设计中心”按钮。

（3）命令行：在命令行输入 ADCENTER，并按回车键。

（4）快捷键：Ctrl+2。

执行设计中心命令后，系统打开 设计中心 面板，如图 6.3.1 所示。

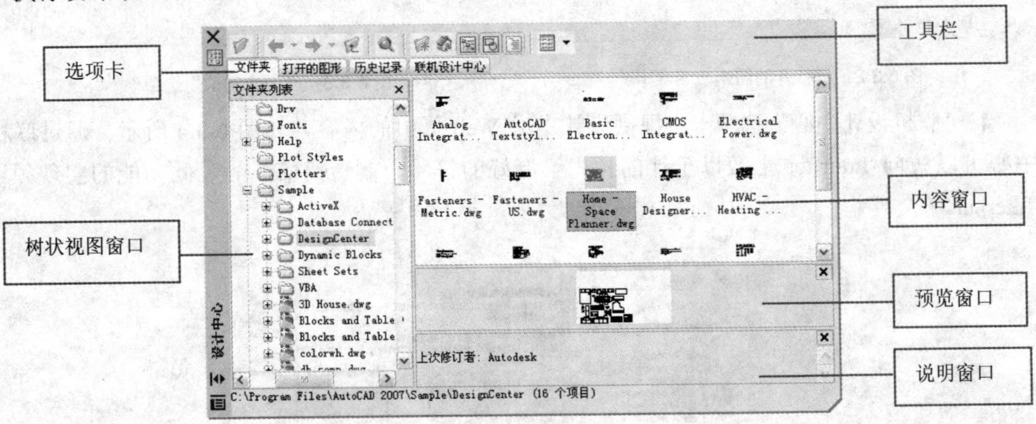

图 6.3.1　“设计中心”面板

该面板主要由工具栏、选项卡、内容窗口、树状视图窗口、预览窗口和说明窗口 6 部分组成。下面分别进行介绍。

（1）工具栏：包含选定内容类型的各种按钮。AutoCAD 2007 设计中心各工具按钮的功能如表 6.1 所示。

表 6.1 “设计中心”工具按钮功能

按 钮	功 能
	加载图形文件
	返回到历史记录列表中最近一次的位置
	返回到历史记录列表中下一次的位置
	返回到上一级目录
	快速搜索图形对象
	显示文件夹中的内容
	直接加载默认文件夹
	文件夹列表树状图切换按钮
	预览栏切换按钮
	说明栏切换按钮
	视图选择按钮

（2）选项卡：AutoCAD 设计中心窗口包括 4 个选项卡，各选项卡的窗口显示内容也不同。

1）“文件夹”选项卡：用于显示设计中心的资源，用户可以将设计中心的内容设置为本计算机的资源信息。

2）“打开的图形”选项卡：用于显示在当前 AutoCAD 环境中打开的所有图形文件，如图 6.3.2 所示。

3）“历史记录”选项卡：用于显示用户最近访问过的文件，包括这些文件的完整路径，如图 6.3.3 所示。

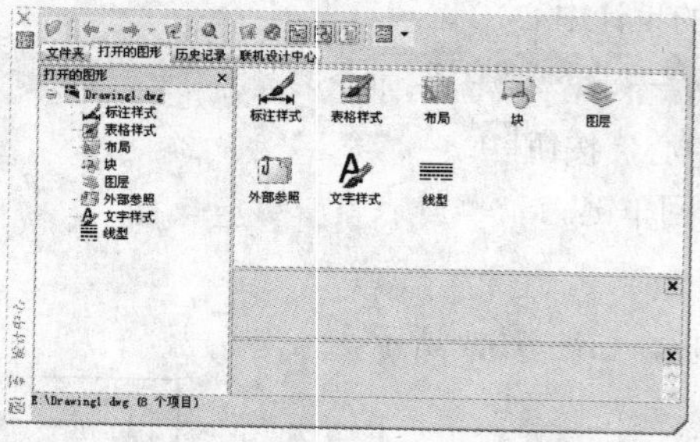

图 6.3.2 “打开的图形”选项卡

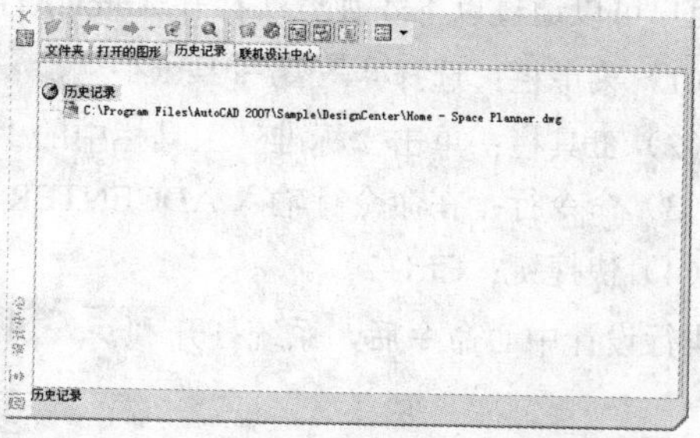

图 6.3.3 “历史记录”选项卡

4）“联机设计中心”选项卡：提供设计中心 Web 页中的内容，如图 6.3.4 所示。通过联机设计中心可以访问 Internet 上数以千计的预先绘制好的符号、制造商信息等。此功能的实现须连接到 Internet。

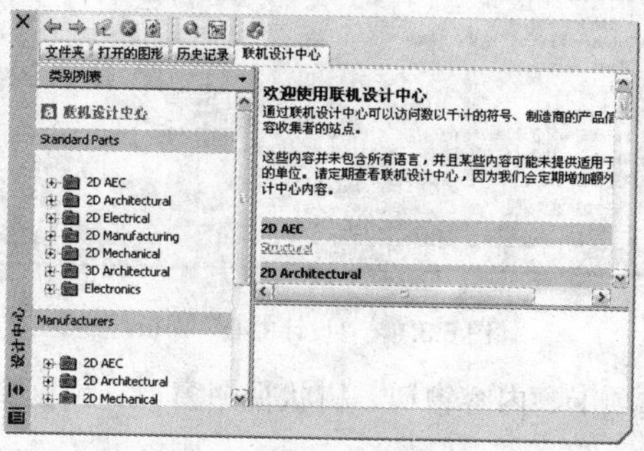

图 6.3.4 “联机设计中心”选项卡

（3）内容窗口：用于显示 AutoCAD 2007 中的各种内容区域。

（4）树状视图窗口：该窗口位于设计中心窗口左边，显示图形、图像及文件路径的可选区域。

在工具栏中单击“树状视图切换”按钮可以显示树状视图。在内容窗口中可显示内容类型，而在树状窗口中则可以像 Windows 资源管理器一样进行多层显示。

（5）预览窗口：单击需要预览的图形文件，可以在打开和关闭预览框之间进行切换。

（6）说明窗口：单击需要预览的图形文件，可以在打开和关闭说明框之间进行切换。

二、利用设计中心进行图形文件管理

下面介绍利用 AutoCAD 工具栏按钮进行图形文件管理的方法。

1．收藏

单击工具栏中的“收藏夹”按钮，系统弹出如图 6.3.5 所示的面板，树状目录指向收藏夹，右侧区域显示收藏夹下的具体文件。

如果用户选择了图形、文件或其他类型的内容，单击鼠标右键，系统弹出快捷菜单，如图 6.3.6 所示，选择 添加到收藏夹(D) 命令，就会在收藏夹中为其创建一个相应的快捷方式。

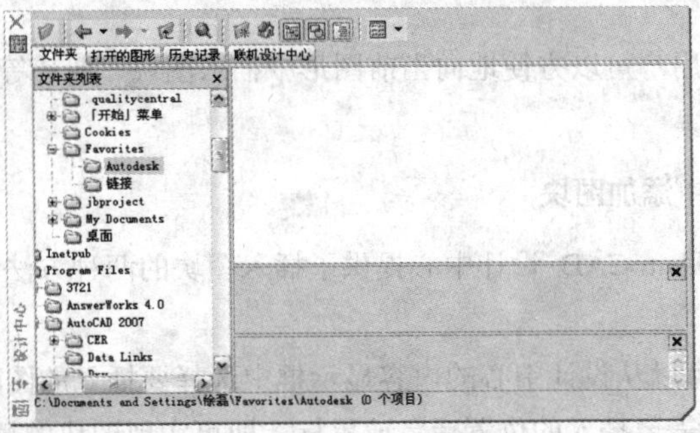

图 6.3.5　收藏夹显示状态

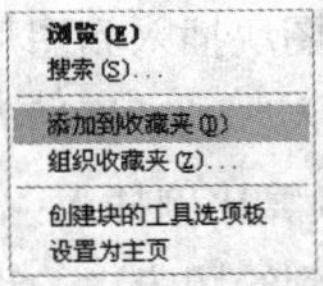

图 6.3.6　快捷菜单

2．搜索对象

单击工具栏中的“搜索”按钮，系统弹出 搜索 对话框，如图 6.3.7 所示。打开 搜索(K) 下拉列表显示可搜索对象，包括填充图案、图层、图形、块、文字样式等。

下面分别介绍各选项卡含义：

（1）“图形”选项卡：该选项卡用于定位查找图形对象，如图 6.3.7 所示。

（2）“修改日期”选项卡：用于定义查找特定时间内创建或修改的图形的日期，如图 6.3.8 所示。

（3）“高级”选项卡：用于查找图形中的内容，如图 6.3.9 所示。

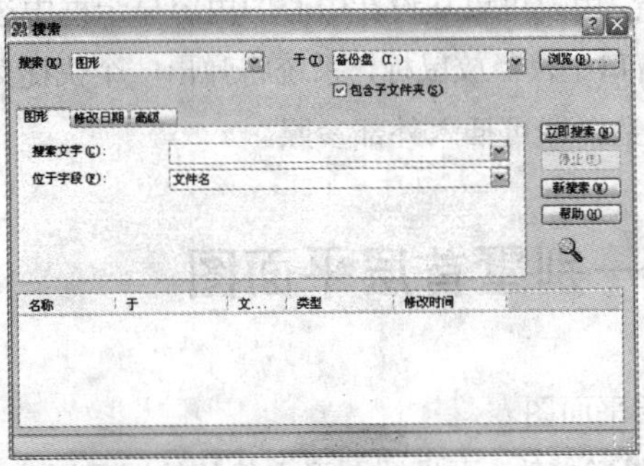

图 6.3.7　“搜索”对话框

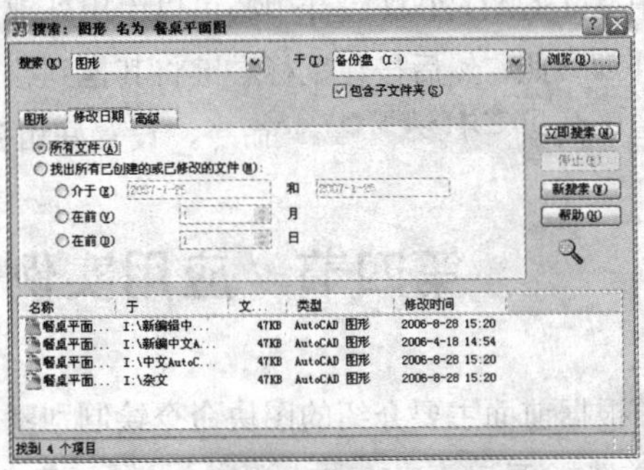

图 6.3.8　“修改日期”选项卡

3．加载

单击工具栏中的“加载”按钮，系统弹出加载对话框，如图 6.3.10 所示。利用该对话框可以把图形文件加载到设计中心。

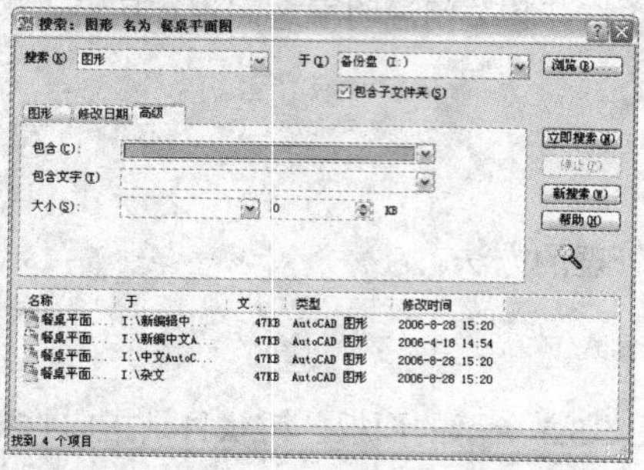

图 6.3.9 “高级”选项卡

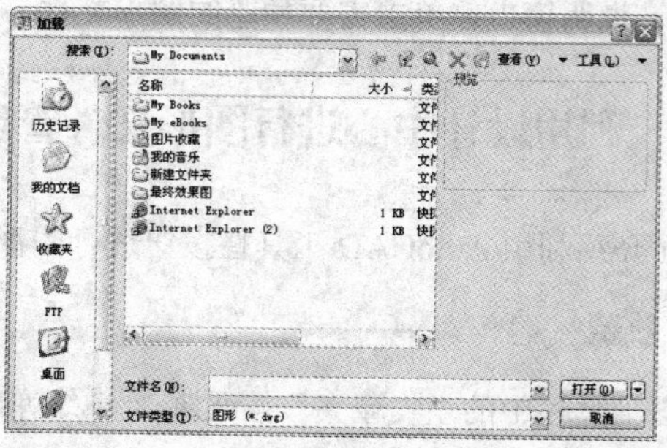

图 6.3.10 “加载”对话框

三、图形操作

利用 AutoCAD 2007 设计中心，用户可以方便地向当前图形中插入图块、图片等内容，还可以引用外部参照。

1．从设计中心向当前图形文件中添加图块

用户可以将图块插入到图形中，AutoCAD 设计中心提供了插入图块的两种方法：自动换算比例插入和利用“插入”对话框插入。

（1）自动换算比例插入：用户可以从设计中心的内容显示框中选择要插入的图块，然后用拖曳的方法将图块拖到绘图窗口，移动到需要插入的位置后释放鼠标，即可实现图块的插入。

（2）利用“插入”对话框插入：用户可以从设计中心的内容显示框中选择要插入的图形，然后用鼠标右键拖曳的方法将图块拖到绘图窗口后释放鼠标，此时系统弹出快捷菜单，选择插入块(I)...命令，设置好相关参数，即可将图块插入到当前图形中。

2．从设计中心向当前图形文件中添加图片

用户可以通过 AutoCAD 2007 设计中心把数码照片、BMP 图像或公司标记等光栅图像的图标从控制面板拖放到绘图区，然后输入插入点、缩放比例及旋转角度值，从而把它们复制到当前图形中。

3．引用外部参照

使用 AutoCAD 2007 设计中心可以引用外部参照。用户可以从设计中心的内容显示框中选择需要引用的外部参照，然后按住鼠标右键将其拖到绘图窗口中，释放鼠标，系统将弹出一个快捷菜单，选择该菜单中的附着外部参照(A)...命令，设置好相关参数，即可插入外部参照。

第四节　应用实例——别墅首层平面图

下面根据前面主要介绍的图块命令绘制别墅首层平面图。

（1）选择文件(F)→新建(N)...命令，新建一个图形文件，再设置图形文件的绘图界限为 42 000，29 700。根据图层命令创建新图层，并设置各图层的名称、颜色和线型等。

（2）将“轴线”层设置为当前图层，利用直线和偏移命令绘制如图 6.4.1 所示的轴线。

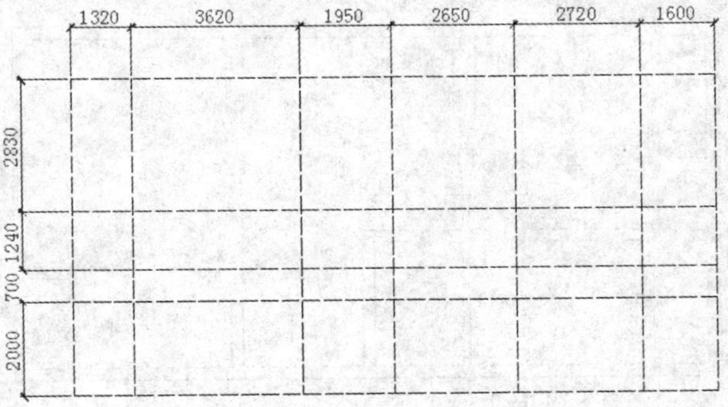

图 6.4.1　绘制轴线

（3）将“墙线”层设置为当前图层，使用多线、分解、修剪、圆弧和直线命令绘制墙线，效果如图 6.4.2 所示。

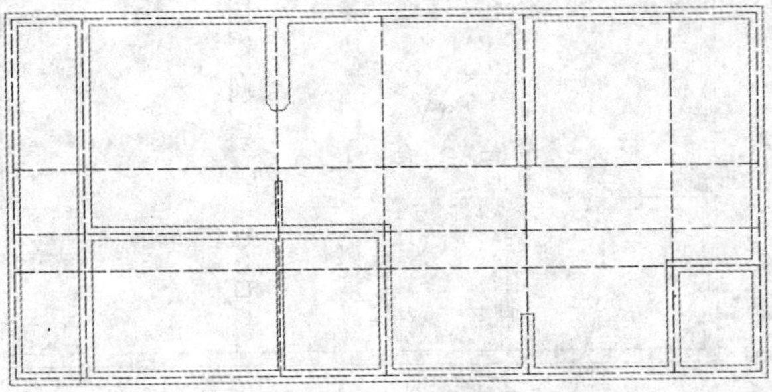

图 6.4.2　绘制墙线

（4）利用矩形和填充命令绘制柱子，完成后的效果如图 6.4.3 所示。

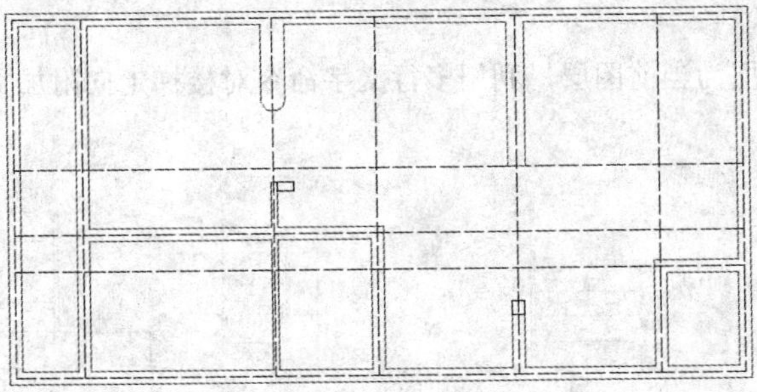

图 6.4.3　绘制柱子

（5）将“门窗”层设置为当前图层，利用偏移和修剪命令绘制门洞和窗洞，效果如图 6.4.4 所示。

图 6.4.4　绘制门洞和窗洞

（6）隐藏“轴线”层，利用直线和偏移命令绘制如图 6.4.5 所示的窗。

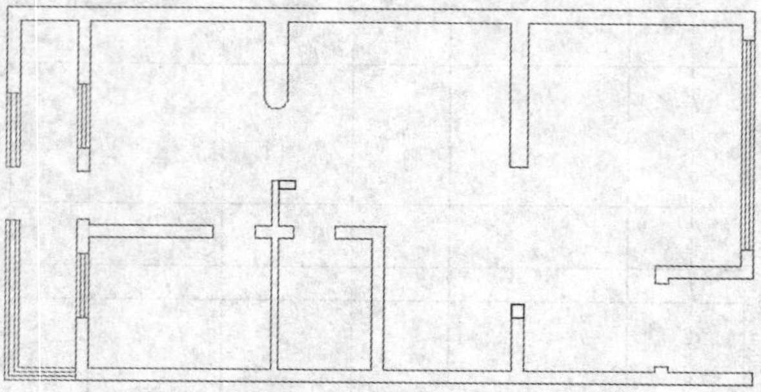

图 6.4.5 绘制窗

（7）使用矩形和圆弧命令绘制如图 6.4.6 所示的门。

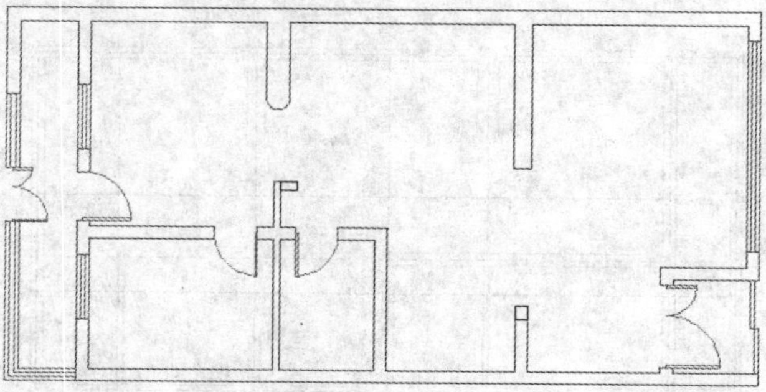

图 6.4.6 绘制门

（8）将“楼梯”层设置为当前图层，利用直线、偏移、修剪、多段线和圆弧命令绘制如图 6.4.7 所示的楼梯造型。

（9）设置“文字”层为当前图层，利用多行文字命令对楼梯走向附加文字说明，标注后的效果如图 6.4.8 所示。

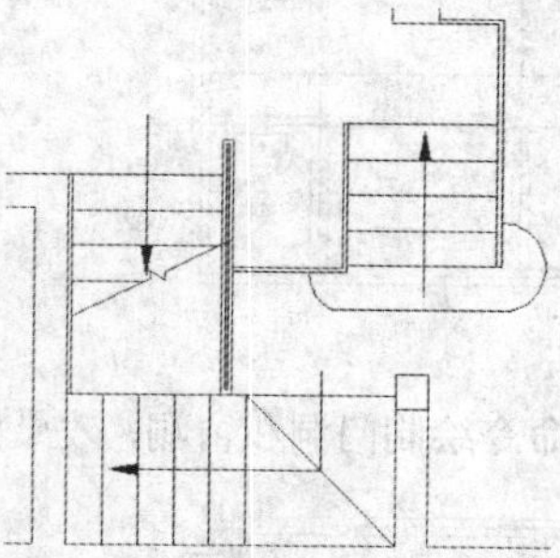

图 6.4.7 绘制楼梯

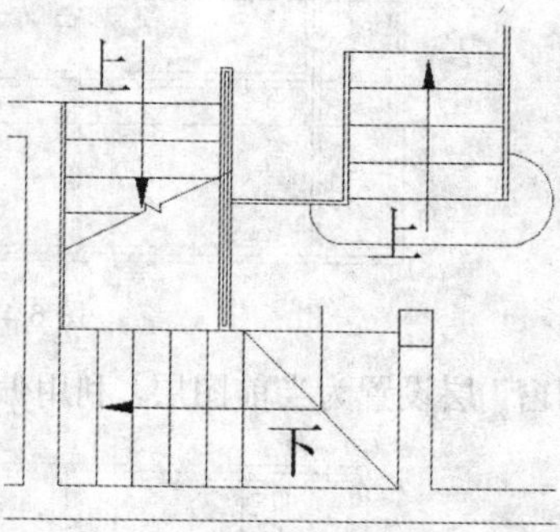

图 6.4.8 文字说明

（10）将“家具”层设置为当前图层，使用直线、偏移和修剪命令绘制橱柜台面、洗脸盆台面和衣柜平面图，效果如图 6.4.9 所示。

（11）打开“练习文件”文件夹下的“模块.dwg”，选择洗脸盆平面图块、天然气灶平面图块、冰箱平面图块、洗菜盆平面图块、衣架平面图块、坐便器平面图块、淋浴器平面图块和拖把池平面图块，将其插入到如图 6.4.10 所示的位置。

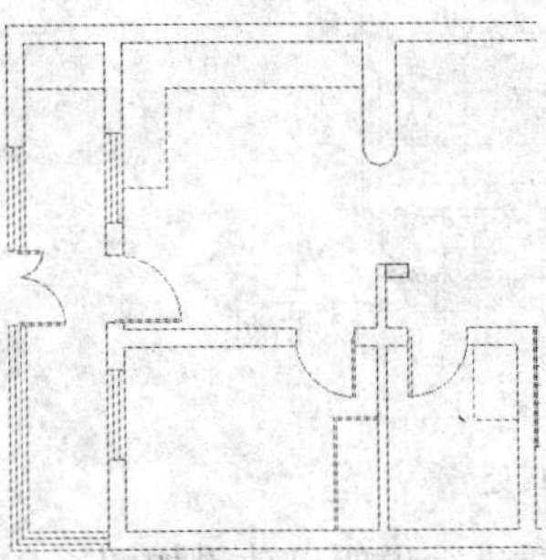

图 6.4.9　绘制各种台面和平面图

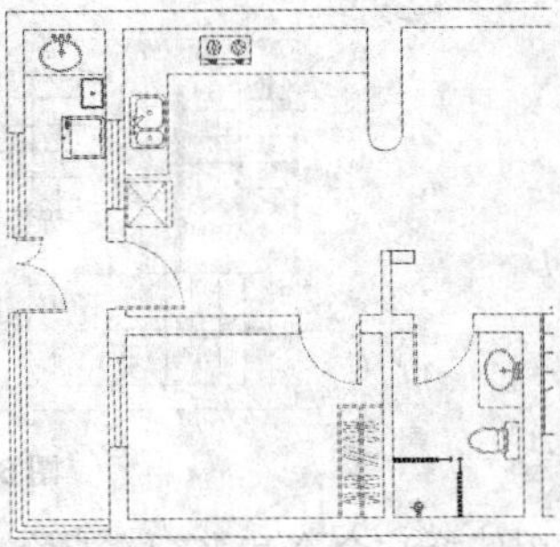

图 6.4.10　插入图块

（12）选择需要的其他图块，将其插入到如图 6.4.11 所示的位置。

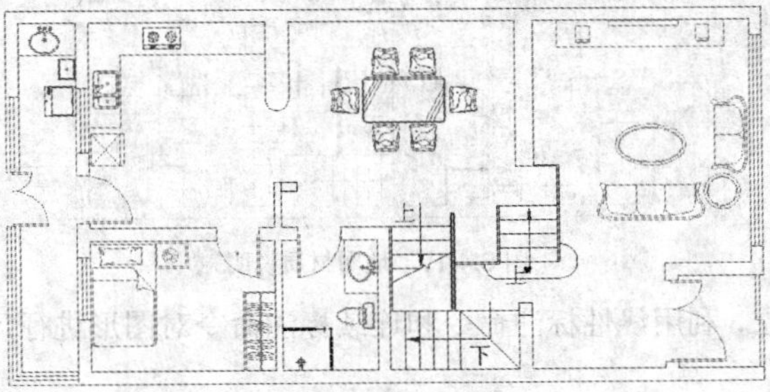

图 6.4.11　插入其他图块

（13）设置“文字”层为当前图层，对图形的各个部分进行文字说明，效果如图 6.4.12 所示。

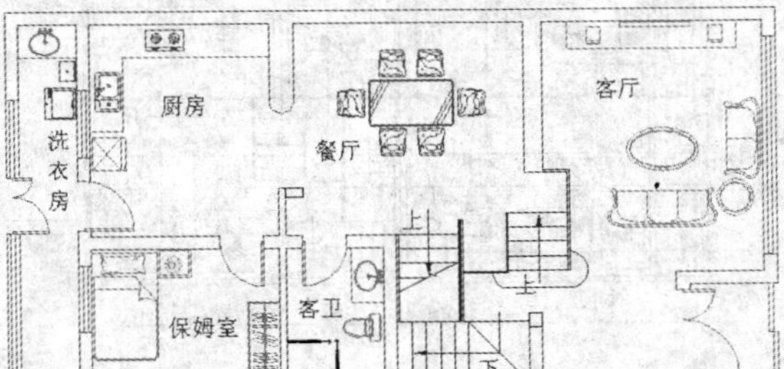

图 6.4.12　文字说明

（14）设置“填充”层为当前图层，利用直线命令连接门洞，然后使用图案填充命令对地面进行填充，效果如图 6.4.13 所示。

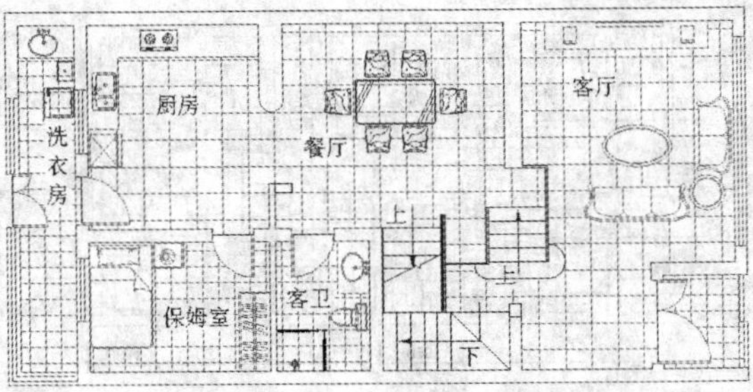

图 6.4.13　填充后的效果

（15）设置“文字”层为当前图层，使用多段线和多行文字命令绘制如图 6.4.14 所示的入口处。

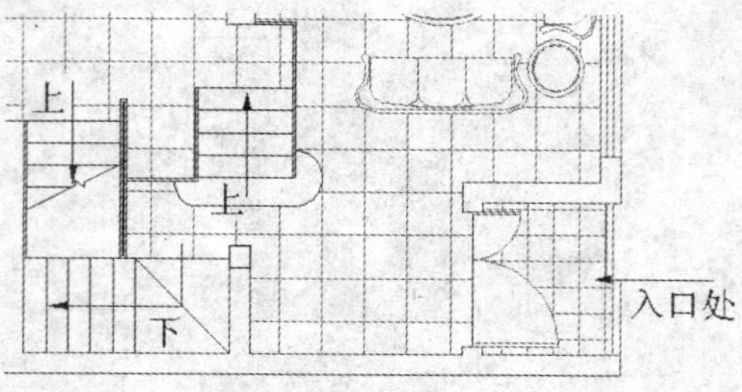

图 6.4.14　绘制入口处

（16）使用引线标注命令和多行文字命令对地面材质进行说明，效果如图 6.4.15 所示。

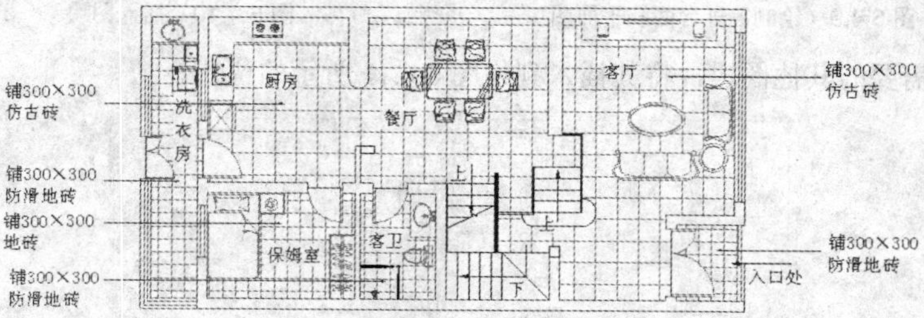

图 6.4.15　地面材质说明

（17）显示“轴线”层，利用线性标注命令和连续标注命令对图形进行尺寸标注，效果如图 6.4.16 所示。

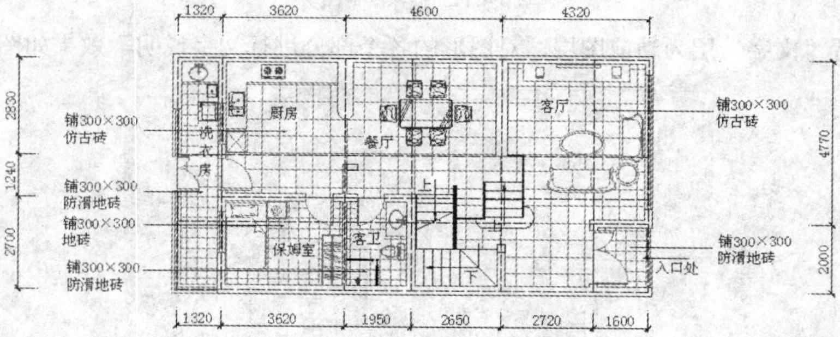

图 6.4.16　尺寸标注

（18）隐藏“轴线”层，设置“文字”为当前图层，利用多行文字命令和多段线命令绘制标题，最终效果如图 6.4.17 所示。

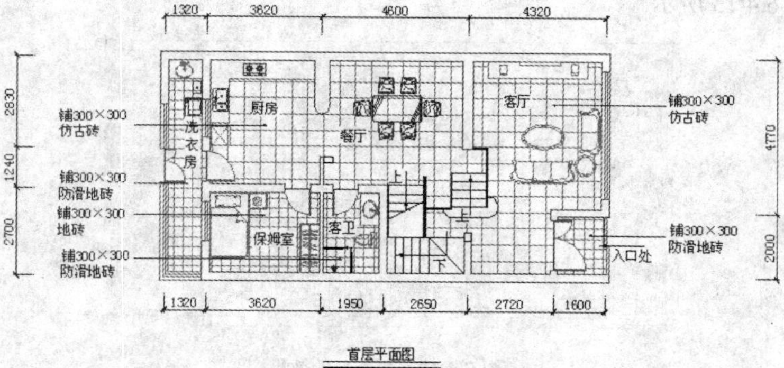

图 6.4.17　最终效果图

习 题 六

一、填空题

1. 在 AutoCAD 中，块属性的模式有 4 种，分别是________、________、________和________。

2. AutoCAD 设计中心窗口包括 4 个选项卡，分别为________、________、________和________。

二、简答题

1．简要介绍插入图块的几种方式。

2．如何定义图块属性？

3．如何使用设计中心？

三、上机操作题

利用创建块和插入块等命令绘制如题图 6.1 所示的平面布置图。

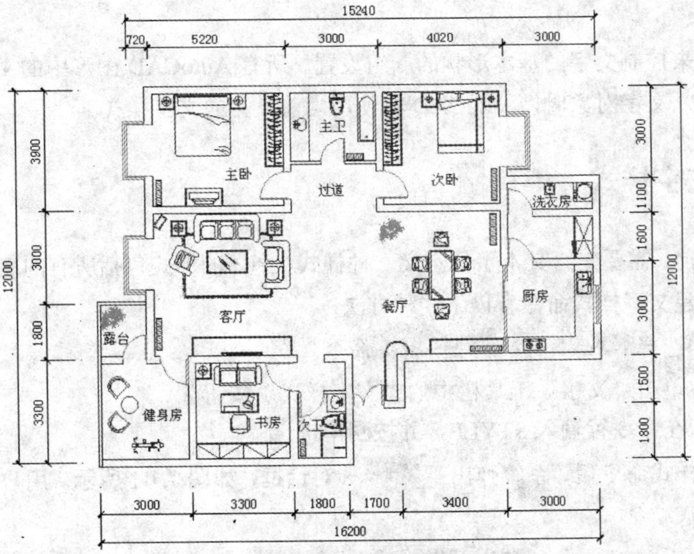

平面布置图

题图　6.1

第七章　创建文字标注与表格

文字标注是工程制图中不可缺少的组成部分，例如建筑方面的结构说明、建筑体的空间标注等。本章主要介绍创建文字标注样式的方法以及如何利用单行文字和多行文字进行标注说明。

另外，AutoCAD 2006 还提供了绘制表格的功能，用户可以创建不同类型的表格。

本章主要内容：

◆ 创建文字标注样式

◆ 文字输入

◆ 编辑标注文字

◆ 表格

第一节　创建文字标注样式

文字样式是用来控制文字的基本形状的一组设置。所有 AutoCAD 图形中的文字都有和其相对应的文字样式。当输入文字对象时，AutoCAD 将使用当前设置的文字样式。

一、创建文字样式

在标注文本之前，需要先给文本字体定义一种样式，字体的样式包括所有的字体大小以及宽度系统等参数。启动创建文字样式命令有以下 3 种方法：

（1）菜单栏：选择 格式(O) → 文字样式(S)... 命令。

（2）工具栏：单击“文字”工具栏中的“文字样式”按钮。

（3）命令行：在命令行输入 STYLE，并按回车键。

执行创建文字样式命令后，系统弹出 文字样式 对话框，如图 7.1.1 所示。用户利用该对话框可以创建或修改文字样式。

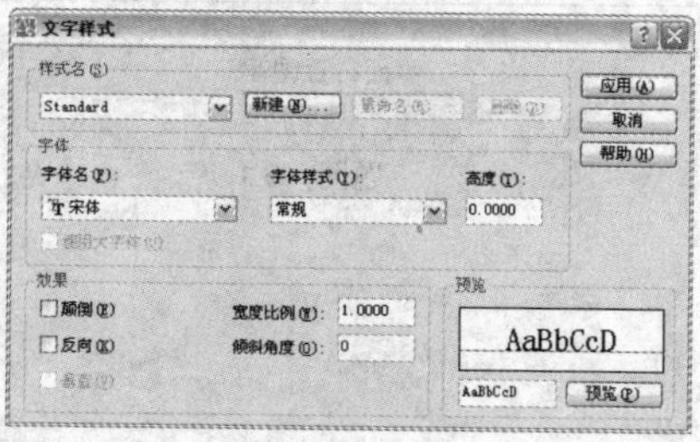

图 7.1.1　“文字样式”对话框

该对话框中各选项说明如下：

（1）样式名(S) 选项区：该选项区用于设置样式名称，用户可以从其下拉列表中选择已定义的样式或者单击 新建(N)... 按钮创建新样式。

1）新建(N)... 按钮：单击该按钮，系统弹出 新建文字样式 对话框，如图 7.1.2 所示。在该对话框中可以为新建的样式输入名称，新建的样式名称可以长达 255 个字符，由字母、数字、下画线（_）和连字符（-）等组成。

2）重命名(R)... 按钮：单击该按钮，系统弹出重命名文字样式对话框，如图 7.1.3 所示。在该对话框中，用户可以在文本框中输入需要的名称。

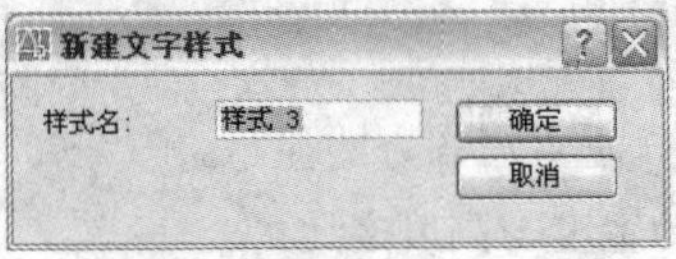

图 7.1.2　“新建文字样式”对话框

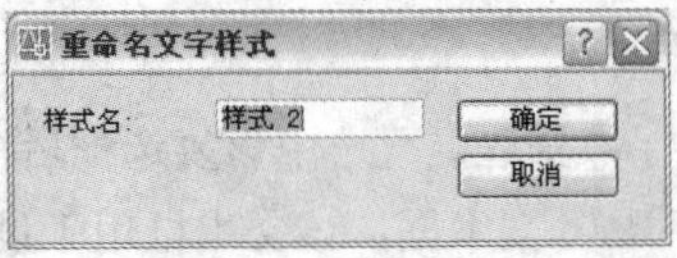

图 7.1.3　“重命名文字样式”对话框

3）删除(D) 按钮：单击该按钮，系统将删除当前的文本样式。

（2）字体 选项区：该选项区用于设置当前文字样式使用的字体名称、字体样式和字体高度等。

1）字体名(F): 下拉列表框：该下拉列表框列出了操作系统中自带的 TrueType 字体与 AutoCAD 本身所带的字体。用户可在此选择一种需要的字体作为当前字体。

提示：在字体名(F): 下拉列表框显示的字体名称中，前面带有@符号的表示文字逆时针方向旋转 90° 排列，不带@符号的表示文字正常排列。如图 7.1.4 所示为两种不同的显示效果。

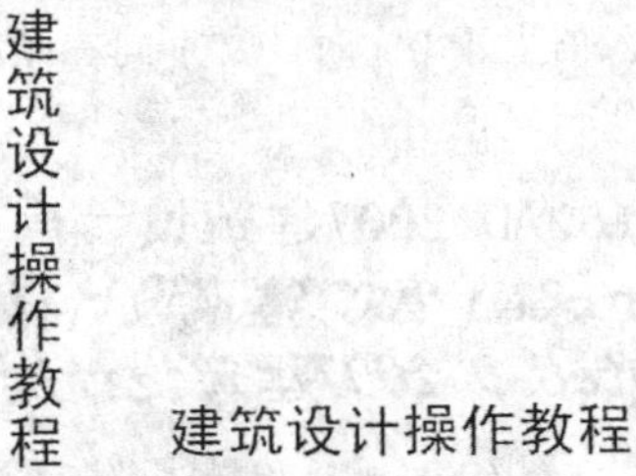

图 7.1.4　两种不同的显示效果

2）字体样式(Y): 下拉列表框：该下拉列表框用于指定字体的格式，比如常规、粗体、斜体等字体。用户可任选一种样式作为当前字体样式。当用户选中☑使用大字体(U) 复选框后，在其下拉列表中列出大字体文件名，供用户选择需要的大字体文件。

3）高度(T): 文本框：该文本框用于设置当前文字的字符高度。用户可在该文本框中输入所需的值来指定字符高度。如果用户输入 0，则在每次使用该样式输入文字时，系统将提示用户输入文字高度；如果输入值大于 0，则为该样式设置了文字高度。

提示：在相同的高度设置下，字体显示的高度不尽相同。

4）☑使用大字体(U) 复选框：选中该复选框用于指定大字体文件，该选项只有当“字体名”指定为 SHX 文件时才起作用。

（3）效果 选项区：该选项区用于设置文字的书写效果，如高度、宽度比例、倾斜角以及是否颠倒显示、反向或垂直对齐。

1）☑颠倒(E) 复选框：选中该复选框后，文字将颠倒显示，如图 7.1.5 所示。

图 7.1.5　颠倒显示效果

2）☑反向(K)复选框：选中该复选框后，文字将反向显示，如图 7.1.6 所示。

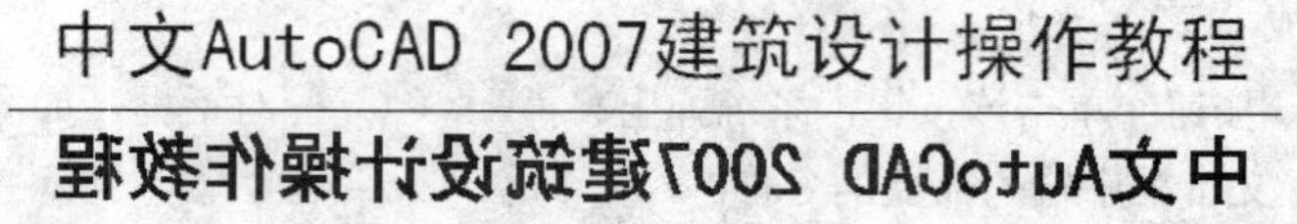

图 7.1.6　反向显示效果

3）☑垂直(V)复选框：选中该复选框后，文字将以垂直对齐方式显示。

4）宽度比例(W):文本框：该文本框用于设置文字的宽度与高度之比。

提示：如果输入比例值为 1，则保存正常字符宽度；如果输入比例值小于 1，则将压缩文字宽度；如果输入比例值大于 1，则将扩大文字宽度，如图 7.1.7 所示。

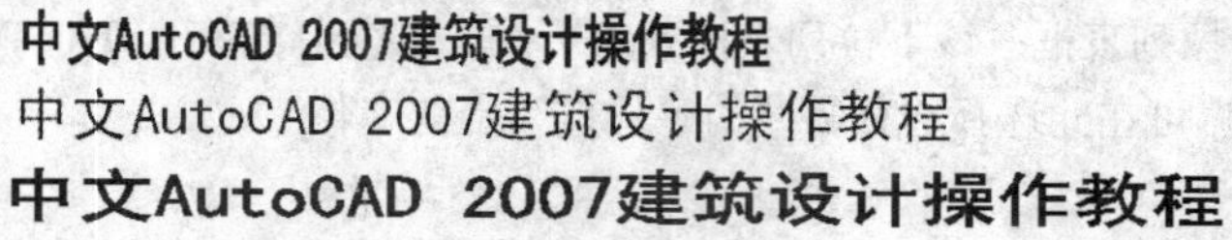

图 7.1.7　宽度比例显示效果

5）倾斜角度(O):文本框：该文本框用于设置文字的倾斜角度。用户在该文本框中输入-85°～85°之间的一个值，使文字倾斜。若输入值大于 0°时，文字向右倾斜；小于 0°时，文字向左倾斜，如图 7.1.8 所示。

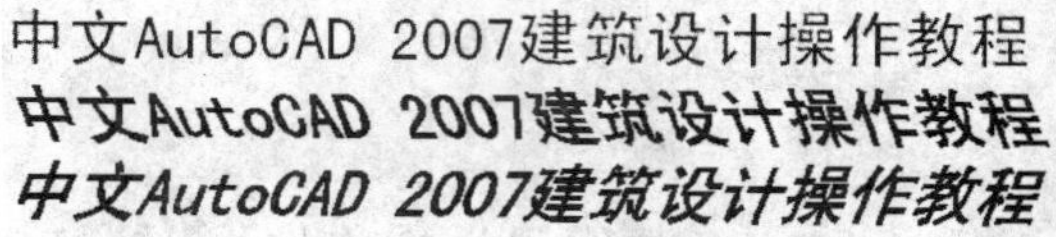

图 7.1.8　倾斜角度显示效果

注意：某些样式设置对多行文字和单行文字对象的影响不同。

（4）预览选项区：该选项区将根据对话框中字体的改变和效果的修改而动态显示所设置的文字样例。

（5）应用(A)按钮：单击该按钮，则系统自动将对话框所做的样式修改应用到图形中当前样式的文字中。

二、设置当前文字样式

如果想要换一种样式创建文字，需要将该样式设置为当前文字样式，其设置步骤如下：

（1）选择格式(O)→文字样式(S)...命令，弹出文字样式对话框。

（2）从文字样式对话框的样式列表中选择所需的样式。

（3）单击关闭(C)按钮退出对话框，则所选样式被设置为当前样式。

第二节　文字输入

AutoCAD 提供了 3 个命令（TEXT，DTEXT 和 MTEXT）用于在图中设置文字输入，下面分别对这几个命令进行详细的介绍。

一、单行文本标注

单行文本标注命令可为图形标注一行或几行文本，每一行文本作为一个实体。该命令同时设置当前文本的旋转、对齐、大小等。

启动单行文本命令有如下 3 种方法：

（1）菜单栏：选择 绘图(D) → 文字(X) → 单行文字(S) 命令。

（2）工具栏：单击“文字”工具栏中的“单行文本”按钮。

（3）命令行：在命令行输入 TEXT 或 DTEXT，并按回车键。

1. 命令执行步骤

（1）命令：dtext↙。

（2）指定文字的起点或 [对正(J)/样式(S)]：选中如图 7.2.1 所示的点 A。

（3）指定高度 <2.5000>：10↙。

（4）输入文字：林薇设计室。

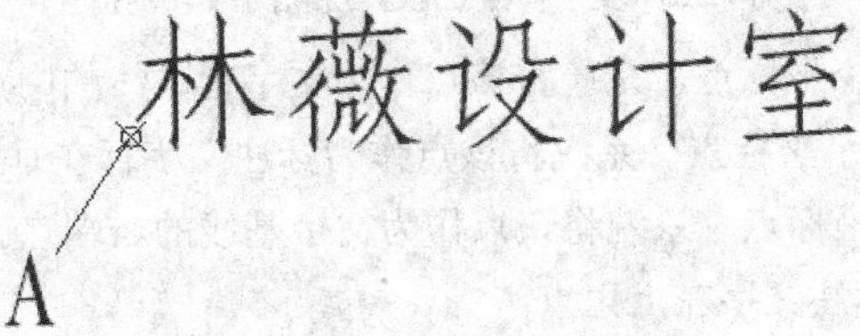

图 7.2.1　创建单行文字

技巧：如果用户需要在图形的多处输入相同文字样式的文字，可以用输入单行文字命令先在第一处输入文字，然后按回车键，在“输入文字：”提示下，只要移动光标至需要输入文字的第二处单击，即可在该处继续输入文字，依此类推，即可完成多处文字输入。

2. 选项含义

（1）对正(J)：该选项用于确定文字的排列定位形式，选择该选项，命令行提示信息如下：

输入选项[对齐(A)/调整(F)/中心(C)/中间(M)/右(R)/左上(TL)/中上(TC)/右上(TR)/左中(ML)/正中(MC)/右中(MR)/左下(BL)/中下(BC)/右下(BR)]：

上述提示中的各选项都是用来确定文字的排列定位形式的。在 AutoCAD 输入的文字中，确定文字行的位置需要借助 4 条线，分别是顶线、中线、基线和底线，这 4 条线的具体位置如图 7.2.2 所示。

下面分别介绍上述提示中各选项的含义。

图 7.2.2　文字行的底线、基线、中线和顶线

1）对齐(A)：选择该选项表示要确定文字行基线的起点和终点位置，系统将根据文字行字符的多少自动计算文字的高度和宽度，使文字恰好充满用户指定的起点和终点之间。

2）调整(F)：选择该选项表示要确定文字行基线的起点和终点位置以及文字的高度，系统将根据文字行字符的多少自动计算和调整文字的宽度，使文字恰好充满用户指定的起点和终点之间。

提示：在下面即将介绍的几种对正选项中，命令行提示中除要求指定文字行定位点的提示不同外，后继的提示与“中间（M）”选项的提示和操作过程完全相同。如图 7.2.3 所示为文字行各个定位点相对于文字的位置示例图。

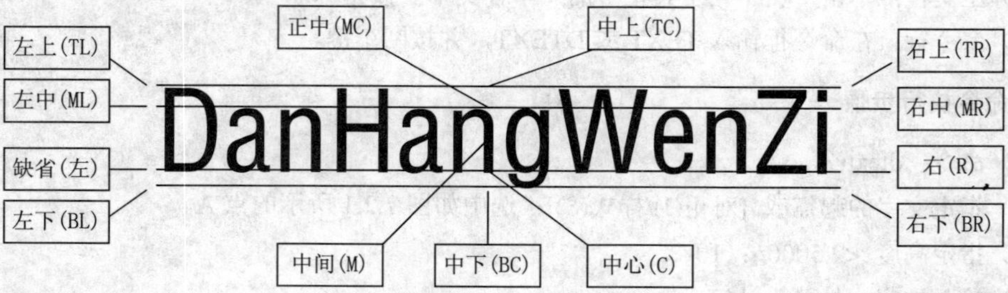

图 7.2.3　文字行各个定位点相对于文字的位置

3）中心(C)：指定一个坐标点，系统将该点作为文字行基线的中点。

4）中间(M)：指定一个坐标点，系统将该点作为标注文字行在垂直和水平方向上的中点。

5）右(R)：指定一个坐标点，系统将该点作为文字基线的右端点。

6）左上(TL)：指定标注文字左上角点。

7）中上(TC)：指定标注文字顶端中心点。

8）右上(TR)：指定标注文字右上角点。

9）左中(ML)：指定标注文字左端中心点。

10）正中(MC)：指定标注文字中央的中心点。

11）右中(MR)：指定标注文字右端角点。

12）左下(BL)：指定标注文字左下角点。

13）中下(BC)：指定标注文字底端的中心点。

14）右下(BR)：指定标注文字右下角点。

（2）样式(S)：该选项用于指定文字样式。执行该选项，输入“S”，系统继续提示：

“输入样式名或[?]<新样式 1>”：在该提示下直接输入已设置的文字样式名称后按回车键，该文字样式即被置于当前文字样式。

“?”选项用于查看某个文字样式或所有文字样式的设置情况。输入“？”，系统继续提示：

“输入要列出的文字样式 <*>”：在该提示下若用户输入某个文字样式名称，系统将在打开的文本窗口中显示该文字样式的设置情况；如果用户在该提示下直接按回车键，系统将在打开的文本窗口中显示当前图形文件中所有文字样式的设置情况。

二、多行文本标注

MTEXT 命令可在绘图区用户指定的文本边界框内标注段落型文本，并将其作为一个实体。多行文字可以创建工程图样中的技术要求和建筑图规则说明等。

启动多行文本标注命令有3种方法：

（1）菜单栏：选择绘图(D)→文字(X)→A 多行文字(M)...命令。

（2）工具栏：单击“文字”工具栏中的“多行文字”按钮A。

（3）命令行：在命令行输入MTEXT，并按回车键。

执行多行文本命令后，命令行提示信息如下：

（1）指定第一角点：在绘图窗口中指定一点作为文字行顶线的起始点。

（2）指定对角点或 [高度(H)/对正(J)/行距(L)/旋转(R)/样式(S)/宽度(W)]：在绘图窗口拾取一点，作为文字行底线的结束点，根据两个角点确定一个矩形框，此时系统弹出文字格式编辑器，如图7.2.4所示。

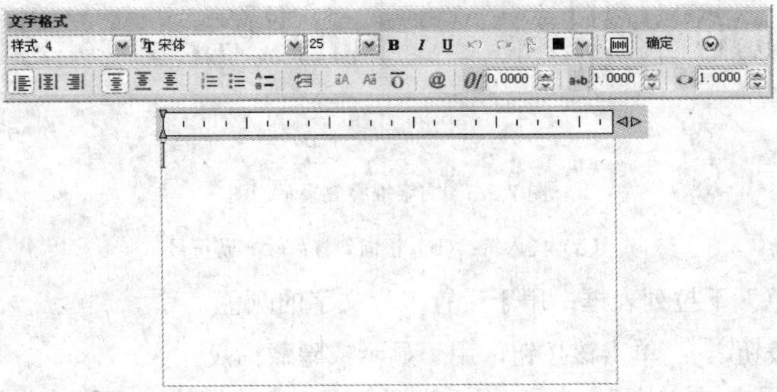

图7.2.4　“文字格式”编辑器

上面提示中各选项含义如下：

1）高度(H)：该选项用于设置文字的高度。

2）对正(J)：该选项用于确定文字行的定位排列形式。

3）行距(L)：该选项用于设置多行文字间的行距。

4）旋转(R)：该选项用于设置文字行的倾斜角度。

5）样式(S)：该选项用于设置文字样式。

6）宽度(W)：该选项用于设置文字行的宽度。

多行文字的文字格式工具栏和文字输入窗口是输入多行文字的重要工具，下面对其各部分内容及操作方法进行详细介绍。

1．“文字格式”工具栏

该工具栏用于控制多行文字的样式及文字的显示效果。

（1）“文字样式”下拉列表框：用于选择多行文字的文字样式。

（2）“字体”下拉列表框：用于选择文字使用的字体。

（3）“文字高度”下拉列表框：用于设置文字的高度。

（4）“文字加粗”按钮**B**：单击该按钮，可以将选择的文字加粗显示。

（5）“文字倾斜”按钮*I*：单击该按钮，可以将选择的文字以斜体显示。

（6）“下画线”按钮U：单击该按钮，可以为选择的文字添加或删除下画线。如图7.2.5所示为文字加粗、倾斜和加下画线示例图。

（7）“放弃”按钮：单击左箭头按钮，可以取消最近一次输入的文字。

中文

AutoCAD 2007

<u>建筑设计操作教程</u>

图 7.2.5　文字 3 种样式示例图

（8）“重做”按钮：单击右箭头按钮，可以重复最近一次输入的文字。

（9）“堆叠”按钮：单击该按钮，可以创建堆叠文字。在创建堆叠文字时，需要分别输入分子和分母，其间使用插入符（^）、正向斜杠（/）和磅符号（#）分隔，然后用光标选中这一部分文字，单击按钮即可。如图 7.2.6 所示为几种堆叠效果示例图。

$\varnothing 100^{+0.013}_{-0.006}$　　$\varnothing 100^{H7}/_{h6}$　　$21\frac{3}{4}$

（a）　　（b）　　（c）

图 7.2.6　文字堆叠效果示例图

（a）插入符；（b）正向斜杠；（c）磅符号

（10）“文字颜色”下拉列表框：用于设置多行文字的颜色。

（11）“标尺”按钮：单击该按钮，用于显示或隐藏标尺。

（12）“左对齐/居中/右对齐”选项：用于设置左右文本边界的对正和对齐方式。

（13）“上对齐/中央对齐/下对齐”选项：用于设置上部和下部文本边界的对正和对齐方式。

（14）“编号”按钮：单击该按钮，可以按编号创建带有句点的列表。

（15）“项目编号”按钮：单击该按钮，可以按项目符号创建列表。

（16）“大写字母”按钮：单击该按钮，可以按大写字母创建带有句点的列表。

（17）“插入字段”按钮：单击该按钮，系统弹出**字段**对话框，如图 7.2.7 所示。利用该对话框可以选择字段插入到标注文本中。

（18）“全部大写”按钮：单击该按钮，可以将选定文字设为大写显示。

（19）“全部小写”按钮：单击该按钮，可以将选定文字设为小写显示。

（20）“上画线”按钮：单击该按钮，将直线放置到选定文本上。

（21）“符号”按钮：单击该按钮，系统弹出如图 7.2.8 所示的下拉菜单，选择其中的命令可以插入特殊符号。

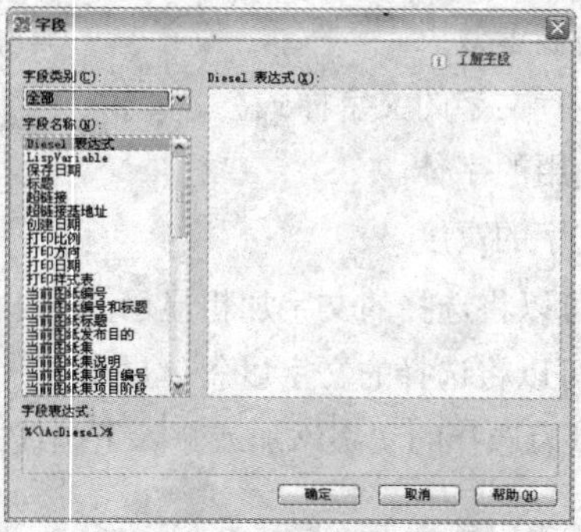

图 7.2.7　“字段”对话框

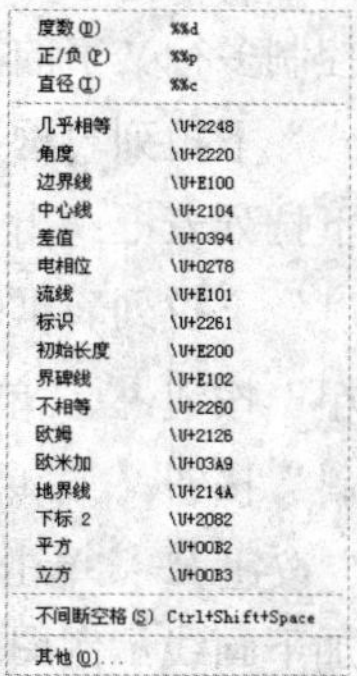

图 7.2.8　“符号”下拉菜单

（22）0/ 0.0000 微调框：通过该微调框可以确定文字是向左倾斜还是向右倾斜。

（23）a•b 1.0000 微调框：通过该微调框可以增大或减小选定字符之间的空间。

（24）o 1.0000 微调框：通过该微调框可以扩展或收缩选定字符。

2. 文字输入窗口

文字输入窗口由窗口标尺和多行文字显示区组成。

（1）窗口标尺：用于设置缩进和多行文字的宽度。具体操作方法如下所述：

拖动首行缩进标记可以调整多行文字的首行缩进量。

拖动段落缩进标记可以调整多行文字的段落缩进量。

用鼠标右键单击文字输入窗口的标尺，系统弹出如图 7.2.9 所示的快捷菜单，利用该菜单可以设置缩进、制表位位置以及多行文字的宽度。

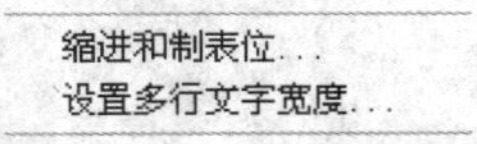

图 7.2.9 标尺快捷菜单

（2）多行文字显示区：在该显示区中同步显示用户输入的多行文字内容和效果。如果用户在该显示区中单击鼠标右键，系统将弹出如图 7.2.10 所示的输入多行文字快捷菜单，利用该快捷菜单中的各选项，用户可以对多行文字进行更多的设置。

下面介绍该菜单中各主要选项功能：

（1）不透明背景 命令：选择此命令，可以将编辑器背景设置为不透明，如图 7.2.11 所示。

（2）符号(S) 命令：选择该命令下的子命令可以插入一些特殊符号。

（3）输入文字(I)... 命令：选择此命令，系统弹出 选择文件 对话框，利用该对话框可以选择任意的 ASCII 或 RTF 格式的文件。

（4）缩进和制表位... 命令：选择此命令，系统弹出 缩进和制表位 对话框，如图 7.2.12 所示。通过该对话框，用户可以设置缩进和制表位的位置。

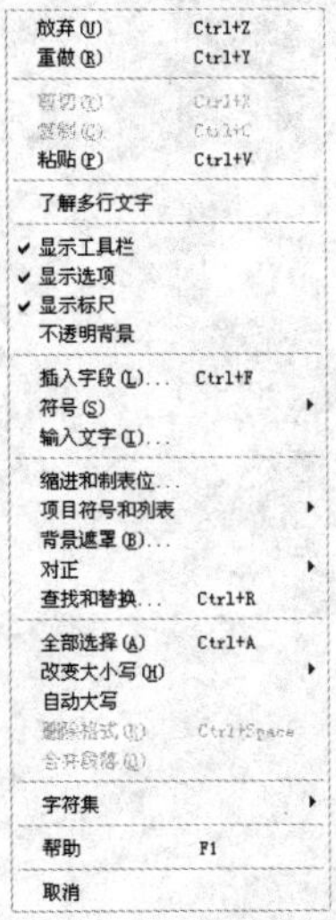

图 7.2.10 多行文字快捷菜单

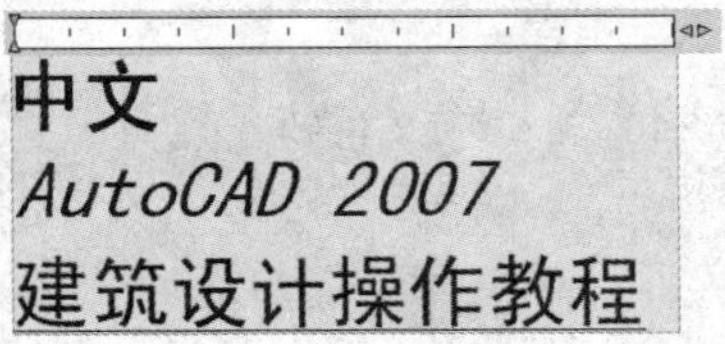

图 7.2.11 设置不透明背景

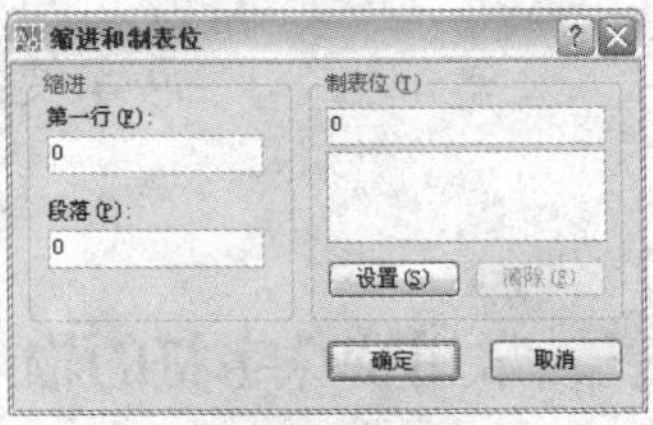

图 7.2.12 “缩进和制表位”对话框

（5）背景遮罩(B)... 命令：选择此命令，系统弹出 背景遮罩 对话框，如图 7.2.13 所示。利用该对话框可以用设置的背景对标注文字进行遮罩。

（6）对正 命令：用于设置多行文字对象的对正和对齐方式。

（7）查找和替换... 命令：选择此命令，系统弹出 查找和替换 对话框，如图 7.2.14 所示。利用该对话框可以进行替换操作。

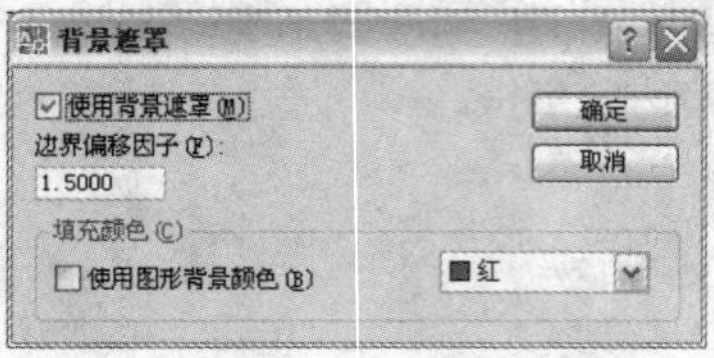

图 7.2.13　“背景遮罩”对话框

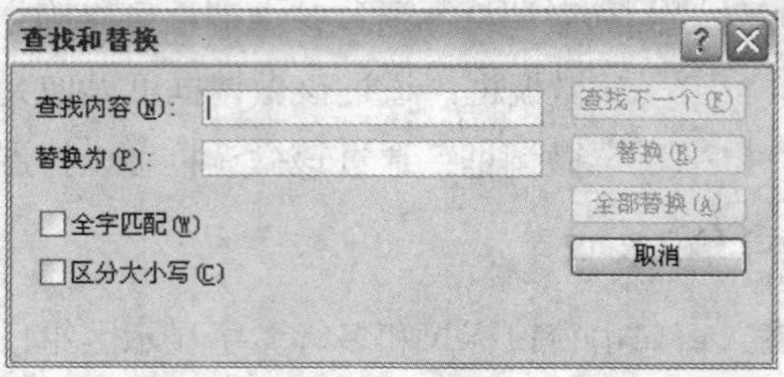

图 7.2.14　“查找和替换”对话框

（8）字符集 命令：利用该命令下的子命令可打开某个字符集，然后插入字符。

（9）帮助 命令：选择此命令，系统打开 AutoCAD 2007 帮助：用户文档 窗口。利用该窗口可以查找文本帮助信息。

创建多行文字，操作步骤如下：

（1）在命令行中输入 mtext，AutoCAD 提示，在绘图窗口中指定两个对角点，然后系统弹出 文字格式 编辑器，在“文字样式”下拉列表中选择“样式 1”；在“文字字体”下拉列表中选择“楷体_GB2312”；在“文字高度”下拉列表中输入“5”，然后输入文字，如图 7.2.15 所示。

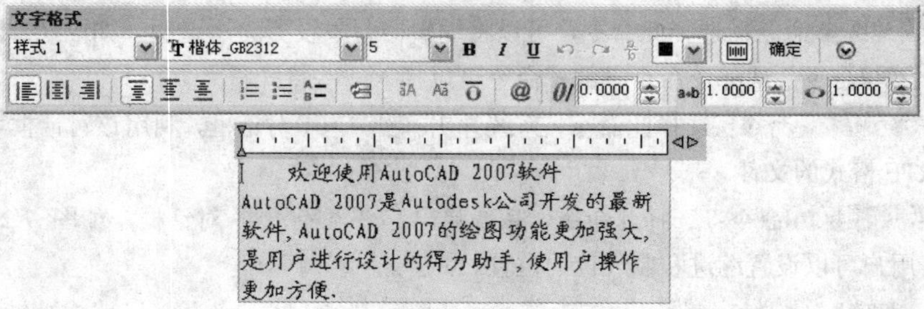

图 7.2.15　输入多行文字

（2）单击该编辑器中的 确定 按钮，即可输入多行文本，如图 7.2.16 所示。

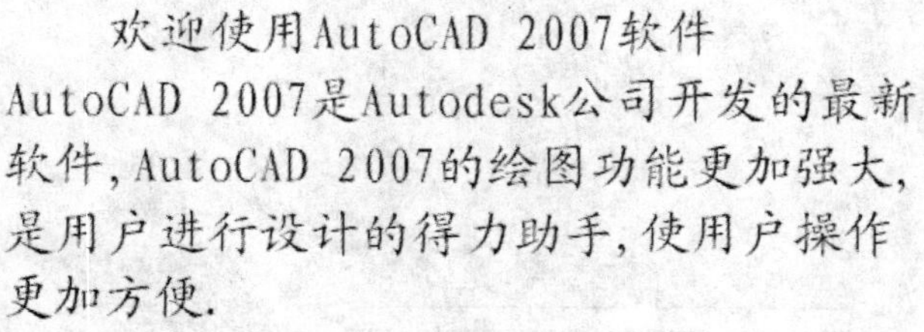

图 7.2.16　输入多行文本结果

三、常用特殊字符的输入

在 AutoCAD 中，某些符号不能用标准键盘直接输入，这些符号包括上画线、下画线、角度、直径、正负号等。但是，用户可使用某些替代形式输入这些符号。

AutoCAD 2007 为输入这些字符提供了一些简捷的控制码，通过从键盘上直接输入这些控制码，可以达到输入特殊字符的目的。

AutoCAD 2007 提供的控制码均由两个百分号（%%）和一个字母组成，常用控制码如表 7.1 所示。

表 7.1　AutoCAD 常用控制码

符　号	功　能
%%O	上画线
%%U	下画线
%%D	“度”符号
%%P	正负符号
%%C	直径符号
%%%	百分号
\u+2248	几乎相等
\u+2220	角度
\u+E100	边界线
\u+2104	中心线
\u+0394	差值
\u+0278	电相位
\u+E101	流线
\u+2261	标识
\u+E102	界碑线
\u+2260	不相等
\u+2126	欧姆
\u+03A9	欧米加
\u+214A	低界线
\u+2082	下标 2
\u+00B2	上标 2

由于 TEXT 命令所使用的编码方法不同于 MTEXT 命令，所以，分开进述使用上述命令输入特殊符号的方法：

（1）在 TEXT 中输入特殊字符。例如，要生成字符串“新编中文 AutoCAD 2007 综合应用教程”，可用如下命令：新编中文%%UAutoCAD 2007%%U 综合应用教程。

提示：%%U 和%%P 是两个切换开关，在文字中第一次输入该控制码时，表示打开下画线或上画线；第二次输入该控制码时，则表示关闭下画线或上画线。

（2）使用 MTEXT 输入特殊字符。MTEXT 比 TEXT 具有更大的灵活性，因为它本身就具有一些格式化选项。如图 7.2.17 所示为使用 MTEXT 命令输入的特殊字符。

图 7.2.17　使用 MTEXT 命令输入的特殊字符

第三节　编辑标注文字

AutoCAD 为用户提供了文字编辑功能，利用这些功能，用户可以对已书写的在图形中的文字内容及属性进行编辑和修改。

一、用 DDEDIT 修改文本

该命令可用于修改 TEXT 及 MTEXT 文本，并根据不同对象显示不同的信息。通过该命令只能编辑文字的内容，不能编辑文字的其他属性。

启动编辑文字命令有如下 3 种方法：

（1）菜单栏：选择 修改(M) → 对象(O) → 文字(T) → 编辑(E)... 命令。

（2）工具栏：单击“文字”工具栏中的“编辑文字”按钮。

（3）命令行：在命令行输入 DDEDIT，并按回车键。

执行编辑单行文字命令后，选择需要修改的单行文字，系统弹出如图 7.3.1 所示的编辑器。在该编辑器中用户只能对文字本身进行修改。

图 7.3.1　编辑单行文本

选择需要修改的多行文字，系统弹出如图 7.3.2 所示的 文字格式 编辑器，此时，用户可以对其中的文字或设置进行修改。

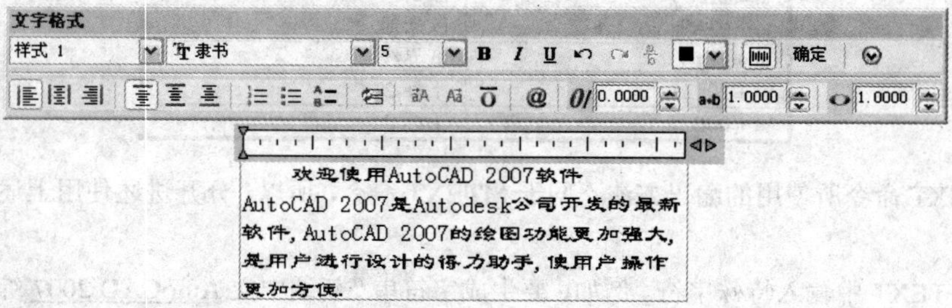

图 7.3.2　编辑多行文本

二、文字的缩放

SCALETEXT 命令用于对图形中的文字进行缩放。

启动文字缩放命令有如下两种方法：

（1）菜单栏：选择 修改(M) → 对象(O) → 文字(T) → 比例(S) 命令。

（2）命令行：在命令行输入 SCALETEXT，并按回车键。

执行文字缩放命令后，选择文字对象，命令行提示信息如下：

输入缩放的基点选项[现有(E)/左(L)/中心(C)/中间(M)/右(R)/左上(TL)/中上(TC)/右上(TR)/左中(ML)/正中(MC)/右中(MR)/左下(BL)/中下(BC)/右下(BR)] <现有>：在该提示中，选择进行缩放的基准点后，系统继续提示：

指定新高度或 [匹配对象(M)/缩放比例(S)] <10>：

该提示中各选项含义如下：

（1）指定新高度：选择该选项，用户可以直接输入新的高度值，系统将按用户输入的新高度值重新生成单行或多行文字。

（2）匹配对象(M)：该选项用于指定图形中已存在的单行或多行文字，使用户选择的单行或多行文字的高度与指定的单行或多行文字的高度相同。

（3）缩放比例(S)：该选项用于根据所选单行或多行文字当前的高度进行比例缩放。

三、利用特性命令编辑文字

用户可通过特性面板编辑文字。选择多行文字，系统打开如图 7.3.3 所示的特性面板。在文字特性选项区中选择内容选项，然后单击其右边的…按钮，系统弹出文字格式编辑器，此时，用户可以对其中的文字或设置进行修改。利用该面板还可以方便地修改文本的内容、颜色、线型、位置、倾斜角等属性。

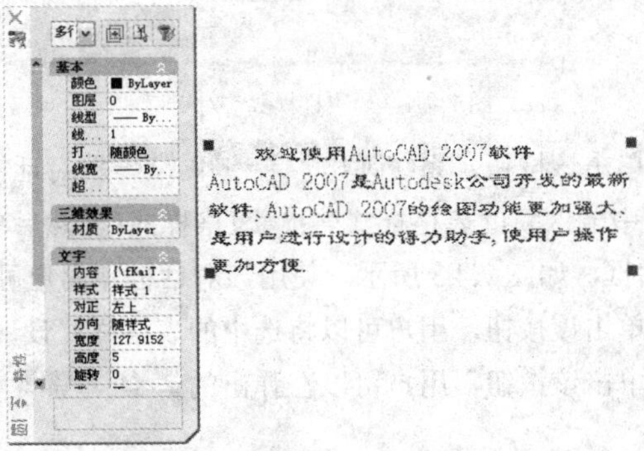

图 7.3.3　“特性”面板

提示：利用特性命令编辑单行文字与多行文字打开的面板有所不同，如果选择的是多行文字，系统将打开如图 7.3.3 所示的特性面板，与编辑单行文字“特性”窗口相比，该窗口中少了“宽度比例”、“倾斜”、“颠倒”和“反向”4 个选项，但增加了“行距比例”、“行距样式”和“方向”3 个选项。

第四节　表　格

在 AutoCAD 2007 中，用户可以使用创建表格命令创建数据表格或标题块。用户可以使用默认的表格样式，也可以根据需要自定义表格样式。

一、创建表格样式

表格样式是用来控制表格基本形状和间距的一组设置。当插入表格对象时，AutoCAD 可以使用当前设置的表格样式。启动表格样式命令有如下两种方法：

（1）菜单栏：选择格式(O)→表格样式(B)...命令。

（2）命令行：在命令行输入 TABLESTYLE，并按回车键。

执行表格样式命令后，系统弹出表格样式对话框，如图 7.4.1 所示。

该对话框中各选项功能介绍如下：

（1）样式(S):选项区：用于显示当前图形所有的表格样式。

（2）预览:选项区：用于预览选中的表格样式。

（3）列出(L):下拉列表框：用于控制样式(S):选项区是显示图形中的所有样式，还是显示正在使用的样式。

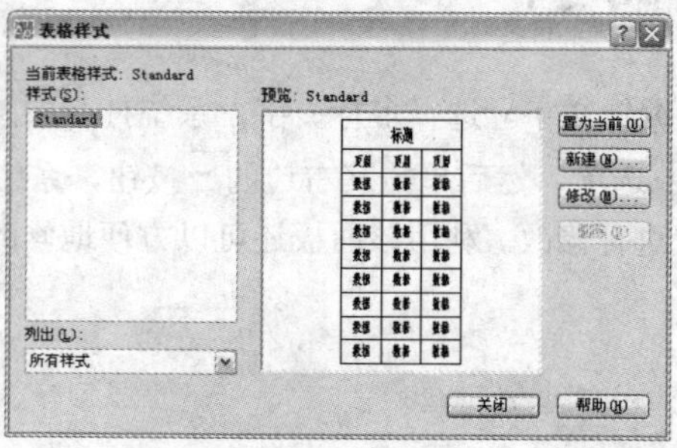

图 7.4.1　“表格样式”对话框

（4）新建(N)...按钮：单击该按钮，系统弹出创建新的表格样式对话框，如图 7.4.2 所示。在该对话框中的新样式名(N)：文本框中输入新的表格样式名：“表格样式”，然后单击继续按钮，系统弹出新建表格样式：表格样式对话框，如图 7.4.3 所示。使用该对话框，用户可以设置表格的样式。

（5）置为当前(U)按钮：单击该按钮，用户可以将选中的表格样式设置为当前样式。

（6）修改(M)...按钮：单击该按钮，用户可以在弹出的修改表格样式：对话框中修改选中的表格样式。

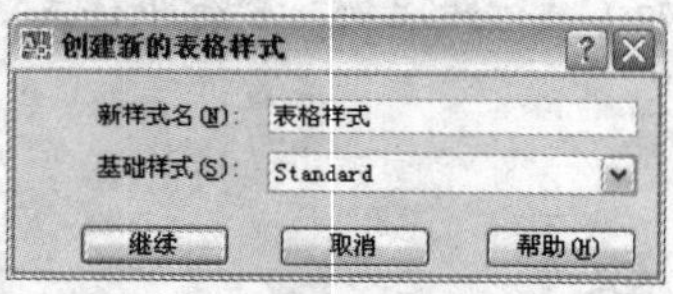

图 7.4.2　“创建新的表格样式”对话框

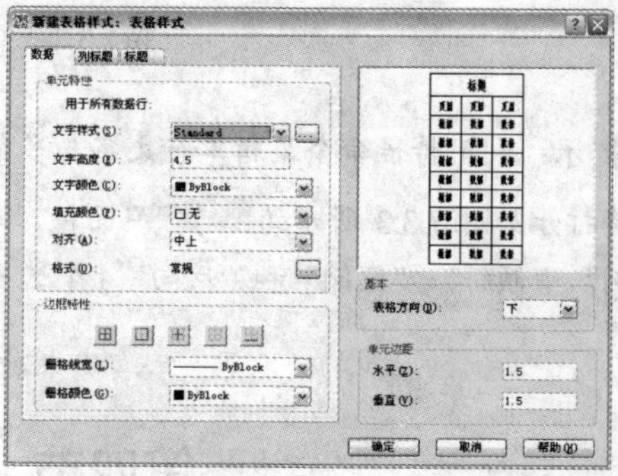

图 7.4.3　“新建表格样式：表格样式”对话框

（7）删除(D)按钮：单击该按钮，用户可以删除选中的表格样式。

二、设置表格样式

在新建表格样式：表格样式对话框中，可以使用“数据”、“列标题”和“标题”选项卡分别设置表格的数据、列标题和标题对应的样式。其中，“列标题”选项卡如图 7.4.4 所示，“标题”选项卡如图 7.4.5 所示。

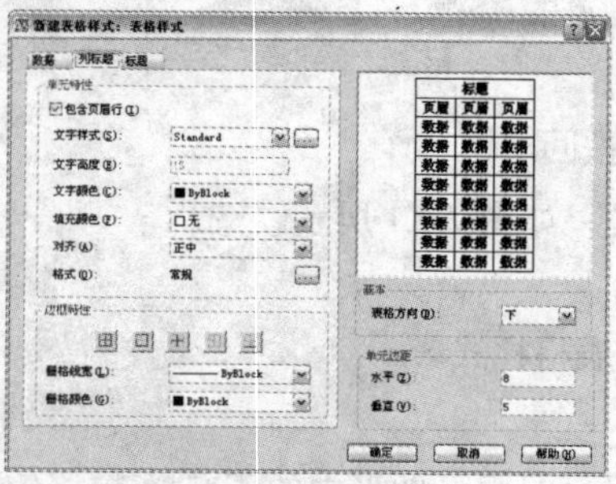

图 7.4.4　“列标题”选项卡

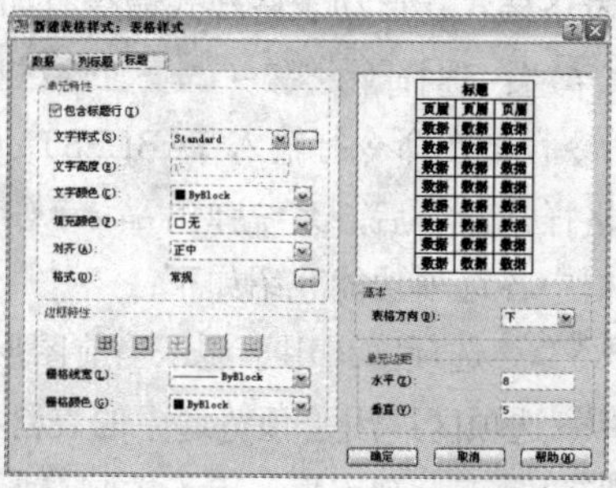

图 7.4.5　“标题”选项卡

新建表格样式：表格样式对话框中 3 个选项卡的内容基本相似，可以分别指定单元特性、边框特性、表格方向和单元边距。

（1）单元特性选项区：该选项区用于设置文字样式、高度、颜色等特性。

1）文字样式(S)：下拉列表框：用于选择可以使用的文字样式。

2）文字高度(E)：文本框：用于设置表格单元中的文字高度，默认情况下，数据和列标题的文字高度为 4.5，标题文字的高度为 6。

3）文字颜色(C)：下拉列表框：用于设置文字的颜色。

4）填充颜色(F)：下拉列表框：用于设置表格的背景填充颜色。

5）对齐(A)：下拉列表框：用于设置表格单元的文字对齐方式，如左上、中上等。

（2）边框特性选项区：该选项区用于设置表格的边框是否存在。当表格具有边框时，可以在栅格线宽(L)：下拉列表框中选择表格的边线宽度，在栅格颜色(G)：下拉列表框中设置边框颜色。

注意：在“列标题”和“标题”选项卡中，用户只有选中“有标题行”或“包含标题行”复选框时，才可以设置单元特性和边框特性。

（3）基本选项区：该选项区用于选择表格的方向是向上还是向下。

（4）单元边距选项区：该选项区用于设置表格单元内容距边线的水平和垂直距离。

三、创建表格

绘制表格功能的出现改变了以往利用直线命令绘制表格的方式，提高了工作效率。启动创建表格命令有如下 3 种方法：

（1）菜单栏：选择绘图(D)→表格...命令。

（2）工具栏：单击“绘图”工具栏中的“表格”按钮。

（3）命令行：在命令行输入 TABLE，并按回车键。

执行创建表格命令后，系统弹出插入表格对话框，如图 7.4.6 所示。

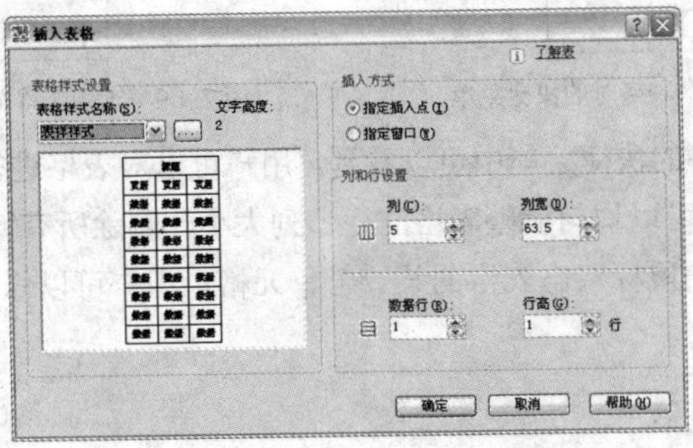

图 7.4.6　“插入表格”对话框

该对话框中各选项功能介绍如下：

（1）表格样式设置选项区：用户可以在表格样式名称(S)：下拉列表中选择一种表格样式，也可以单击后面的按钮新建或修改表格样式。

（2）插入方式选项区：用于指定插入表格的位置。

（3）列和行设置选项区：用于设置列和行的数目和大小。

在上面的插入表格对话框中进行相应的设置后，单击确定按钮，系统在指定的插入点或绘图窗口中自动插入一个空表格，并显示多行文字编辑器，用户可以逐行逐列输入相应的文字或数据，如图 7.4.7 所示。

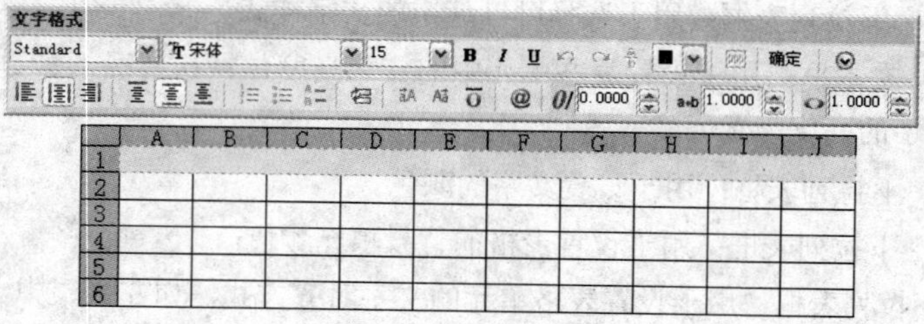

图 7.4.7　绘制表格

四、编辑表格和表格单元

在 AutoCAD 2007 中，用户可以使用快捷菜单编辑表格。选中整个表格和选中表格单元时弹出的快捷菜单是不一样的。选中整个表格时，其快捷菜单如图 7.4.8 所示；选中表格单元时，其快捷菜单如图 7.4.9 所示。

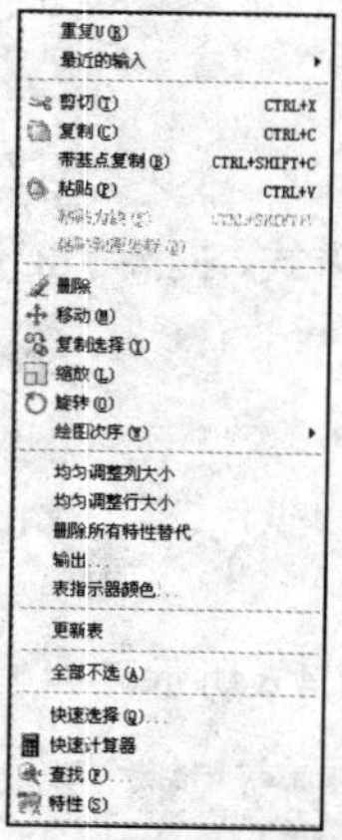

图 7.4.8　选中整个表格时的快捷菜单

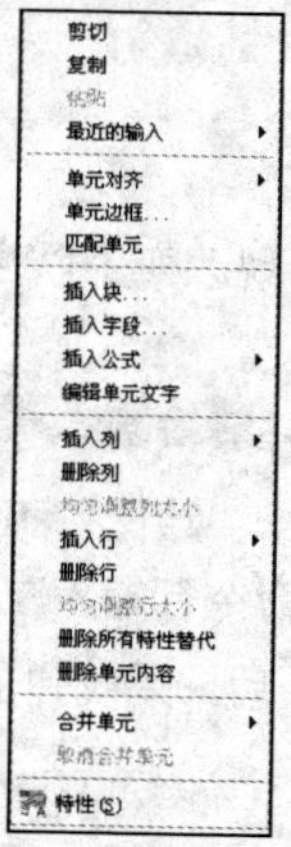

图 7.4.9　选中表格单元时的快捷菜单

（1）编辑表格：从表格的快捷菜单中可以看到，用户可以对表格进行剪切、复制、删除、移动、缩放、旋转等简单操作，还可以均匀调整表格的行、列大小，删除所有特性替代。

（2）编辑表格单元：用鼠标双击表格的某一个单元格，用户可以修改该单元格的文字内容，修改方法与编辑多行文字相同。

第五节　应用实例——别墅二层平面图

下面根据前面介绍的文字标注命令绘制别墅二层平面图。

（1）参照第六章第四节步骤（1）和步骤（2）的操作，绘制如图 7.5.1 所示的轴线。

（2）设置“墙线”层为当前图层，利用多线命令绘制如图 7.5.2 所示的墙线。

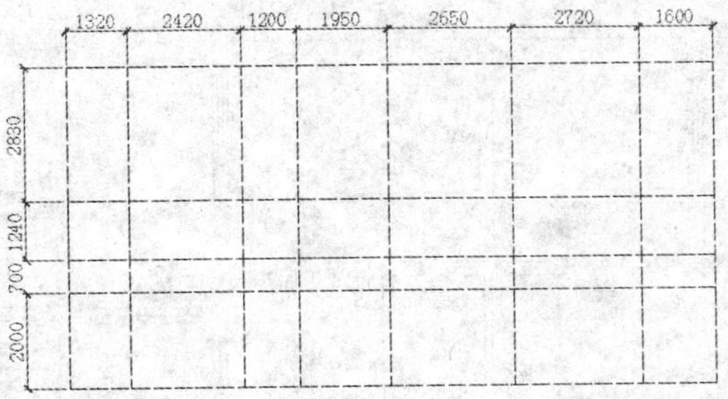

图 7.5.1　绘制轴线

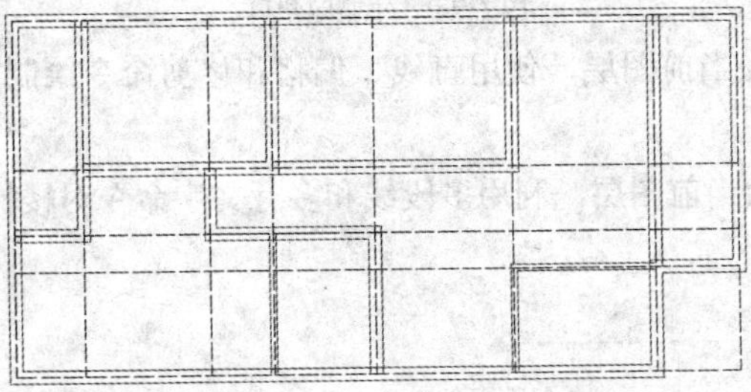

图 7.5.2　绘制墙线

（3）隐藏“轴线”层，利用分解命令分解绘制的墙线，然后将分解后的墙线进行修剪，效果如图 7.5.3 所示。

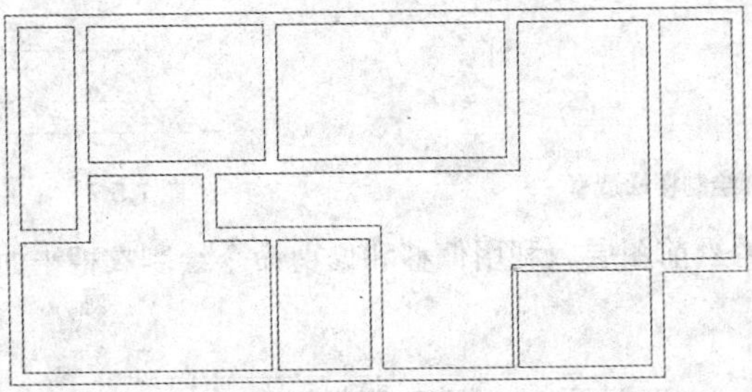

图 7.5.3　修剪墙线

（4）设置“门窗”层为当前图层，利用偏移和修剪命令绘制门洞和窗洞，完成后的效果如图 7.5.4 所示。

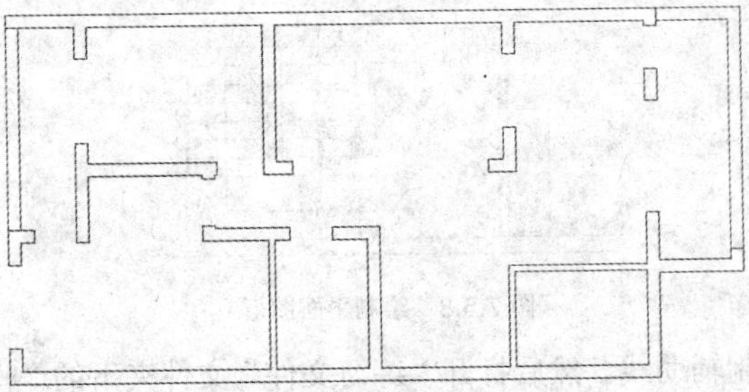

图 7.5.4　绘制门洞和窗洞

（5）使用矩形、直线、偏移、圆弧和修剪命令绘制门和窗，效果如图 7.5.5 所示。

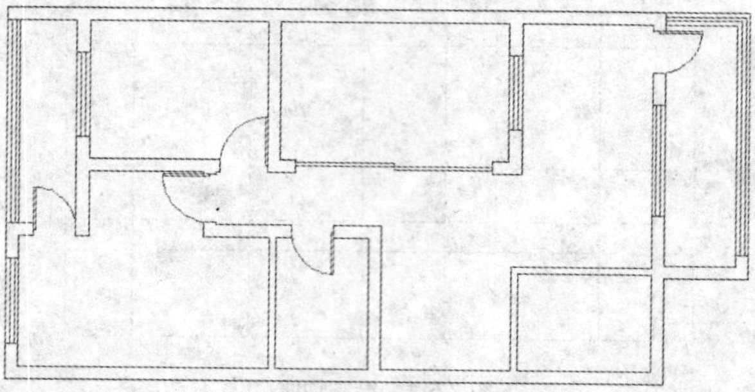

图 7.5.5　绘制门和窗

（6）设置“楼梯”层为当前图层，使用直线、偏移和修剪命令绘制楼梯造型，效果如图 7.5.6 所示。

（7）设置“文字”层为当前图层，利用多段线和多行文字命令对楼梯走向进行说明，效果如图 7.5.7 所示。

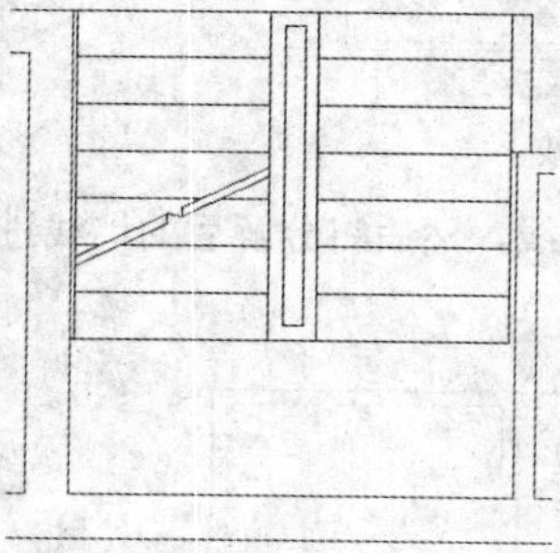

图 7.5.6　绘制楼梯造型

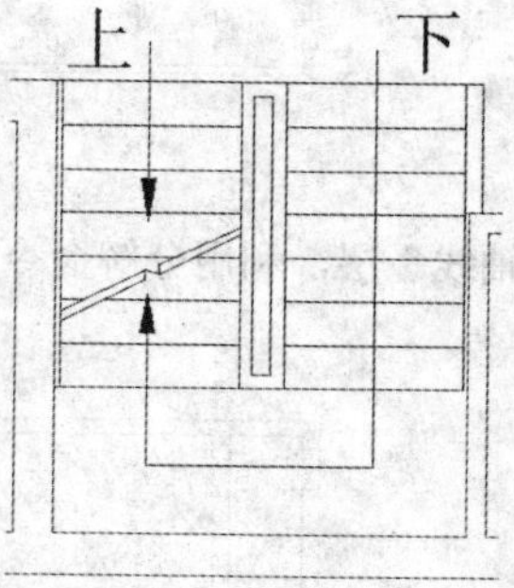

图 7.5.7　文字说明

（8）设置“家具”层为当前图层。利用偏移和修剪命令绘制衣柜平面图和洗脸池台面，效果如图 7.5.8 所示。

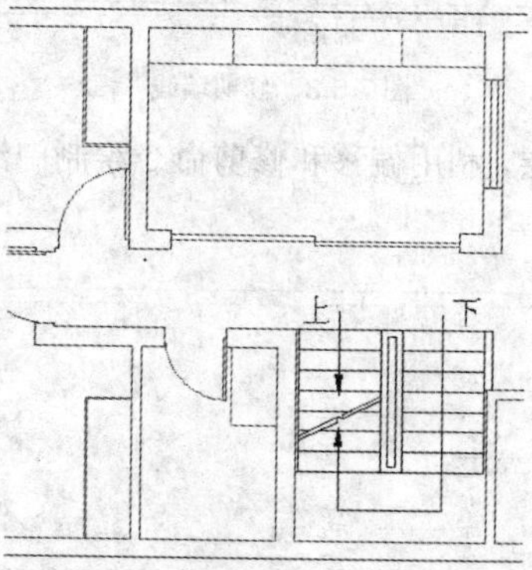

图 7.5.8　绘制平面图形

（9）使用直线命令绘制辅助线。然后打开“练习文件”文件夹下的“模块.dwg”，选择需要插入的图块，将其插入到如图 7.5.9 所示的位置。

（10）设置“文字”层为当前图层，利用多行文字命令对图形进行文字说明，效果如图 7.5.10 所示。

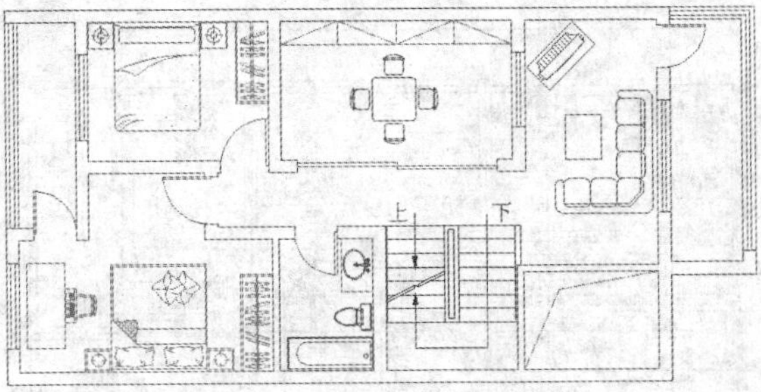

图 7.5.9　插入图块

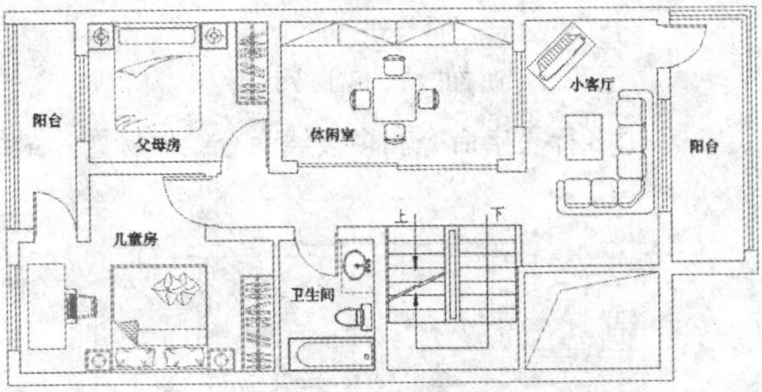

图 7.5.10　文字说明

（11）设置“填充”层为当前图层，使用图案填充命令填充地面，填充后的效果如图 7.5.11 所示。

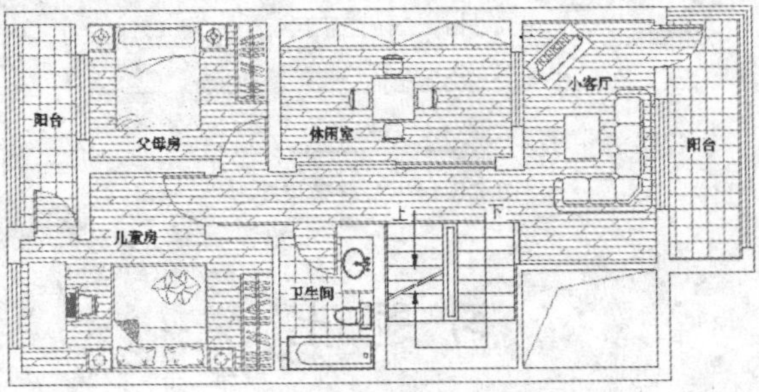

图 7.5.11　填充后的效果

（12）设置“文字”层为当前图层，利用引线标注和多行文字命令对图形进行文字说明，完成后的效果如图 7.5.12 所示。

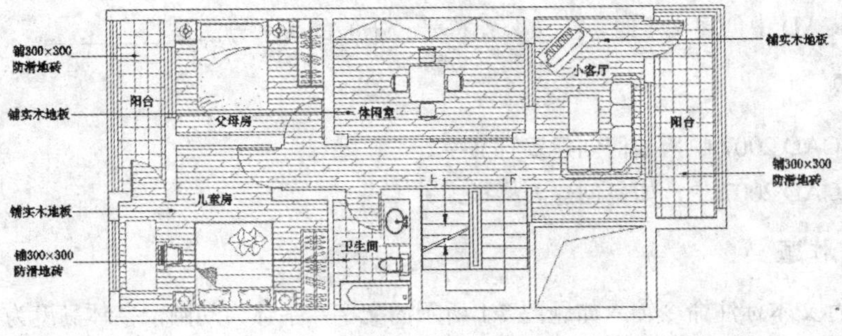

图 7.5.12　标注说明

（13）显示“轴线”层。设置“标注”层为当前图层，利用线性标注命令和连续标注命令对图形进行尺寸标注，效果如图 7.5.13 所示。

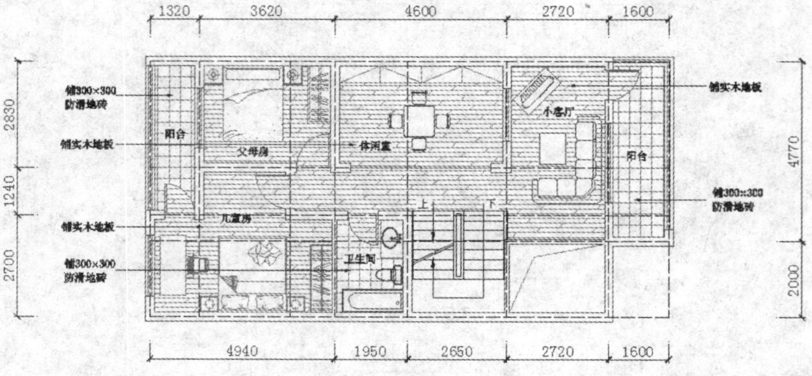

图 7.5.13　标注尺寸

（14）隐藏“轴线”层，利用多行文字命令和多段线命令绘制标题，最终效果如图 7.5.14 所示。

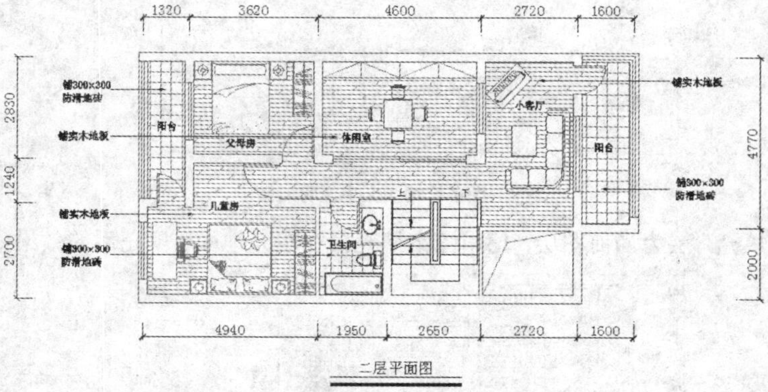

图 7.5.14　最终效果图

习 题 七

一、填空题

1．在 AutoCAD 2007 中，可以使用_________对话框创建文字样式。

2．输入单行文本的命令是_________，输入多行文本的命令是_________。

3．在 AutoCAD 中创建文字时，正负公差符号（±）的表示方法是_________。

二、简答题

1．在 AutoCAD 2007 中，如何创建多行文字？

2．在 AutoCAD 2007 中，如何创建表格样式？

三、上机操作题

1．利用单行文本标注命令输入如题图 7.1 所示的文字，字体为幼圆，字体高度为 10，倾斜角度为 10°。

欢迎使用中文AutoCAD 2007建筑设计操作教程

题图　7.1

2．使用多行文字命令和表格命令绘制如题图 7.2 所示的标题栏。

修改	日期	备注	说明	绘图	设计	比例尺
				校对	审核	日期
西安盛彩设计有限公司	工程名称	融汇园装饰施工图	图号	张数	设计号	
	图纸名称					

题图　7.2

3．使用图层、多线、修剪和文字标注等命令绘制如题图 7.3 所示的顶面布置图。

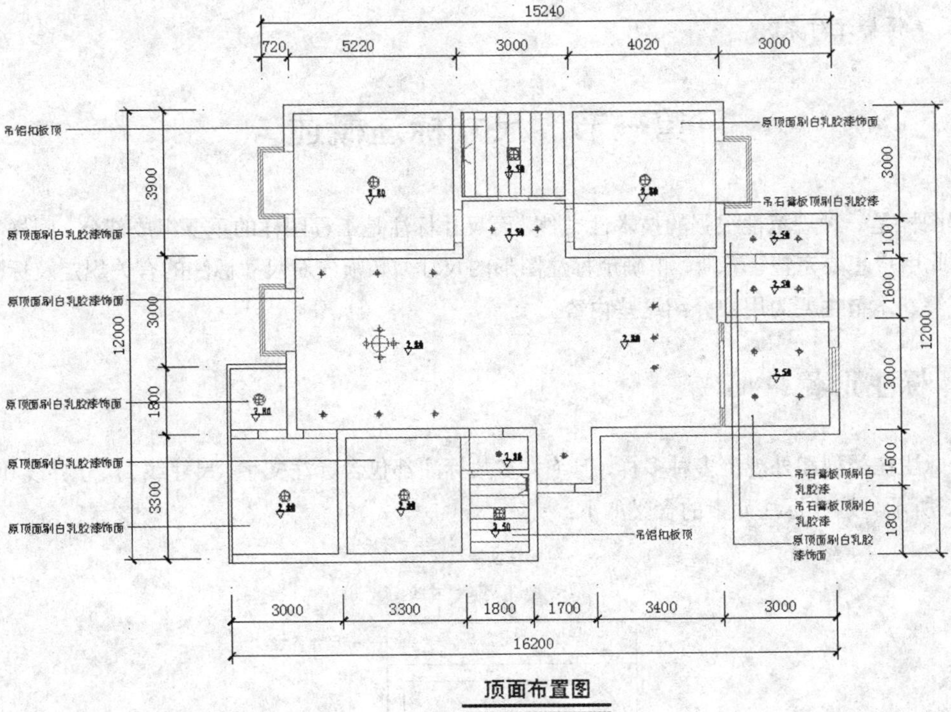

题图　7.3

第八章　为建筑图形标注尺寸

尺寸标注是工程制图的一项重要内容，用于确定图形的大小、形状和位置，也是进行图形识读和指导生产的主要技术依据。本章主要介绍尺寸标注的元素、样式、类型以及编辑尺寸标注的方法。

本章主要内容：

- 尺寸标注概述
- 创建建筑尺寸标注样式
- 标注尺寸
- 编辑标注对象

第一节　尺寸标注概述

工程图样是一种规范性很强的技术性文件，而尺寸标注是工程图样的重要组成部分，同样具有规范性。因此用户想要完整、清晰、正确地标注图形的尺寸，必须先对尺寸标注的有关规定及标注方法做一些了解。本节主要为用户介绍这些内容。

一、标注元素

尽管标注在类型和外观上多种多样，但绝大多数标注都包含标注文字、尺寸线、尺寸界线和箭头，如图 8.1.1 所示。这些标注元素的含义如下：

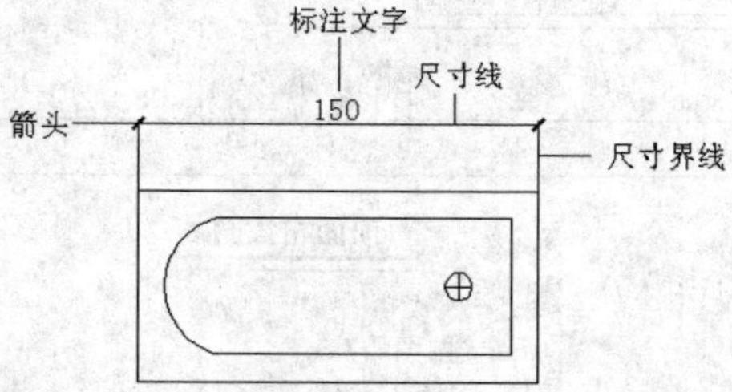

图 8.1.1　尺寸标注的组成

（1）标注文字：表明实际测量值。可以使用由 AutoCAD 自动计算出的测量值，提供自定义的文字或完全不用文字。如果使用生成的文字，则可附加加/减公差、前缀和后缀。

（2）尺寸线：通常与所标注对象平行，放在两条尺寸界线之间，尺寸线不能用图形中已有图线代替，必须单独画出。

（3）尺寸界线：从被标注的对象延伸到尺寸线，尺寸界线一般要垂直于尺寸线，但也可以将尺寸界线倾斜。

（4）箭头：在尺寸线两端，用以表明尺寸线的起始位置。AutoCAD 2007 提供了各种箭头供用户选择，通常在机械制图中习惯以箭头表示尺寸终端，而在建筑制图中习惯以短斜线表示尺寸终端，如图 8.1.2 所示，所以用户可以根据自己的需要设置各种终端形式。

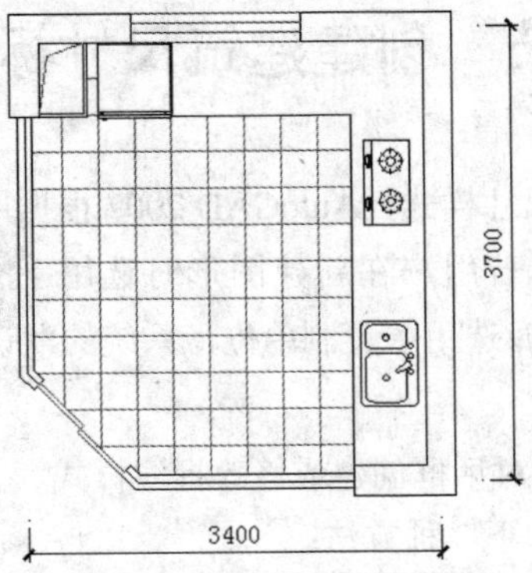

图 8.1.2　尺寸箭头的形式

二、标注类型

AutoCAD 提供了多种标注样式和多种设置标注格式的方法。可以指定所有图形对象和图形的测量值，可以测量垂直和水平距离、角度、直径和半径，创建一系列从公共基准线引出的尺寸线，可以采用连续标注，如图 8.1.3 所示。

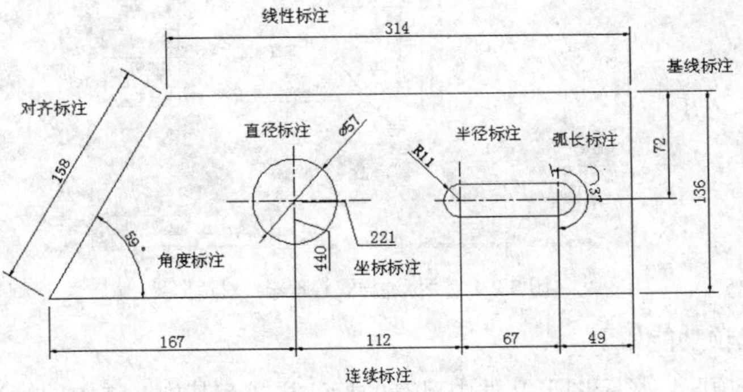

图 8.1.3　标注类型

三、尺寸标注的方法

标注尺寸时，用户应按照一定的步骤进行操作，这样才能保证更快、更准确地进行标注。其一般步骤如下：

（1）建立一个新图层，专门用于标注尺寸。

（2）创建尺寸标注所需的文本类型。

（3）设置尺寸标注格式。

（4）保存或输出用户所做的尺寸标注格式，供以后绘图时使用，从而提高绘图效率。

（5）在标注尺寸前，设置一些常用的辅助定位工具，以便快速、准确地找到所要标注对象的特征点。

（6）用尺寸标注命令标注图形的尺寸，然后对所标注的尺寸进行检查，并用尺寸标注编辑命令对错误尺寸进行修改。

第二节 创建建筑尺寸标注样式

尺寸标注的格式和外观称为尺寸样式，AutoCAD 2007 根据用户新建图形时所选用的单位，为用户设置了默认的尺寸标注样式。若用户在新建图形时选用了公制单位，系统的默认标注样式为“ISO-25”；如果用户在新建图形时选用了英制单位，系统的默认标注样式为“Standard”。本节主要介绍尺寸标注样式的设置。

用户可以使用“标注样式管理器”对话框创建或修改标注样式。

启动标注样式管理器命令有如下 3 种方法：

（1）菜单栏：选择 格式(O) → 标注样式(D)... 命令。

（2）工具栏：单击“标注”工具栏中的“标注样式”按钮。

（3）命令行：在命令行输入 DIMSTYLE，并按回车键。

执行标注样式管理器命令后，系统弹出“标注样式管理器”对话框，如图 8.2.1 所示。利用该对话框可以设置尺寸标注样式。

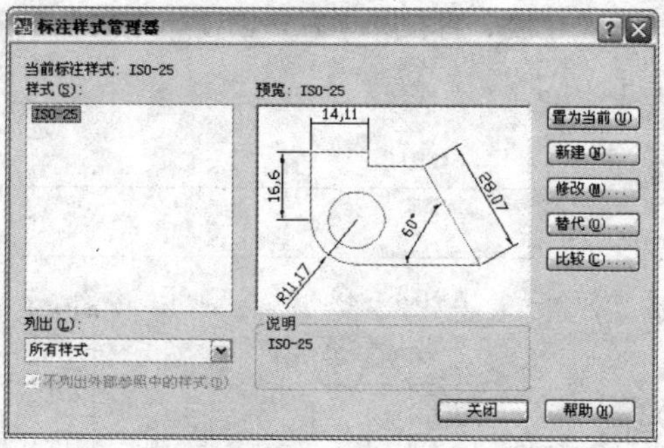

图 8.2.1 “标注样式管理器”对话框

该对话框中各选项功能如下：

（1）样式(S)：选项区：显示图形文件中已有的标注样式。其中，选中的标注样式以高亮度显示。

提示：在“样式”选项区中选择样式名称后单击鼠标右键，利用弹出的快捷菜单可以设置当前标注样式、重命名标注样式或删除标注样式。

（2）列出(L)：下拉列表框：用于控制显示标注样式的过滤条件，即“所有样式”和“正在使用的样式”。前者显示所有标注样式；后者仅显示当前图形使用的标注样式。

（3）预览：选项区：用于预览当前尺寸标注样式的显示效果。

（4）置为当前(U) 按钮：单击该按钮，系统会将在 样式(S)：列表框中选中的标注样式设置为当前尺寸标注样式。

（5）新建(N)... 按钮：用于创建一种新的尺寸标注样式。单击该按钮，系统弹出“创建新标注样式”对话框，如图 8.2.2 所示。在该对话框的 新样式名(N)：文本框中输入样式名称，单击 继续 按钮，系统弹出“新建标注样式：新样式”对话框，如图 8.2.3 所示。利用该对话框可以进行尺寸格式的设置。

（6）修改(M)... 按钮：用于修改当前的尺寸标注样式。单击该按钮，系统弹出“修改标注样式：ISO-25”对话框。

（7）替代(O)... 按钮：用于替代当前的尺寸标注样式。单击该按钮，系统弹出“替代当前样式：ISO-25”

对话框。

（8）比较(C)... 按钮：用于比较两种尺寸标注样式之间的差别。单击该按钮，系统弹出 比较标注样式 对话框。

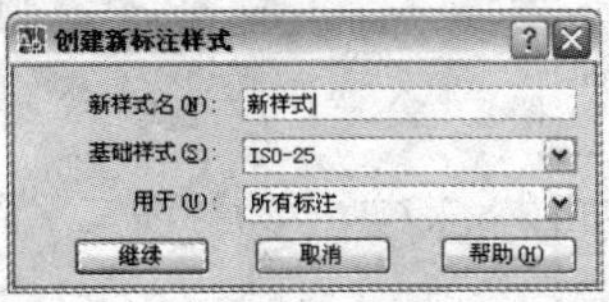

图 8.2.2 “创建新标注样式”对话框

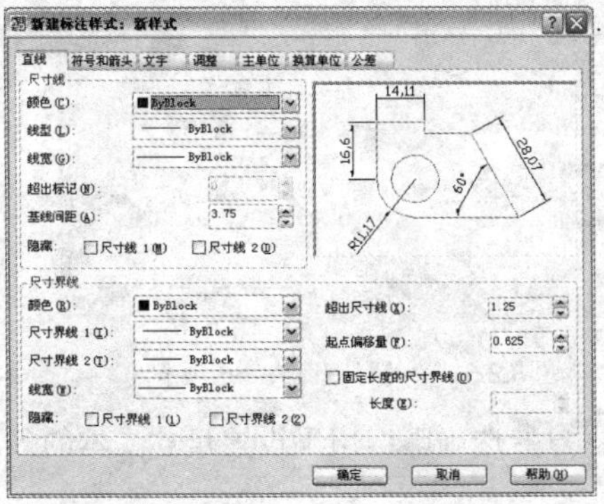

图 8.2.3 “新建标注样式：新样式”对话框

下面介绍该对话框中各选项含义：

打开“直线”选项卡（见图 8.2.3 所示）。利用该选项卡可以设置尺寸线和尺寸界线的有关参数。

1）尺寸线 选项区：用于设置尺寸线样式及基线间距，如图 8.2.4 所示为设置基线间距和隐藏尺寸线示例图。

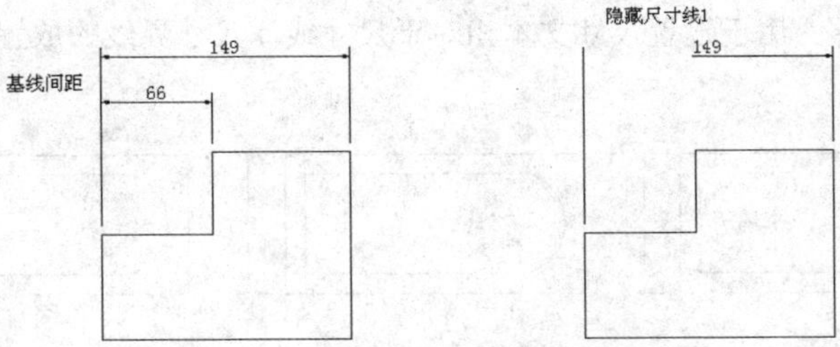

图 8.2.4 设置基线间距和隐藏尺寸线示例图

2）尺寸界线 选项区：用于控制尺寸界线的外观。

3）超出尺寸线(X): 文本框：用于设置尺寸界线超出尺寸线的距离。

4）起点偏移量(F): 文本框：用于设置尺寸界线的实际起始点与用户指定尺寸界线起始点之间的偏移距离。

5）☑固定长度的尺寸界线(O) 复选框：选中该复选框，可以设置尺寸界线的固定长度。

打开“符号和箭头”选项卡，如图 8.2.5 所示。利用该选项卡可以设置箭头、圆心标记、弧长符号和折弯半径标注的格式和位置。

1）箭头 选项区：用于设置尺寸标注箭头的样式和大小。用户可以为第一条尺寸线和第二条尺寸线指定不同的箭头样式。

2）圆心标记 选项区：用于设置圆或圆弧的圆心标记类型和大小。

3）弧长符号 选项区：用于设置弧长标注中圆弧符号的显示。

4）半径标注折弯 选项区：用于设置折弯（Z 字型）半径标注的显示。折弯半径标注通常在中心点位于页面外部时创建。

打开“文字”选项卡，如图 8.2.6 所示。利用该选项卡可以设置标注文字的格式、位置和对齐。

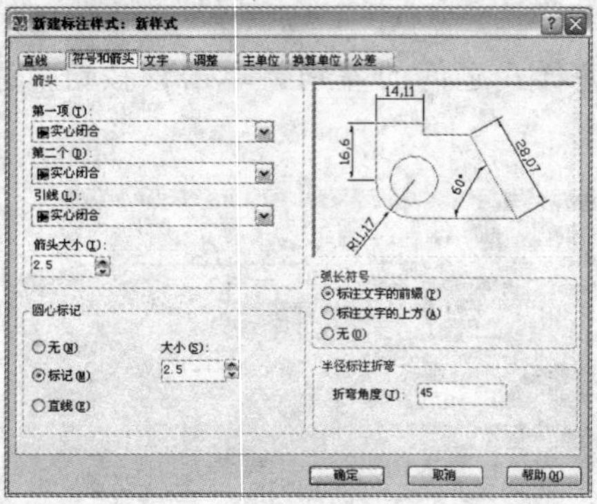

图 8.2.5　“符号和箭头”选项卡

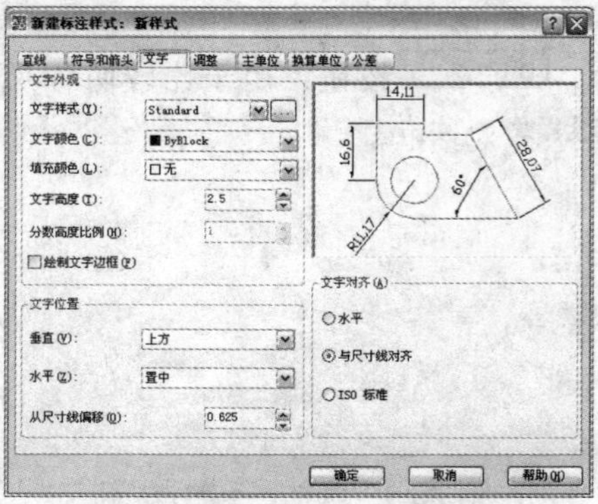

图 8.2.6　“文字”选项卡

1）文字外观选项区：用于设置尺寸文本的外观样式。如图 8.2.7 所示为标注文字添加边框。

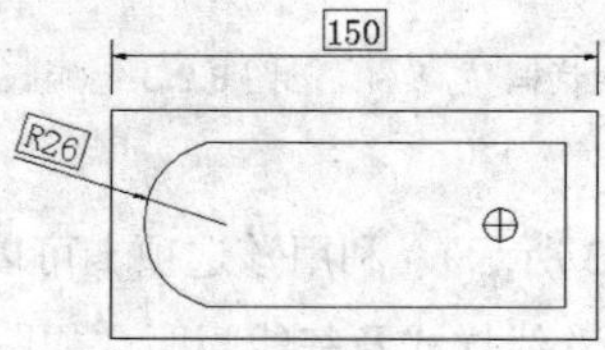

图 8.2.7　为标注文字添加边框

2）文字位置选项区：用于设置尺寸文本相对于尺寸线和尺寸界线的放置位置，如图 8.2.8 所示为标注文字位置示例图。

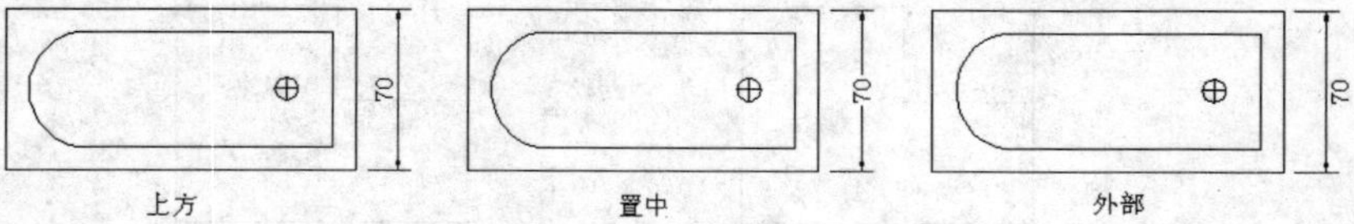

图 8.2.8　标注文字位置示例图

3）文字对齐(A)选项区：用于设置标注文字放在尺寸界线外面或里面时的方向保持水平或与尺寸线平行，如图 8.2.9 所示为文字对齐示例图。

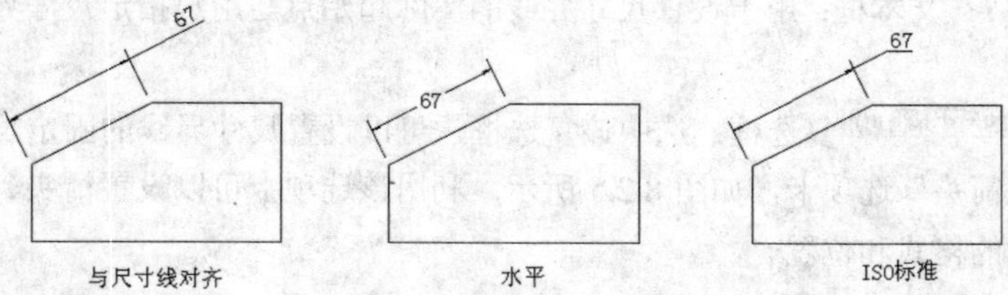

图 8.2.9　文字对齐示例图

打开“调整”选项卡，如图 8.2.10 所示。利用该选项卡可以设置标注文字、箭头、引线和尺寸线的放置。

1）调整选项(F)选项区：用于确定当尺寸界线之间的距离太小，且没有足够的空间同时放置尺寸文本和尺寸箭头时，首先从尺寸界线移出的对象。

2）文字位置选项区：用于设置尺寸文本的位置，如图 8.2.11 所示为文字位置示例图。

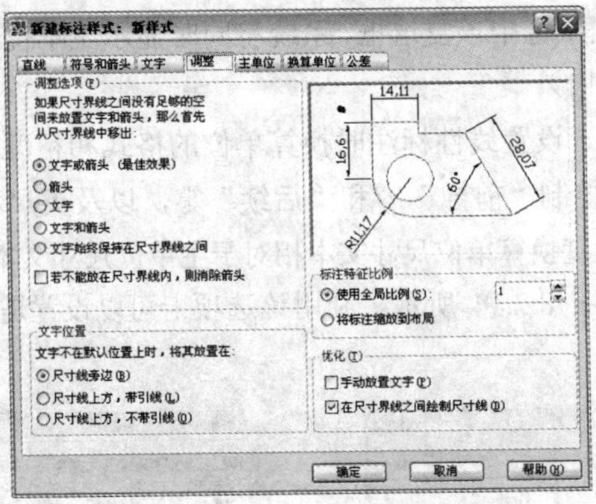

图 8.2.10　“调整”选项卡

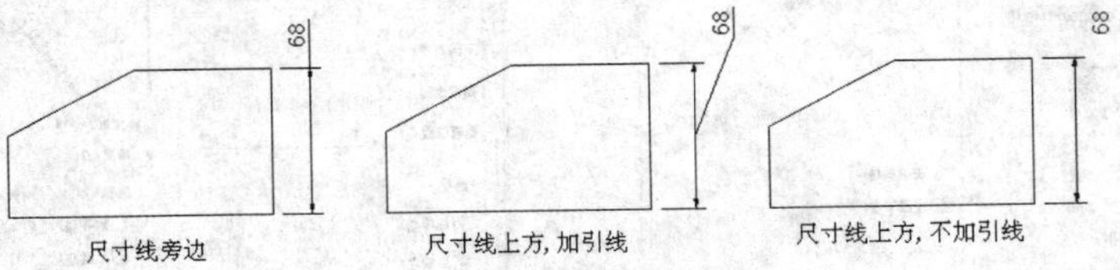

图 8.2.11　文字位置示例图

3）标注特征比例选项区：用于设置标注尺寸的特征比例，即通过设置全局比例因子来增大或缩小尺寸标注的外观。

4）优化(T)选项区：用于设置尺寸标注的其他调整选项。选中☑手动放置文字(P)复选框，系统将忽略尺寸文本的水平位置，在标注时用户可以根据需要将尺寸文本放置在指定位置；选中☑在尺寸界线之间绘制尺寸线(D)复选框，即使尺寸箭头放置在尺寸界线之外，也要在尺寸界线之间绘制尺寸线。

打开“主单位”选项卡，如图 8.2.12 所示。利用该选项卡可以设置主单位的格式及精度，并设置标注文字的前缀和后缀。

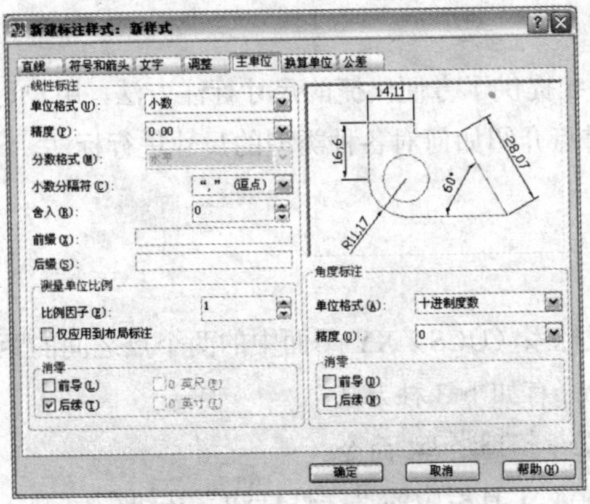

图 8.2.12　“主单位”选项卡

1）线性标注选项区：用于设置线性标注的格式和精度。

2）测量单位比例选项区：用于设置比例因子以及该比例因子是否仅用于布局标注。

3）消零选项区：用于设置是否显示尺寸标注中的“前导”零和“后续”零。

4）角度标注选项区：用于设置角度标注尺寸的格式和单位。

打开“换算单位”选项卡，如图 8.2.13 所示。利用该选项卡可以指定标注测量值中换算单位的显示并设置其格式和精度。

1）☑显示换算单位(D) 复选框：选中该复选框，系统将同时显示主单位和换算单位两个尺寸文本（换算单位的尺寸文本位于方括号内）。

2）换算单位 选项区：用于设置线性标注时换算单位的格式和精度。

3）消零 选项区：用于控制“前导”零和“后续”零，以及英尺和英寸中零的可见性。

4）位置 选项区：用于设置换算单位尺寸文本相对于主单位尺寸文本的放置位置。

打开“公差”选项卡，如图 8.2.14 所示。利用该选项卡可以设置是否标注公差以及以何种方式进行标注。

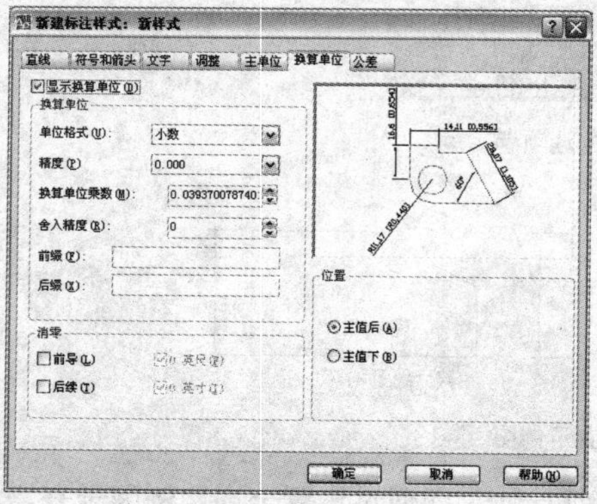

图 8.2.13　“换算单位”选项卡

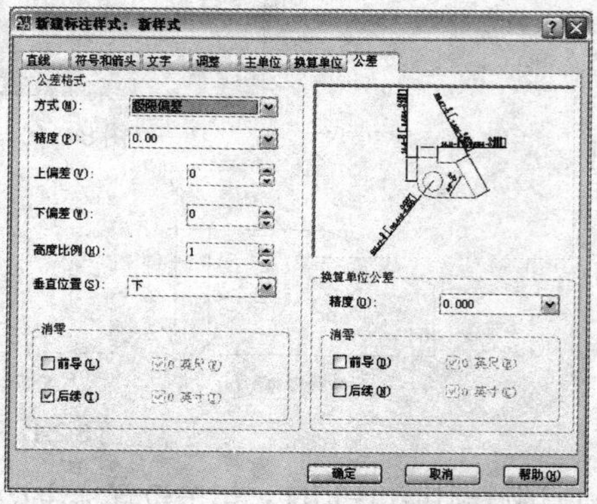

图 8.2.14　“公差”选项卡

1）公差格式 选项区：用于设置尺寸公差的标注内容和标注格式。

2）消零 选项区：用于设置是否省略公差标注中的 0，相应的尺寸变量为 DIMTZIN。

3）换算单位公差 选项区：用于添加换算单位的公差标注。

第三节　标注尺寸

在 AutoCAD 2007 中，系统提供了方便快捷的尺寸标注方法，用户可以通过标注命令、菜单栏以及工具栏来实现标注。本节重点介绍如何对各种类型的尺寸进行标注。

一、线性标注

线性标注表示当前用户坐标系（UCS）XY 平面中的两个点之间的距离测量值，可以指定点或选择一个对象。启动线性标注命令有如下 3 种方法：

（1）菜单栏：选择 标注(N) → 线性(L) 命令。

（2）工具栏：单击“标注”工具栏中的“线性标注”按钮。

（3）命令行：在命令行输入 DIMLINEAR，并按回车键。

创建如图 8.3.1 所示的线性标注，其操作步骤如下：

（1）命令：_dimlinear。

（2）指定第一条尺寸界线原点或<选择对象>：捕捉如图 8.3.1 所示的点 A。

（3）指定第二条尺寸界线原点：捕捉如图 8.3.1 所示的点 B。

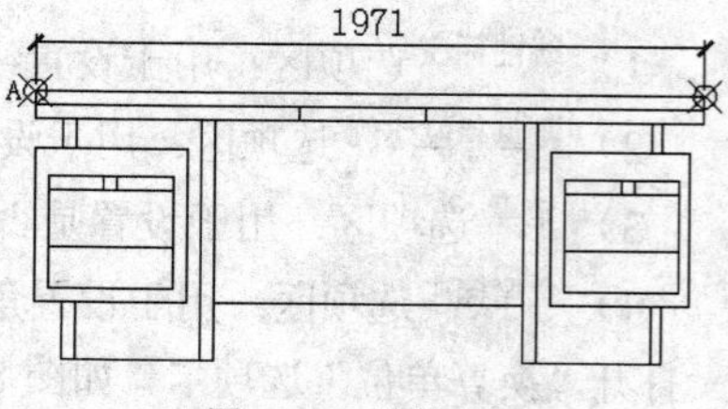

图 8.3.1　线性标注

（4）指定尺寸线位置或[多行文字(M)/文字(T)/角度(A)/水平(H)/垂直(V)/旋转(R)]：移动光标将尺寸线放置在合适的位置，然后单击鼠标左键，完成线性标注。

（5）标注文字 =1971。

上面提示中选项功能如下：

（1）多行文字(M)：选择该选项将进入多行文字编辑模式，使用文字格式编辑器输入并设置标注文字。

（2）文字(T)：选择该选项后，用户可以以单行文字的形式输入标注文字。

（3）角度(A)：该选项用于设置尺寸文本的放置角度。

（4）水平(H)/垂直(V)：用于设置将尺寸文本水平放置还是垂直放置。

（5）旋转(R)：用于旋转标注对象的尺寸线。

提示：DIMLINEAR 命令虽然可以标注倾斜的尺寸文字，但一般只用它标注垂直和水平方向的线型对象，对于倾斜的线型，一般使用 DIMALIGNED 命令进行标注。

二、对齐标注

对齐标注用于创建一个与标注点对齐的线性标注。启动对齐标注命令有如下 3 种方法：

（1）菜单栏：选择标注(N)→对齐(G)命令。

（2）工具栏：单击“标注”工具栏中的“对齐标注”按钮。

（3）命令行：在命令行输入 DIMALIGNED，并按回车键。

创建如图 8.3.2 所示的对齐标注，其操作步骤如下：

（1）命令：_dimaligned。

（2）指定第一条尺寸界线原点或<选择对象>：捕捉如图 8.3.2 所示的点 A。

（3）指定第二条尺寸界线原点：捕捉如图 8.3.2 所示的点 B。

（4）指定尺寸线位置或[多行文字(M)/文字(T)/角度(A)]：确定尺寸线的位置。

（5）标注文字 =336.773。

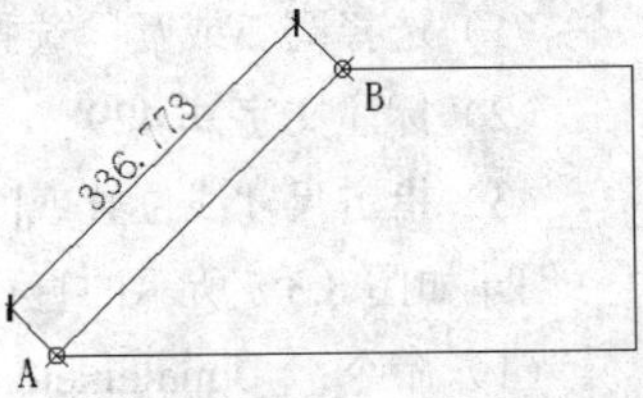

图 8.3.2　对齐标注

提示：DIMALIGNED 命令一般用于倾斜对象的尺寸标注，标注时系统能自动将尺寸线调整为与被标注线段平行，而不需要用户自己设置。

三、弧长标注

弧长标注命令用于标注圆弧线段或多段线圆弧线段部分的弧长。启动弧长标注命令有如下 3 种方法：

（1）菜单栏：选择标注(N)→弧长(H)命令。

（2）工具栏：单击“标注”工具栏中的“弧长标注”按钮。

（3）命令行：在命令行输入 DIMARC，并按回车键。

创建如图 8.3.3 所示的弧长标注，其操作步骤如下：

（1）命令：_dimarc。

（2）选择弧线段或多段线弧线段：选择如图 8.3.3 所示的圆弧。

（3）指定弧长标注位置或[多行文字(M)/文字(T)/角度(A)/部分(P)/引线(L)]：确定尺寸线的位置。

（4）标注文字 =958。

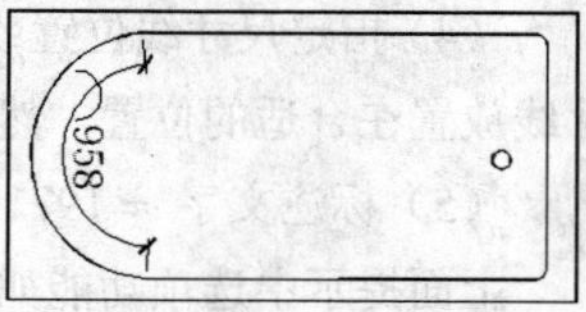

图 8.3.3　弧长标注

上面提示中选项功能如下：

（1）多行文字(M)：选择该选项将进入多行文字编辑模式，使用**文字格式**编辑器输入并设置标注文字。

（2）文字(T)：用于输入新的标注文字。

（3）角度(A)：用于指定标注文字的角度。

（4）部分(P)：用于缩短弧长标注的长度。

（5）引线(L)：用来添加引线对象。当圆弧（或弧线段）大于 90° 时才显示此选项。引线是沿径向绘制的，指向所标注圆弧的圆心。

四、半径标注和直径标注

半径标注和直径标注用于测量圆和圆弧的半径或直径。启动半径标注命令有如下 3 种方法：

（1）菜单栏：选择 标注(N)→半径(R)/直径(D) 命令。

（2）工具栏：单击“标注”工具栏中的“半径标注”按钮或者“直径标注”按钮。

（3）命令行：在命令行输入 DIMRADIUS/DIMDIAMETER，并按回车键。

创建如图 8.3.4 所示的半径标注，其操作步骤如下：

（1）选择圆弧或圆：选择如图 8.3.4 所示的圆。

（2）标注文字 = 429

（3）指定尺寸线位置或[多行文字(M)/文字(T)/角度(A)]：确定尺寸线的位置。

创建如图 8.3.5 所示的直径标注，其操作步骤如下：

（1）命令：_dimdiameter。

（2）选择圆弧或圆：选择如图 8.3.5 所示的圆。

（3）标注文字 = 858。

（4）指定尺寸线位置或 [多行文字(M)/文字(T)/角度(A)]：确定尺寸线的位置。

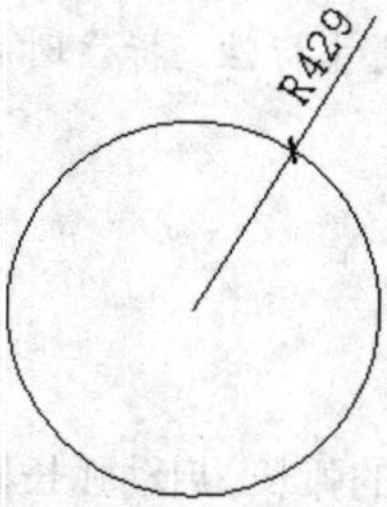

图 8.3.4　半径标注

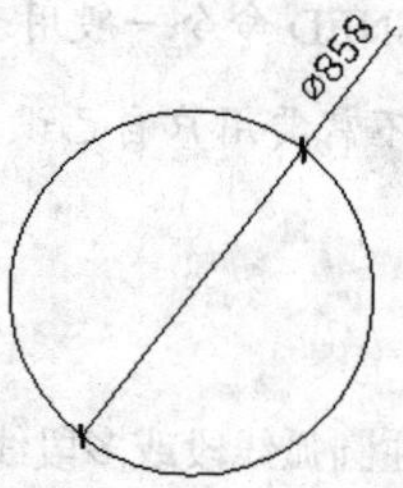

图 8.3.5　直径标注

提示：当用户通过多行文字或命令行输入直径尺寸时，必须在输入的直径值前加前缀“%%c”，否则直径尺寸前没有直径的代号“ϕ”。

五、角度标注

角度标注用于测量圆和圆弧的角度、两条直线间的角度，或者三点间的角度。启动角度标注命令有如下 3 种方法：

（1）菜单栏：选择 标注(N) → 角度(A) 命令。

（2）工具栏：单击“标注”工具栏中“角度标注”按钮。

（3）命令行：在命令行输入 DIMANGULAR，并按回车键。

创建如图 8.3.6 所示的角度标注，其操作步骤如下：

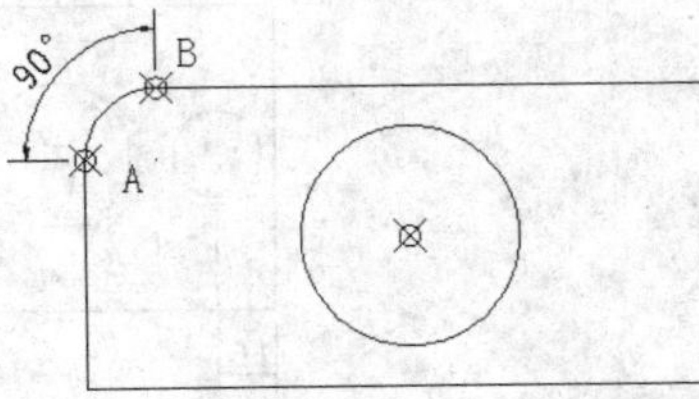

图 8.3.6　角度标注

（1）命令：_dimangular。

（2）选择圆弧、圆、直线或<指定顶点>：选择如图 8.3.6 所示的圆弧 AB。

（3）指定标注弧线位置或[多行文字(M)/文字(T)/角度(A)]：确定尺寸线的位置。

（4）标注文字 =90。

另外，该命令还可标注圆、直线和 3 个点构成的角度等，如图 8.3.7 所示。

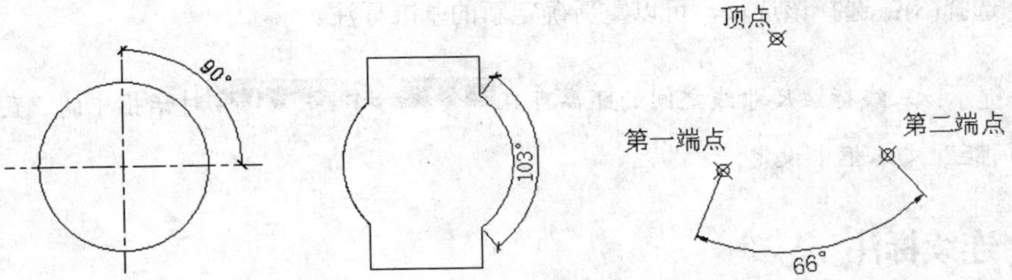

图 8.3.7　其他角度标注方式

六、基线标注

基线标注命令用于创建一系列由相同的标注原点测量出来的标注。启动基线标注命令有如下 3 种方法：

（1）菜单栏：选择 标注(N) → 基线(B) 命令。

（2）工具栏：单击“标注”工具栏中的“基线标注”按钮。

（3）命令行：在命令行输入 DIMBASELINE，并按回车键。

创建如图 8.3.8 所示的基线标注，其操作步骤如下：

（1）启动线性标注，标注一段距离，如图 8.3.8（a）所示。

（2）启动基线标注。

1）命令：_dimbaseline。

2）指定第二条尺寸界线原点或[放弃(U)/选择(S)] <选择>：捕捉点 A。

3）标注文字 =60。

4）指定第二条尺寸界线原点或[放弃(U)/选择(S)] <选择>：捕捉点 B。

5）标注文字 =104。

6）指定第二条尺寸界线原点或[放弃(U)/选择(S)] <选择>：捕捉点 C。

7）标注文字 =142。

8）指定第二条尺寸界线原点或[放弃(U)/选择(S)] <选择>：↙。

9）选择基准标注：↙，效果如图 8.3.8（b）所示。

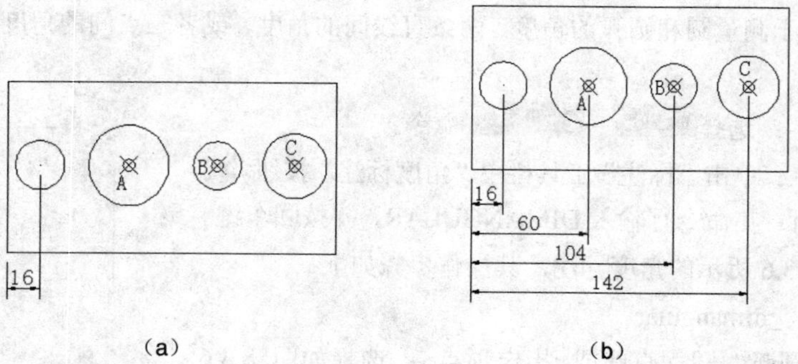

图 8.3.8　基线标注

（a）创建线性标注；（b）基线标注的效果

上面提示中选项功能如下：

1）放弃(U)：放弃最后一个基线标注。

2）选择(S)：选择该选项，可以重新确定新的基准标注。

提示：基线标注尺寸线之间的距离可在**新建标注样式：新样式**对话框中的“直线”选项卡上的“基线间距”文本框中设定。

七、连续标注

连续标注命令用于创建一系列端对端放置的标注，每个连续标注都从前一个标注的第二个尺界线处开始。启动连续标注命令有如下 3 种方法：

（1）菜单栏：选择 标注(N) → 连续(C) 命令。

（2）工具栏：单击“标注”工具栏中的“连续标注”按钮。

（3）命令行：在命令行输入 DIMCONTINUE，并按回车键。

创建如图 8.3.9 所示的连续标注，其操作步骤如下：

（1）命令：_dimcontinue。

（2）选择连续标注：选择如图 8.3.8（a）所示的线性标注。

（3）指定第二条尺寸界限原点或[放弃(U)/选择(S)] <选择>：捕捉点 A。

（4）标注文字 =60。

（5）指定第二条尺寸界限原点或[放弃(U)/选择(S)] <选择>：捕捉点 B。

（6）标注文字 =44。

（7）指定第二条尺寸界限原点或[放弃(U)/选择(S)] <选择>：捕捉点 C。

图 8.3.9　连续标注

（8）标注文字 =38。

（9）指定第二条尺寸界限原点或[放弃(U)/选择(S)] <选择>：↙。

（10）选择连续标注：↙，效果如图 8.3.9 所示。

八、引线标注

引线是连接图形对象和图形注释的线。文字是最常见的图形注释，这种用引线连接图形对象和图形注释的标注方法称为引线标注。启动引线标注命令有如下 3 种方法：

（1）菜单栏：选择 标注(N) → 引线(E) 命令。

（2）工具栏：单击“标注”工具栏中的“引线标注”按钮。

（3）命令行：在命令行输入 QLEADER。

执行以上任何一种操作都可以创建引线和注释，引线和注释可以有多种格式。

1. 设置引线格式

在使用“引线标注”命令时，默认情况下命令提示行显示“指定第一个引线点或[设置(S)]<设置>：”提示信息，在该提示下直接按回车键，系统弹出 引线设置 对话框，如图 8.3.10 所示。该对话框包含“注释”、“引线和箭头”、“附着”3 个选项卡，下面分别进行介绍。

（1）“注释”选项卡：该选项卡用于设置引线标注中注释文字的类型、多行文字选项以及是否重复使用注释。

（2）“引线和箭头”选项卡：该选项卡用于设置引线和箭头的样式，如图 8.3.11 所示。

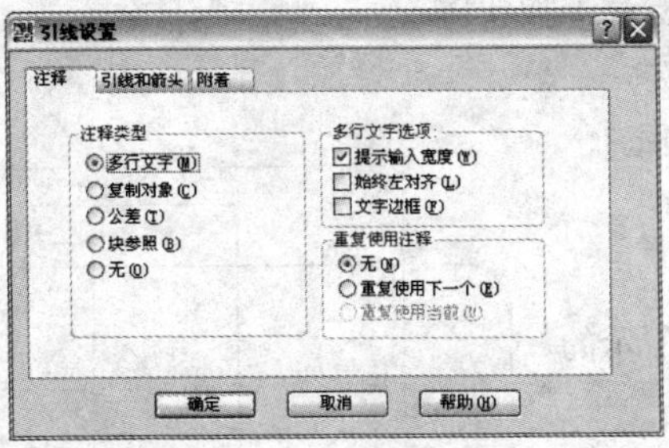

图 8.3.10　“引线设置”对话框

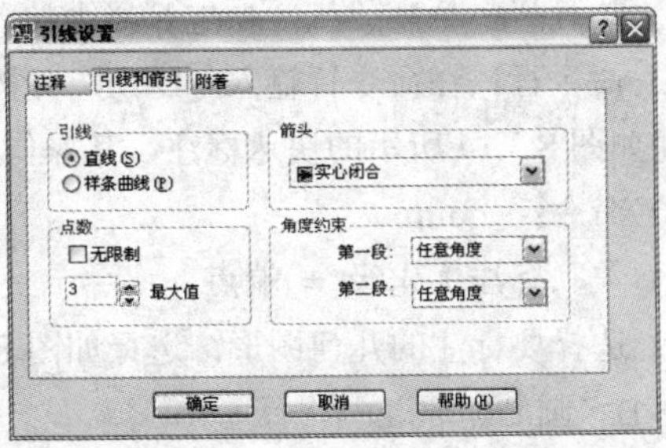

图 8.3.11　“引线和箭头”选项卡

（3）“附着”选项卡：该选项卡用于设置最后一段引线相对于多行文字注释的位置，如图 8.3.12 所示。

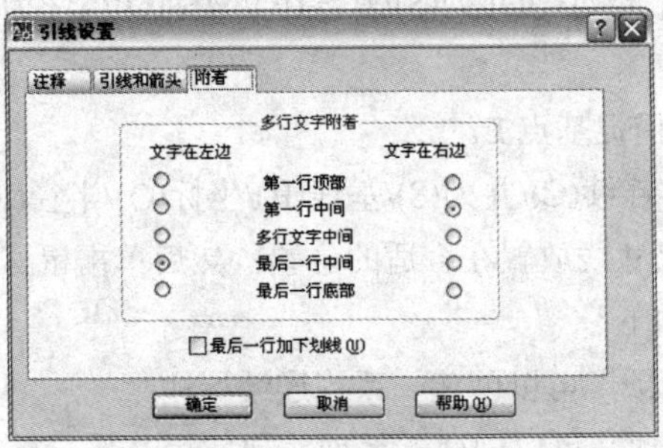

图 8.3.12　“附着”选项卡

2. 创建引线标注

创建如图 8.3.13 所示的引线标注，其操作步骤如下：

（1）命令：qleader。

（2）指定第一个引线点或[设置(S)] <设置>：捕捉圆 A 的圆心。

（3）指定下一点：捕捉点 B。

（4）指定下一点：捕捉点 C。

（5）指定文字宽度<0>：25。

（6）输入注释文字的第一行<多行文字(M)>：2×%%c40%%p0.012。

（7）输入注释文字的下一行：↙。

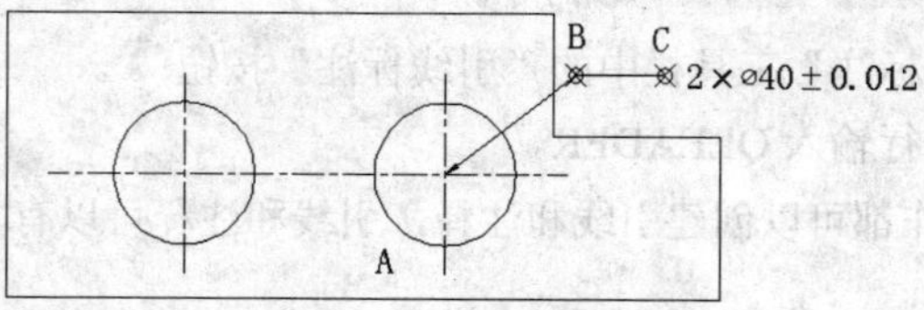

图 8.3.13　引线标注

九、快速标注

快速标注命令用于快速创建成组的基线、连续标注和坐标标注，快速标注多个圆、圆弧以及编辑现有标注的布局。启动快速标注命令有如下 3 种方法：

（1）菜单栏：选择 标注(N) → 快速标注(Q) 命令。

（2）工具栏：单击“标注”工具栏中的“快速标注”按钮。

（3）命令行：在命令行输入 QDIM，并按回车键。

创建如图 8.3.14 所示的快速标注，其操作步骤如下：

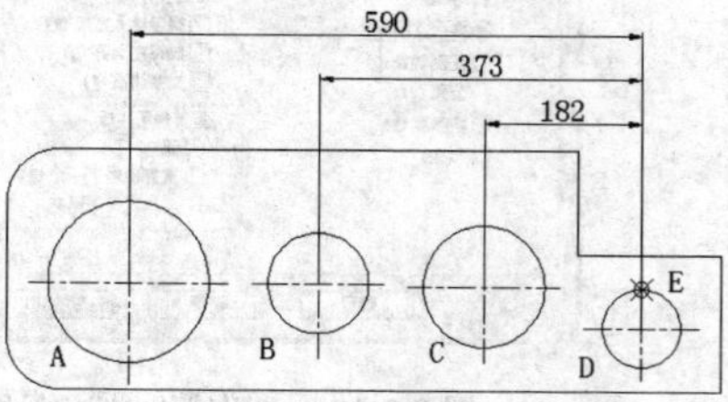

图 8.3.14　快速标注

（1）命令：_qdim。

（2）关联标注优先级 = 端点。

（3）选择要标注的几何图形：选择如图 8.3.14 所示的圆 A、圆 B、圆 C 和圆 D。

（4）选择要标注的几何图形：↙。

（5）指定尺寸线位置或[连续(C)/并列(S)/基线(B)/坐标(O)/半径(R)/直径(D)/基准点(P)/编辑(E)/设置(T)] <基线>：B↙。

（6）指定尺寸线位置或[连续(C)/并列(S)/基线(B)/坐标(O)/半径(R)/直径(D)/基准点(P)/编辑(E)/设置(T)] <基线>：P↙。

（7）选择新的基准点：捕捉基点 E。

（8）指定尺寸线位置或[连续(C)/并列(S)/基线(B)/坐标(O)/半径(R)/直径(D)/基准点(P)/编辑(E)/设置(T)] <基线>：移动光标将尺寸线放置在合适的位置，然后单击鼠标左键，完成快速标注。

上面提示中各选项功能如下：

1）连续(C)：选择该选项，可以创建一系列连续标注。

2）并列(S)：选择该选项，可以创建一系列并列标注。

3）基线(B)：选择该选项，可以创建一系列基线标注。

4）坐标(O)：选择该选项，可以创建一系列坐标标注。

5）半径(R)：选择该选项，可以创建一系列半径标注。

6）直径(D)：选择该选项，可以创建一系列直径标注。

7）基准点(P)：选择该选项，用于重新设置基准点。

（8）编辑(E)：选择该选项，允许用户删除或添加快速标注的尺寸点。

（9）设置(T)：为指定尺寸界限原点设置默认对象捕捉。

十、圆心标记

圆心标记用于标注圆或圆弧的圆心标记或中心线。启动圆心标记命令有如下 3 种方法：

（1）菜单栏：选择 标注(N) → 圆心标记(M) 命令。

（2）工具栏：单击“标注”工具栏中的“圆心标记”按钮。

（3）命令行：在命令行输入 DIMCENTER。

创建如图 8.3.15 所示的圆心标记，其操作步骤如下：

（1）命令：_dimcenter。

（2）选择圆弧或圆：选择如图 8.3.15 所示的圆。

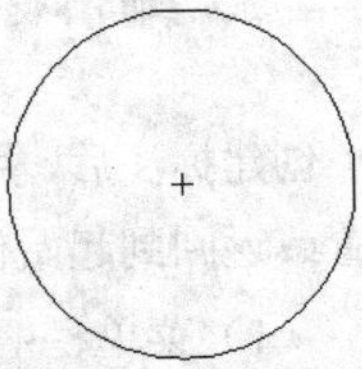

图 8.3.15　圆心标记

提示：用户可以在 新建标注样式：新样式 对话框的“符号和箭头”选项卡中的“圆心标记”选项区中设置圆心标记的类型和大小。

第四节　编辑标注对象

在 AutoCAD 2007 中，可以对已标注对象的文字、位置及样式等内容进行修改，而不必删除所标注的尺寸对象再重新进行标注。

一、编辑标注

该命令用于编辑已有标注的标注文字内容和放置位置。启动该命令有如下 3 种方法：

（1）菜单栏：选择 标注(N) → 倾斜(I) 命令。

（2）工具栏：单击“标注”工具栏中的“编辑标注”按钮。

（3）命令行：在命令行输入 DIMEDIT，并按回车键。

编辑如图 8.4.1 所示的线性标注，效果如图 8.4.2 所示。

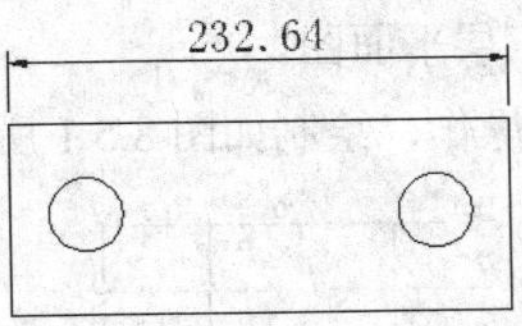

图 8.4.1　线性标注

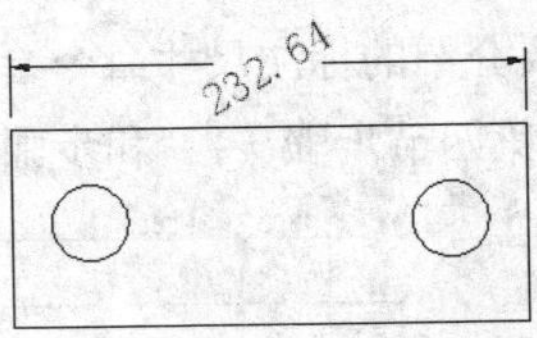

图 8.4.2　编辑线性标注

（1）命令：dimedit↙。

（2）输入标注编辑类型[默认(H)/新建(N)/旋转(R)/倾斜(O)] <默认>：r↙。

（3）指定标注文字的角度：30↙。

（4）选择对象：选择如图 8.4.1 所示的线性标注。

（5）选择对象：↙。

上面提示中选项功能如下：

1）默认(H)：用于将尺寸文本按尺寸标注样式中所设置的位置、方向重新放置。

2）新建(N)：选择该选项后，用户可以修改尺寸文字。

3）旋转(R)：选择该选项后，用户可以将尺寸文字旋转一定的角度。

4）倾斜(O)：选择该选项后，用户可以修改长度型尺寸标注的尺寸界线，使其倾斜一定角度，与尺寸线不垂直。

二、编辑标注文字的位置

创建标注后，用户可以编辑或替换标注文字、修改标注文字的特性和角度，还可以将文字移到新位置或返回到起始位置。启动编辑标注文字命令有如下 3 种方法：

（1）菜单栏：选择 标注(N) → 对齐文字(X) 命令下的子命令。

（2）工具栏：单击“标注”工具栏中的“编辑标注文字”按钮。

（3）命令行：在命令行输入 DIMTEDIT，并按回车键。

对如图 8.4.1 所示的线性标注文字进行编辑，效果如图 8.4.3 所示。

（1）命令：_dimtedit。

（2）选择标注：选择如图 8.4.1 所示的线性标注。

（3）指定标注文字的新位置或[左(L)/右(R)/中心(C)/默认(H)/角度(A)]：l↙。

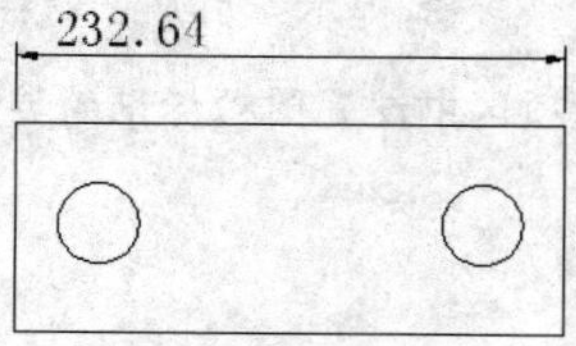

图 8.4.3　编辑标注文字的位置

上面提示中各选项功能如下：

1）左(L)：选择该选项，可以将标注文字定位在尺寸线的左侧。仅适用于线性、半径和直径标注。

2）右(R)：选择该选项，可以将标注文字定位在尺寸线的右侧，仅适用于线性、半径和直径标注。

3）中心(C)：该选项用于居中显示标注文字。

4）默认(H)：该选项用于将标注文字改为默认位置。

5）角度(A)：该选项用于提示输入一个角度来旋转标注文字。

第五节　应用实例——别墅三层平面图

下面根据前面主要介绍的标注尺寸命令绘制别墅三层平面图。

（1）参照第六章第四节步骤（1）和步骤（2）的操作，绘制如图 8.5.1 所示的轴线。

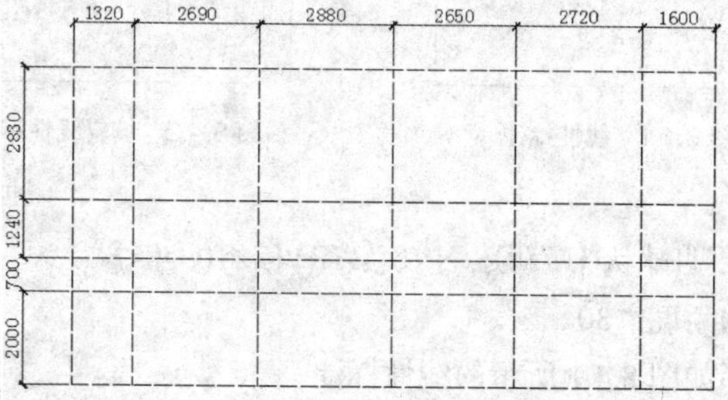

图 8.5.1　绘制轴线

（2）设置“墙线”层为当前图层，利用多线命令绘制如图 8.5.2 所示的墙线。

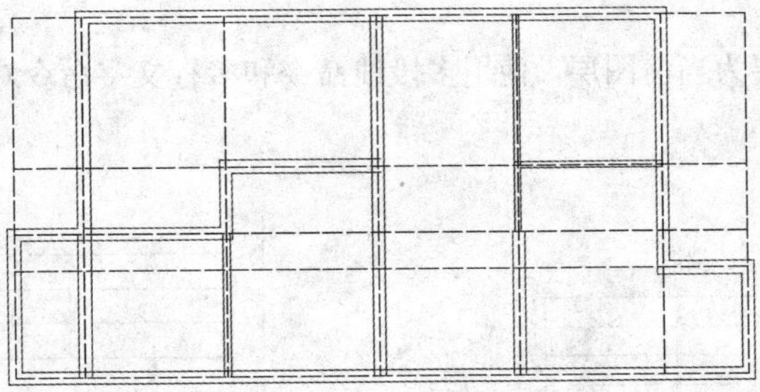

图 8.5.2　绘制墙线

（3）使用分解命令分解上步绘制的墙线，然后利用修剪命令修剪墙线，效果如图 8.5.3 所示。

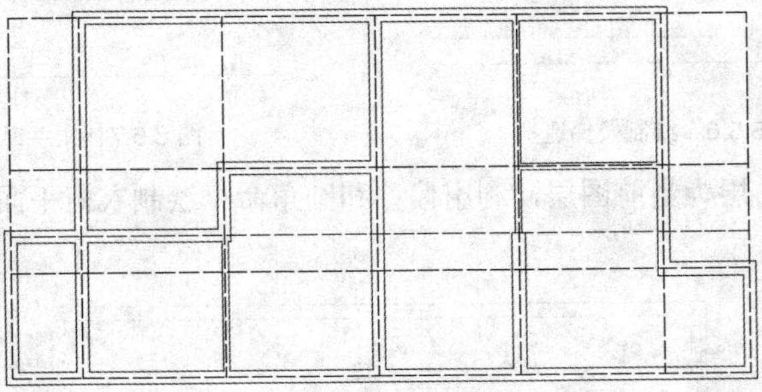

图 8.5.3　修剪墙线

（4）设置“门窗”层为当前图层，隐藏“轴线”层。利用直线、偏移和修剪绘制门洞和窗洞，效果如图 8.5.4 所示。

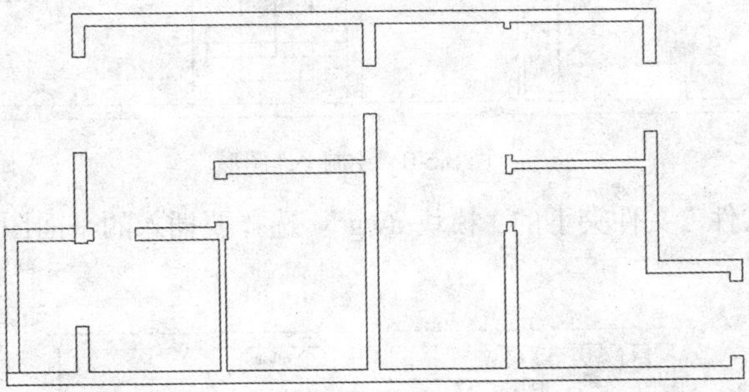

图 8.5.4　绘制门洞和窗洞

（5）使用矩形、圆弧、直线和偏移命令绘制门和窗，效果如图 8.5.5 所示。

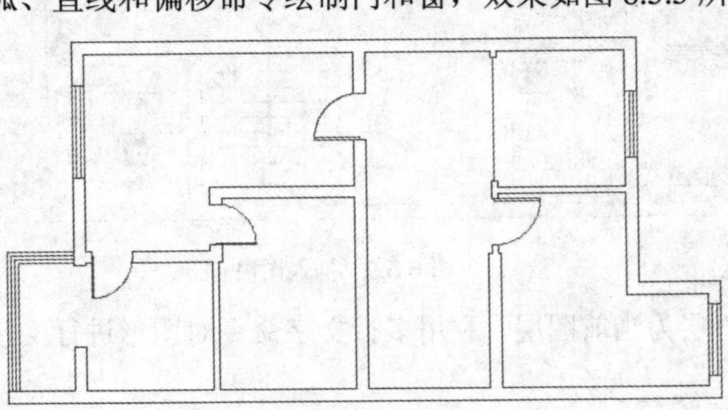

图 8.5.5　绘制门和窗

（6）设置“楼梯”层为当前图层，利用直线、偏移和修剪命令绘制楼梯造型，效果如图 8.5.6

所示。

（7）设置“文字”层为当前图层，使用多段线命令和多行文字命令对绘制的楼梯走向进行说明，效果如图 8.5.7 所示。

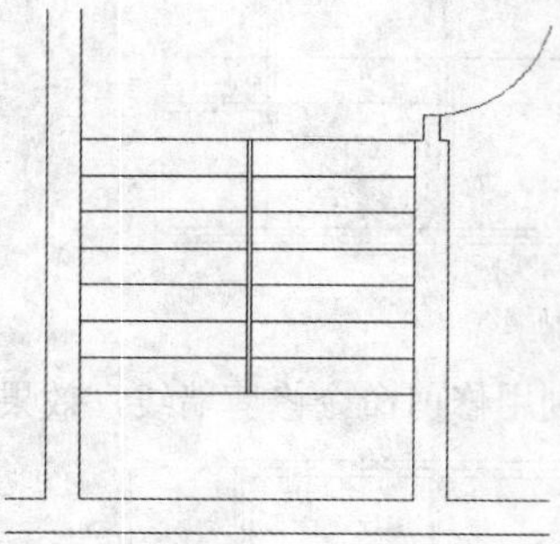

图 8.5.6　绘制楼梯造型

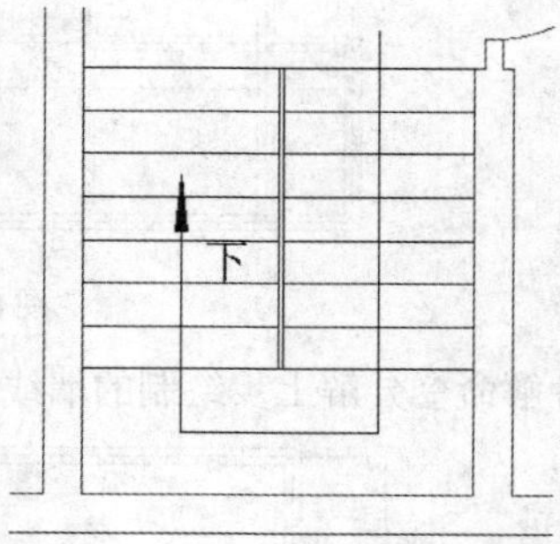

图 8.5.7　文字说明

（8）设置“家具”层为当前图层，利用偏移和圆角命令绘制衣柜平面图、洗脸池台面和书柜平面图，效果如图 8.5.8 所示。

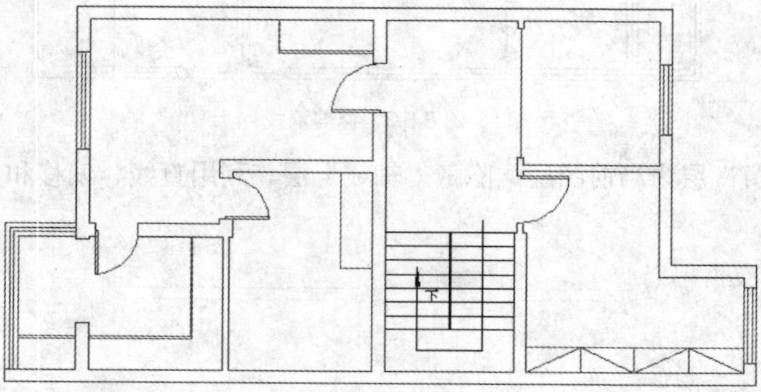

图 8.5.8　绘制平面图形

（9）打开“练习文件”文件夹下的“模块.dwg”，选择要插入的平面图块，将其插入到如图 8.5.9 所示的位置。

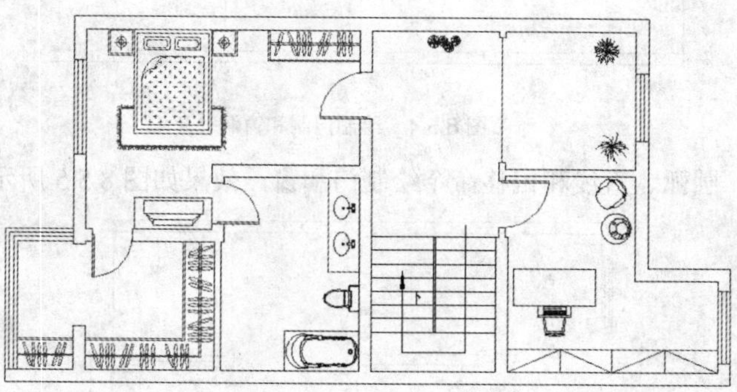

图 8.5.9　插入图块

（10）设置“文字”层为当前图层，利用多行文字命令对图形进行文字说明，完成后的效果如图 8.5.10 所示。

（11）利用直线命令连接门洞，效果如图 8.5.11 所示。

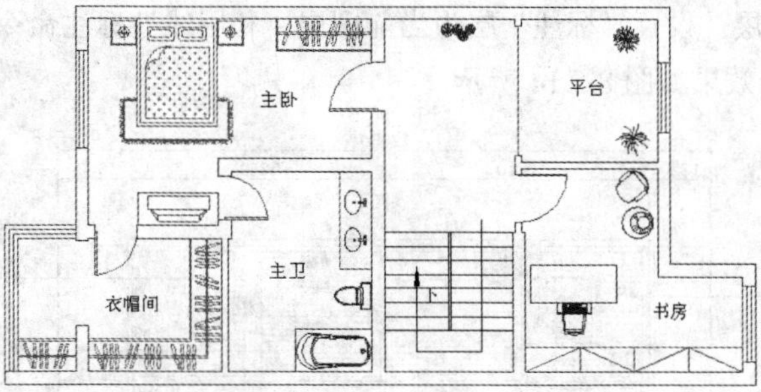

图 8.5.10　文字说明

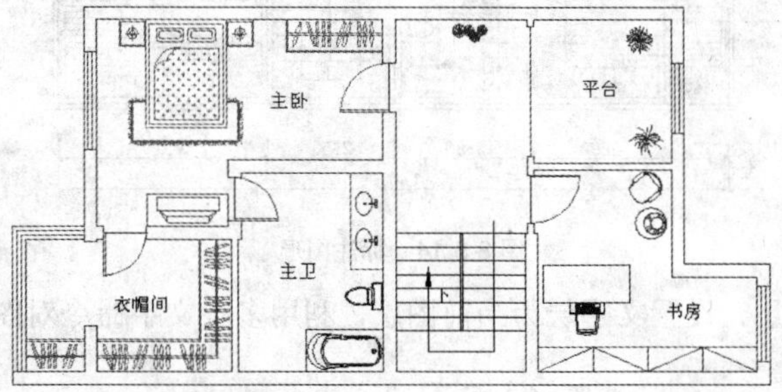

图 8.5.11　连接门洞

（12）设置“填充”层为当前图层，使用图案填充命令对图形进行填充，填充后的效果如图 8.5.12 所示。

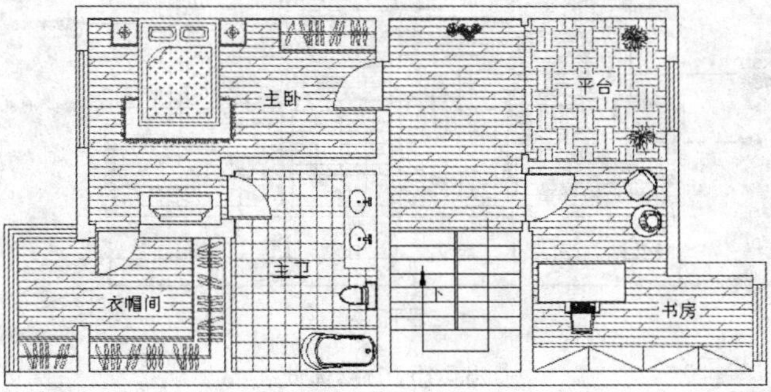

图 8.5.12　填充后的效果

（13）设置“文字”层为当前图层，利用引线标注命令和多行文字命令对地面材质进行说明，效果如图 8.5.13 所示。

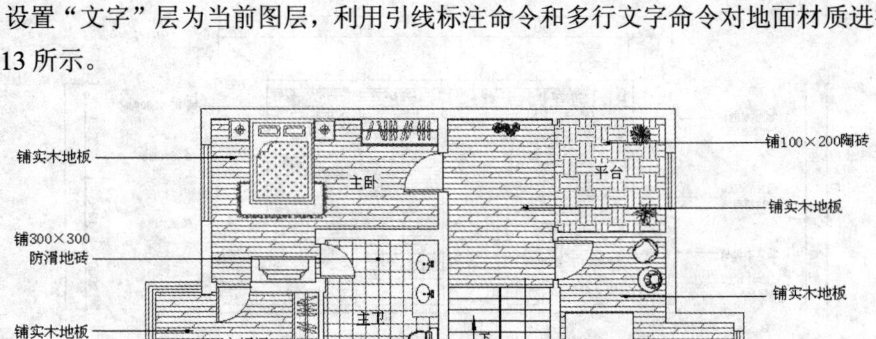

图 8.5.13　文字说明

（14）显示“轴线”层。设置“标注”层为当前图层，利用线性标注命令和连续标注命令对图形进行尺寸标注，完成后的效果如图 8.5.14 所示。

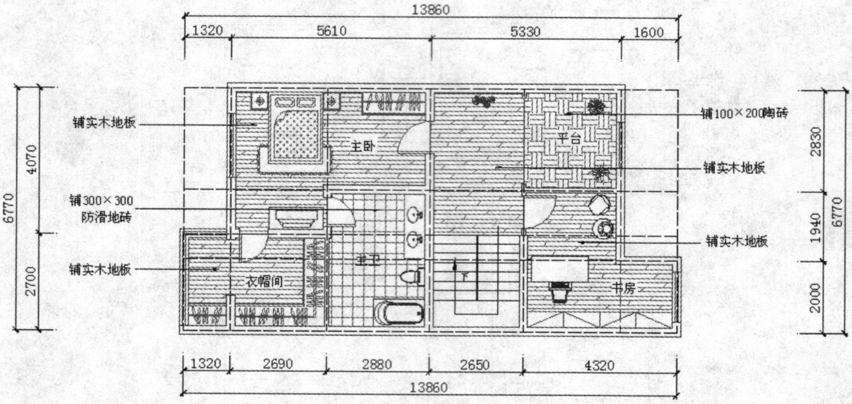

图 8.5.14　标注图形

（15）隐藏“轴线”层，设置文字层为当前图层，利用多行文字命令对图形进行标题说明，效果如图 8.5.15 所示。

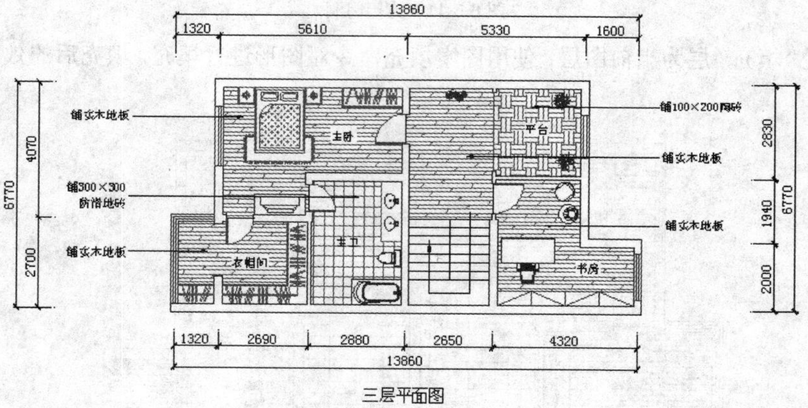

图 8.5.15　标题说明

（16）使用多段线命令行绘制标题线，最终效果如图 8.5.16 所示。

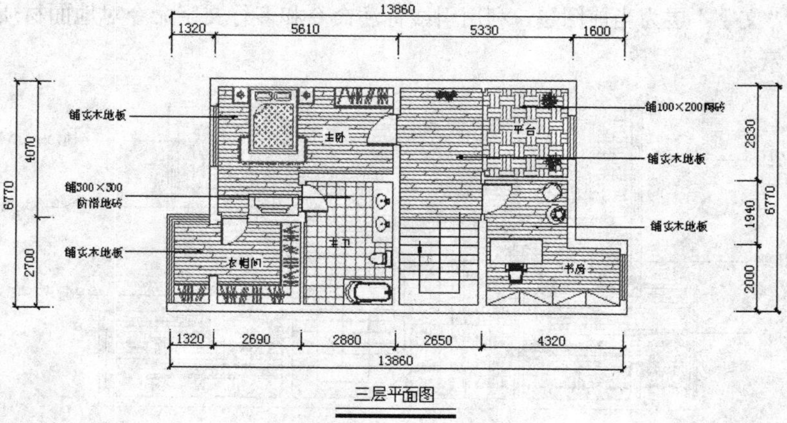

图 8.5.16　最终效果图

习 题 八

一、填空题

1．尽管标注在类型和外观上多种多样，但绝大多数标注都包含________、尺寸线、________和箭头。

2．用户可以使用________对话框创建或修改标注样式。

二、选择题

1．创建线性标注的命令是（　）。

A．DIMLINEAR　　B．DIMALIGNED

C．DIMCONTINUE　　D．DIMDIAMETER

2．创建连续标注的命令是（　）。

A．DIMDIAMETER　　B．DIAMETER

C．DIMCONTINUE　　D．DIMALIGNED

三、简答题

1．在 AutoCAD 2007 中如何设置标注样式？

2．简要介绍编辑尺寸标注的两种方法。

四、上机操作题

利用线性标注和连续标注命令对如题图 8.1 所示的地面材质图进行尺寸标注。

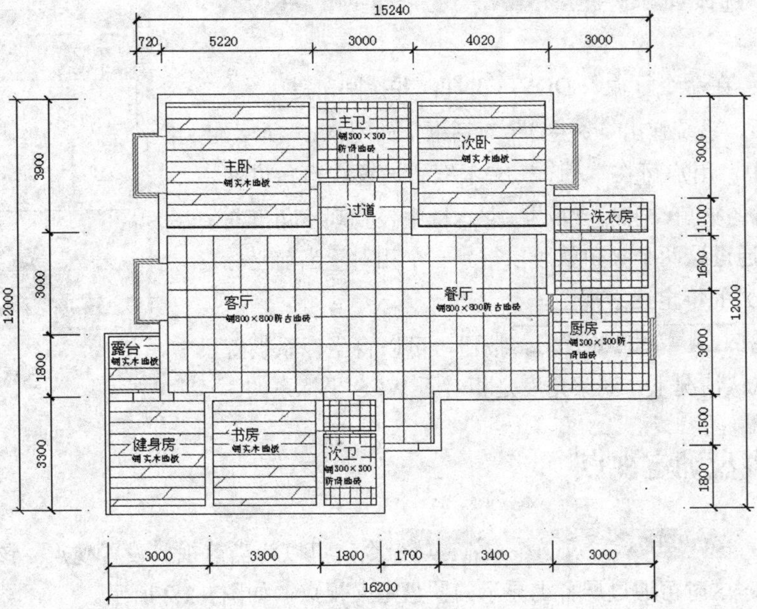

地面材质图

题图　8.1

第九章　三维建筑造型

AutoCAD 2007 除了具有强大的二维绘图功能外，其三维绘图功能也十分卓越。在 AutoCAD 2007 中，用户可以使用设置三维视图、绘制与编辑三维造型以及渲染三维造型创建复杂的三维建筑造型。通过本章的学习，用户应该掌握三维建筑造型的使用方法与技巧。

本章主要内容：

◆　设置三维视图

◆　三维实体命令

◆　三维实体编辑命令

◆　渲染三维实体

第一节　设置三维视图

在绘制三维图形时，由于观察和绘图的需要，必须经常变换方位。为此，AutoCAD 提供了观察三维图形的方法，其中包括设置查看方向和使用动态观察功能观察三维图形。

一、设置查看方向

在 AutoCAD 的三维空间中，用户可通过不同的方向来观察对象。启动该命令有如下两种方法：

（1）菜单栏：选择 视图(V) → 三维视图(D) → 视点预置(I)... 命令。

（2）命令行：在命令行输入 DDVPOINT，并按回车键。

执行该命令后，系统弹出 视点预置 对话框，如图 9.1.1 所示。

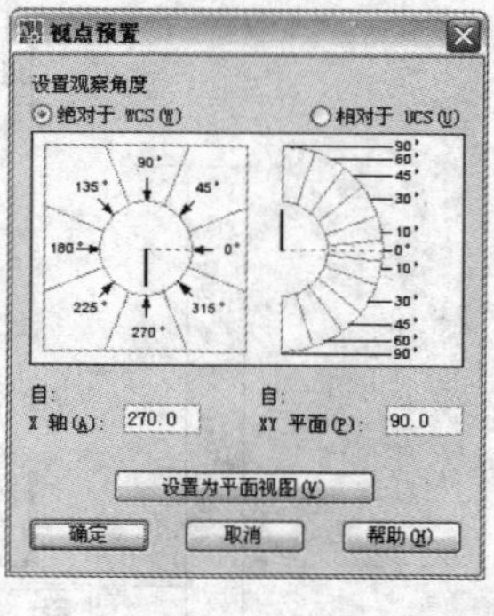

图 9.1.1　“视点预置”对话框

在该对话框中，用户可在 X 轴(A): 文本框中设置观察角度在 XY 平面上与 X 轴的夹角，在 XY 平面(P): 文本框中设置观察角度与 XY 平面的夹角，通过这两个夹角就可以得到一个相对于当前坐标系（WCS 或 UCS）的特定三维视图。

如果用户单击 设置为平面视图(V) 按钮，可以将坐标系设置为平面视图。在默认情况下，观察角度是相对于 WCS 坐标系的。

二、使用罗盘确定视点

选择 视图(V) → 三维视图(D) → 视点(V) 命令，可以为当前视口设置视点。该视点均是相对于 WCS 坐标系的。这时可通过屏幕上显示的罗盘定义视点，如图 9.1.2 所示。

在如图 9.1.2 所示的坐标球和三轴架中，三轴架的 3 个轴分别代表 X 轴、Y 轴和 Z 轴的正方向。当光标在坐标球范围内移动时，三维坐标系通过绕 Z 轴旋转可调整 X，Y 轴的方向。坐标球中心及两个同心圆可定义视点和目标点连线与 X，Y，Z 平面的角度。

三、动态观察

在 AutoCAD 2007 中，用户可以动态观察视图。下面分别进行介绍。

（1）选择 视图(V) → 动态观察(B) → 受约束的动态观察(C) 命令，用户可以在当前视口中通过拖动鼠标指针来动态观察模型。观察视图时，视图的目标位置保持不变，相机位置围绕该目标移动。在默认情况下，观察点会约束为沿着世界坐标系的 XY 平面或 Z 轴移动，如图 9.1.3 所示。

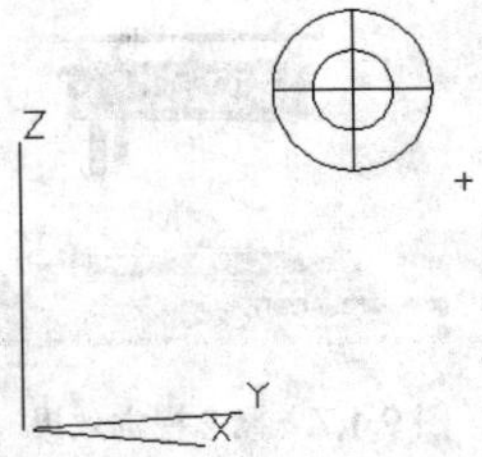

图 9.1.2 使用罗盘定义视点

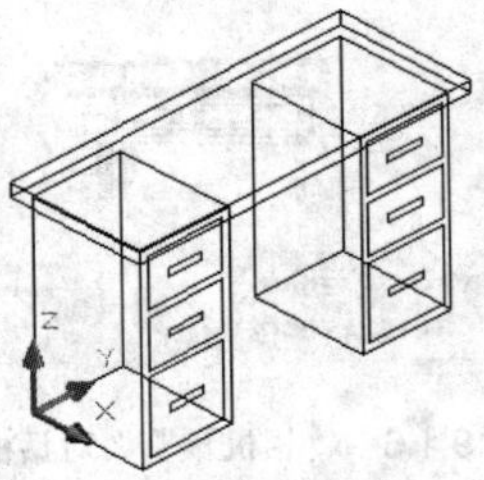

图 9.1.3 受约束的动态观察

（2）选择 视图(V) → 动态观察(B) → 自由动态观察(F) 命令，当用户移动光标时，其形状也将随之改变，以指示视图的旋转方向，如图 9.1.4 所示。

（3）选择 视图(V) → 动态观察(B) → 连续动态观察(O) 命令，该命令用于连续动态观察图形。执行该命令，在绘图区域单击并沿任何方向拖动鼠标，可以使对象沿着拖动的方向开始移动，释放鼠标按钮，对象将在指定的方向沿着轨道连续旋转。光标移动的速度决定对象旋转的速度，如图 9.1.5 所示。

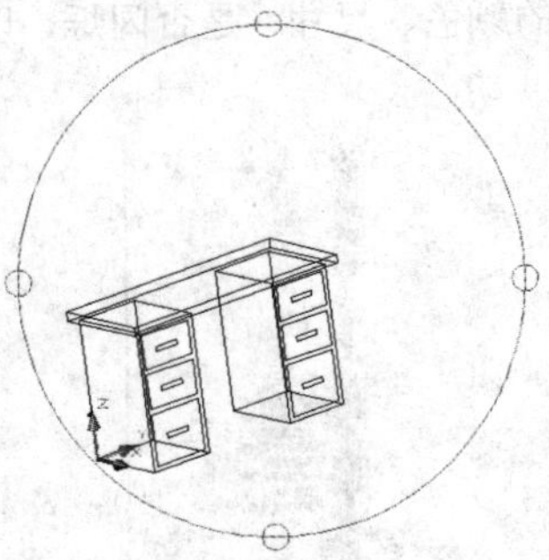

图 9.1.4 自由动态观察

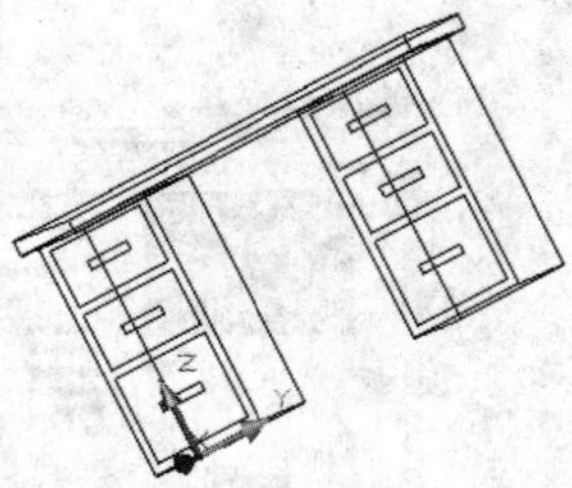

图 9.1.5 连续动态观察

四、使用相机

AutoCAD 2007 新增了相机功能，用户可以在模型空间放置一台或多台相机来定义三维透视图。

1. 创建相机

选择 视图(V) → 创建相机(T) 命令，在绘图区指定相机位置后，命令行提示信息如下：

输入选项 [?/名称(N)/位置(LO)/高度(H)/目标(T)/镜头(LE)/剪裁(C)/视图(V)/退出(X)] <退出>：在该提示下，用户可以指定创建的相机名称、相机位置、高度、目标位置、镜头长度、剪裁方式以及是否切换到相机视图。

2. 相机预览

在视图中创建相机后，选中相机，系统弹出 相机预览 对话框，如图 9.1.6 所示，在预览框中显示了使用相机观察到的视图效果。用户可以在 视觉样式: 下拉列表框中设置预览窗口中图形的三维隐藏、三维线框、概念、真实等视觉样式，如图 9.1.7 所示为概念视觉效果。

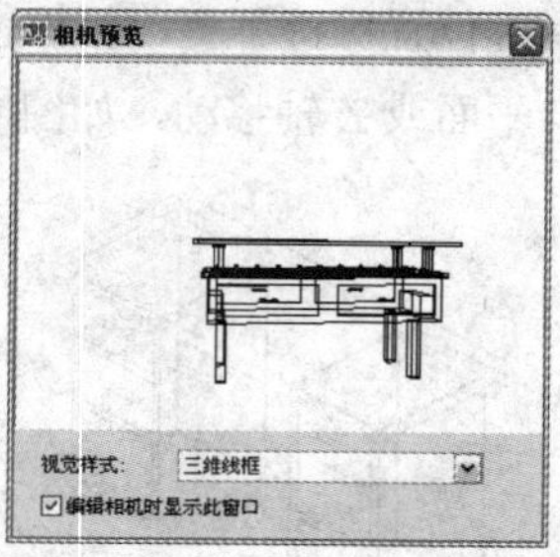

图 9.1.6 “相机预览”对话框

图 9.1.7 概念视觉效果

五、漫游与飞行

在 AutoCAD 2007 中，用户可以在漫游或飞行模式下通过键盘和鼠标控制视图显示。

1. “定位器”选项板

选择 视图(V) → 漫游和飞行(K) → 漫游(K)/飞行(F) 命令，系统弹出 漫游和飞行导航映射 对话框和 定位器 选项板，如图 9.1.8 所示。在 漫游和飞行导航映射 对话框中显示了用于导航的快捷键及其对应的功能；定位器 选项板用于设置位置指示器的颜色、尺寸、是否闪烁，以及目标指示器的开启状态、颜色、预览透明度和预览视觉样式。

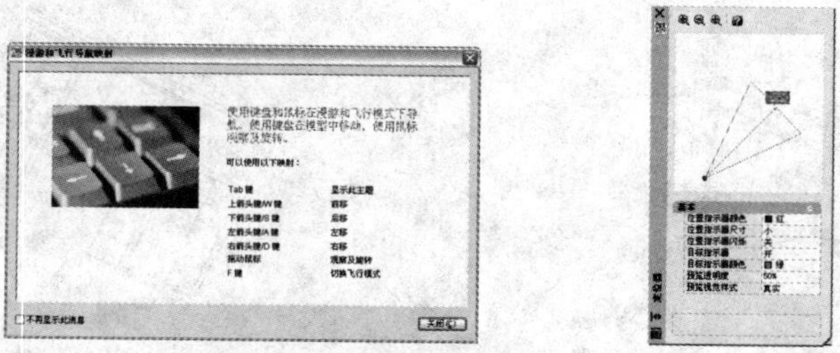

图 9.1.8 “漫游和飞行导航映射”对话框和“定位器”选项板

2. 漫游与飞行设置

选择 视图(V) → 漫游和飞行(K) → 漫游和飞行设置(S)... 命令，系统弹出 漫游和飞行设置 对话框，如图 9.1.9 所示。利用该对话框可以设置显示指令窗口的时机、窗口显示的时间以及当前图形设置的步长和每秒步数。

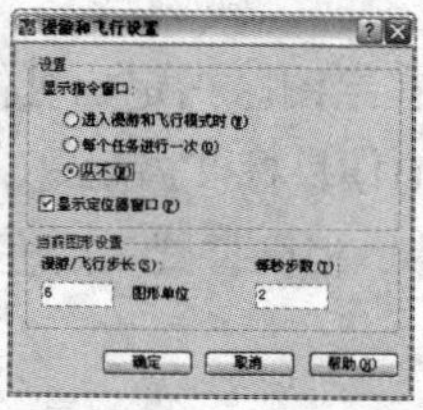

图 9.1.9 “漫游和飞行设置”对话框

第二节　观察三维图形

为了更好地显示三维图形，以获得较好的观察效果，用户可以对三维图形进行消隐或视觉处理。

一、消隐图形

消隐用于在当前视口中隐藏位于对象之后的其他对象，使三维模型的空间关系清楚、直观、便于观察。启动消隐命令有如下 3 种方法：

（1）菜单栏：选择 视图(V) → 消隐(H) 命令。

（2）工具栏：单击“渲染”工具栏中的“消隐”按钮。

（3）命令行：在命令行输入 HIDE，并按回车键。

对图形进行消隐处理，其效果如图 9.2.1 所示。

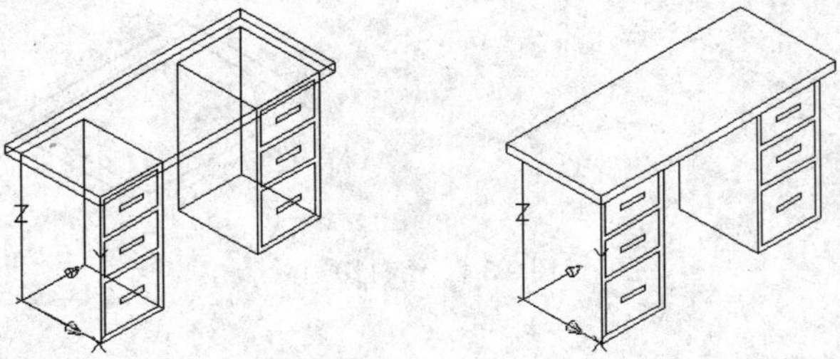

图 9.2.1　消隐图形

二、视觉样式

视觉处理不仅可以消除隐藏线，还可以添加颜色，使着色后的模型真实感更强。启动视觉样式命令有如下两种方法：

（1）菜单栏：选择 视图(V) → 视觉样式(S) 命令下的子命令。

（2）命令行：在命令行输入 SHADEMODE，并按回车键。

AutoCAD 2007 为用户提供了 6 种视觉模式，包括二维线框、三维线框、三维隐藏、真实、概念和其他。

如图 9.2.2 所示为不同视觉模式的效果。

（a）　　　　　　　　（b）　　　　　　　　（c）

图 9.2.2　不同视觉模式的效果

（a）“三维隐藏”模式；（b）“真实”模式；（c）“概念”模式

第三节　三维实体命令

在 AutoCAD 2007 中，用户除了可直接利用系统提供的命令创建长方体、球体、圆锥体外，还可通过拉伸、旋转二维对象来创建三维实体。下面分别对其进行介绍。

1．绘制多段体

在 AutoCAD 2007 中，选择 绘图(D)→建模(M)→多段体(P) 命令，用于创建多段体或将对象转换为多段体。

创建如图 9.3.1 所示右图的多段体，其操作步骤如下：

（1）命令：POLYSOLID↙。

（2）指定起点或 [对象(O)/高度(H)/宽度(W)/对正(J)] <对象>：o↙。

（3）选择对象：选择如图 9.3.1 所示左侧的矩形。

图 9.3.1　绘制多段体

2．绘制长方体

选择 绘图(D)→建模(M)→长方体(B) 命令或者单击“建模”工具栏中的“长方体”按钮都可以创建长方体。

创建如图 9.3.2 所示的长方体，其操作步骤如下：

（1）命令：box↙。

（2）指定第一个角点或 [中心(C)]：0,0↙。

（3）指定其他角点或 [立方体(C)/长度(L)]：@100,60,40↙。

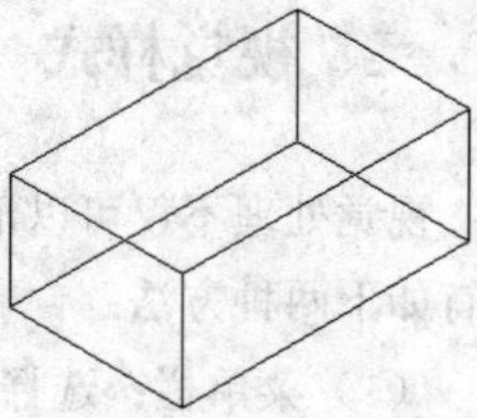

图 9.3.2　绘制长方体

以上提示中各选项功能如下：

1）中心点(CE)：根据指定的中心点位置创建长方体。

2）立方体(C)：利用该选项，可以绘制出立方体。

3）长度(L)：利用该选项，用户需要输入长方体的长度值，即底面沿 X 方向的长度。

提示：在指定长方体的长度、宽度和高度时，如果输入的值为正值，则系统将沿 X，Y 和 Z 轴的正方向绘制长方体；如果输入的值为负值，则系统将沿 X，Y 和 Z 轴的负方向绘制长方体。

3．绘制球体

选择 绘图(D)→建模(M)→球体(S) 命令或者单击“建模”工具栏中的“球体”按钮都可以创建球体。

创建如图 9.3.3 所示的球体，其操作步骤如下：

（1）命令：sphere↙。

（2）指定中心点或[三点(3P)/两点(2P)/相切、相切、半径(T)]：0,0↙。

（3）指定半径或[直径(D)]：50↙。

提示：在绘制球体之前要设置线框密度，线框密度由系统变量 ISOLINES 控制。

图 9.3.3　绘制球体

4. 绘制圆柱体

选择 绘图(D) → 建模(M) → 圆柱体(C) 命令或者单击“建模”工具栏中的“圆柱体”按钮都可以创建圆柱体。

创建如图 9.3.4 所示的圆柱体，其操作步骤如下：

（1）命令：cylinder↙。

（2）指定底面的中心点或[三点(3P)/两点(2P)/相切、相切、半径(T)/椭圆(E)]：0,0↙。

（3）指定底面半径或[直径(D)] <50.0000>：40↙。

（4）指定高度或[两点(2P)/轴端点(A)] <40.0000>：100↙。

另外，用户可以在“指定底面的中心点或 [三点(3P)/两点(2P)/相切、相切、半径(T)/椭圆(E)]：”提示下输入“E”，绘制椭圆柱体，如图 9.3.5 所示。

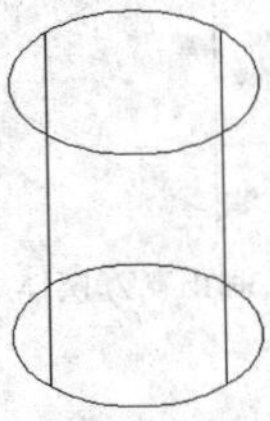

图 9.3.4　绘制圆柱体

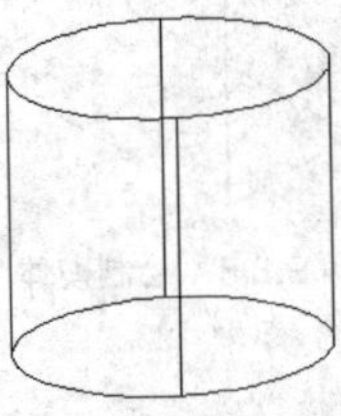

图 9.3.5　绘制椭圆柱体

提示：如果想要取得较好的观察效果，用户可以将 ISOLINES 系统参数设置大一些，然后重新生成，或对其进行消隐处理。

5. 绘制圆锥体

选择 绘图(D) → 建模(M) → 圆锥体(O) 命令或者单击“建模”工具栏中的“圆锥体”按钮都可以创建圆锥体。

创建如图 9.3.6 所示的圆锥体，其操作步骤如下：

（1）命令：cone↙。

（2）指定底面的中心点或[三点(3P)/两点(2P)/相切、相切、半径(T)/椭圆(E)]：0,0↙。

（3）指定底面半径或[直径(D)] <20.0000>：40↙。

（4）指定高度或[两点(2P)/轴端点(A)/顶面半径(T)] <85.1601>：100↙。

另外，用户可以在“指定底面的中心点或 [三点(3P)/两点(2P)/相切、相切、半径(T)/椭圆(E)]：”提示下输入“E”，绘制椭圆锥体，如图 9.3.7 所示。

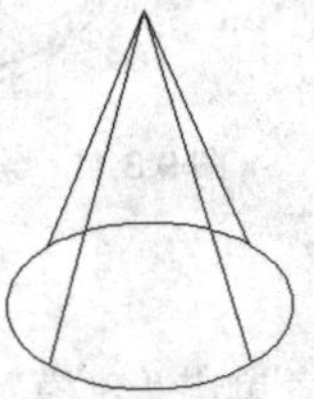

图 9.3.6　绘制圆锥体

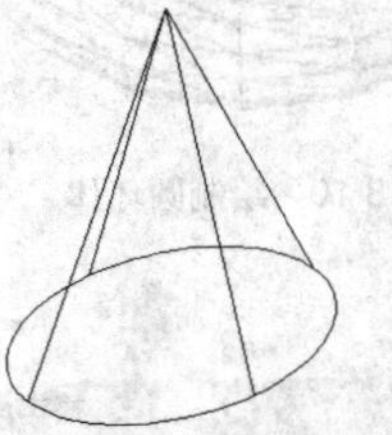

图 9.3.7　绘制椭圆锥体

6．绘制楔体

选择 绘图(D) → 建模(M) → 楔体(W) 命令或者单击“建模”工具栏中的“楔体”按钮都可以创建楔体。

创建如图 9.3.8 所示的楔体，其操作步骤如下：

（1）命令：wedge↙。

（2）指定第一个角点或[中心(C)]：0,0↙。

（3）指定其他角点或[立方体(C)/长度(L)]：100,50↙。

（4）指定高度或[两点(2P)] <120.0590>：140↙。

另外，用户可以在“指定其他角点或 [立方体(C)/长度(L)]：”提示下输入“C”，绘制正立方楔体，如图 9.3.9 所示。

图 9.3.8　绘制楔体

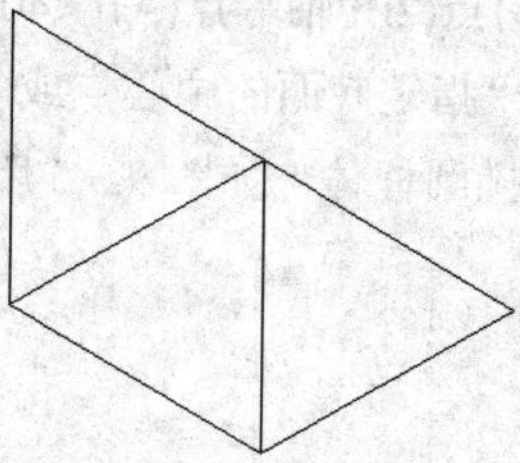

图 9.3.9　绘制正立方楔体

7．绘制圆环体

选择 绘图(D) → 建模(M) → 圆环体(T) 命令或者单击“建模”工具栏中的“圆环体”按钮都可以创建圆环体。

创建如图 9.3.10 所示的圆环体，其操作步骤如下：

（1）命令：torus↙。

（2）指定中心点或[三点(3P)/两点(2P)/相切、相切、半径(T)]：0,0↙。

（3）指定半径或[直径(D)] <30.0000>：40↙。

（4）指定圆管半径或[两点(2P)/直径(D)]：10↙。

提示：如果要创建纺锤形实体，需要将圆环半径设置为负，管道半径设置为正，并且管道半径要比圆环半径的绝对值大，如图 9.3.11 所示。

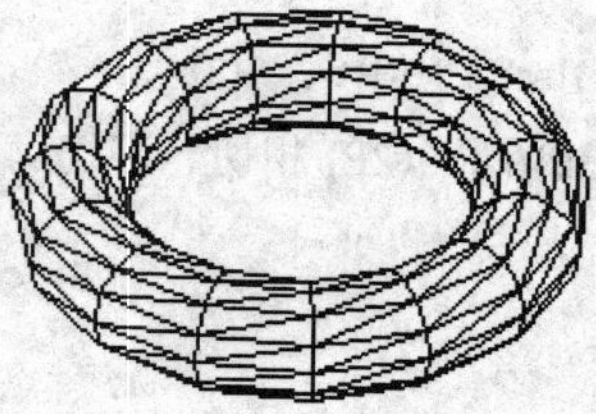

图 9.3.10　绘制圆环体

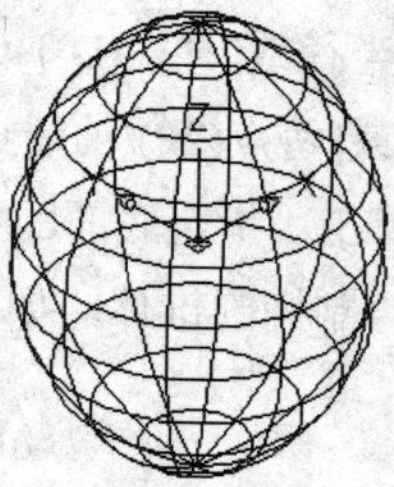

图 9.3.11　绘制纺锤形实体

8．绘制棱锥面

选择 绘图(D) → 建模(M) → 棱锥面(Y) 命令或者单击“建模”工具栏中的“棱锥面”按钮都可以创建棱锥面。

创建如图 9.3.12 所示的棱锥面，其操作步骤如下：

（1）命令：pyramid↙。

（2）指定底面的中心点或[边(E)/侧面(S)]：0,0↙。

（3）指定底面半径或[内接(I)] <30.0000>：40↙。

（4）指定高度或[两点(2P)/轴端点(A)/顶面半径(T)] <50.0000>：100↙。

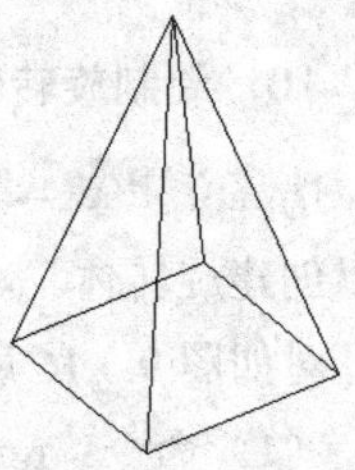

图 9.3.12 绘制棱锥面

9. 绘制拉伸体

选择 绘图(D) → 建模(M) → 拉伸(X) 命令或者单击“建模”工具栏中的“拉伸”按钮都可以创建拉伸体。

对如图 9.3.13 所示的图形进行拉伸，其操作步骤如下：

（1）命令：extrude↙。

（2）当前线框密度：ISOLINES=4。

（3）选择要拉伸的对象：选择如图 9.3.13 所示的图形。

（4）选择要拉伸的对象：↙。

（5）指定拉伸的高度或[方向(D)/路径(P)/倾斜角(T)] <100.0000>：50↙，效果如图 9.3.14 所示。

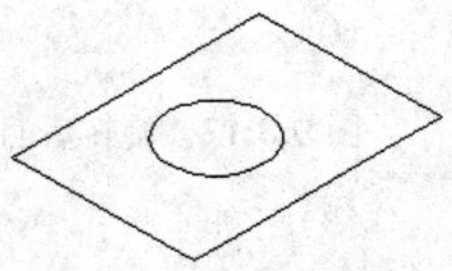

图 9.3.13 绘制的图形

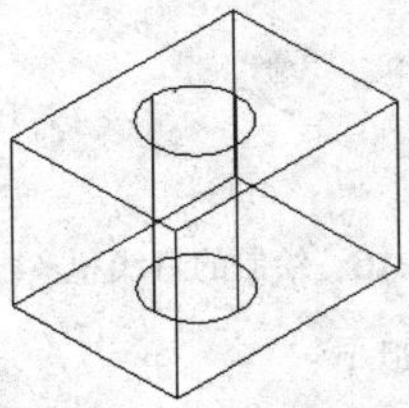

图 9.3.14 拉伸后的图形

注意：（1）如果输入的拉伸高度太大或者倾斜角度太大，则不能产生拉伸实体。

（2）指定的拉伸对象可以是平面三维面、封闭多段线、多边形、圆、椭圆、封闭样条曲线、圆环和面域等，但不能包含在块中的对象，也不能拉伸具有相交或自交的多段线。

另外，用户可以沿路径拉伸对象，如图 9.3.15 所示。拉伸路径可以是直线、圆弧、椭圆、多段线和样条曲线等。但路径不能与拉伸对象在同一个平面内，否则，在拉伸过程中有可能产生相交情况。

图 9.3.15 沿路径拉伸图形

注意：（1）拉伸路径只能是直线、圆、圆弧、椭圆、椭圆弧、多段线或样条曲线等。

（2）路径不能与拉伸对象共面，路径的一个端点必须在拉伸对象平面上，否则，AutoCAD 将移动路径到拉伸对象的中心。

10．绘制旋转体

选择 绘图(D) → 建模(M) → 旋转(R) 命令或者单击“建模”工具栏中的“旋转”按钮都可以创建旋转体。

对如图 9.3.16 所示的图形进行旋转，其操作步骤如下：

（1）命令：revolve↙。

（2）当前线框密度：ISOLINES=4。

（3）选择要旋转的对象：选择如图 9.3.16 所示的多段线。

（4）选择要旋转的对象：↙。

（5）指定轴起点或根据以下选项之一定义轴[对象(O)/X/Y/Z] <对象>：X↙。

（6）选择对象：↙。

（7）指定旋转角度或[起点角度(ST)] <360>：270↙，旋转后的效果如图 9.3.17 所示。

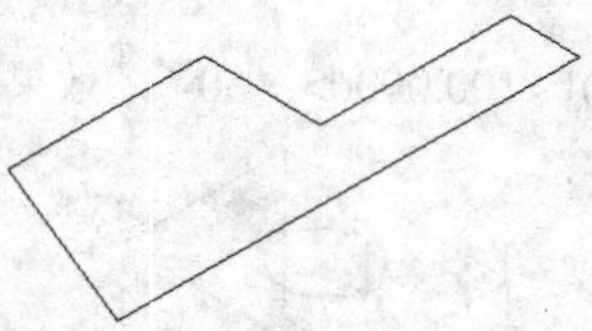

图 9.3.16　绘制的直线和多段线

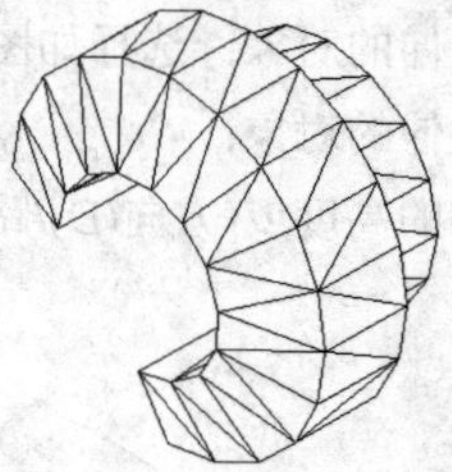

图 9.3.17　旋转后的图形

上面提示选项功能如下：

（1）对象(O)：选择某个对象定义旋转轴，如直线、多段线，轴的正方向是从拾取点指向较远端点。

（2）X/Y/Z：使用当前坐标系的 X 轴、Y 轴和 Z 轴作为旋转轴。

注意：旋转的二维对象可以是多边形、圆、椭圆、闭合多段线和样条曲线以及面域等，但不包含三维对象、块中的对象、有交叉或横断部分的多段线和非闭合多段线，并且一次只能旋转一个对象。

11．绘制放样体

选择 绘图(D) → 建模(M) → 放样(L) 命令或者单击“建模”工具栏中的“放样”按钮都可以创建放样体。

对如图 9.3.18 所示的图形进行放样处理，其操作步骤如下：

（1）命令：loft↙。

（2）按放样次序选择横截面：选择如图 9.3.18 所示的两个圆。

（3）按放样次序选择横截面：↙。

（4）输入选项[导向(G)/路径(P)/仅横截面(C)] <仅横截面>：p↙。

（5）选择路径曲线：选择如图 9.3.18 所示的样条曲线，效果如图 9.3.19 所示。

12．绘制扫掠体

选择 绘图(D) → 建模(M) → 扫掠(P) 命令或者单击“建模”工具栏中的“扫掠”按钮都可以创建扫掠体。

图 9.3.18　绘制的图形

图 9.3.19　放样后的图形

注意：使用 loft 命令时必须至少指定两个横截面。

对如图 9.3.20 所示的图形进行扫掠处理，其操作步骤如下：

（1）命令：sweep↙。

（2）当前线框密度：ISOLINES=4。

（3）选择要扫掠的对象：选择如图 9.3.20 所示的圆。

（4）选择要扫掠的对象：↙。

（5）选择扫掠路径或[对齐(A)/基点(B)/比例(S)/扭曲(T)]：选择如图 9.3.20 所示的直线，效果如图 9.3.21 所示。

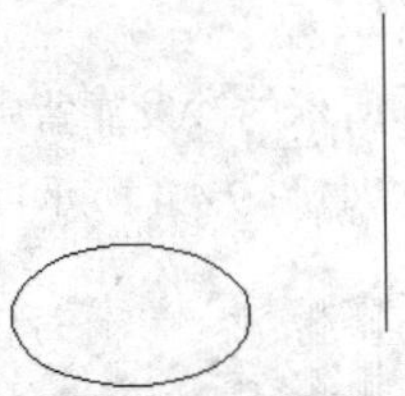

图 9.3.20　绘制的图形

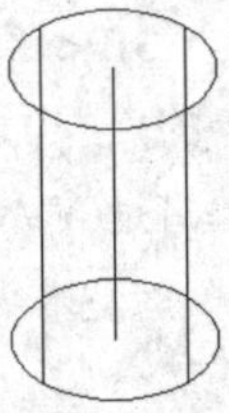

图 9.3.21　扫掠后的图形

第四节　三维实体编辑命令

三维对象的基本编辑命令包括三维移动、三维旋转、三维阵列、三维镜像以及对齐。下面分别介绍各命令的操作方法。

一、三维移动

三维移动命令用于在三维视图中显示移动夹点工具，并按指定方向和距离将对象移动。启动三维移动命令有如下 3 种方法：

（1）菜单栏：选择 修改(M) → 三维操作(3) → 三维移动(M) 命令。

（2）工具栏：单击“建模”工具栏中的“三维移动”按钮。

（3）命令行：在命令行输入 3DMOVE，并按回车键。

对如图 9.4.1 所示的三维对象进行移动，效果如图 9.4.2 所示。

二、三维镜像

三维镜像命令用来创建与指定三维实体对称于某一平面，且形状相同的实体。启动三维镜像命令有如下两种方法：

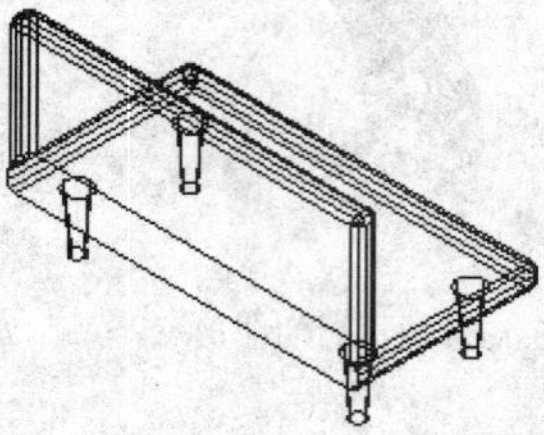

图 9.4.1　移动前的实体

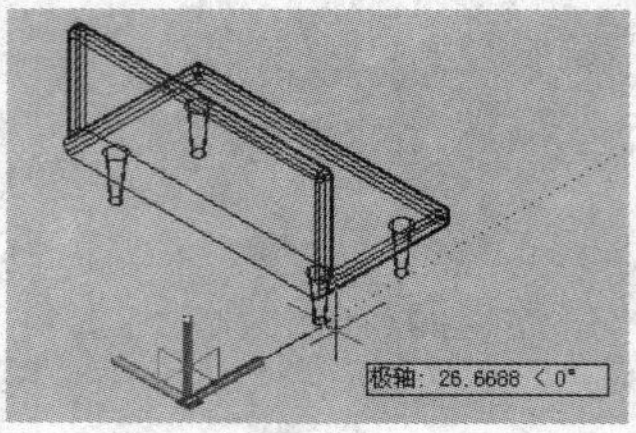

图 9.4.2　移动后的实体

（1）菜单栏：选择 修改(M) → 三维操作(3) → 三维镜像(M) 命令。

（2）命令行：在命令行输入 MIRROR3D，并按回车键。

对如图 9.4.3 所示的图形进行三维镜像处理，其操作步骤如下：

（1）命令：mirror3d↙。

（2）选择对象：选择如图 9.4.3 所示的长方体。

（3）选择对象：↙。

（4）指定镜像平面 (三点) 的第一个点或[对象(O)/最近的(L)/Z 轴(Z)/视图(V)/XY 平面(XY)/YZ 平面(YZ)/ZX 平面(ZX)/三点(3)] <三点>：YZ↙。

（5）指定 ZX 平面上的点 <0,0,0>：捕捉如图 9.4.3 所示的沙发靠背中心↙。

（6）是否删除源对象？[是(Y)/否(N)] <否>：↙，效果如图 9.4.4 所示。

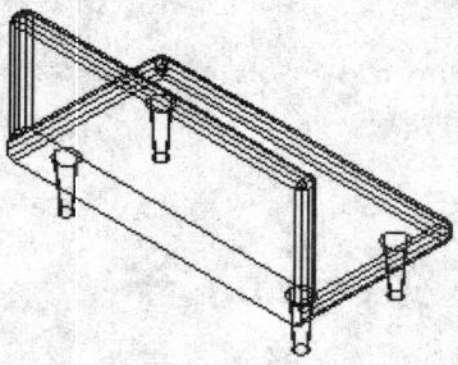

图 9.4.3　绘制的图形

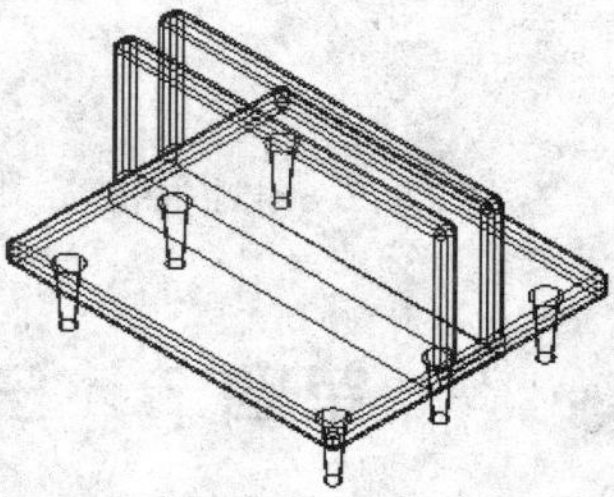

图 9.4.4　三维镜像后的效果

上面提示中各选项功能如下：

1）三点(3)：通过确定 3 个点定义镜像平面。

2）对象(O)：将选定的已有图形对象的平面作为镜像平面。

3）最近的(L)：使用最后一次定义的镜像平面。

4）Z 轴(Z)：根据平面上的一个点和平面法线上的一个点定义镜像平面。

5）视图(V)：将镜像平面与当前视口中通过指定点的视图平面对齐。

6）XY 平面(XY)/YZ 平面(YZ)/ZX 平面(ZX)：表示将通过指定点并与 XY/YZ/ZX 平面平行的平面作为镜像面。

三、三维旋转

三维旋转命令用于使三维对象沿三维空间的任意轴旋转。启动三维旋转命令有如下 3 种方法：

（1）菜单栏：选择 修改(M) → 三维操作(3) → 三维旋转(R) 命令。

（2）工具栏：单击“建模”工具栏中的“三维旋转”按钮。

（3）命令行：在命令行输入 ROTATE3D，并按回车键。

将如图 9.4.3 所示的图形以 Y 轴为旋转轴进行旋转，其操作步骤如下：

（1）命令：rotate3d↙。

（2）当前正向角度：ANGDIR=逆时针 ANGBASE=0。

（3）选择对象：选择如图 9.4.3 所示的三维实体。

（4）选择对象：↙。

（5）指定轴上的第一个点或定义轴依据[对象(O)/最近的(L)/视图(V)/X 轴(X)/Y 轴(Y)/Z 轴(Z)/两点(2)]：Y↙。

（6）指定 X 轴上的点 <0,0,0>：捕捉如图 9.4.5 所示的中点。

（7）指定旋转角度或 [参照(R)]：90↙，效果如图 9.4.6 所示。

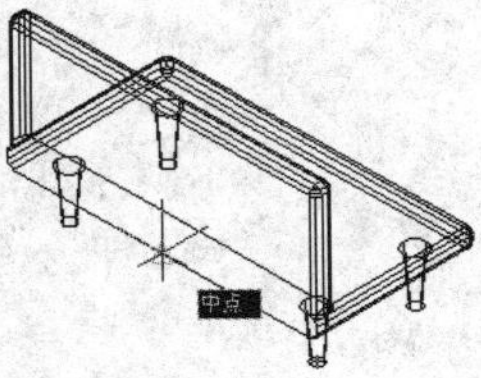

图 9.4.5　捕捉中点

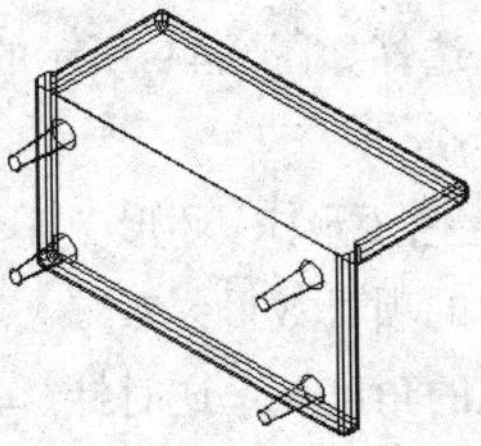

图 9.4.6　三维旋转后的效果

四、三维阵列

三维阵列命令用于在三维空间中按矩形阵列或环形阵列的方式复制。启动三维阵列命令有如下两种方法。

（1）菜单栏：选择 修改(M) → 三维操作(3) → 三维阵列(3) 命令。

（2）命令行：在命令行输入 3DARRAY，并按回车键。

1．矩形阵列

对如图 9.4.7 所示的三维实体进行矩形阵列，其操作步骤如下：

（1）命令：_3darray。

（2）选择对象：选择如图 9.4.7 所示的三维实体。

（3）选择对象：↙。

（4）输入阵列类型 [矩形(R)/环形(P)] <矩形>：↙。

（5）输入行数 (---) <1>：2↙。

（6）输入列数 (|||) <1>：2↙。

（7）输入层数 (...) <1>：2↙。

（8）指定行间距 (---)：20↙。

（9）指定列间距 (|||)：30↙。

（10）指定层间距 (...)：10↙，结果如图 9.4.8 所示。

提示：如果输入正间距值，对象将沿 X，Y 或 Z 轴的正方向形成阵列；如果输入负间距值，则沿 X，Y 或 Z 轴的负方向形成阵列。

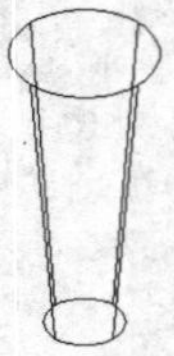

图 9.4.7　绘制的三维实体

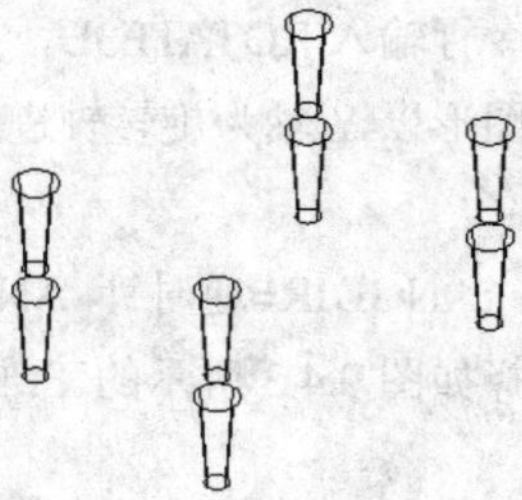

图 9.4.8　矩形阵列后的图形

2．环形阵列

对如图 9.4.9 所示的三维实体进行环形阵列，其操作步骤如下：

（1）命令：_3darray。

（2）选择对象：选择如图 9.4.9 所示的实体。

（3）选择对象：↙。

（4）输入阵列类型[矩形(R)/环形(P)] <矩形>：p↙。

（5）输入阵列中的项目数目：7↙。

（6）指定要填充的角度（+=逆时针, -=顺时针）<360>：↙。

（7）旋转阵列对象？［是(Y)/否(N)] <Y>：↙。

（8）指定阵列的中心点：捕捉点 A↙。

（9）指定旋转轴上的第二点：捕捉点 B，效果如图 9.4.10 所示。

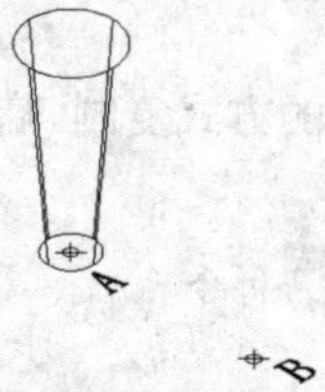

图 9.4.9　绘制的三维实体

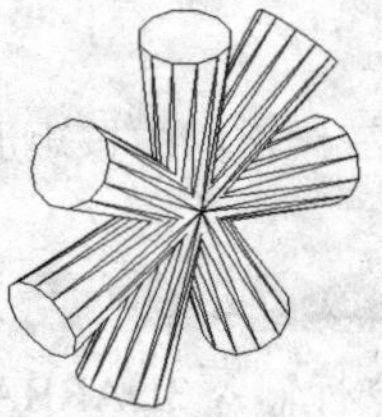

图 9.4.10　环形阵列后的效果

五、三维对齐

三维对齐命令用于将三维对象的各组成部分组合形成复杂的三维实体。启动三维对齐命令有如下两种方法：

（1）菜单栏：选择 修改(M) → 三维操作(3) → 三维对齐(A) 命令。

（2）命令行：在命令行输入 3DALIGN，并按回车键。

对如图 9.4.11 所示的三维实体进行对齐操作，其操作步骤如下：

（1）命令：3dalign↙。

（2）选择对象：选择图 9.4.11 中左侧的实体。

（3）选择对象：↙。

（4）指定源平面和方向 ...

（5）指定基点或[复制(C)]：捕捉点 A。

（6）指定第二个点或[继续(C)] <C>：捕捉点 B。

（7）指定第三个点或[继续(C)] <C>：捕捉点 C。

（8）指定目标平面和方向 ...

（9）指定第一个目标点：捕捉点 D。

（10）指定第二个目标点或[退出(X)] <X>：捕捉点 E。

（11）指定第三个目标点或[退出(X)] <X>：捕捉点 F↙，效果如图 9.4.12 所示。

注意：如果目标是现有实体对象上的平面，则可以通过打开动态 UCS 来使用单个点定义目标平面。

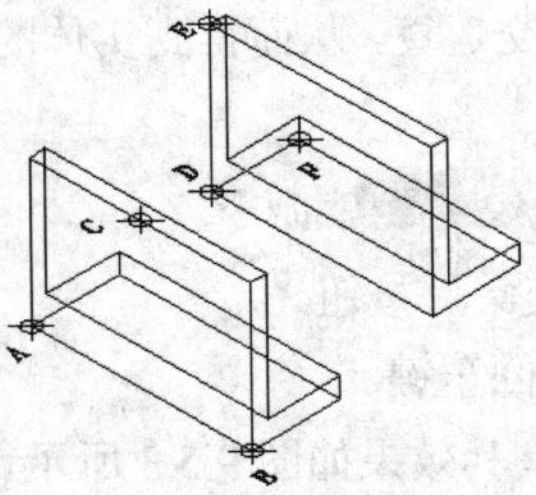

图 9.4.11　绘制的三维实体

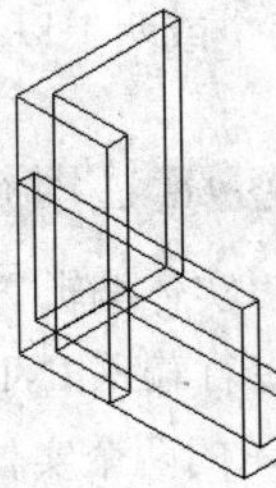

图 9.4.12　对齐后的效果

第五节　三维实体的布尔运算

在 AutoCAD 中，用于实体的布尔运算的命令有并集、差集和交集 3 种，下面分别进行介绍。

一、并集运算

通过并集命令可将多个实体组合成一个新实体。启动并集命令有如下 3 种方法：

（1）菜单栏：选择 修改(M) → 实体编辑(N) → 并集(U) 命令。

（2）工具栏：单击“实体编辑”工具栏中的“并集”按钮。

（3）命令行：在命令行输入 UNION，并按回车键。

对如图 9.5.1（a）所示的两个实体进行并集运算，形成一个新的三维实体，如图 9.5.1（b）所示。

（a）　　（b）

图 9.5.1　并集运算

（a）并集前的实体；（b）并集后的实体

二、差集运算

通过差集命令可从一些实体中去掉部分实体，从而得到一个新的实体。启动差集命令有如下

3 种方法：

（1）菜单栏：选择 修改(M) → 实体编辑(N) → 差集(S) 命令。

（2）工具栏：单击“实体编辑”工具栏中的“差集”运算。

（3）命令行：在命令行输入 SUBTRACT，并按回车键。

对如图 9.5.1（a）所示的两个实体进行差集运算，从而得到一个新的实体，如图 9.5.2 所示。

三、交集运算

通过交集命令可对两个或两个以上的实体进行求交运算，从而得到实体的公共部分。启动交集命令有如下 3 种方法：

（1）菜单栏：选择 修改(M) → 实体编辑(N) → 交集(I) 命令。

（2）工具栏：单击“实体编辑”工具栏中的“交集”按钮。

（3）命令行：在命令行输入 INTERSECT，并按回车键。

对如图 9.5.1（a）所示的两个实体进行交集运算，其效果如图 9.5.3 所示。

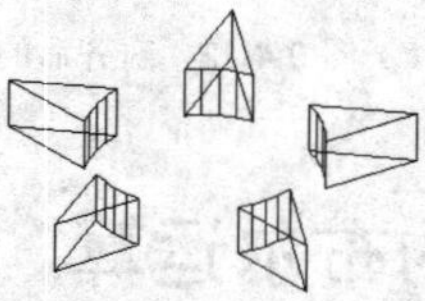

图 9.5.2　差集运算

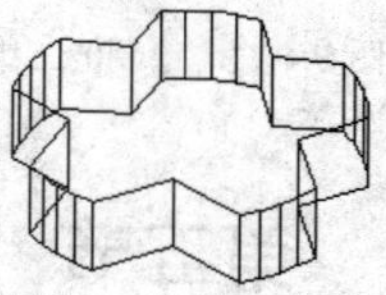

图 9.5.3　交集运算

第六节　渲染三维实体

在 AutoCAD 2007 中，用户可以运用渲染功能将三维模型显示为具有真实感的图像，以便用户能更好地预测设计的结果。

一、在渲染窗口中快速渲染对象

在 AutoCAD 2007 中，选择 视图(V) → 渲染(E) → 渲染(R) 命令，在弹出的渲染窗口中可以快速渲染当前视口中的图形，如图 9.6.1 所示。

该窗口显示了当前视图中图形的渲染效果。在其右边的列表中，显示了图像的质量、光源和材质等详细信息；在下面的文件列表中，显示了当前渲染图像的文件名称、大小、渲染时间等信息。

二、设置光源

选择 视图(V) → 渲染(E) → 光源(L) 菜单下的子命令，可以创建和管理光源，如图 9.6.2 所示。

1. 创建光源

（1）新建点光源：选择 视图(V) → 渲染(E) → 光源(L) → 新建点光源(P) 命令，命令行提示信息如下：

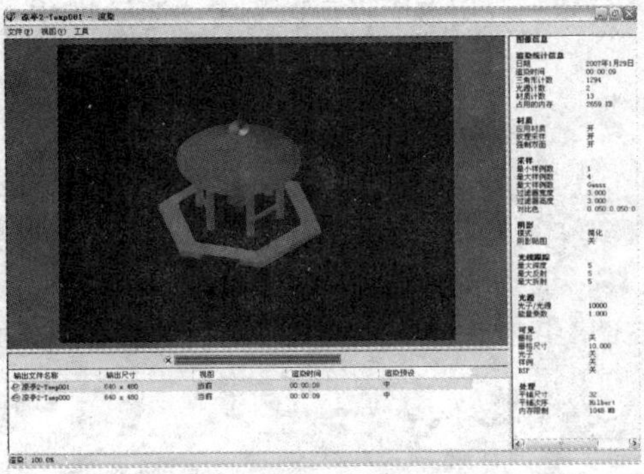

图 9.6.1　渲染图形

图 9.6.2　“光源”子命令

命令：_pointlight。

指定源位置 <0,0,0>：在绘图窗口指定光源位置。

输入要更改的选项[名称(N)/强度(I)/状态(S)/阴影(W)/衰减(A)/颜色(C)/退出(X)] <退出>: 在该提示下可以设置光源的名称、强度、状态、阴影、衰减、颜色。

（2）新建平行光：选择 视图(V)→渲染(E)→光源(L)→新建平行光(D) 命令，命令行提示信息如下：

命令：_distantlight。

指定光源方向 FROM <0,0,0> 或[矢量(V)]：在该提示下指定光源的矢量方向。

指定光源方向 TO <1,1,1>：在该提示下指定光源的矢量方向。

输入要更改的选项[名称(N)/强度(I)/状态(S)/阴影(W)/颜色(C)/退出(X)] <退出>：在该提示下同样可以设置光源的名称、强度、状态、阴影、衰减、颜色。

（3）新建聚光灯：选择 视图(V)→渲染(E)→光源(L)→新建聚光灯(S) 命令，命令行提示信息如下：

命令：_pointlight

指定源位置 <0,0,0>：在该提示下指定光源的源位置。

输入要更改的选项[名称(N)/强度(I)/状态(S)/阴影(W)/衰减(A)/颜色(C)/退出(X)] <退出>: 在该提示下同样可以设置光源的名称、强度、状态、阴影、衰减、颜色。

2. 查看光源列表

当创建了光源后，用户可以选择 视图(V)→渲染(E)→光源(L)→光源列表(L) 命令，系统打开 模型中的光源 面板，用于查看创建的光源，如图 9.6.3 所示。

3. 设置地理位置

选择 视图(V)→渲染(E)→光源(L)→地理位置(G)... 命令，系统弹出 地理位置 对话框，如图 9.6.4 所示。利用该对话框用户可以设置光源的地理位置，如纬度、经度、北向以及地区等。

三、设置渲染材质

在渲染对象时，使用材质可以增强模型的真实感。选择 视图(V)→渲染(E)→材质(M)...

命令，系统打开 材质 面板，如图 9.6.5 所示。利用该面板可以为实体选择并附加材质。

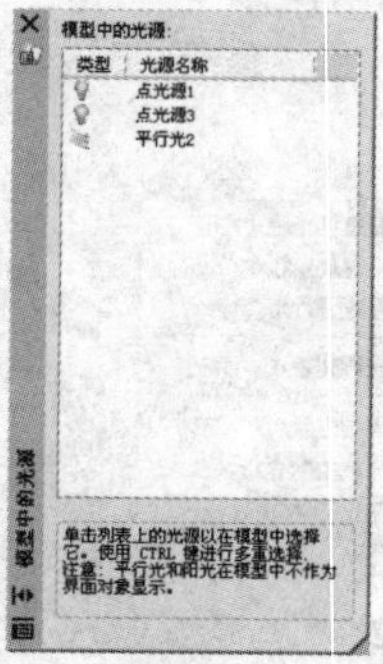

图 9.6.3　“模型中的光源”面板

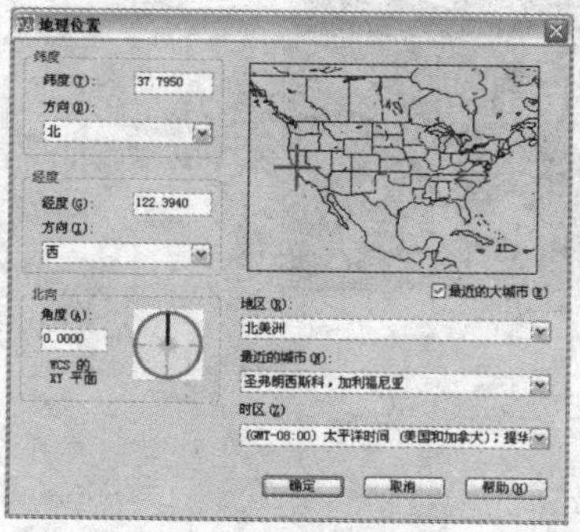

图 9.6.4　“地理位置”对话框

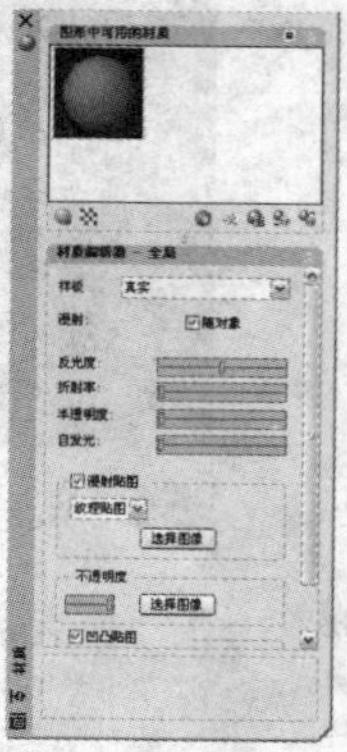

图 9.6.5　“材质”面板

在该面板的 图形中可用的材质 列表中，显示了当前可以使用的材质。用户可以单击工具栏中的“样例几何体”按钮设置样例的样式；单击“交错参考底图开闭”按钮，可显示或关闭交错参考底图；单击“创建新材质”按钮，可创建新材质样例；单击“将材质应用到对象”按钮，可将选中的材质应用到图形对象上。

四、设置贴图

在渲染图形时，可以将材质映射到对象上。选择 视图(V) → 渲染(E) → 贴图(A) 菜单下的子命令，可以创建平面贴图、长方体贴图、柱面贴图和球面贴图，如图 9.6.6 所示。

五、渲染环境

在渲染图形时，可以选择 视图(V) → 渲染(E) → 渲染环境(E)... 命令，系统弹出 渲染环境 对话框，如图 9.6.7 所示，利用该对话框可以设置渲染环境中的雾化效果。

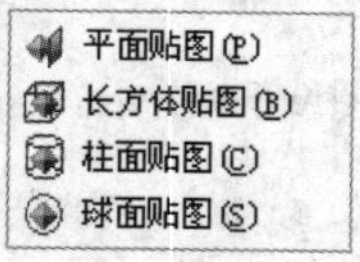

图 9.6.6　“贴图”子命令

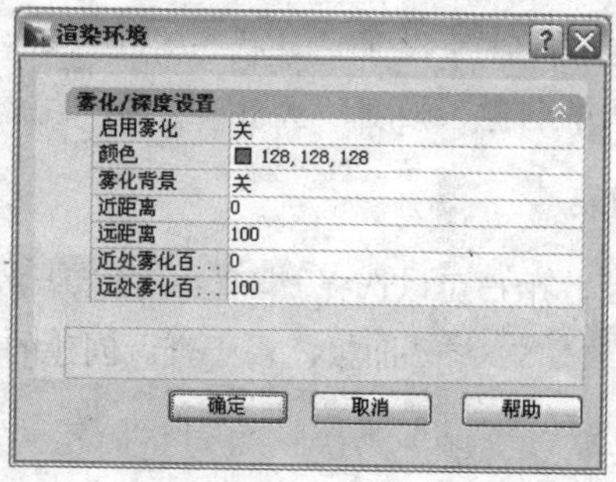

图 9.6.7　“渲染环境”对话框

六、高级渲染设置

选择 视图(V) → 渲染(E) → 高级渲染设置(D)... 命令，系统打开 高级渲染设置 面板，如图 9.6.8 所示，利用该面板可以设置渲染高级选项。

在“选择渲染预设”下拉列表框中可以选择预设的渲染类型，这时，在参数区中可以设置该渲染类型的基本、光线跟踪、间接发光、诊断、处理等参数。当在“选择渲染预设”下拉列表中选择管理渲染预设...选项时，系统弹出渲染预设管理器对话框，如图 9.6.9 所示，利用该对话框可以在其中自定义渲染预设。

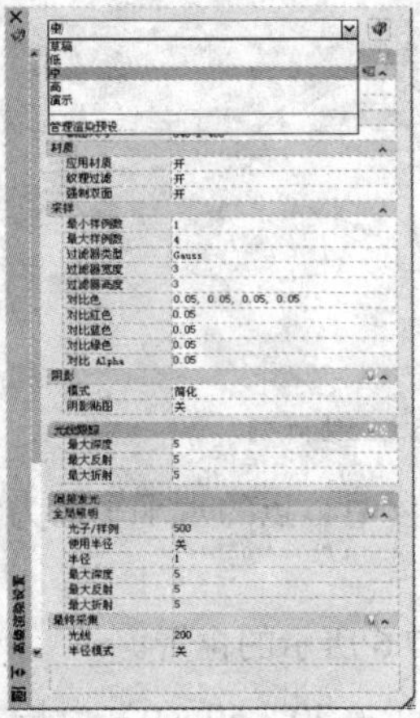

图 9.6.8　“高级渲染设置”面板

图 9.6.9　“渲染预设管理器”对话框

第七节　应用实例——茶几

下面根据前面介绍的三维造型命令绘制茶几。具体操作步骤如下：

（1）选择 视图(V) → 三维视图(D) → 东南等轴测(E) 命令，切换视图。

（2）执行绘制圆命令，在绘图窗口中绘制一个半径为 10 的圆；然后执行绘制直线命令，指定圆心为起点，然后输入端点坐标（@0，110，0）和（@0，0，110），结果如图 9.7.1 所示。

（3）在命令行中输入命令 UCS，新建坐标系如图 9.7.2 所示。选择 绘图(D) → 圆弧(A) → 起点、端点、半径(R) 命令，指定如图 9.7.2 所示的 A 点和 B 点分别为圆弧的起点和端点，指定圆弧的半径为 110，如图 9.7.2 所示。

（4）在命令行中输入命令 UCS，新建坐标系如图 9.7.3 所示。执行绘制圆命令，指定坐标系原点为圆心，绘制一个半径为 5 的圆，如图 9.7.3 所示。

图 9.7.1　绘制圆与直线

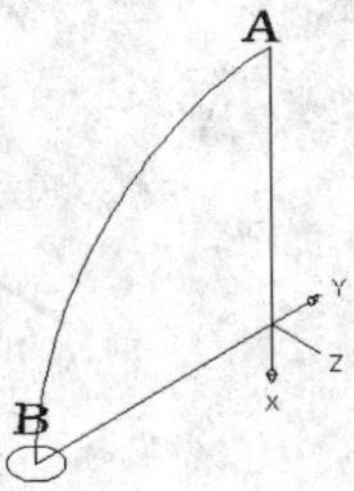

图 9.7.2　绘制圆弧

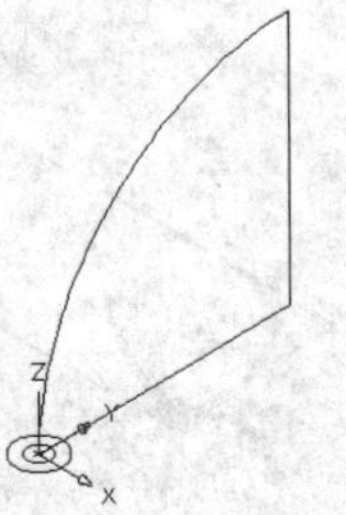

图 9.7.3　绘制圆

（5）单击“绘图”工具栏中的“面域”按钮，将绘制的两个圆都创建成面域对象。

（6）单击“实体”工具栏中的“拉伸”按钮，以绘制的圆弧为拉伸路径，拉伸半径为 5 的圆；再次执行拉伸命令，拉伸半径为 10 的圆，拉伸高度为 5，倾斜角度为 0，结果如图 9.7.4 所示。

（7）以如图 9.7.4 所示的 A 点为中心点，单击“实体”工具栏中的“Sphere”按钮，绘制一个半径为 20 的球体。然后选择 修改(M) → 三维操作(3) → 三维阵列(3) 命令，以如图 9.7.4 所示的直线 AC 为旋转轴，将拉伸后的实体执行三维环形阵列，阵列数目为 3，结果如图 9.7.5 所示。

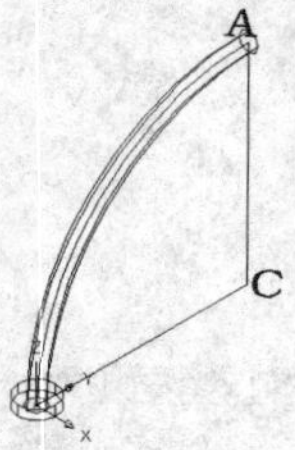

图 9.7.4　拉伸实体

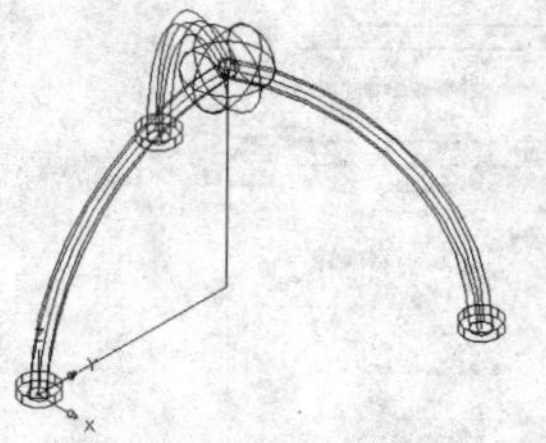

图 9.7.5　三维阵列

（8）选择 修改(M) → 三维操作(3) → 三维镜像(D) 命令，以通过球体中心点的水平平面为镜像面，三维镜像阵列后的实体对象，结果如图 9.7.6 所示。

（9）在命令行中输入命令 UCS，移动坐标系原点到如图 9.7.6 所示的位置。

（10）单击“实体”工具栏中的“长方体”按钮，指定点（-40，60，0）为长方体的第一个角点，然后选择“长度”命令选项，指定长方体的长、宽、高分别为 270.53，-730 和 3，绘制的长方体如图 9.7.7 所示。

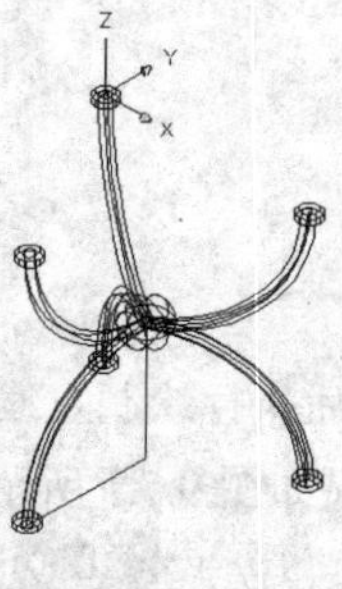

图 9.7.6　三维镜像实体

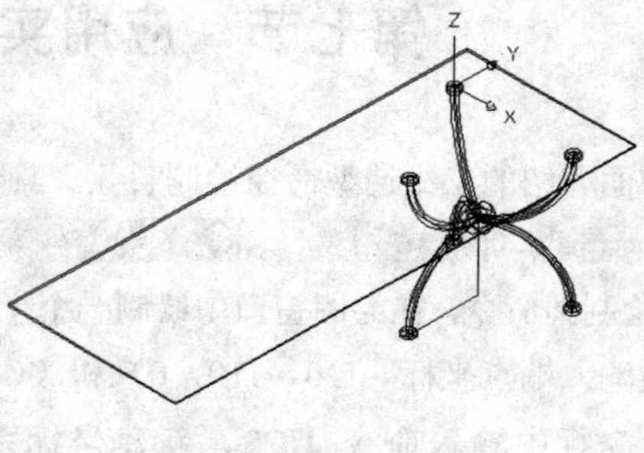

图 9.7.7　绘制长方体

（11）选择 修改(M) → 三维操作(3) → 三维镜像(D) 命令，以通过长方体长边中点的平面为镜像面，三维镜像绘制的实体对象，结果如图 9.7.8 所示。

（12）单击“实体”工具栏中的“抽壳”按钮，指定抽壳距离为 5，对绘制的长方体进行抽壳，结果如图 9.7.9 所示。

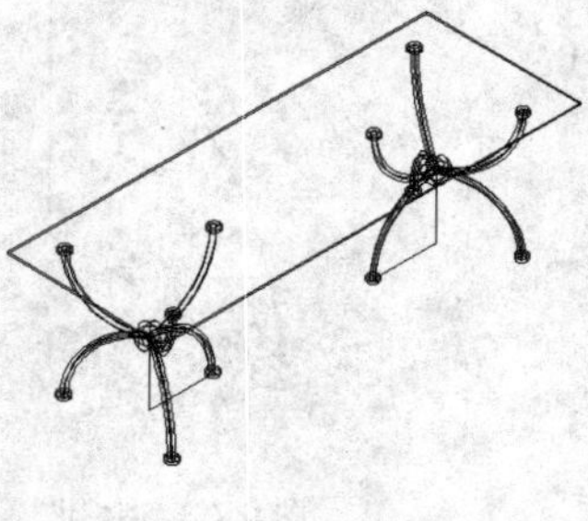

图 9.7.8　三维镜像

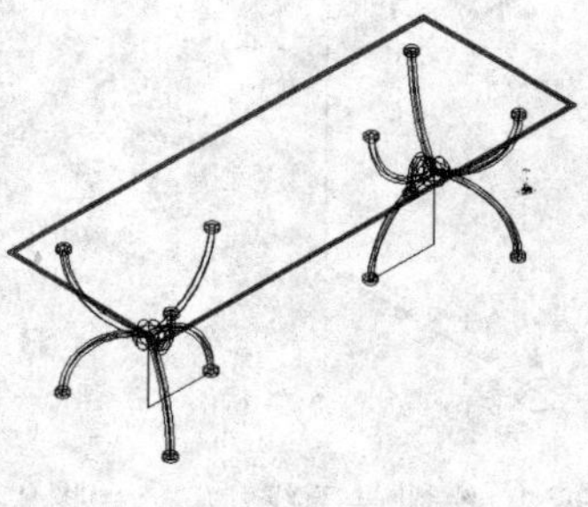

图 9.7.9　抽壳

（13）指定如图 9.7.10 所示中点为新建坐标系的原点，新建坐标系；再次执行绘制长方体命令，指定长方体第一个角点坐标为（0，0，-0.5）；然后选择“长度”命令选项，指定长方体的长、宽、高分别为 260.53，-720 和 2，绘制的长方体消隐后如图 9.7.11 所示。

（14）选择视图(V)→渲染(E)→材质(M)...命令，在弹出的材质选项板中为图形添加合适的材质，渲染后的最终效果如图 9.7.12 所示。

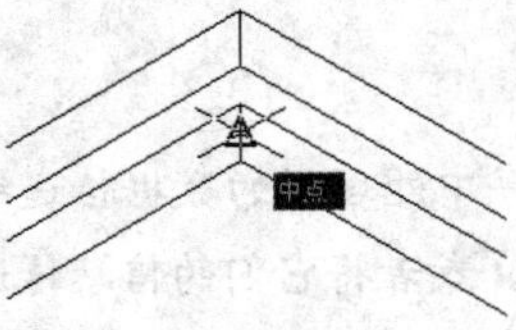

图 9.7.10　新建坐标系

图 9.7.11　绘制长方体

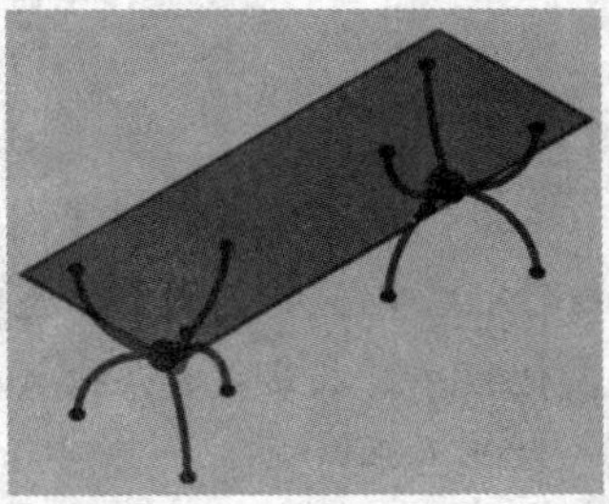

图 9.7.12　最终效果图

习 题 九

一、填空题

1．绘制三维实体的长方体命令是________，圆柱体命令是________。

2．创建拉伸体的命令是________，创建旋转体的命令是________。

3．三维对象的基本编辑命令包括________、三维旋转、________、三维镜像以及________。

二、简答题

1．在 AutoCAD 2007 中有哪些动态观察方法？其各自特点是什么？

2．在 AutoCAD 2007 中，如何对三维实体进行并集、差集和交集 3 种布尔运算？

三、上机操作题

绘制如题图 9.1 所示的木桌，利用渲染命令对其进行渲染处理，效果如题图 9.2 所示。

题图　9.1

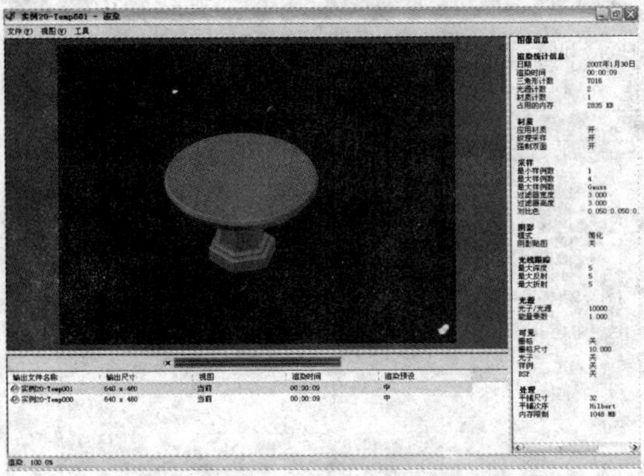

题图　9.2

第十章　建筑图形的输出

AutoCAD 2007 提供了图形输入与输出接口。不仅可以将其他应用程序中处理好的数据传送给 AutoCAD，以显示其图形，还可以将在 AutoCAD 中绘制好的图形打印出来，或者将它们的信息传送给其他程序。本章主要介绍 AutoCAD 2007 的打印输出功能。

本章主要内容：

◆ 图形的输入/输出

◆ 页面管理

◆ 打印图形

第一节　图形的输入/输出

AutoCAD 2007 除了可以打开和保存 DWG 格式的图形文件外，还可以导入或导出其他格式的图形文件。

1．导入图形

单击插入点工具栏中的“输入”按钮，系统弹出输入文件对话框，在其中的文件类型(T):下拉列表框中可以看到，系统允许输入“图元文件”、“ACIS”及“3D Studio”图形格式的文件，如图 10.1.1 所示。

2．插入 OLE 对象

选择插入(I)→OLE 对象(O)...命令，系统弹出插入对象对话框，如图 10.1.2 所示。利用该对话框可以插入对象链接或者嵌入对象。

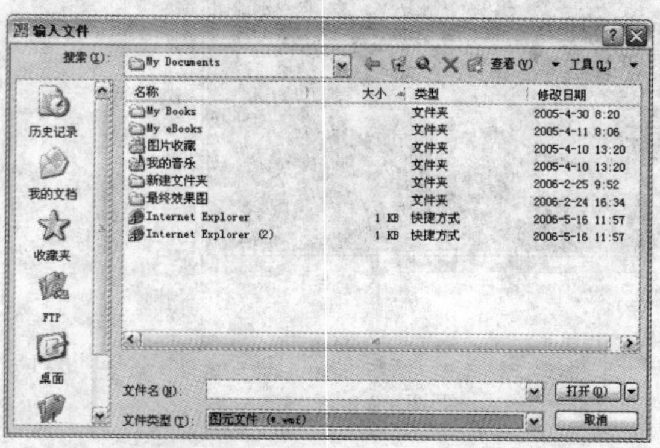

图 10.1.1　“输入文件”对话框

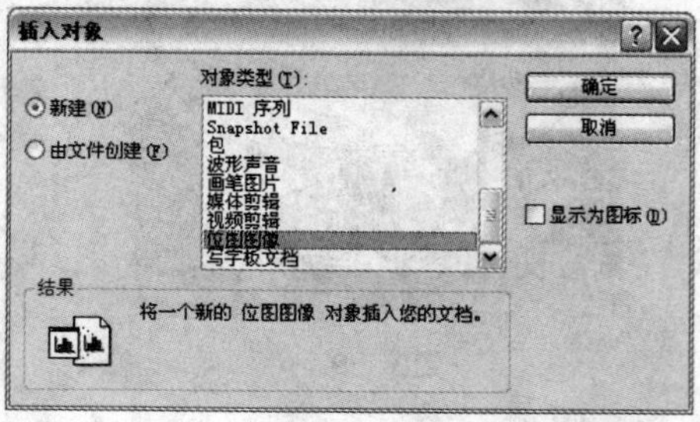

图 10.1.2　“插入对象”对话框

注意：插入 OLE 对象是在 Windows 环境下实现不同 Windows 应用程序之间共享数据和程序功能的一种方法。

3. 输出图形

选择 文件(F) → 输出(E)... 命令，系统弹出 输出数据 对话框，如图 10.1.3 所示。在该对话框的 文件类型(T): 下拉列表中选择保存导出对象的文件格式，然后在 文件名(N): 文本框中输入文件名，单击 保存(S) 按钮，系统即可将 AutoCAD 图形对象以用户需要的文件格式和文件名保存。

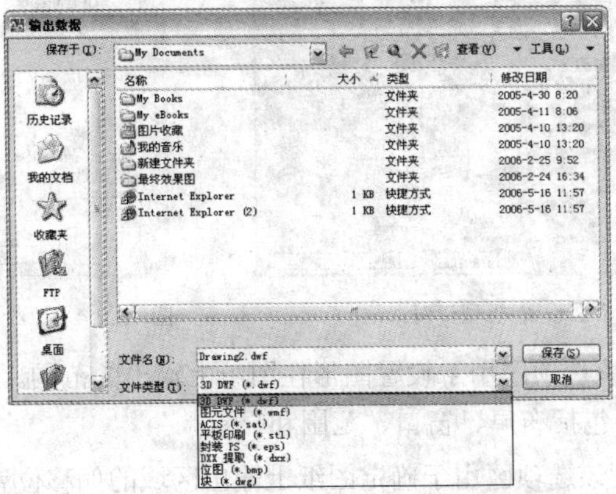

图 10.1.3　“输出数据”对话框

第二节　页面管理

选择 文件(F) → 页面设置管理器(G)... 命令，系统弹出 页面设置管理器 对话框，如图 10.2.1 所示。单击 新建(N)... 按钮，系统弹出 新建页面设置 对话框，如图 10.2.2 所示。

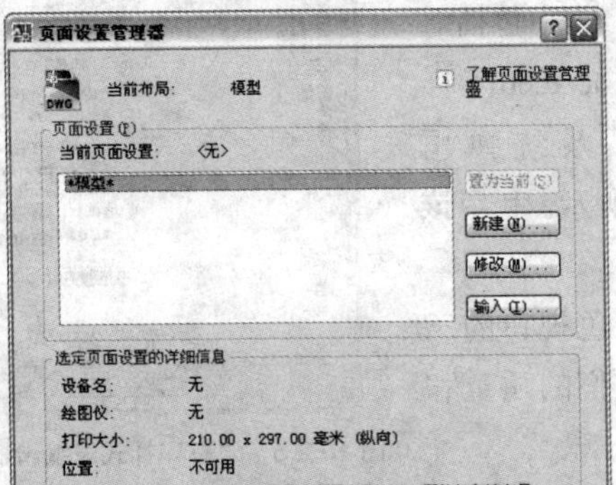

图 10.2.1　“页面设置管理器”对话框

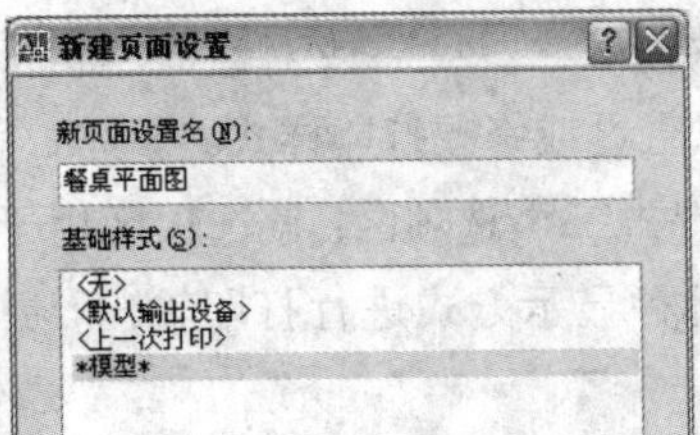

图 10.2.2　“新建页面设置”对话框

单击 确定(O) 按钮，系统弹出 页面设置 - 模型 对话框，如图 10.2.3 所示，通过该对话框可以设置打印设备、打印样式、图纸尺寸、打印比例、图纸方向等，下面分别进行介绍。

该对话框中主要选项的功能如下：

（1）打印机/绘图仪 选项区：该选项区用于选择输出设备。如果用户想要修改当前的打印机设置，可单击右侧的 特性(R) 按钮，弹出 绘图仪配置编辑器 - PublishToWeb PNG.pc3 对话框，在该对话框中可以对选择的配置进行编辑，如图 10.2.4 所示。

（2）图纸尺寸(Z) 下拉列表：用于指定图纸的尺寸大小。

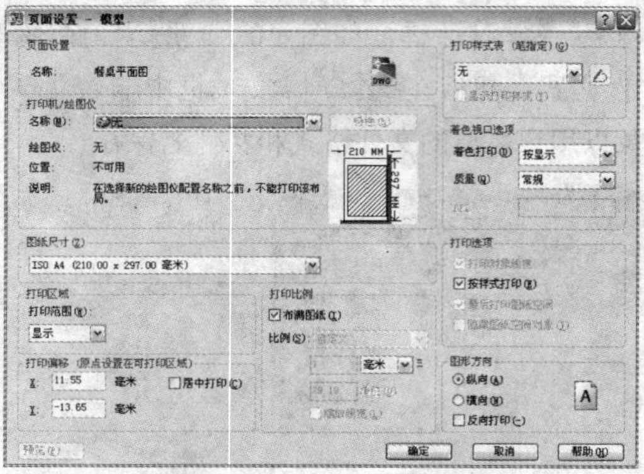

图 10.2.3　“页面设置-模型”对话框

图 10.2.4　“绘图仪配置编辑器”对话框

（3）打印区域选项区：该选项区用于设置图形在图纸上输出的范围。用户可以在打印范围(W):下拉列表中选择要打印的区域，包括布局、窗口、范围和显示。

（4）打印偏移选项区：该选项区用于确定图纸上输出区域的偏移位置。如果选中☑居中打印(C)复选框，则打印图形置于图纸正中间。另外，还可以在 X，Y 两个文本框中输入适当的数值，控制图形在图纸上的位置。

（5）预览(P)...按钮：单击该按钮，可以预览出图窗口。

（6）打印比例选项区：该选项区用于设置图形输出比例。用户可以从下拉列表中选择一个比例，也可以在下面的文本框中通过设置一个绘图单位等于多少毫米（英寸）的方法来自定义比例。

（7）打印样式表选项区：该选项区用于连接出图样式。用户可以在其下方的下拉列表中选择一种出图样式，其中包括对象色彩、线型、线宽以及填充风格等，例如选择“acad.ctb”样式时，单击其右侧的“编辑”按钮，系统弹出打印样式表编辑器 - acad.ctb对话框，如图 10.2.5 所示。利用该对话框可以查看或修改打印样式。

图 10.2.5　“打印样式表编辑器”对话框

（8）着色视口选项选项区：该选项区用于设置着色视口的三维图形按哪种显示方式进行打印输出，并确定它们的质量和 dpi 值。

（9）打印选项选项区：该选项区用于设置出图的其他选项。

（10）图形方向选项区：该选项区用于定义出图方向。选中☑反向打印(-)复选框，可以指定图形在图纸页上反向出图。

第三节　打印图形

创建完图形之后，通常要打印到图纸上，PLOT 命令用于图形的打印输出。启动该命令有如下 3 种方法：

（1）菜单栏：选择文件(F)→打印(P)...命令。

（2）工具栏：单击“标准”工具栏中的“打印”按钮。

（3）命令行：在命令行输入 PLOT，并按回车键。

选择要打印的图形，执行打印命令，系统弹出**打印 - 模型**对话框，如图 10.3.1 所示。

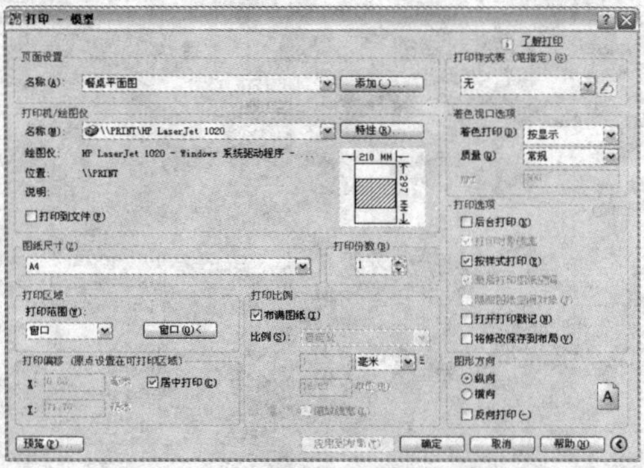

图 10.3.1 “打印-模型”对话框

该对话框中的选项含义与**页面设置 - 模型**对话框中的选项含义相同，这里不再重复叙述。

设置完各项参数后，单击确定按钮，AutoCAD 将开始输出图形并显示打印进度，如图 10.3.2 所示。如果图形输出时出现错误或用户要中断绘图，可以按 Esc 键结束图形输出。

图 10.3.2 “打印作业进度”对话框

第四节 应用实例——打印平面图

本节结合具体实例，帮助用户掌握输出图形的方法，具体操作步骤如下：

（1）打开第五章绘制的地下室平面图形，然后单击绘图窗口下方的“布局 1”标签，将工作空间切换到图纸空间，再单击鼠标右键，在弹出的快捷菜单中选择页面设置管理器(G)...命令，系统弹出**页面设置管理器**对话框，如图 10.4.1 所示。单击该对话框中的新建(N)...按钮，在弹出的**新建页面设置**对话框中的新页面设置名(N):文本框中输入新页面名称“地下室平面图”，如图 10.4.2 所示。

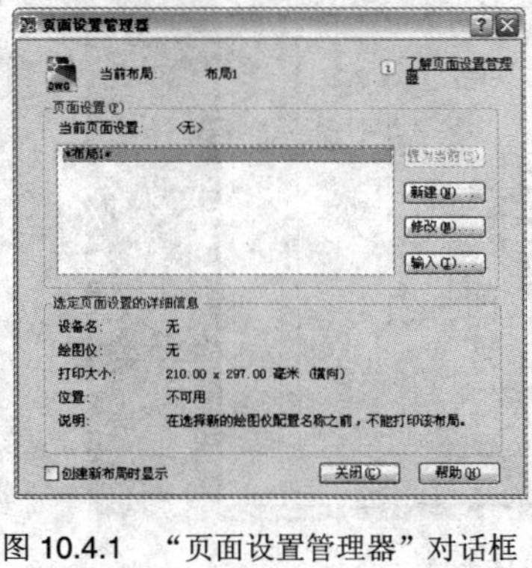

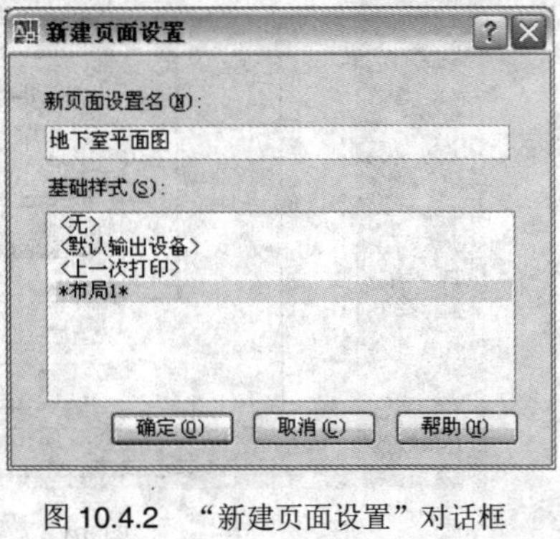

图 10.4.1 “页面设置管理器”对话框　　图 10.4.2 “新建页面设置”对话框

（2）单击 确定(O) 按钮，系统弹出 页面设置 - 布局1 对话框。在该对话框中，设置打印机和图纸尺寸等参数，如图 10.4.3 所示。

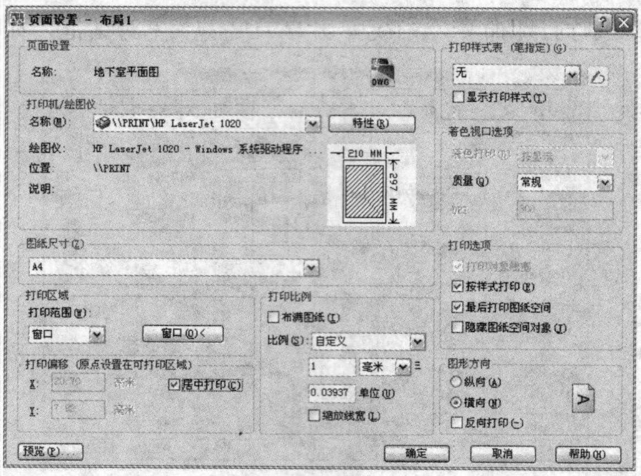

图 10.4.3　“页面设置－布局 1”对话框

（3）单击 确定 按钮，完成并保存页面设置，同时切换到“布局 1”的工作空间，如图 10.4.4 所示。

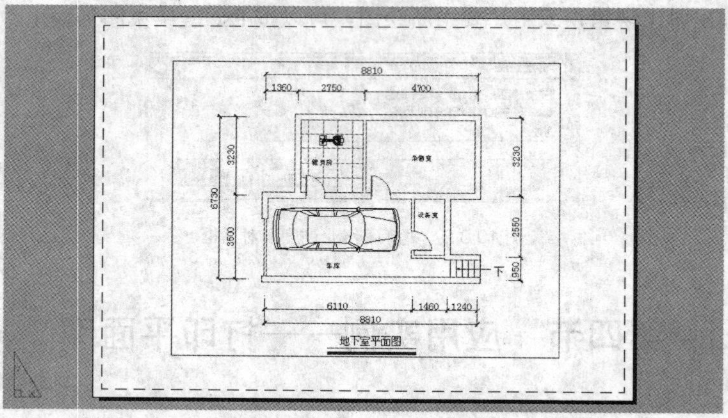

图 10.4.4　“布局 1”的工作空间

（4）在如图 10.4.4 所示的视口中，单击视口的边框线，然后用鼠标分别拖曳左下角和右上角夹点，将视口扩大到边缘，如图 10.4.5 所示。

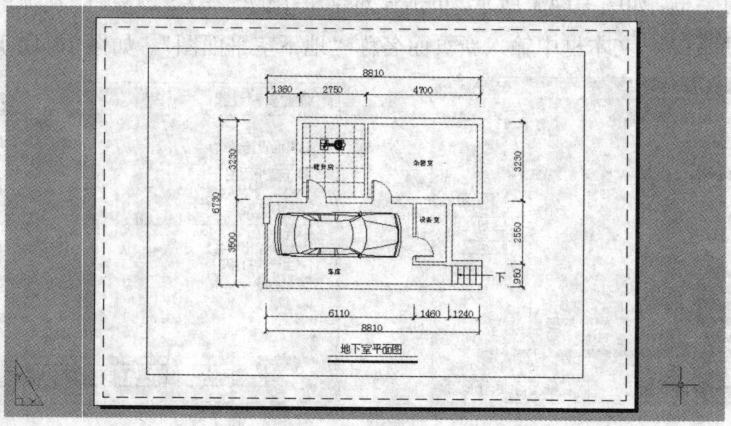

图 10.4.5　调整视口尺寸

（5）选择 文件(F) → 打印预览(V) 命令，系统打开预览窗口，如图 10.4.6 所示。观察地下室平面图的整体效果。

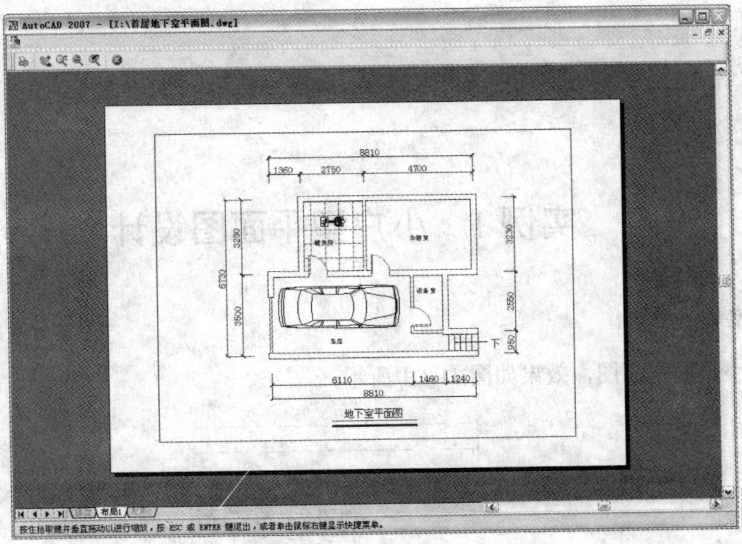

图 10.4.6　预览窗口

（6）最后，在命令行输入 PLOT 命令，即可将地下室平面图打印输出。

习 题 十

一、填空题

1. 在 AutoCAD 2007 中，使用“输入文件”对话框，可以输入________、________和________图形格式文件。

2. ________命令用于图形的打印设置和打印输出。

二、上机操作题

将题图 10.1 所示一层平面图进行合理的页面布局并将其打印输出。

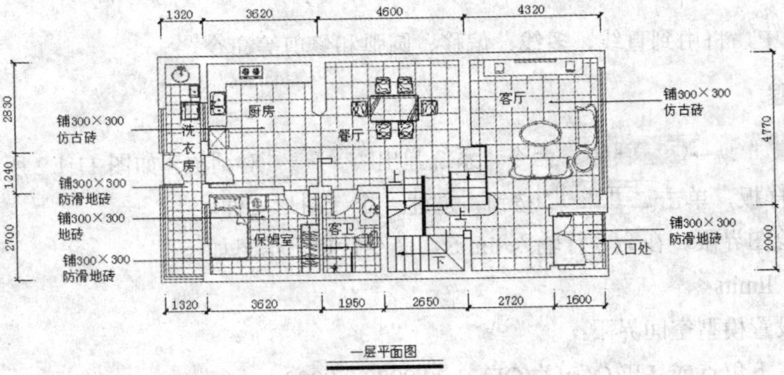

题图　10.1

第十一章　创建建筑平面图形

本章主要介绍几种类型的建筑平面图形的绘制方法。通过本章的学习用户应该熟练掌握建筑平面图形的绘图技巧，并能够举一反三。

实例 1　小户型平面图设计

1．实例效果

本例制作小户型平面图，效果如图 11.1.1 所示。

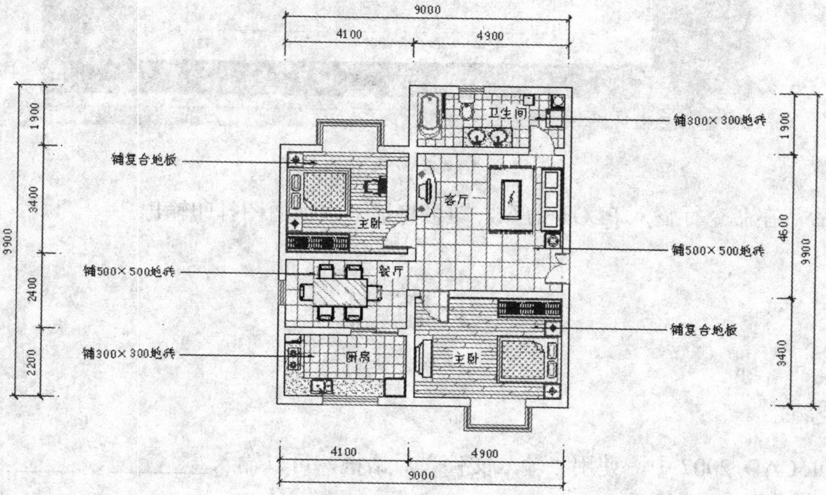

图 11.1.1　小户型平面图

2．实例目的

掌握小户型平面图的设计方法和技巧。

3．本例知识点

在制作过程中，将用到直线、多线、偏移、圆弧和修剪等命令。

4．制作过程

（1）选择 文件(F) → 新建(N)... 命令，系统弹出 选择样板 对话框，如图 11.1.2 所示。在该对话框中选择“acad”样板，单击 打开(O) 按钮，创建一个新图形文件。

（2）设置绘图界限。在命令行输入 limits，命令行提示信息如下：

1）命令：limits↙。

2）重新设置模型空间界限：

3）指定左下角点或 [开(ON)/关(OFF)] <0.0000,0.0000>：↙。

4）指定右上角点 <12.0000,9.0000>：42000,29700↙。

图 11.1.2　“选择样板”对话框

（3）在命令行输入 zoom，命令行提示信息如下：

1）命令：zoom↙。

2）指定窗口的角点，输入比例因子 (nX 或 nXP)，或者[全部(A)/中心(C)/动态(D)/范围(E)/上一个(P)/比例(S)/窗口(W)/对象(O)] <实时>：a↙，将绘图区域以最大化显示。

（4）选择 格式(O) → 图层(L)... 命令，弹出 图层特性管理器 对话框，在该对话框中单击“新建图层”按钮，新建 7 个图层，名称分别为“轴线”、“墙线”、“门窗”、“标注”、“文字”、“家具”和“填充”层，颜色分别为“红色”、“蓝色”、“洋红”、“224”、“36”、“66”和“8”。设置“轴线”的线型为 ACAD_IS002W100，其余为默认设置，如图 11.1.3 所示。

（5）选择 工具(T) → 草图设置(F)... 命令，系统弹出 草图设置 对话框。打开“对象捕捉”选项卡，设置该对话框中的参数如图 11.1.4 所示，然后单击 确定 按钮，完成草图设置。

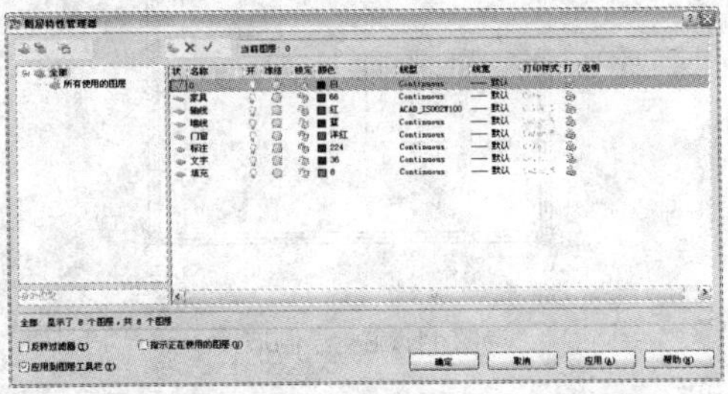

图 11.1.3　“图层特性管理器”对话框

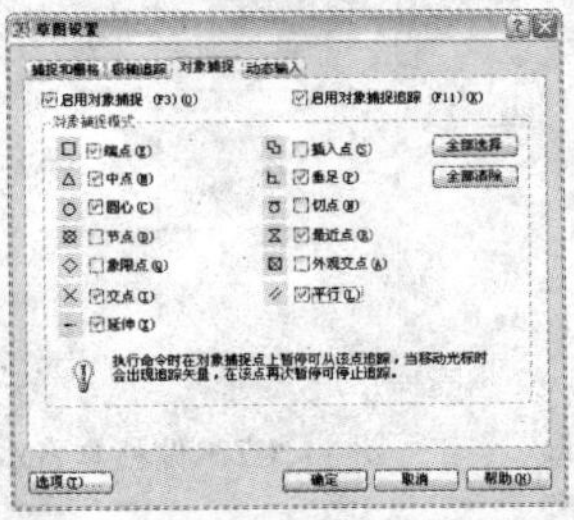

图 11.1.4　“草图设置”对话框

（6）设置“轴线”层为当前图层，单击“直线”按钮或者在命令行输入 line，以原点为起点，绘制两条互相垂直的轴线，长为 9 000，宽为 9 900，如图 11.1.5 所示。

（7）单击“偏移”按钮或者在命令行输入 offset，将上步绘制水平轴线向上偏移，偏移距离分别为 2 200，1 200，1 200，3 400 和 1 900，如图 11.1.6 所示。

图 11.1.5　绘制轴线

图 11.1.6　偏移水平轴线

（8）重复偏移命令，将步骤（6）绘制的垂直轴线向右偏移，偏移距离分别为 4100 和 4900，如图 11.1.7 所示。

（9）设置“墙线”层为当前图层，在命令行输入 mline，命令行提示信息如下：

1）命令：mline↙。

2）当前设置：对正 = 上，比例 = 1.00，样式 = STANDARD。

3）指定起点或 [对正(J)/比例(S)/样式(ST)]：s↙。

4）输入多线比例 <1.00>：240↙。

5）指定起点或 [对正(J)/比例(S)/样式(ST)]：j↙。

6）输入对正类型 [上(T)/无(Z)/下(B)] <上>：z↙。

7）指定起点或 [对正(J)/比例(S)/样式(ST)]：捕捉点 A。

8）指定下一点：捕捉点 B。

9）指定下一点或 [放弃(U)]：捕捉点 C。

10）指定下一点或 [闭合(C)/放弃(U)]：捕捉点 D。

11）指定下一点或 [闭合(C)/放弃(U)]：捕捉点 E。

12）指定下一点或 [闭合(C)/放弃(U)]：捕捉点 F。

13）指定下一点或 [闭合(C)/放弃(U)]：c↙，绘制的墙线如图 11.1.8 所示。

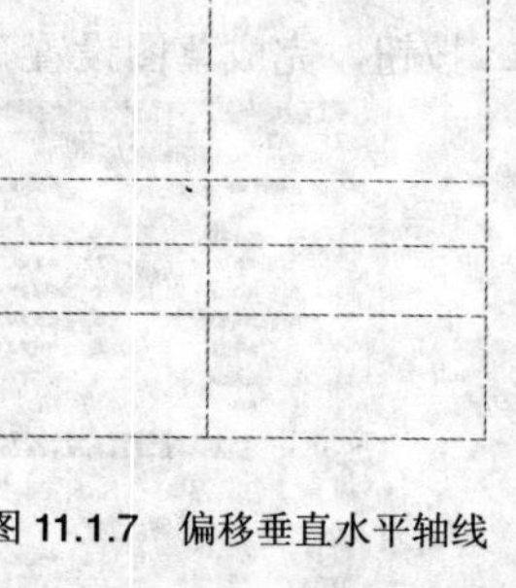

图 11.1.7　偏移垂直水平轴线

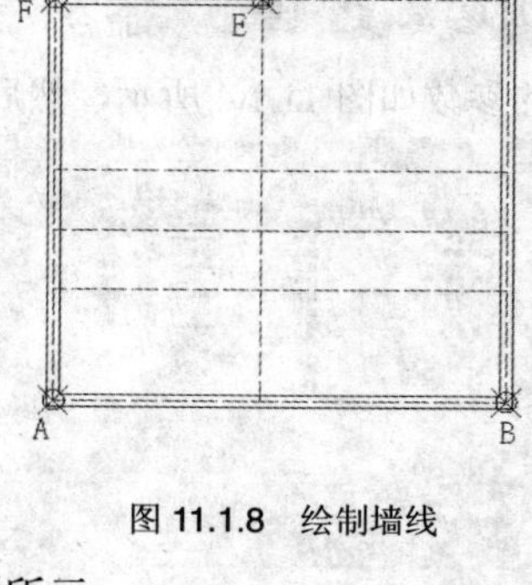

图 11.1.8　绘制墙线

（10）重复多线命令，绘制其他墙线，如图 11.1.9 所示。

（11）单击“分解”按钮或者在命令行输入 explode，将绘制的墙线进行分解处理，然后再单击“修剪”按钮或者在命令行输入 trim，修剪绘制的墙体线，效果如图 11.1.10 所示。

图 11.1.9　绘制其他墙线

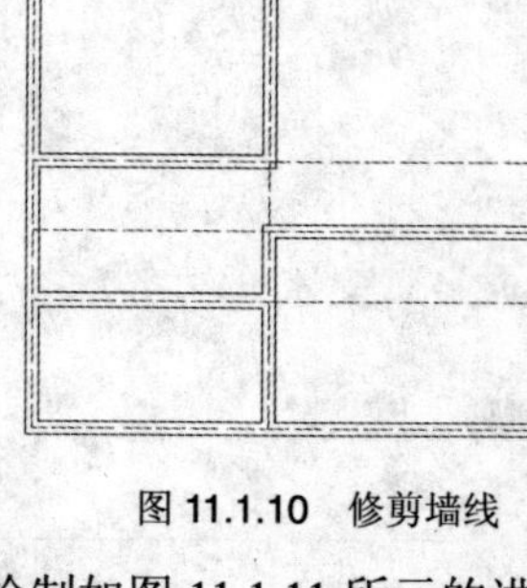

图 11.1.10　修剪墙线

（12）设置“门窗”层为当前图层，利用直线命令绘制如图 11.1.11 所示的进户门洞辅助线段。

（13）利用修剪命令修剪图形，绘制门洞，效果如图 11.1.12 所示。

（14）参考步骤（12）和步骤（13）的操作，绘制其他门洞，效果如图 11.1.13 所示。

（15）利用直线命令绘制如图 11.1.14 所示的窗洞辅助线段。

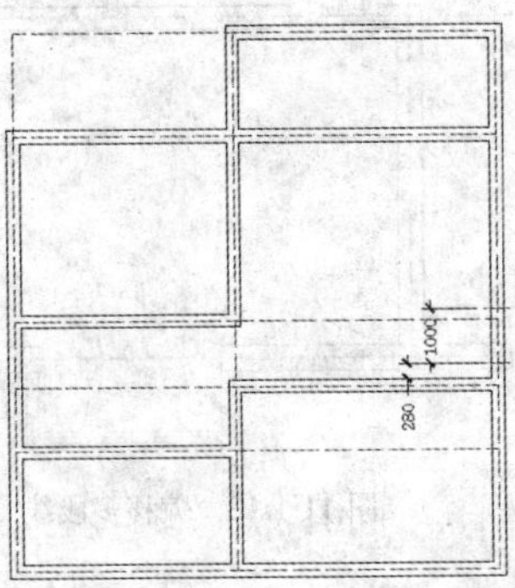

图 11.1.11　绘制辅助线

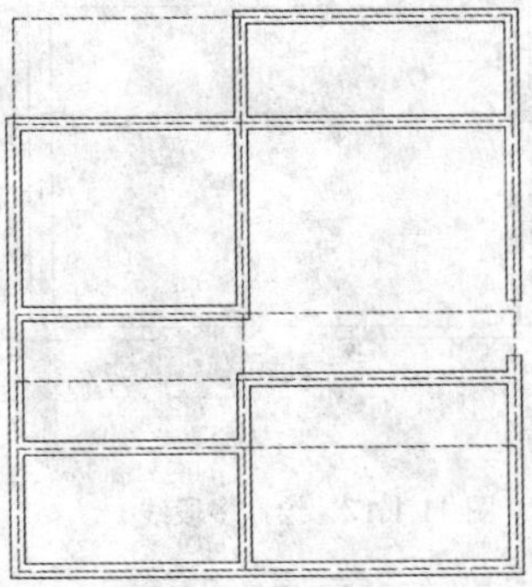

图 11.1.12　绘制门洞

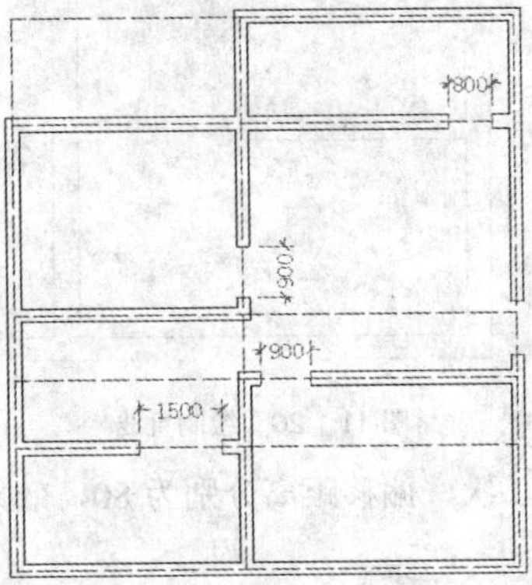

图 11.1.13　绘制其他门洞

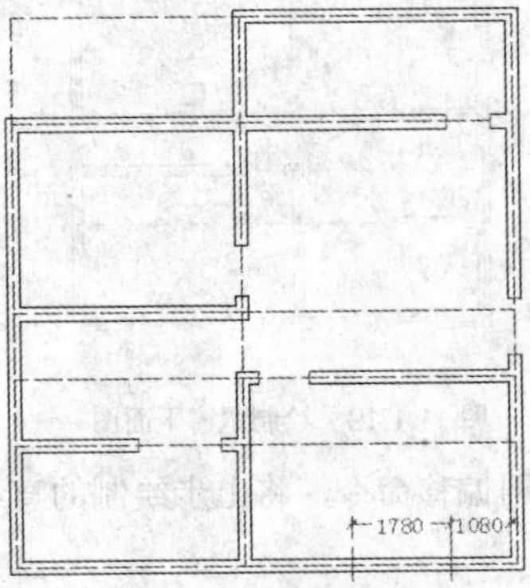

图 11.1.14　绘制窗洞辅助线段

（16）重复利用修剪命令修剪图形，绘制窗洞，效果如图 11.1.15 所示。

（17）参考步骤（15）和步骤（16）的操作，绘制其他窗洞，效果如图 11.1.16 所示。

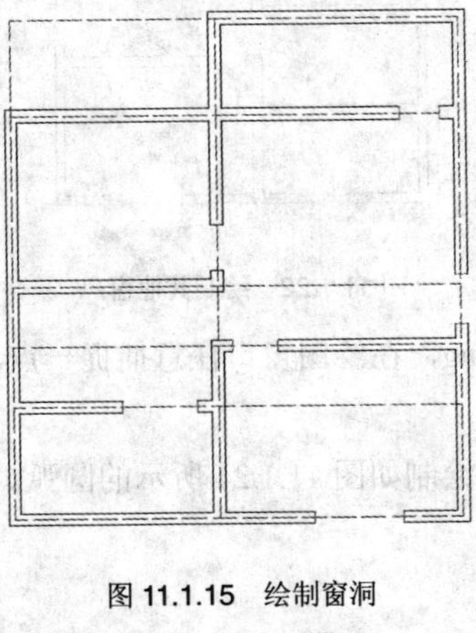

图 11.1.15　绘制窗洞

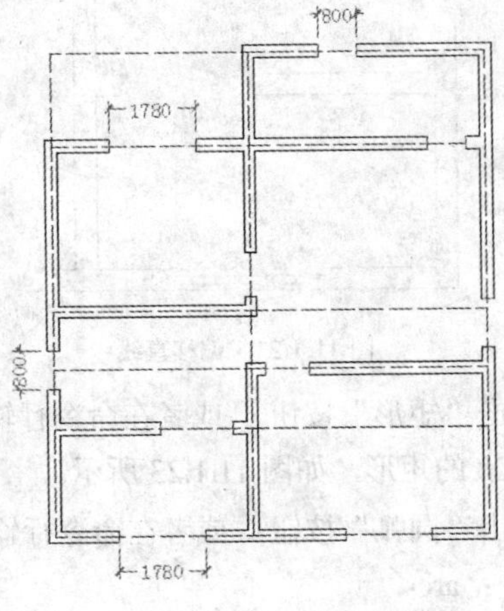

图 11.1.16　绘制其他窗洞

（18）单击“多段线”按钮或者在命令行输入 pline，在如图 11.1.17 所示的位置绘制多段线。

（19）利用偏移命令，将多段线向下侧距离偏移 3 次，偏移距离为 60，如图 11.1.18 所示。

（20）参考步骤（18）和步骤（19）的操作，绘制主卧飘窗平面图，如图 11.1.19 所示。

（21）隐藏“轴线”层，在如图 11.1.20 所示的位置绘制一条直线。

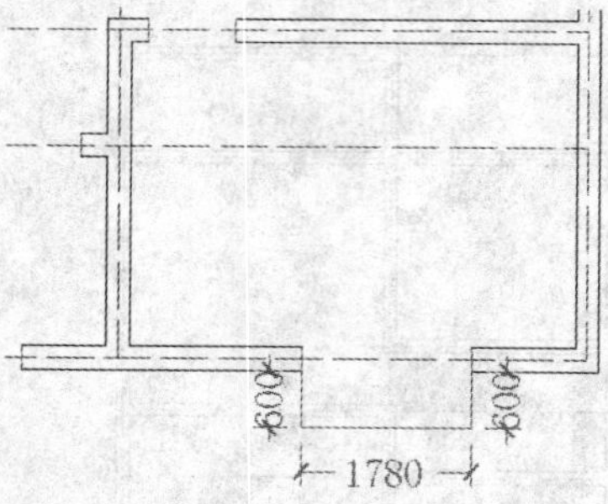

图 11.1.17　绘制多段线

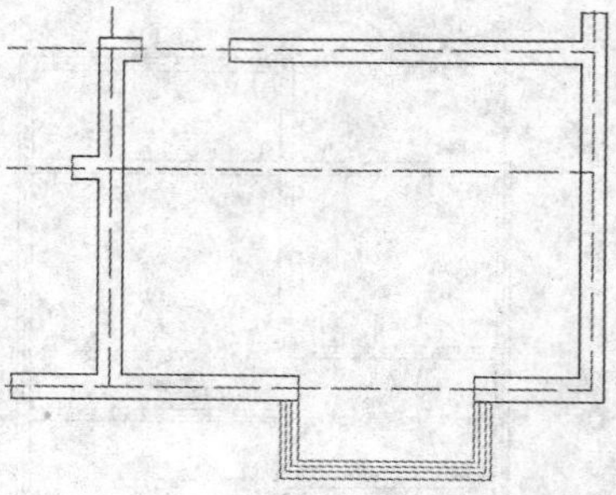

图 11.1.18　偏移多段线

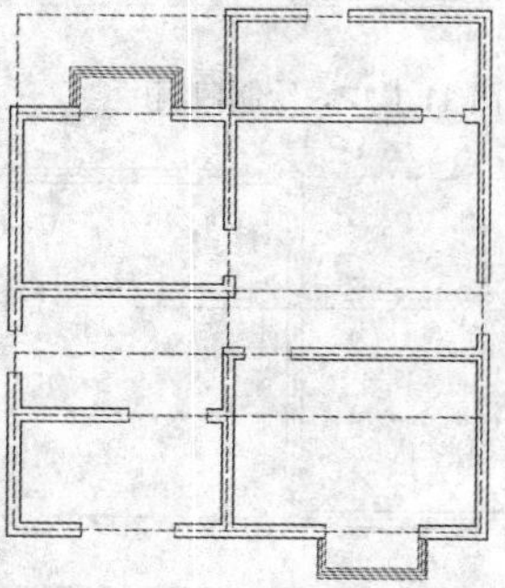

图 11.1.19　绘制飘窗平面图

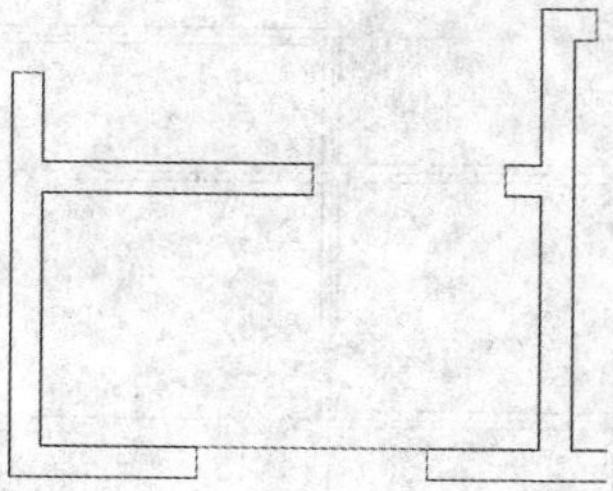

图 11.1.20　绘制直线

（22）利用偏移命令，将上步绘制的直线向下偏移 3 次，偏移距离分别为 80，效果如图 11.1.21 所示。

（23）参考步骤（10）和步骤（11）的操作，绘制其他窗户，效果如图 11.1.22 所示。

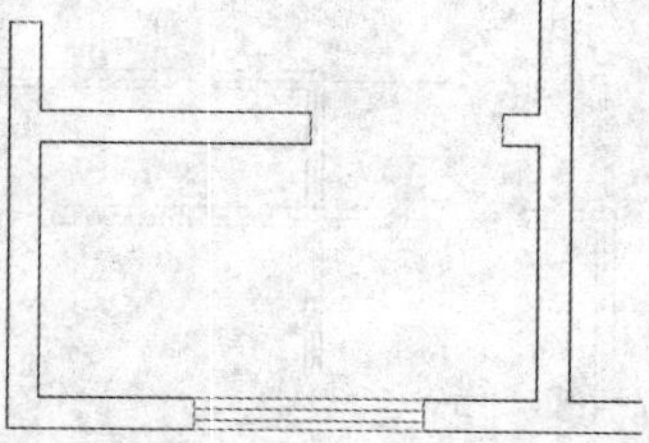

图 11.1.21　偏移直线

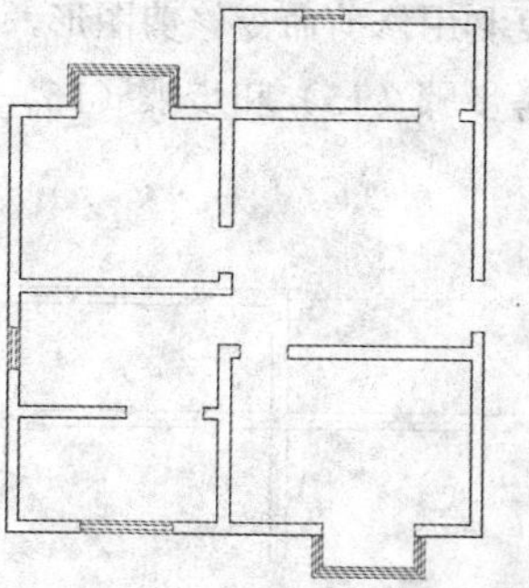

图 11.1.22　绘制其他窗户

（24）单击“矩形”按钮或者在命令行输入 rectang，在绘图窗口任意捕捉一点，绘制一个长为 40，宽为 900 的矩形，如图 11.1.23 所示。

（25）单击“圆弧”按钮或者在命令行输入 arc，绘制如图 11.1.24 所示的圆弧。

1）命令：arc↙。

2）指定圆弧的起点或 [圆心(C)]：c↙。

3）指定圆弧的圆心：捕捉上步绘制矩形左下角点。

4）指定圆弧的起点：捕捉上步绘制矩形左上角点。

5）指定圆弧的端点或 [角度(A)/弦长(L)]：a↙。

6）指定包含角：-90↙。

图 11.1.23　绘制矩形

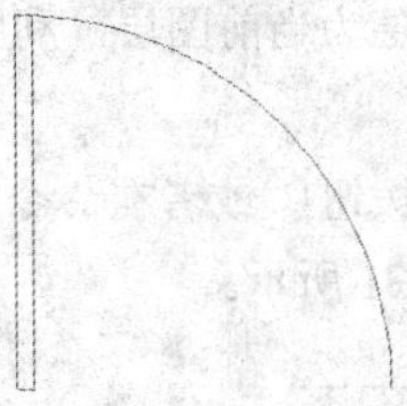

图 11.1.24　绘制圆弧

（26）单击“旋转”按钮或者在命令行输入 rotate，将绘制的门旋转 180°，效果如图 11.1.25 所示。

（27）单击“移动”按钮或者在命令行输入 move，将旋转后的门移动到如图 11.1.26 所示的位置。

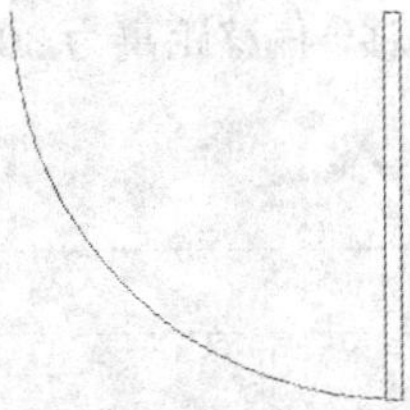

图 11.1.25　旋转图形

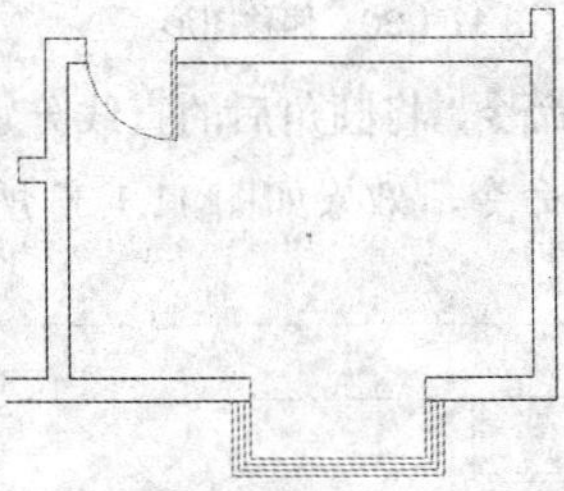

图 11.1.26　移动图形

（28）参照步骤（13）～（16）的操作，绘制其他房间的门，效果如图 11.1.27 所示。

（29）绘制厨房推拉门。利用矩形命令，在如图 11.1.28 所示的位置绘制一个长为 800，宽为 50 的矩形。

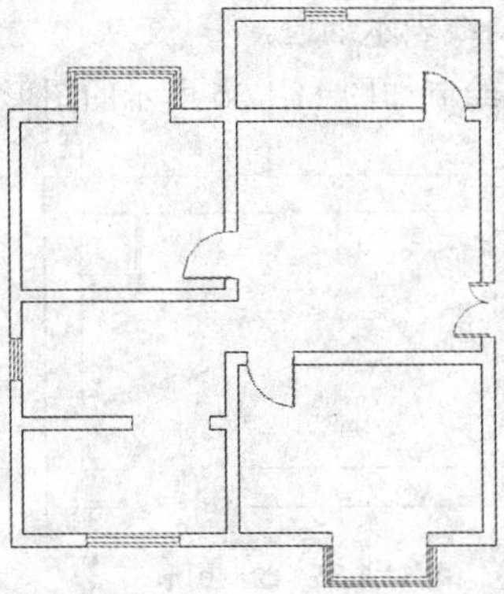

图 11.1.27　绘制其他门

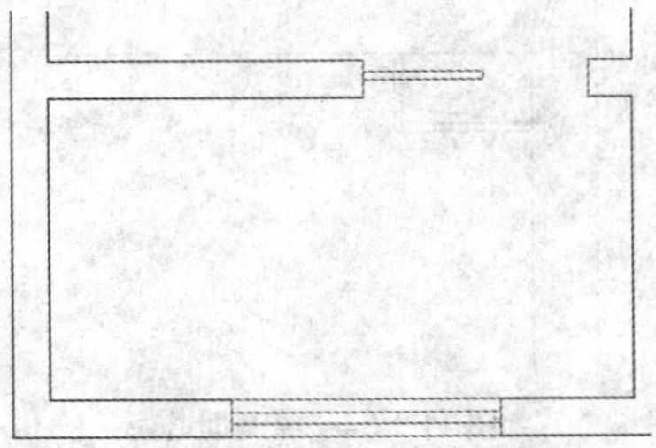

图 11.1.28　绘制推拉门

（30）单击“复制”按钮或者在命令行输入 copy。将上步绘制的矩形进行复制操作，基点为矩形的右上角点，位移点为门洞的右边中点，效果如图 11.1.29 所示。

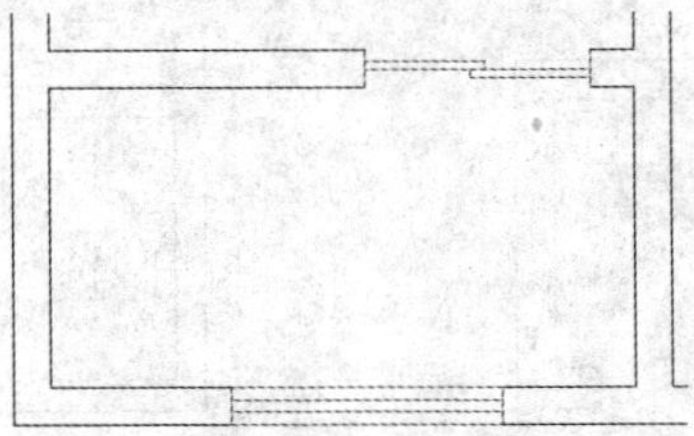

图 11.1.29　复制图形

（31）设置“家具”层为当前图层，利用偏移命令，将如图 11.1.30 所示的墙线向下偏移 280，向右偏移 500。

（32）单击“圆角”按钮或者在命令行输入 fillet，分别单击偏移后直线的左边部分和上边部分，完成后效果如图 11.1.31 所示。

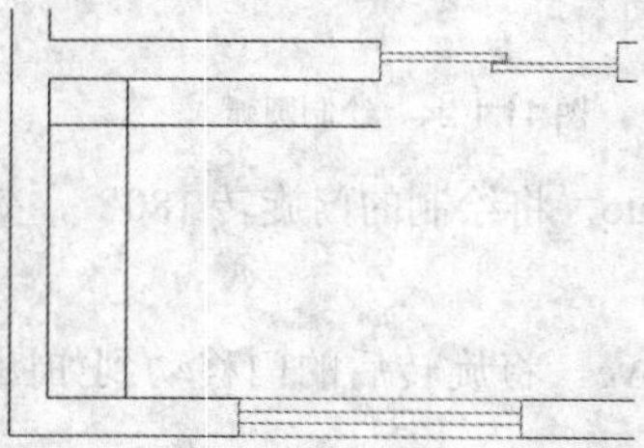
图 11.1.30　偏移图形

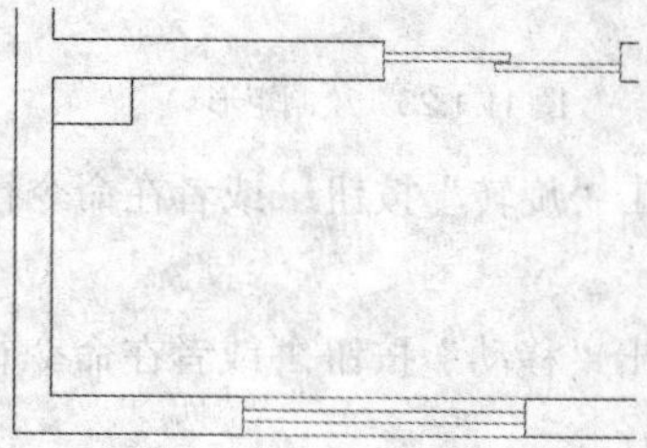
图 11.1.31　圆角图形

（33）重复偏移命令，将圆角后的直线分别向里侧进行偏移，偏移距离为 30，如图 11.1.32 所示。

（34）重复圆角命令，效果如图 11.1.33 所示。

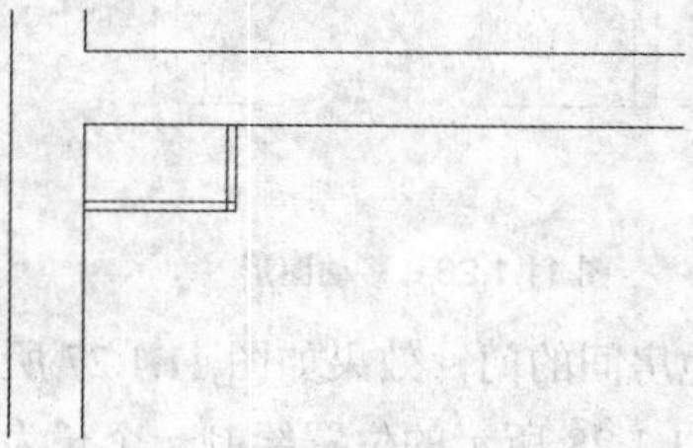
图 11.1.32　偏移图形

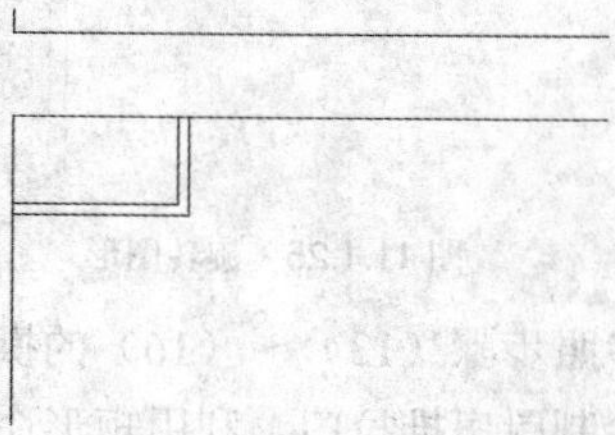
图 11.1.33　圆角图形

（35）利用多段线命令，绘制一段如图 11.1.34 所示的斜线表示烟道。

（36）绘制水管道。参照步骤（32）～（35）的操作，绘制如图 11.1.35 所示的图形。

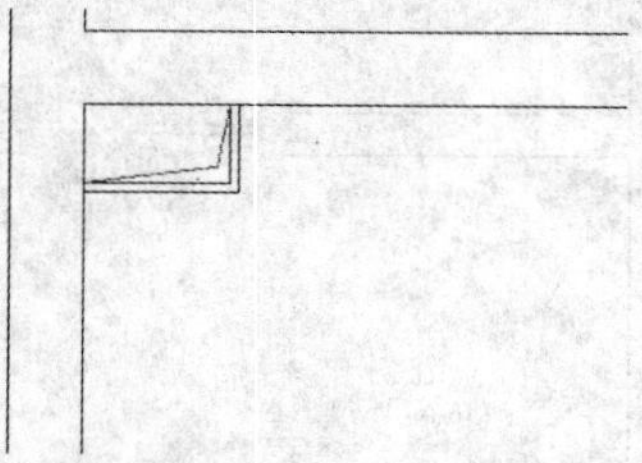
图 11.1.34　绘制烟道

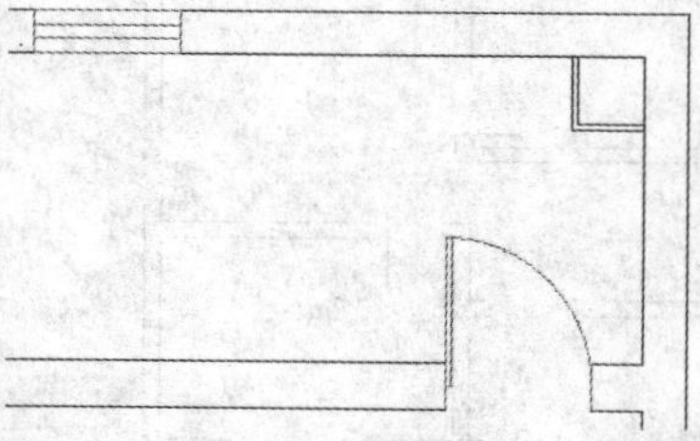
图 11.1.35　绘制图形

（37）单击“圆”按钮或者在命令行输入 circle，捕捉上步绘制图形的中心点，绘制一个半径为 150 的圆，如图 11.1.36 所示。

（38）利用偏移和修剪命令，绘制如图 11.1.37 所示的橱柜，并将线段转换为家具层线。

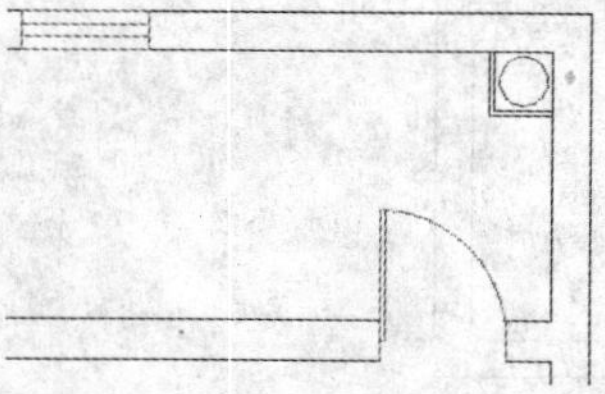
图 11.1.36　绘制圆

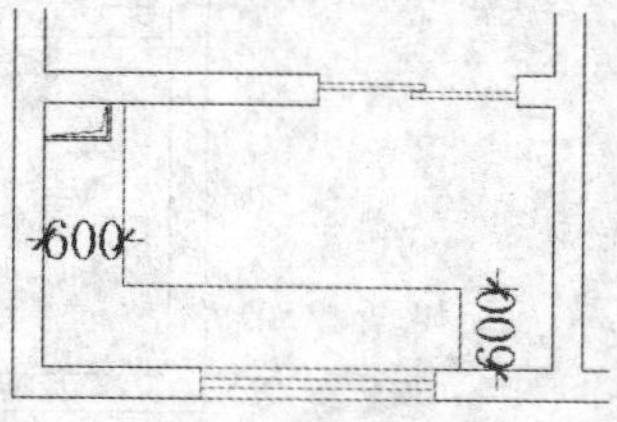

图 11.1.37　绘制橱柜

（39）打开“练习”文件下的“模块.dwg”文件，选择洗菜盆平面图、天然气灶平面图、衣柜平面图和冰箱平面图，将其插入到如图 11.1.38 所示的位置。

（40）重复插入命令，插入其他图块，最终效果如图 11.1.39 所示。

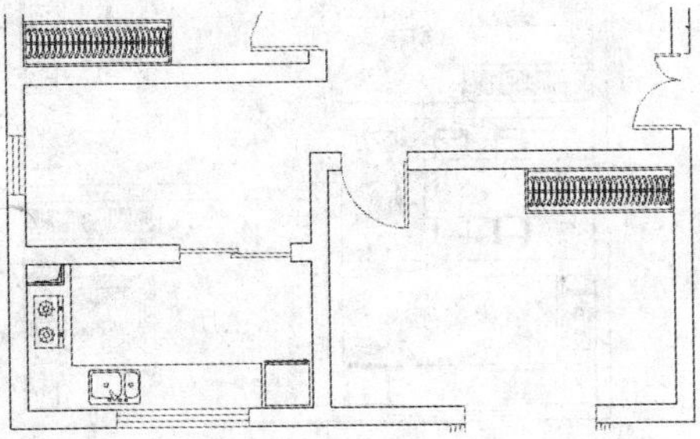

图 11.1.38　插入图块

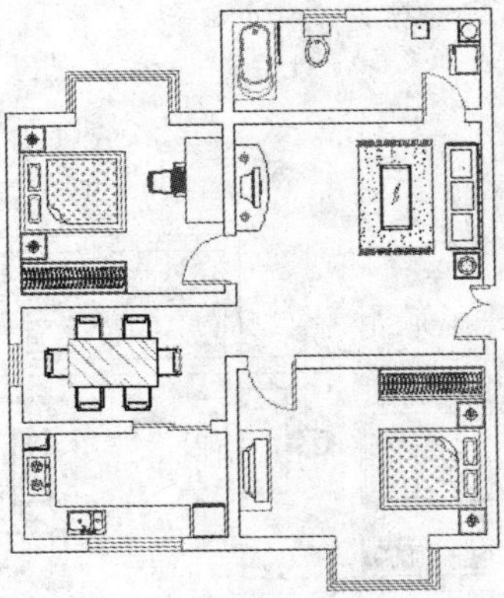

图 11.1.39　插入其他图块

（41）利用偏移和修剪命令，绘制洗手池台面，如图 11.1.40 所示。

（42）打开“练习”文件下的“模块.dwg”文件，选择洗手盆图形，将其插入到如图 11.1.41 所示的位置。

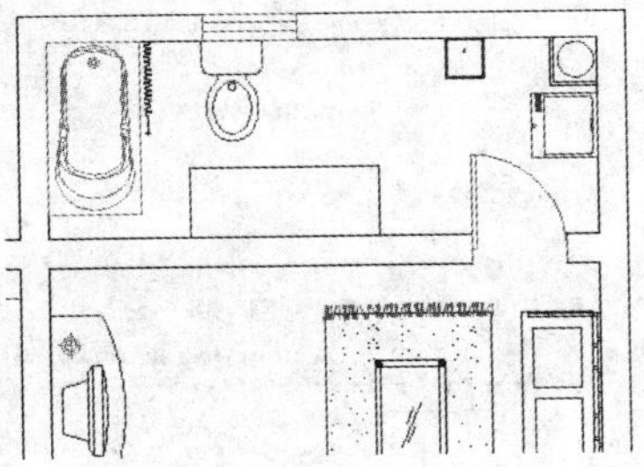

图 11.1.40　绘制洗手池台面

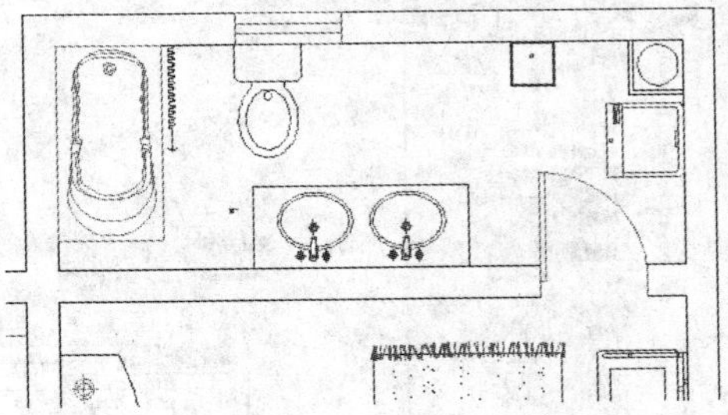

图 11.1.41　插入图形

（43）设置“文字”层为当前图层，单击“多行文字”按钮 A 或者在命令行输入 mtext，在平面图中的客厅区按住鼠标左键拖曳出一个矩形区域，释放鼠标后，系统打开 文字格式 窗口，如图 11.1.42 所示。

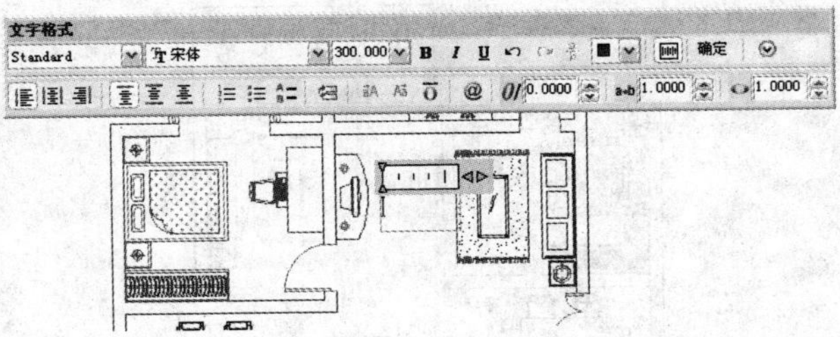

图 11.1.42　“文字格式”窗口

（44）在该窗口中输入文字内容“客厅”，单击 确定 按钮，效果如图 11.1.43 所示。

（45）参照步骤（43）和步骤（44），输入其他的文字。另外，用户也可以通过 特性 面板来完成其他文字的输入。

（46）单击“复制”按钮或者在命令行输入 copy，将输入的“客厅”文字多次进行复制，效果如图 11.1.44 所示。

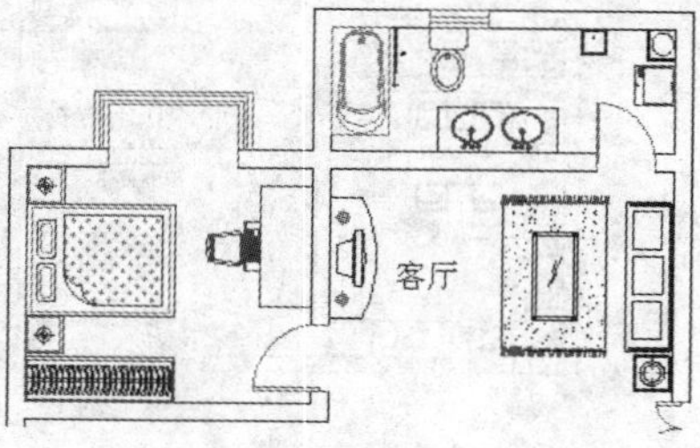

图 11.1.43　输入文字

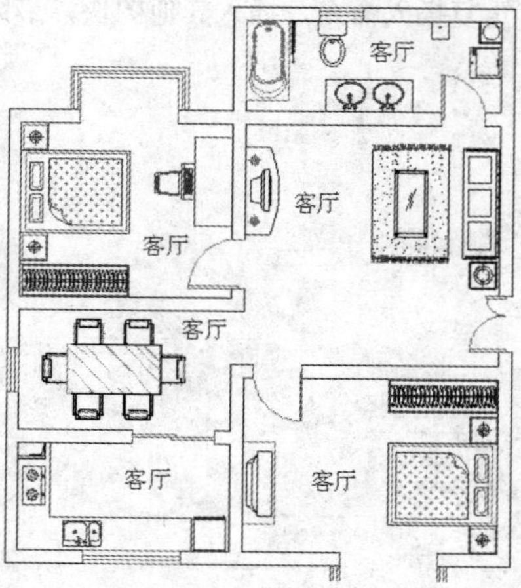

图 11.1.44　复制文字

（47）单击“对象特征”按钮，系统打开 特性 面板，如图 11.1.45 所示。选择上一步复制的“客厅”文字，然后单击 文字 选项区右下侧的按钮，系统打开 文字格式 窗口，在该窗口重新输入文字“餐厅”，如图 11.1.46 所示，完成输入后单击 确定 按钮。

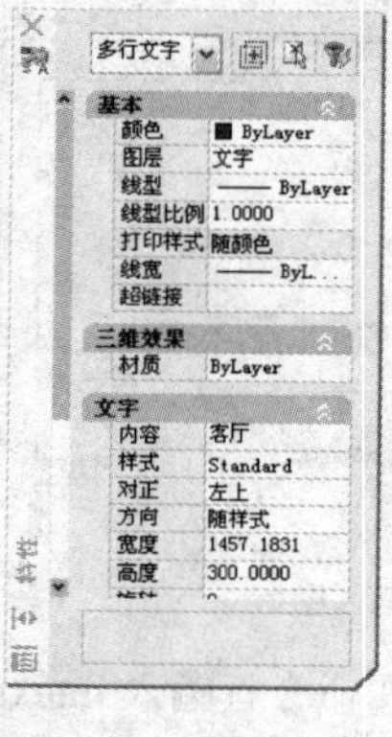

图 11.1.45　“特性”面板

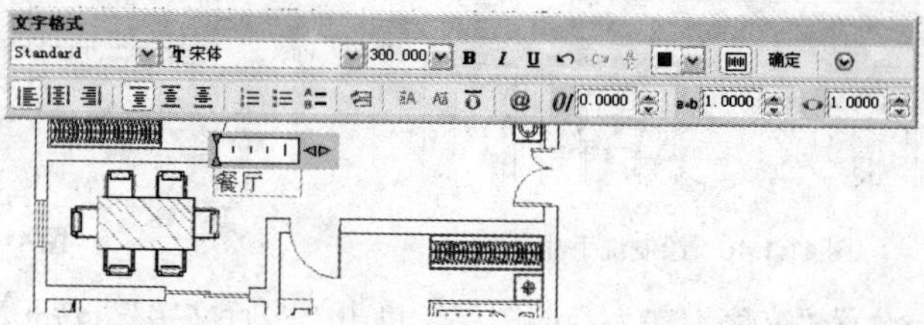

图 11.1.46　编辑文字

（48）重复上一步操作，使用同样的方法编辑其他文字，完成后效果如图 11.1.47 所示。

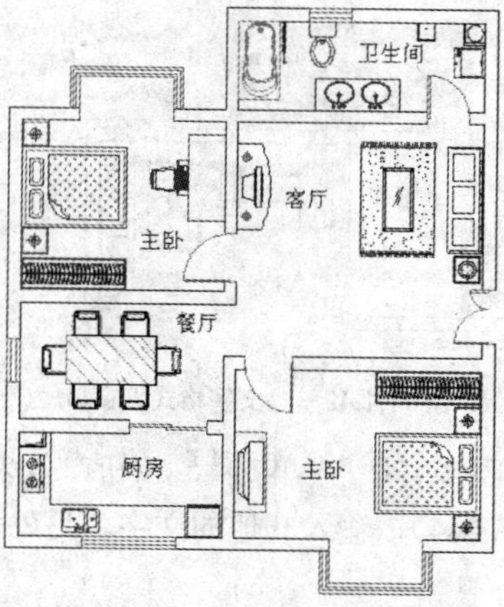

图 11.1.47　编辑其他文字

（49）设置“填充”层为当前图层，利用直线命令连接门洞和窗洞，如图 11.1.48 所示。

（50）选择 绘图(D) → 图案填充(H)... 命令，弹出 图案填充和渐变色 对话框，在该对话框中选择“DOLMIT”图案，设置比例为 500，如图 11.1.49 所示。然后单击“拾取点”按钮，系统返回到绘图区，选择如图 11.1.50 所示的区域，填充后的效果如图 11.1.51 所示。

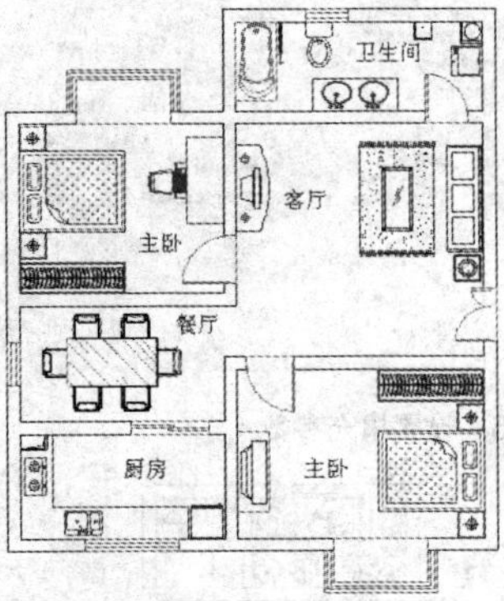

图 11.1.48　连接门洞和窗洞

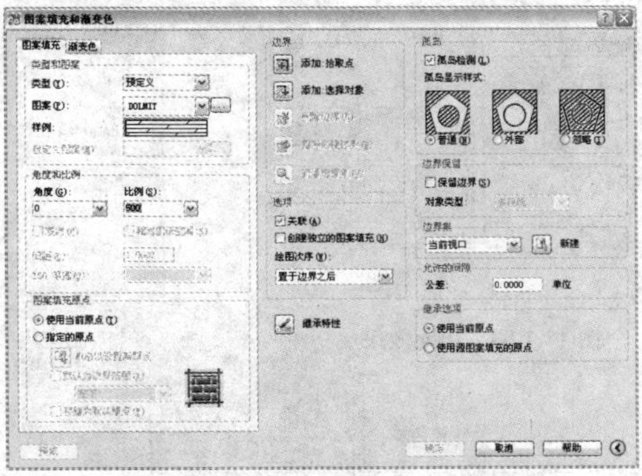

图 11.1.49　设置图案填充参数

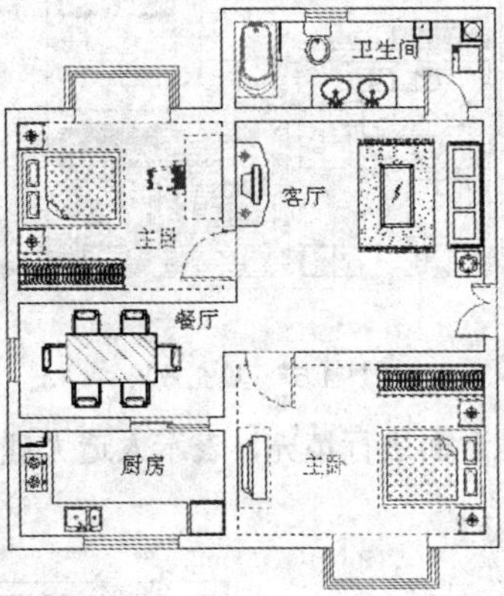

图 11.1.50　选择填充区域

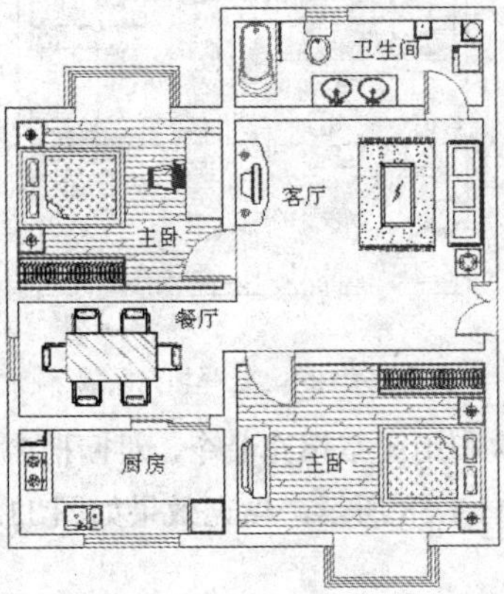

图 11.1.51　填充效果

（51）利用图案填充命令，设置填充参数如图 11.1.52 所示。选择如图 11.1.53 所示的填充区域，填充效果如图 11.1.54 所示。

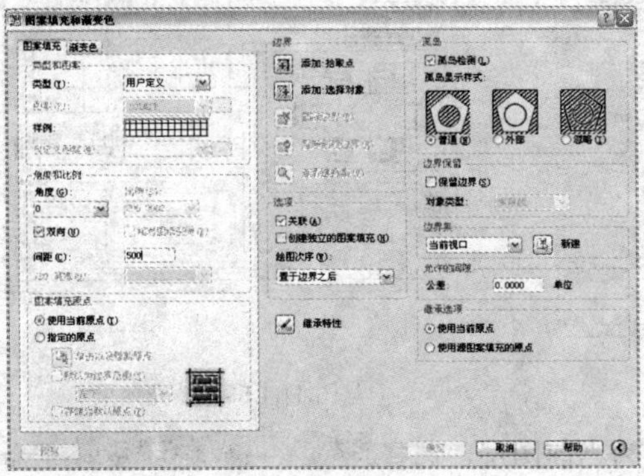

图 11.1.52　设置填充参数

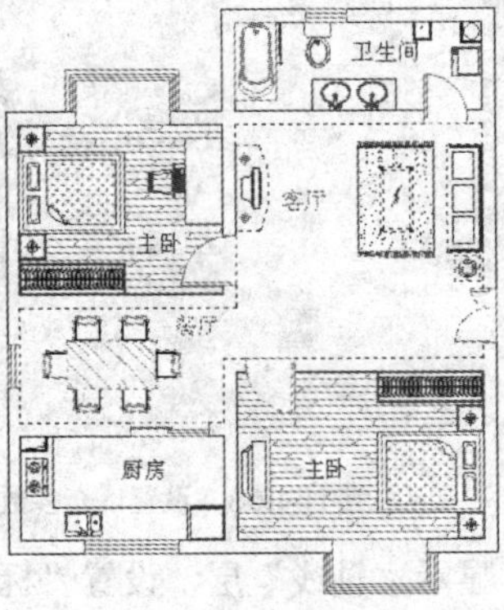

图 11.1.53　选择填充区域

（52）重复图案填充命令，设置填充参数如图 11.1.55 所示。选择如图 11.1.56 所示的填充区域，填充效果如图 11.1.57 所示。

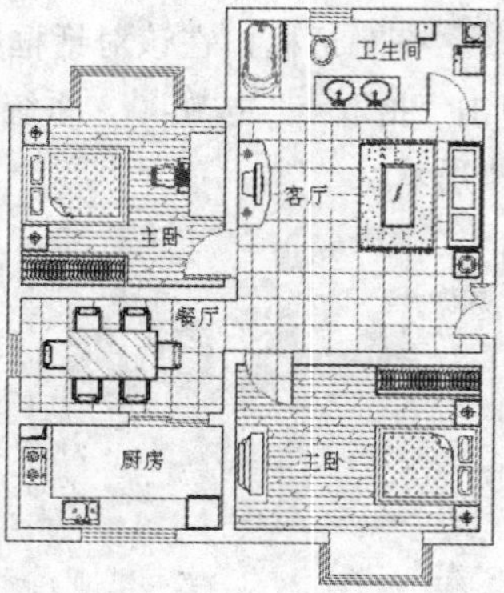

图 11.1.54　填充效果

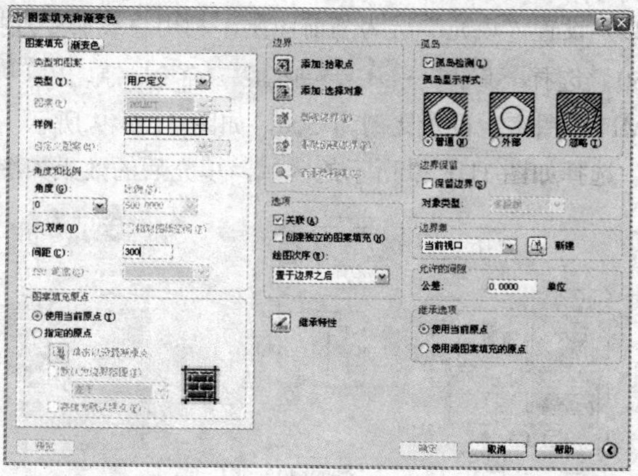

图 11.1.55　设置填充参数

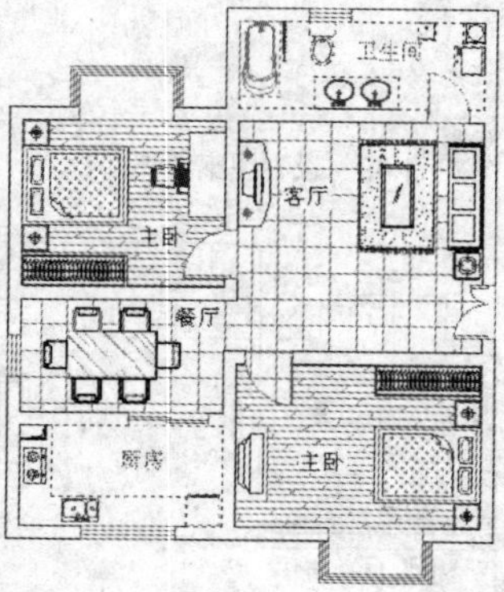

图 11.1.56　选择填充区域

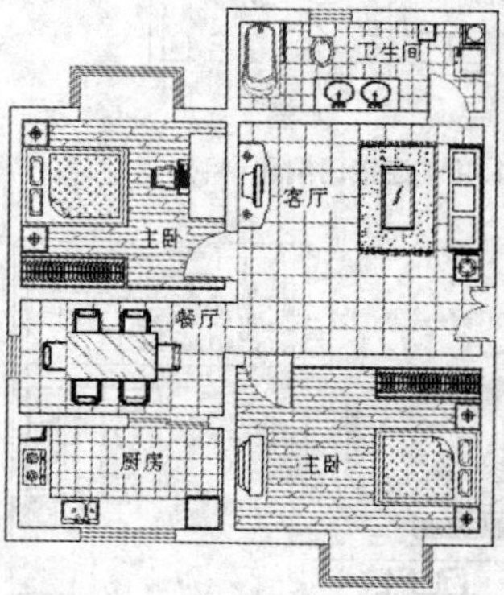

图 11.1.57　填充效果

（53）再次利用图案填充命令，对橱柜台面和洗手池台面进行填充，表示人造大理石台面，设置填充参数如图 11.1.58 所示，填充效果如图 11.1.59 所示。

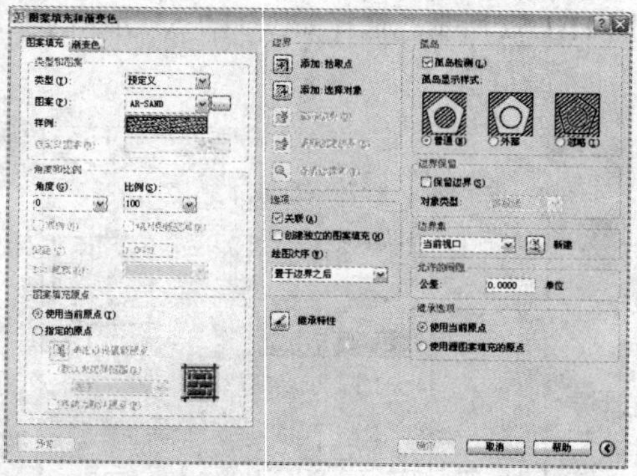

图 11.1.58　设置填充参数

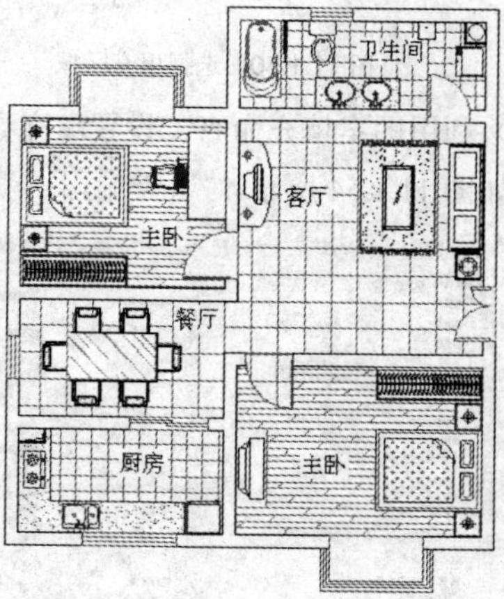

图 11.1.59　填充效果

（54）显示“轴线”层，设置“标注”层为当前图层，选择 格式(O) → 标注样式(D)... 命令，系统弹出 标注样式管理器 对话框，如图 11.1.60 所示。单击 新建(N)... 按钮，弹出 创建新标注样式 对话框，在 新样式名(N): 文本框中输入“建筑标注”，如图 11.1.61 所示。之后单击 继续 按钮，系统弹出 新建标注样式：建筑标注 对话框。

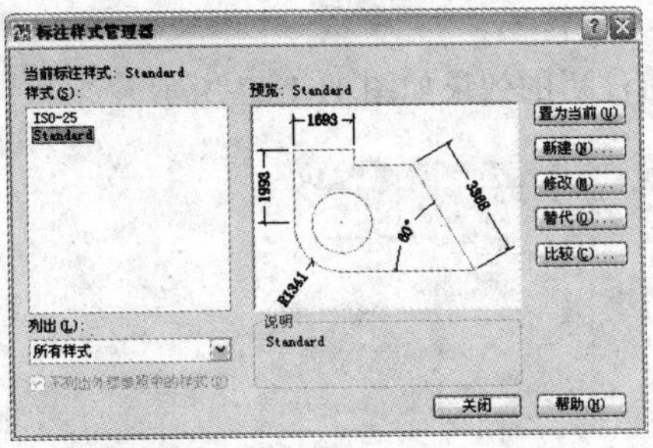

图 11.1.60　“标注样式管理器”对话框

图 11.1.61　“创建新标注样式”对话框

（55）在新建标注样式：建筑标注对话框中，选择“直线”选项卡，对其进行参数设置，如图 11.1.62 所示。

（56）打开“符号和箭头”选项卡，对其进行参数设置，如图 11.1.63 所示。

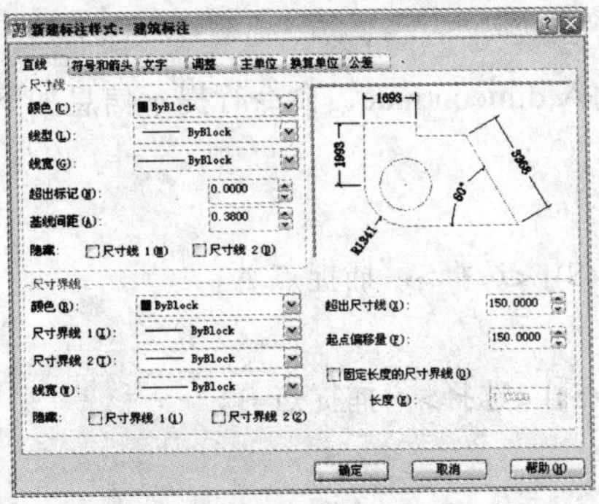

图 11.1.62　“直线”选项卡

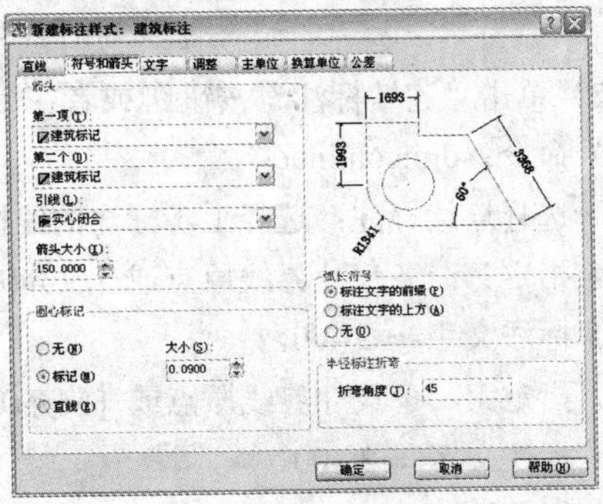

图 11.1.63　“符号和箭头”选项卡

（57）打开“文字”选项卡，对其进行参数设置，如图 11.1.64 所示。

（58）打开“调整”选项卡，对其进行参数设置，如图 11.1.65 所示。

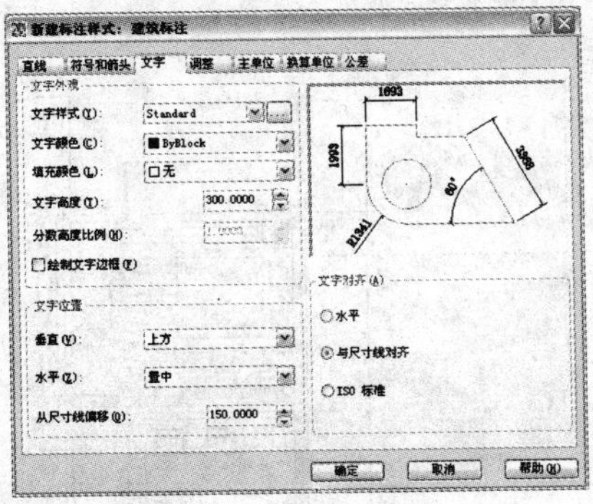

图 11.1.64　“文字”选项卡

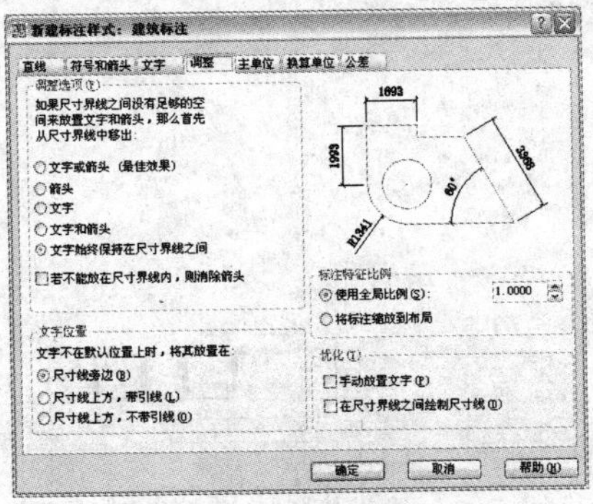

图 11.1.65　“调整”选项卡

（59）打开“主单位”选项卡，对其进行参数设置，如图 11.1.66 所示。

（60）设置完成后，单击确定按钮，系统返回到标注样式管理器对话框。单击该对话框中的置为当前（U）按钮和关闭按钮，完成标注样式的所有设置。

（61）单击“线性标注”按钮或者在命令行输入 dimlinear，命令行提示信息如下：

1）命令：dimlinear↙。

2）指定第一条尺寸界线原点或 <选择对象>：捕捉点 A。

3）指定第二条尺寸界线原点：捕捉点 B。

4）指定尺寸线位置或[多行文字(M)/文字(T)/角度(A)/水平(H)/垂直(V)/旋转(R)]：确定尺寸线标

注位置。

5）标注文字 ＝2 200，对图形进行线性标注后的效果如图 11.1.67 所示。

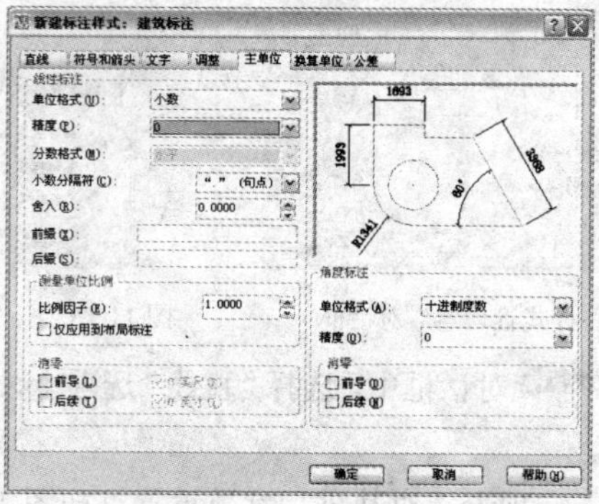

图 11.1.66 “主单位”选项卡

（62）单击“连续标注”按钮或者在命令行输入 dimcontinue，命令行提示信息如下：

1）命令：dimcontinue↙。

2）选择连续标注：选择上步标注的线性标注。

3）指定第二条尺寸界线原点或 [放弃(U)/选择(S)] <选择>：捕捉点 A。

4）标注文字 ＝2 400。

5）指定第二条尺寸界线原点或 [放弃(U)/选择(S)] <选择>：捕捉点 B。

6）标注文字 ＝3 400。

7）指定第二条尺寸界线原点或 [放弃(U)/选择(S)] <选择>：捕捉点 C。

8）标注文字 ＝1 900。

9）指定第二条尺寸界线原点或 [放弃(U)/选择(S)] <选择>：↙，对图形进行连续标注后的效果如图 11.1.68 所示。

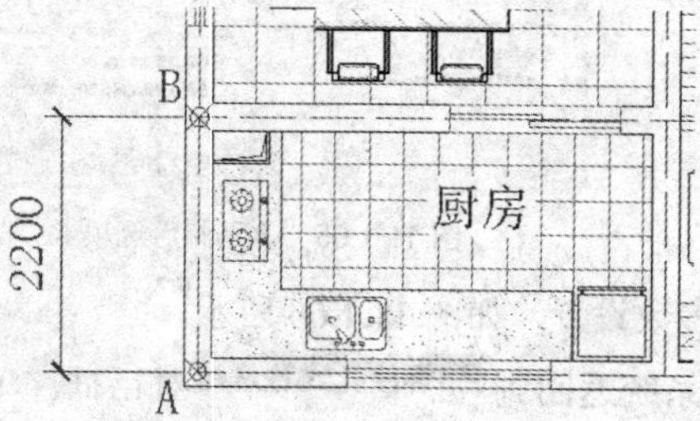

图 11.1.67 线性标注

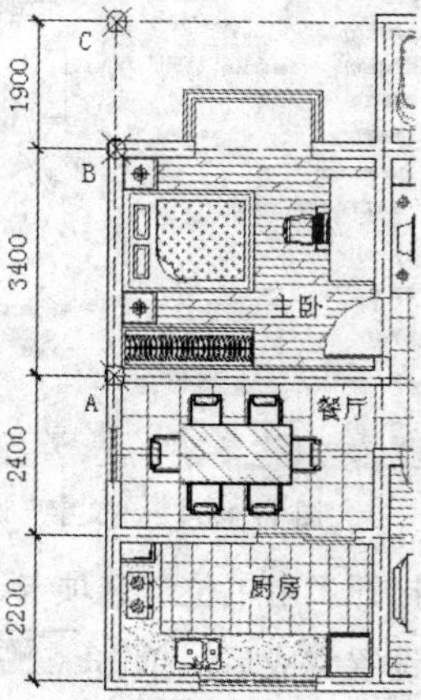

图 11.1.68 连续标注

（63）参照步骤（61）和步骤（62）的操作，对图形其他部分进行线性标注和连续标注，结果如图 11.1.69 所示。

（64）对尺寸标注进行编辑，结果如图 11.1.70 所示。

（65）利用线性标注命令，对图形进行线性标注，效果如图 11.1.71 所示。

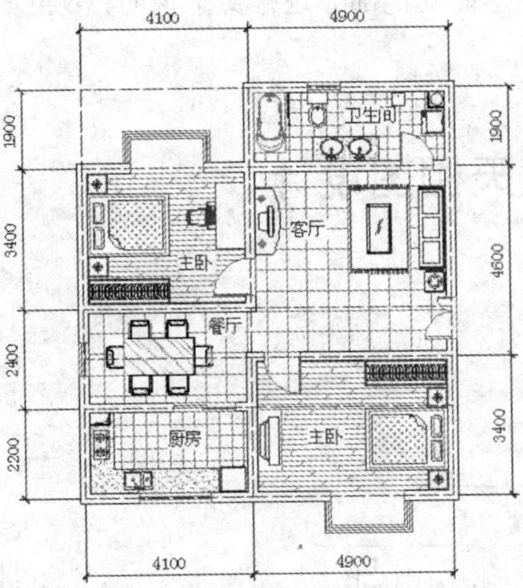

图 11.1.69　线性标注和连续标注

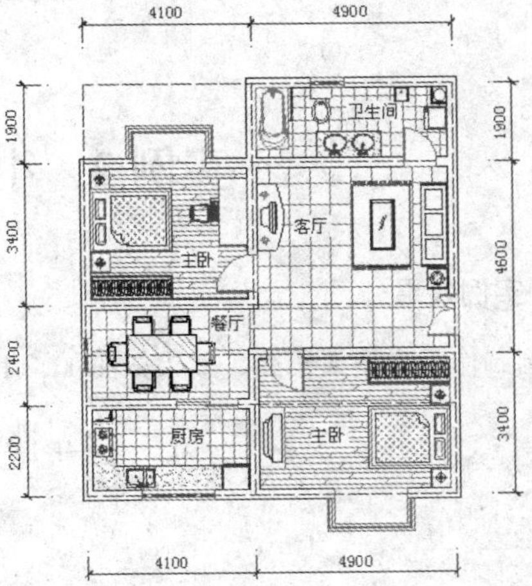

图 11.1.70　编辑尺寸标注

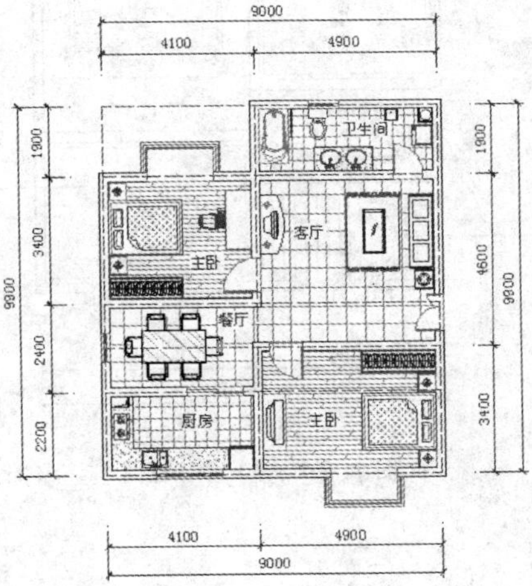

图 11.1.71　线性标注

（66）隐藏“轴线”层，设置“文字”层为当前图层，单击“快速引线”按钮或者在命令行输入 qleader，绘制一条如图 11.1.72 所示的引线。

（67）单击“多行文字”按钮或者在命令行输入 mtext，对图形进行文字说明，效果如图 11.1.73 所示。

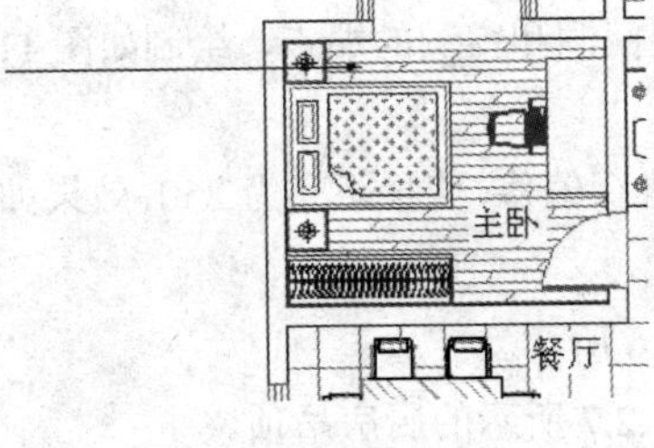

图 11.1.72　绘制引线

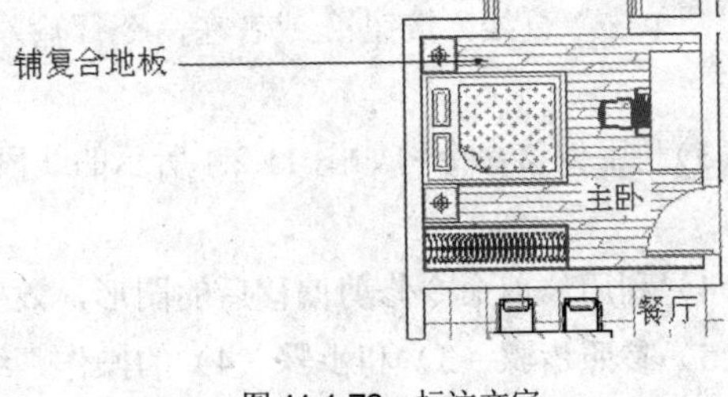

图 11.1.73　标注文字

（68）重复步骤（66）和步骤（67）的操作，对图形的其他部分进行文字说明，效果如图 11.1.1 所示。

实例 2　小户型天棚图设计

1．实例效果

本例制作小户型天棚图，效果如图 11.2.1 所示。

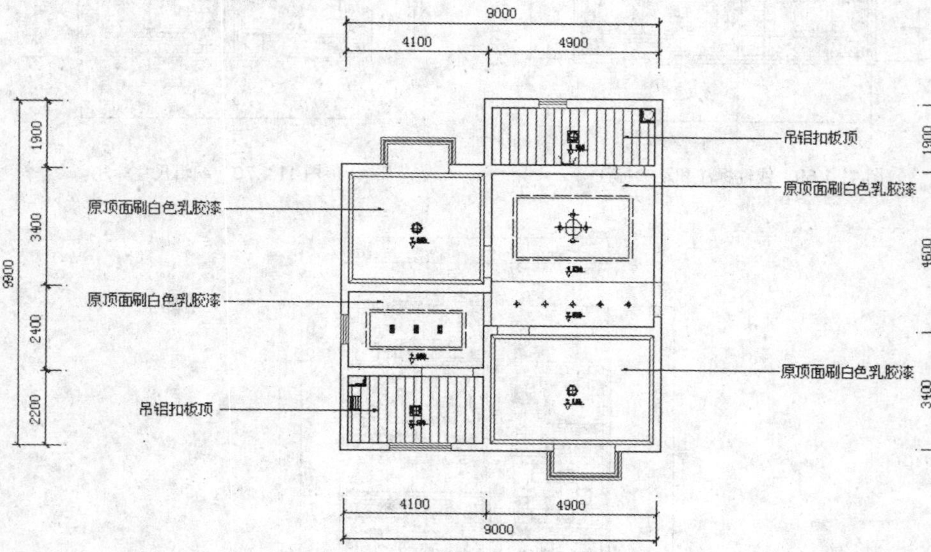

图 11.2.1　小户型天棚图

2．实例目的

掌握小户型天棚图的设计方法和技巧。

3．本例知识点

在制作过程中将用到直线、矩形、偏移和文字标注等命令。

4．制作过程

（1）将上节绘制的小户型平面图复制一份，单击“删除”按钮或者在命令行输入 erase，删除与天棚图无关的平面图块和线段，如图 11.2.2 所示。

（2）利用图层命令，创建一个图层，图层的名称为“天棚”，颜色为“红色”，将该层设置为当前图层。单击“直线”按钮或者在命令行输入 line，捕捉门洞和窗洞的端点，绘制如图 11.2.3 所示的图形。

（3）利用偏移命令将如图 11.2.4 所示的线段依次向右进行偏移，偏移距离为 250，效果如图 11.2.5 所示。

（4）利用修剪命令修剪偏移后的图形，效果如图 11.2.6 所示。

（5）参照步骤（3）和步骤（4）的操作，绘制如图 11.2.7 所示的厨房吊顶。

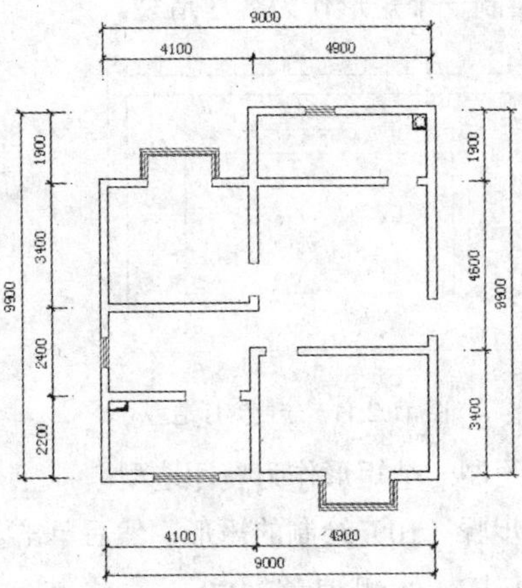

图 11.2.2　删除图形

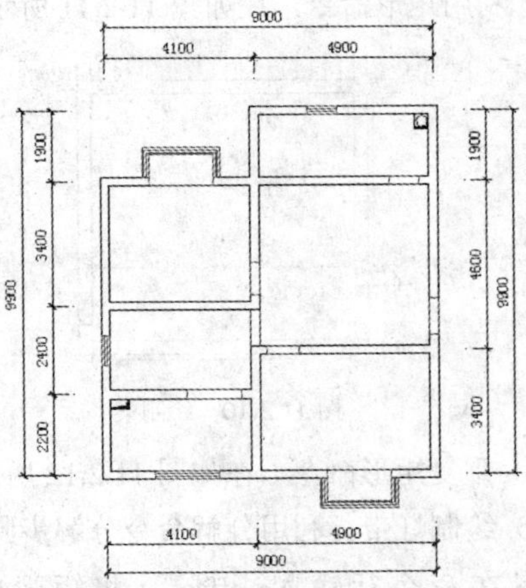

图 11.2.3　连接门洞和窗洞

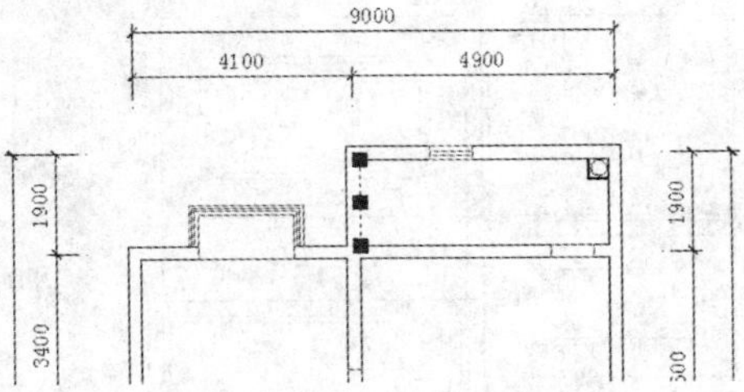

图 11.2.4　选择偏移线段

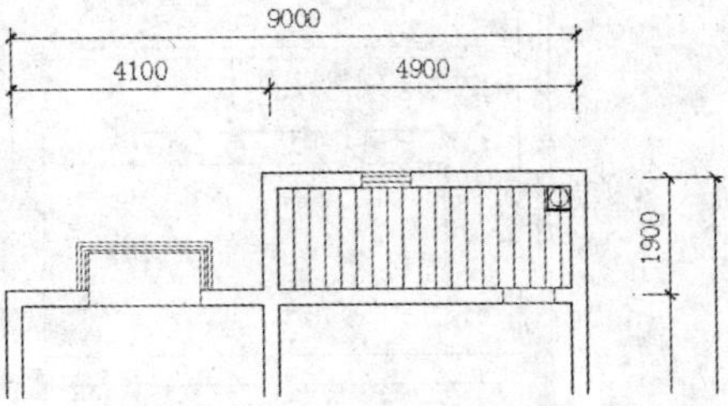

图 11.2.5　偏移后的图形

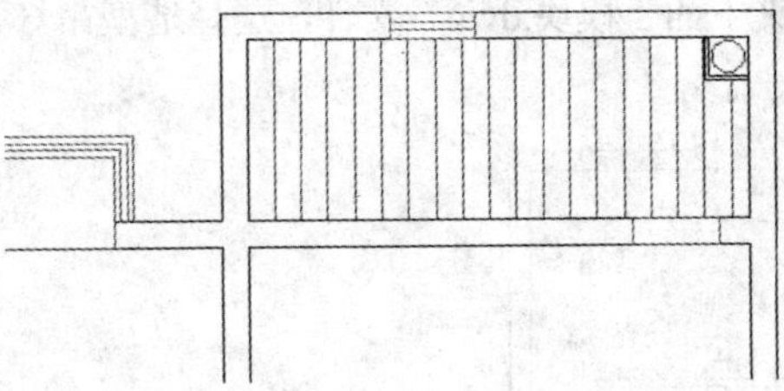

图 11.2.6　修剪图形

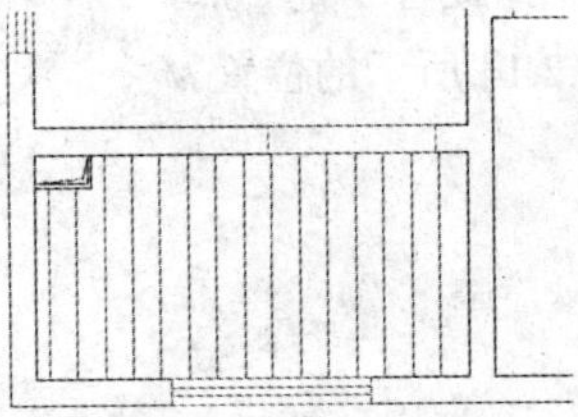

图 11.2.7　绘制厨房吊顶

（6）绘制卧室天棚造型。利用矩形、偏移和直线命令绘制如图 11.2.8 所示的图形。

（7）捕捉两个主卧室的中心点，然后打开“练习”文件夹下的“模块.dwg”文件，选择普通吸顶灯图形，将其插入到如图 11.2.9 所示的位置。

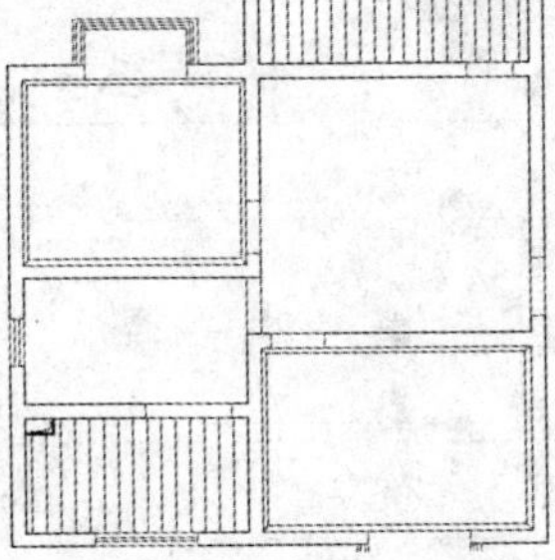

图 11.2.8　绘制卧室天棚造型

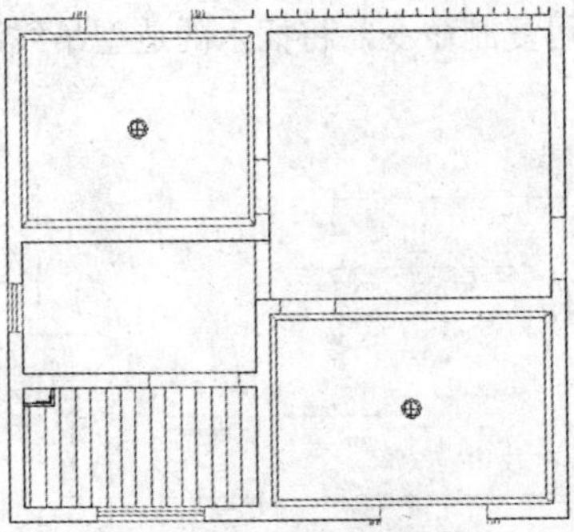

图 11.2.9　插入普通吸顶灯图形

（8）绘制客厅天棚造型。利用直线命令绘制天棚图形中的梁，如图 11.2.10 所示。

（9）利用矩形命令，在如图 11.2.11 所示的位置绘制一个矩形作为客厅造型。

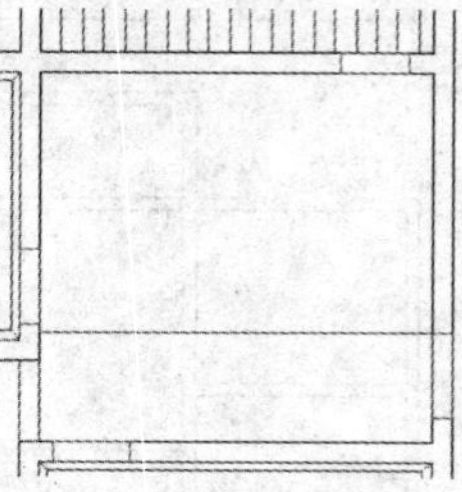

图 11.2.10　绘制梁

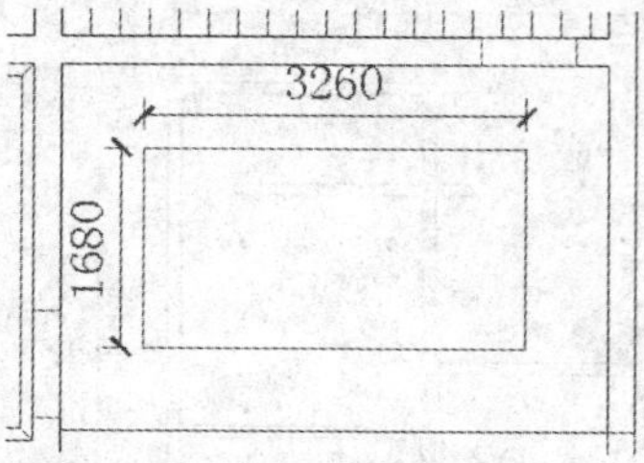

图 11.2.11　绘制客厅造型

（10）重复矩形命令，在如图 11.2.12 所示的位置绘制一个矩形作为餐厅造型。

（11）绘制灯带。利用分解命令分解步骤（9）和步骤（10）绘制的矩形，然后单击“偏移”按钮或者在命令行输入 offset，将矩形的所有边线向外侧偏移 100，并将其线型转换为“ACAD_IS002W100”，如图 11.2.13 所示。

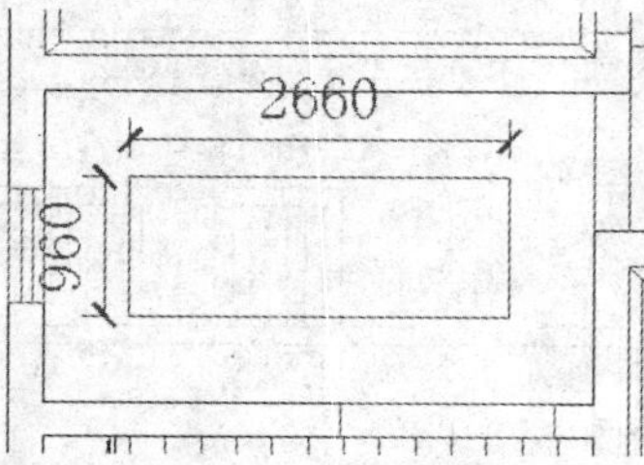

图 11.2.12　绘制餐厅造型

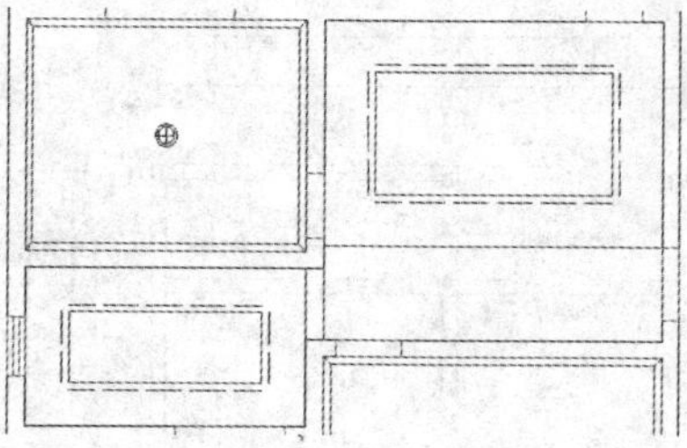

图 11.2.13　绘制灯带

（12）捕捉客厅中心点，打开“练习”文件夹下的“模块.dwg”文件，选择造型吊灯，将其插入到如图 11.2.14 所示的位置。

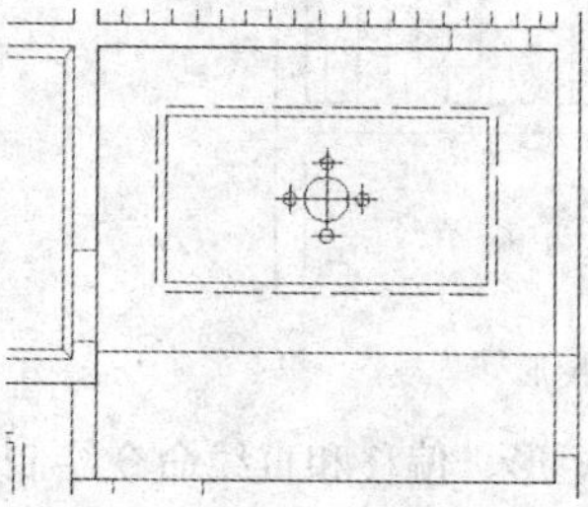

图 11.2.14　插入造型吊灯

（13）捕捉餐厅中心点，选择造型吊线灯，将其插入到如图 11.2.15 所示的位置。

（14）利用复制命令，将插入的造型吊线灯分别向左侧和右侧进行复制操作，其最终效果如图 11.2.16 所示。

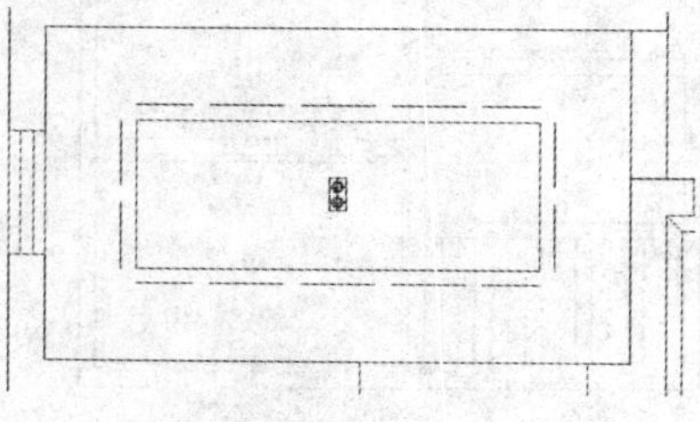

图 11.2.15　插入造型吊线灯

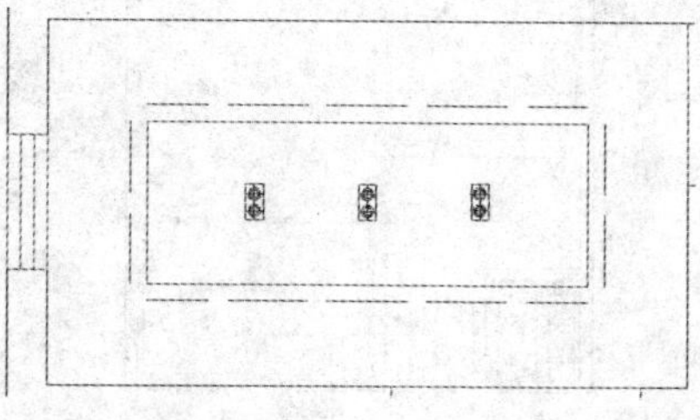

图 11.2.16　复制吊线灯

（15）选择筒灯，将其插入到过道处，并对其进行复制操作，效果如图 11.2.17 所示。

（16）捕捉厨房中心点，选择防雾灯，将其插入到如图 11.2.18 所示的位置。

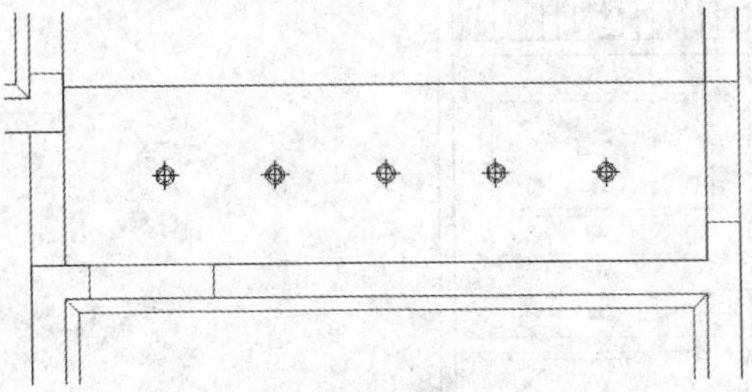
图 11.2.17　插入筒灯

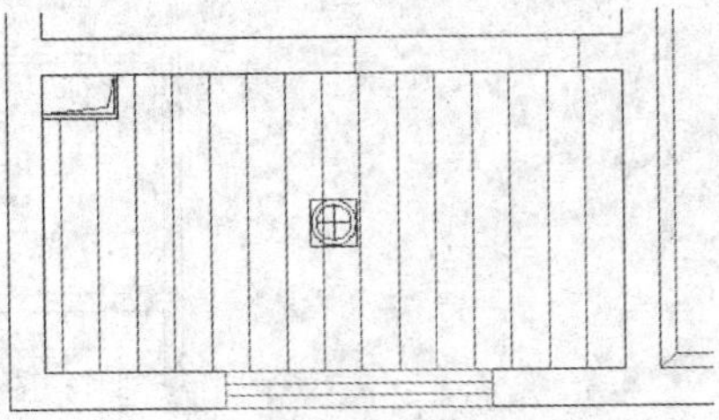
图 11.2.18　插入防雾灯

（17）捕捉卫生间的中心点，选择防雾灯，将其插入到如图 11.2.19 所示的位置。

（18）选择换气扇和镜前灯，将其插入到如图 11.2.20 所示的位置。

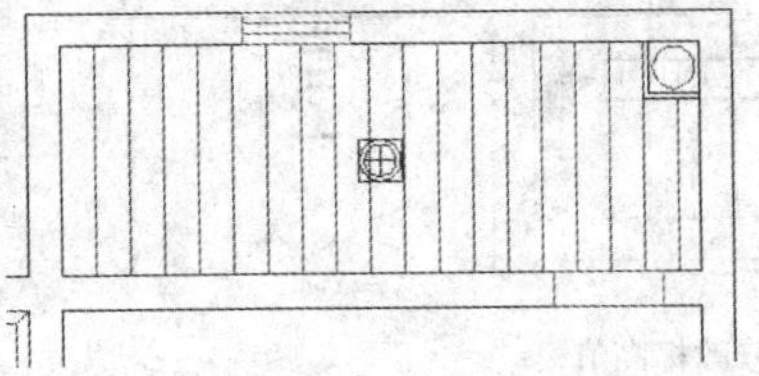
图 11.2.19　插入防雾灯

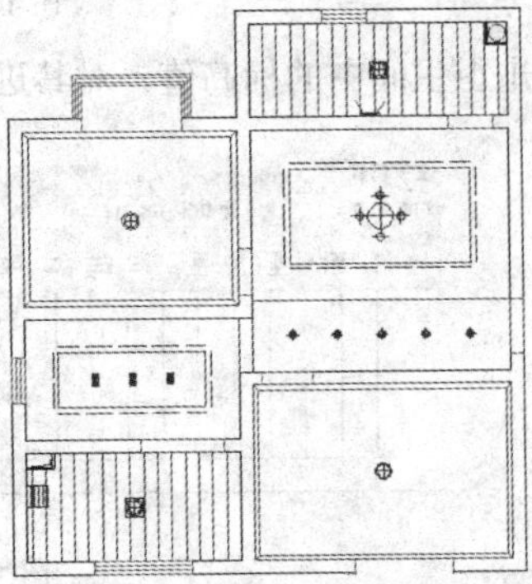
图 11.2.20　插入换气扇和镜前灯

（19）设置“文字”层为当前图层，利用多段线和文字命令绘制如图 11.2.21 所示标高符号。

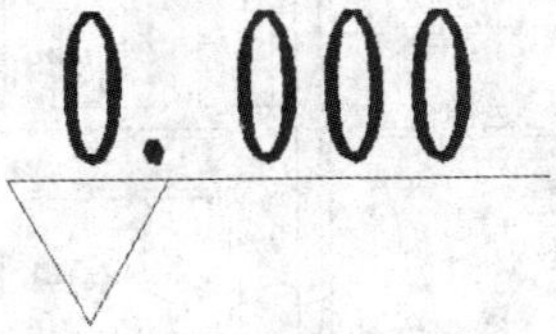

图 11.2.21　绘制标高符号

（20）双击标高符号中的标高值，系统打开**文字格式**窗口，在该窗口中重新输入数字 2.800，表示卧室层高为 2.800，效果如图 11.2.22 所示。

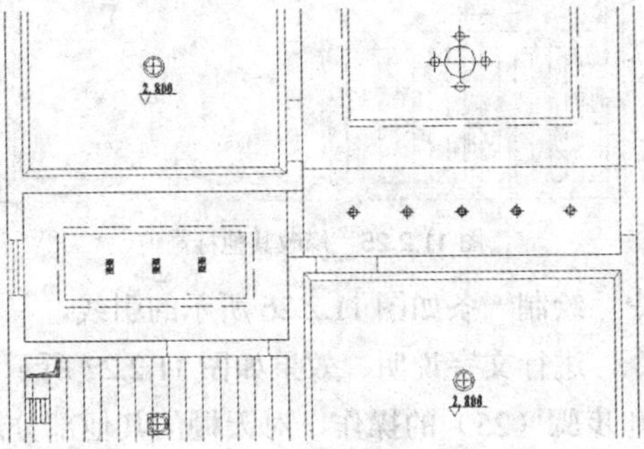
图 11.2.22　标注卧室层高

（21）利用复制命令将卧室标高标注复制到如图 11.2.23 所示的位置。

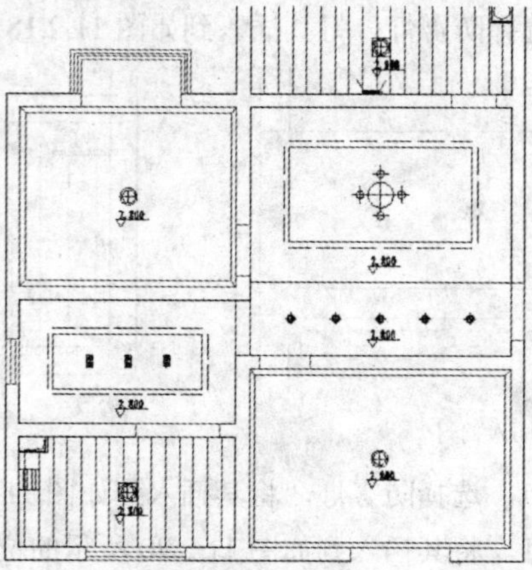

图 11.2.23　复制标高标注

（22）双击卫生间中的标高值，对其进行修改，如图 11.2.24 所示。

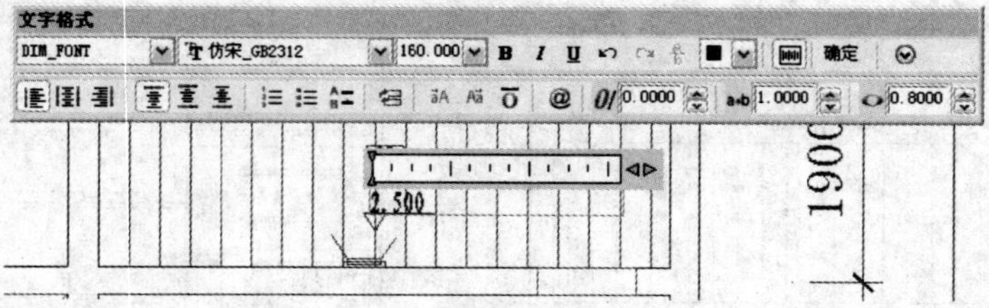

图 11.2.24　修改标高值

（23）重复上步操作步骤，修改其他标高值，其效果如图 11.2.25 所示。

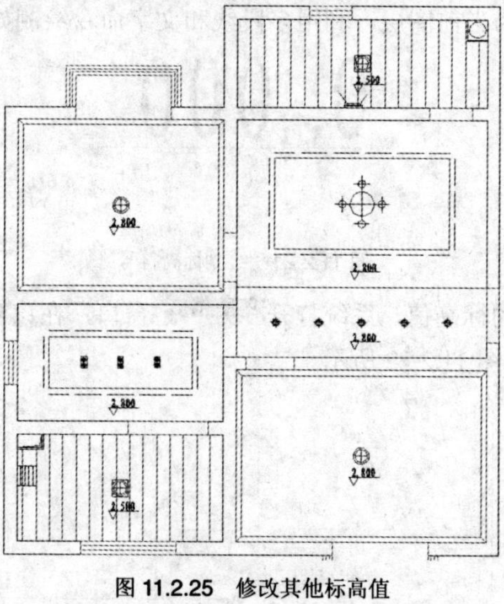

图 11.2.25　修改其他标高值

（24）利用快速引线命令，绘制一条如图 11.2.26 所示的引线。

（25）利用多行文字命令，进行文字说明，效果如图 11.2.27 所示。

（26）重复步骤（24）和步骤（25）的操作，对天棚的其他部分进行材质说明，最终效果如图 11.2.1 所示。

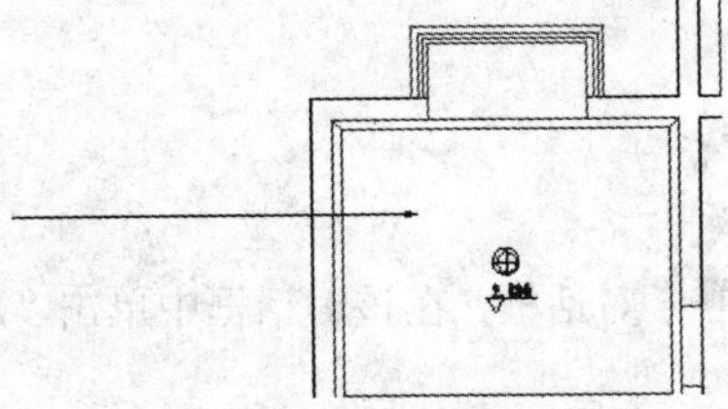

图 11.2.26　绘制引线

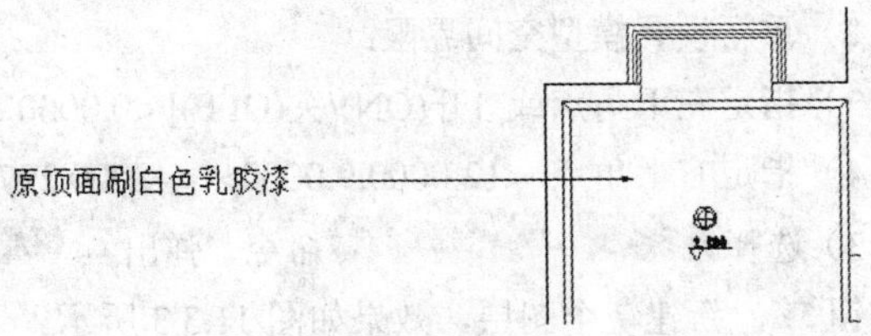

图 11.2.27　文字说明

实例 3　错层平面图设计

1. 实例效果

本例制作错层平面图，效果如图 11.3.1 所示。

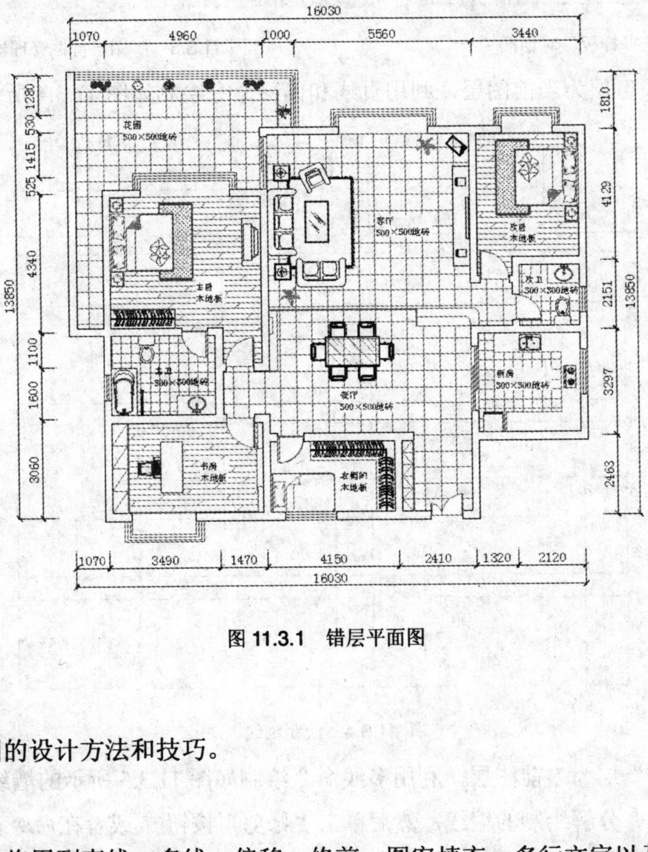

图 11.3.1　错层平面图

2. 实例目的

掌握错层平面图的设计方法和技巧。

3. 本例知识点

在制作过程中，将用到直线、多线、偏移、修剪、图案填充、多行文字以及尺寸标注等命令。

4. 制作过程

（1）选择 文件(F) → 新建(N)... 命令，系统弹出 选择样板 对话框，如图 11.3.2 所示。在该对话框中选择 acad 样板，单击 打开(O) 按钮，创建一个新图形文件。

（2）设置绘图界限。在命令行输入 limits，命令行提示信息如下：

1）命令：limits↙。

2）重新设置模型空间界限：

3）指定左下角点或 [开(ON)/关(OFF)] <0.0000,0.0000>：↙。

4）指定右上角点 <12.0000,9.0000>：42000,29700↙。

（3）选择 格式(O) → 图层(L)... 命令，弹出 图层特性管理器 对话框，在该对话框中单击“新建图层”按钮，新建 7 个图层，效果如图 11.3.3 所示。

图 11.3.2　“选择样板”对话框

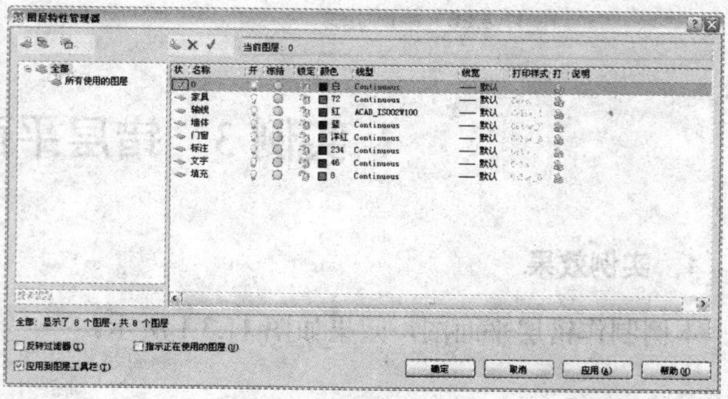

图 11.3.3　“图层特性管理器”对话框

（4）设置“轴线”层为当前图层，利用直线和偏移命令绘制如图 11.3.4 所示的轴线。

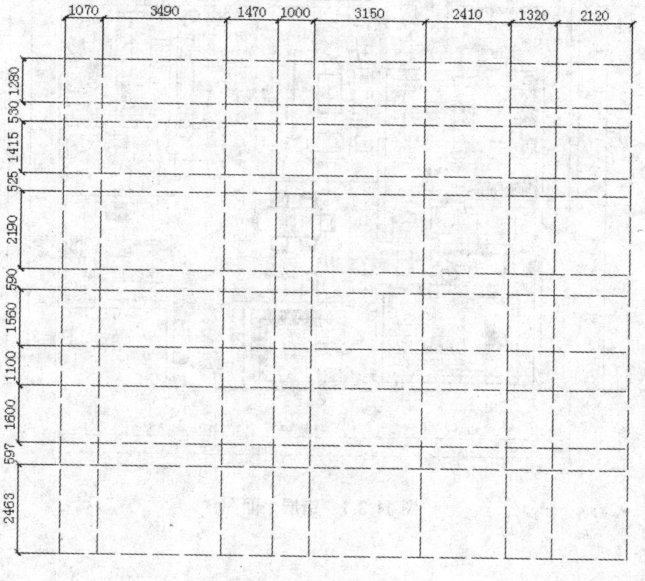

图 11.3.4　绘制轴线

（5）设置“墙体”层为当前图层，利用多线命令绘制如图 11.3.5 所示的墙线。

（6）利用分解命令分解绘制的墙线，然后单击“修剪”按钮或者在命令行输入 trim，修剪绘制的墙体。最后，隐藏“轴线”层，效果如图 11.3.6 所示。

（7）设置“门窗”层为当前图层，利用偏移和修剪命令绘制门洞和窗洞，效果如图 11.3.7 所示。

（8）利用直线、圆弧和矩形命令，绘制窗块和门块，然后将其插入到如图 11.3.8 所示的位置，并对其进行修剪处理。

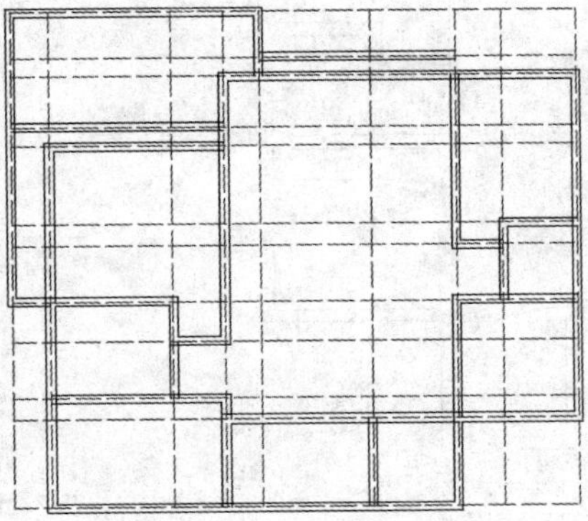

图 11.3.5　绘制墙线

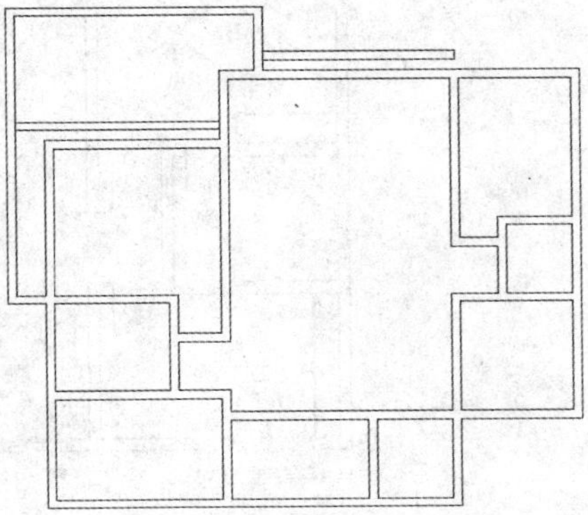

图 11.3.6　修剪墙线

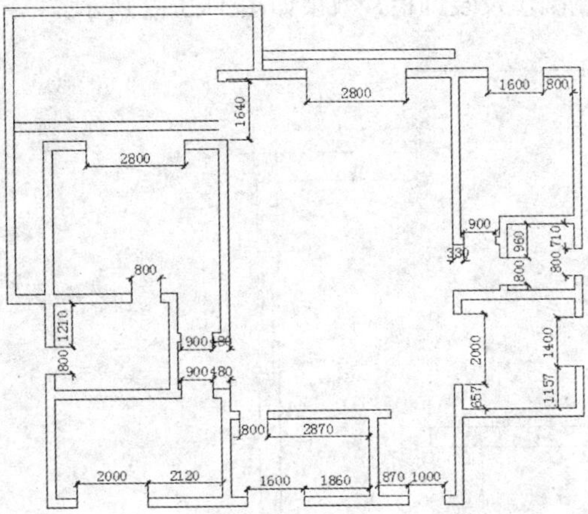

图 11.3.7　绘制窗洞和门洞

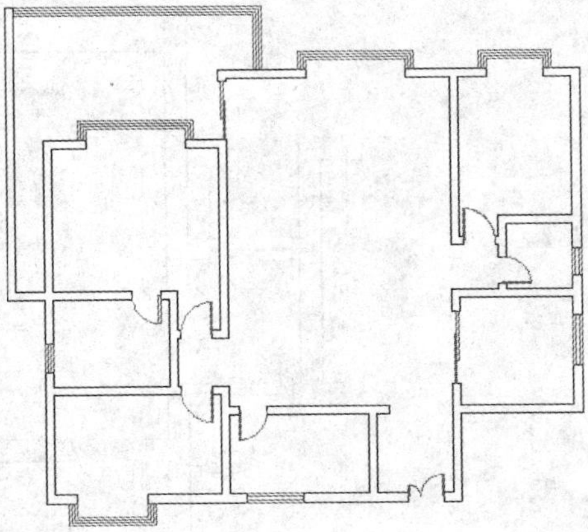

图 11.3.8　插入门和窗

（9）设置“家具”层为当前图层，利用直线命令绘制窗线和门边线，如图 11.3.9 所示。

（10）利用直线、偏移和修剪命令，绘制厨房橱柜台面，如图 11.3.10 所示。

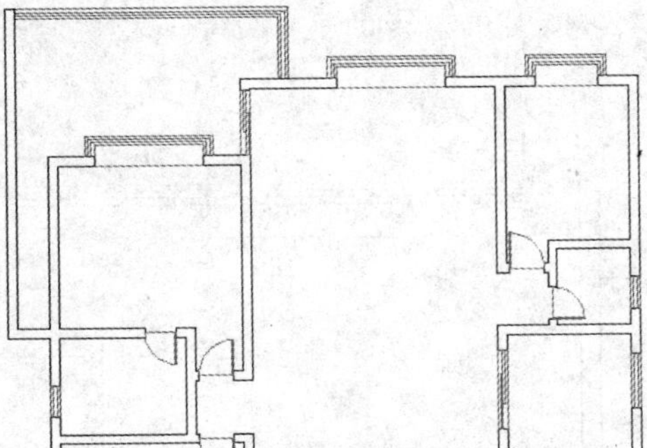

图 11.3.9　绘制窗线和门边线

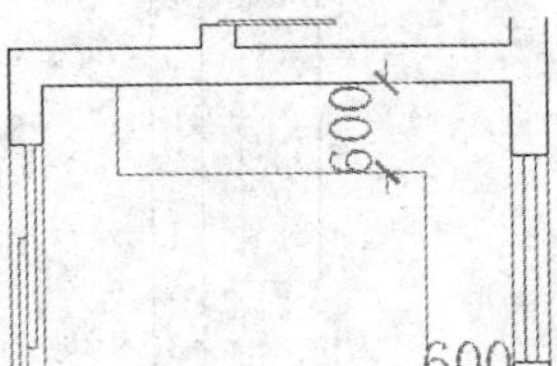

图 11.3.10　绘制厨房橱柜台面

（11）重复直线、偏移和修剪命令，绘制卫生间洗面台、衣帽间衣柜、卧室衣柜、书房书柜、鞋柜等家具的平面图块，效果如图 11.3.11 所示。

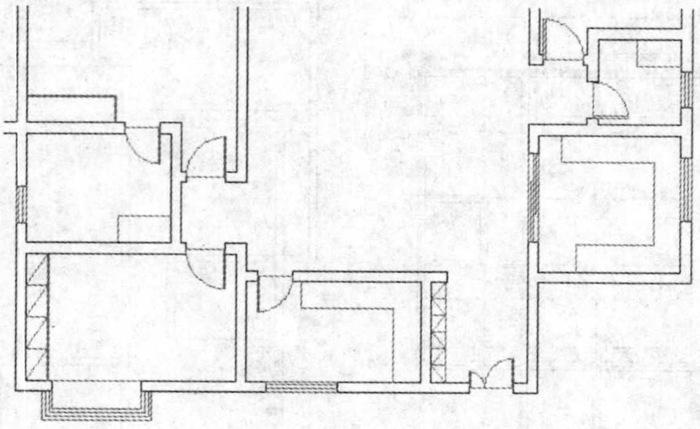

图 11.3.11　绘制家具平面图块

（12）利用直线、偏移、修剪和圆角命令，绘制踏步及装饰柜，效果如图 11.3.12 所示。

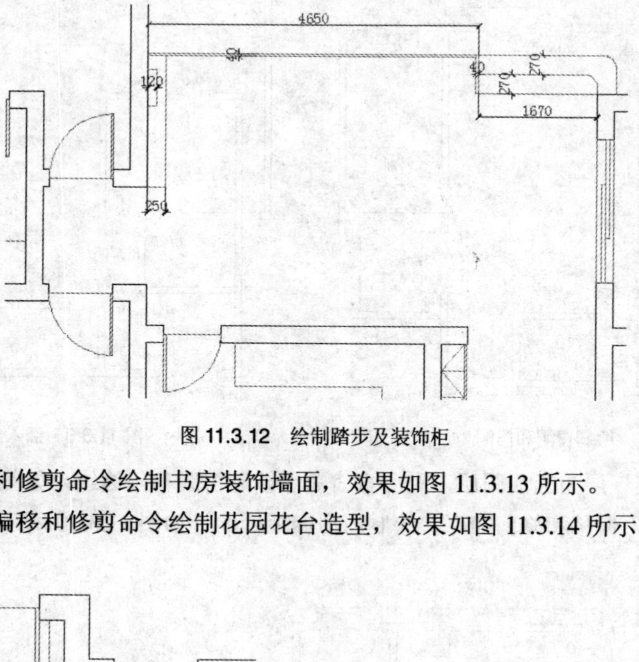

图 11.3.12　绘制踏步及装饰柜

（13）使用偏移和修剪命令绘制书房装饰墙面，效果如图 11.3.13 所示。

（14）重复使用偏移和修剪命令绘制花园花台造型，效果如图 11.3.14 所示。

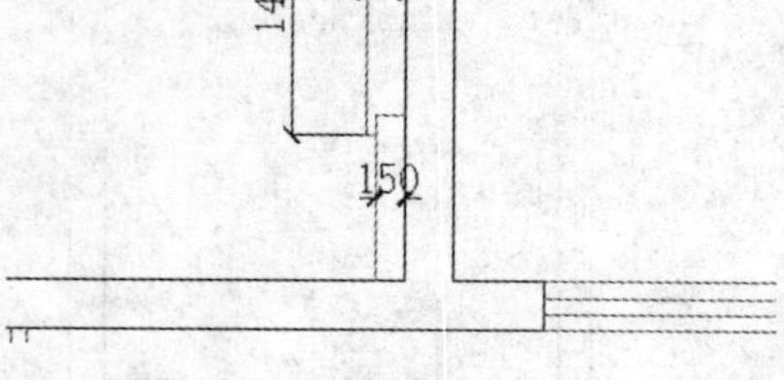

图 11.3.13　绘制书房装饰墙面

图 11.3.14　绘制花园花台造型

（15）打开“练习”文件文件夹下的“模块.dwg”，选择双人床图块、电视机图块和衣架图块，将其插入到如图 11.3.15 所示的位置。

（16）选择其他家具图块，将其插入到如图 11.3.16 所示的位置。

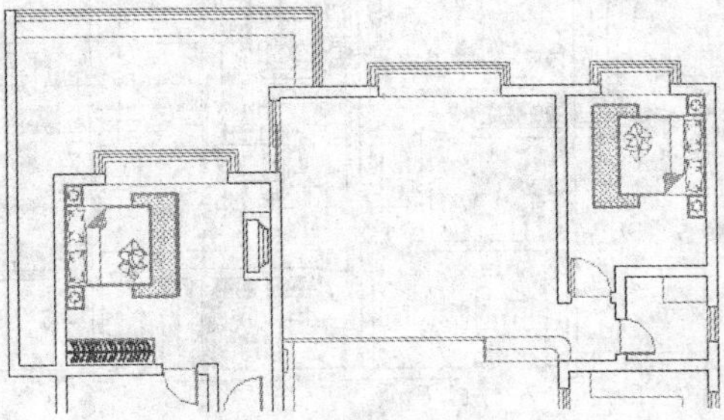

图 11.3.15　插入图块

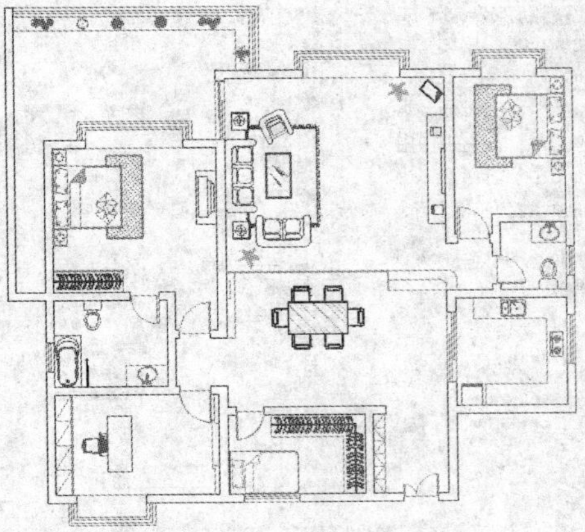

图 11.3.16　插入其他图块

（17）设置“文字”层为当前图层，利用多行文字对客厅进行文字说明，效果如图 11.3.17 所示。

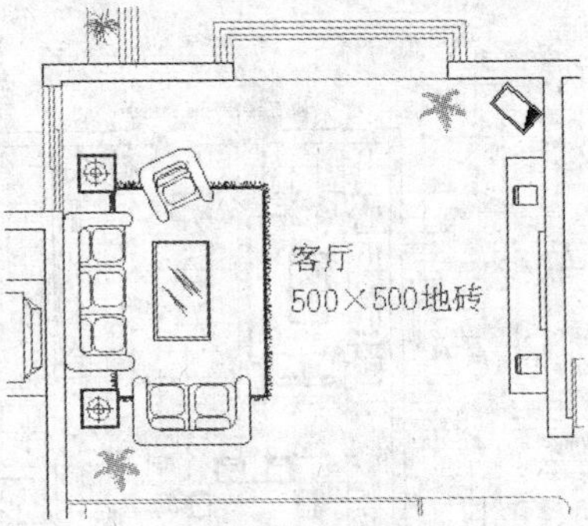

图 11.3.17　客厅说明

（18）利用复制命令，复制客厅说明文字，标注其他部分，并对其进行修改，完成后的效果如图 11.3.18 所示。

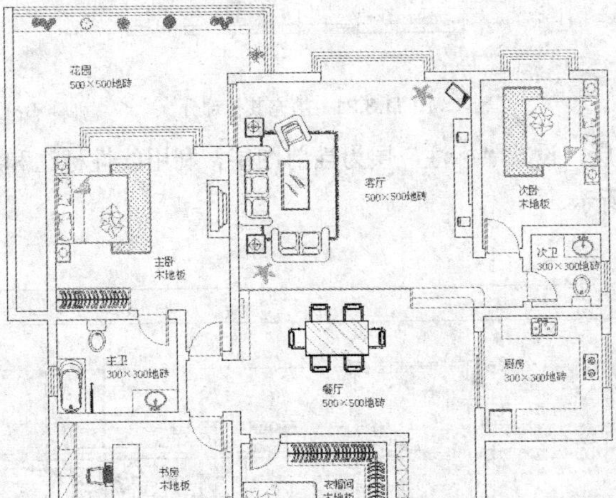

图 11.3.18　其他部分文字说明

（19）设置“填充”层为当前图层，设置图案填充参数如图 11.3.19 所示，填充后的效果如图 11.3.20 所示。

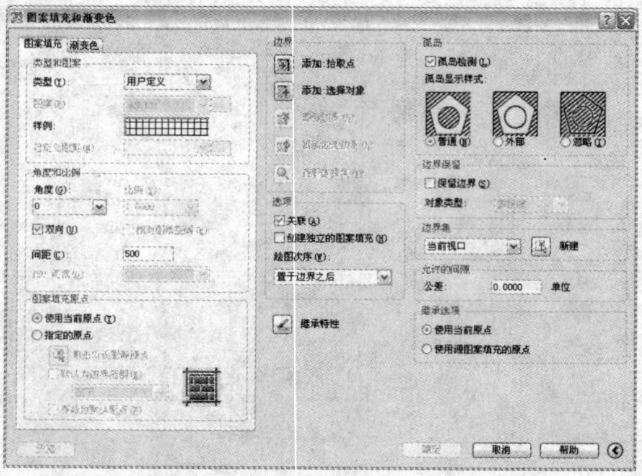

图 11.3.19　设置填充参数

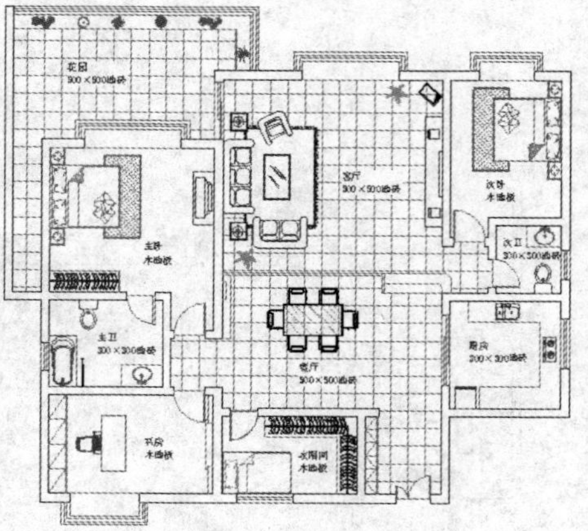

图 11.3.20　填充后的效果

（20）重复填充命令，对图形的其他部分进行填充，完成后的效果如图 11.3.21 所示。

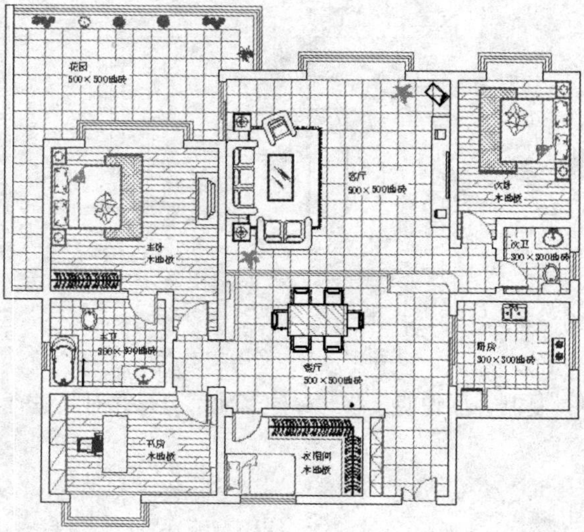

图 11.3.21　填充其他部分

（21）显示“轴线”层，设置“标注”层为当前图层，利用线性标注和连续标注命令对图形进行尺寸标注，如图 11.3.22 所示。

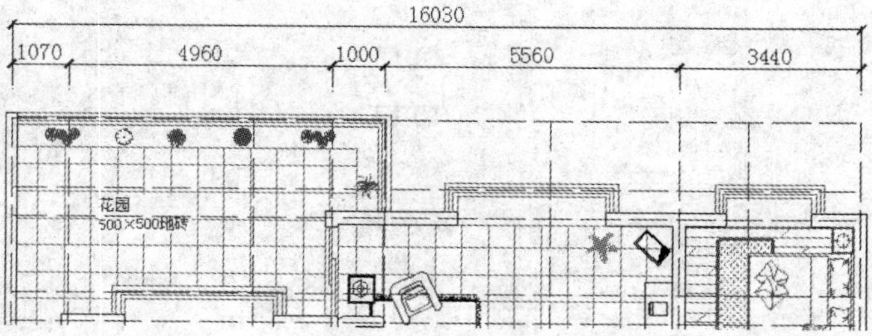

图 11.3.22　尺寸标注

（22）重复线性标注和连续标注命令对图形进行其他部分尺寸标注，完成后效果如图 11.3.23 所示。

（23）隐藏“轴线”层，其最终效果如图 11.3.1 所示。

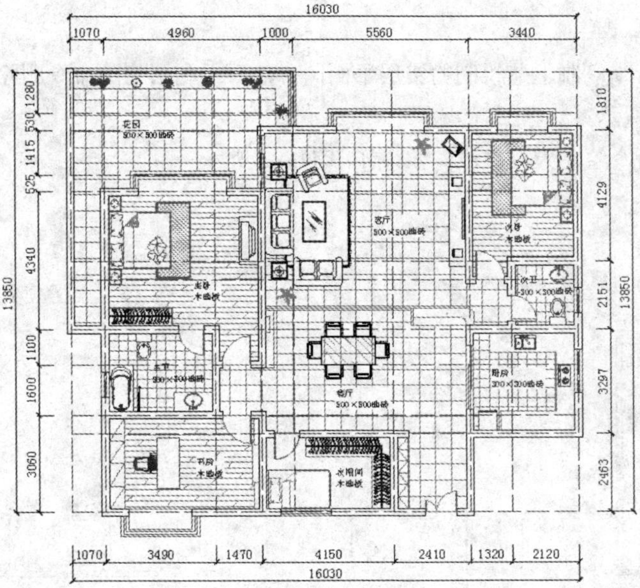

图 11.3.23　其他部分标注尺寸

实例 4　错层天棚图设计

1. 实例效果

本例制作错层天棚图，效果如图 11.4.1 所示。

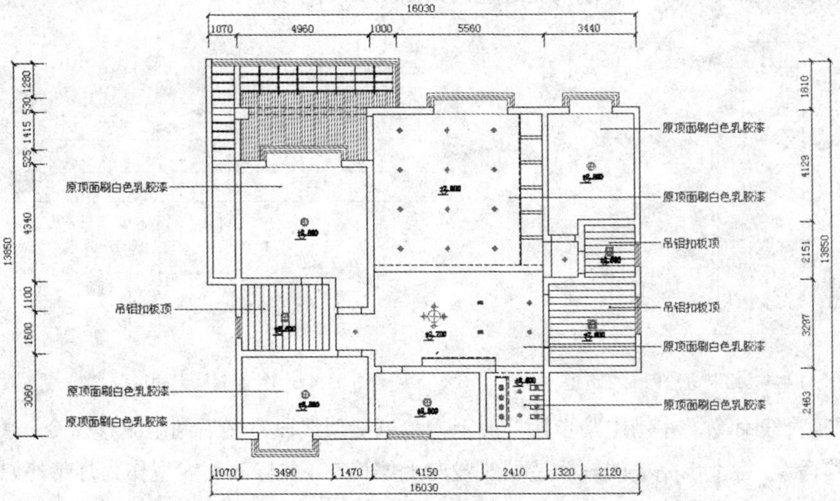

图 11.4.1　错层天棚图

2. 实例目的

掌握错层天棚图的设计方法和技巧。

3. 本例知识点

在制作过程中，将用到直线、偏移、修剪、多行文字以及尺寸标注等命令。

4. 制作过程

（1）利用复制命令复制上节绘制的错层平面图，然后再利用删除命令删除与天棚造型无关的平面图块，如图 11.4.2 所示。

（2）使用直线命令绘制天棚线段，效果如图 11.4.3 所示。

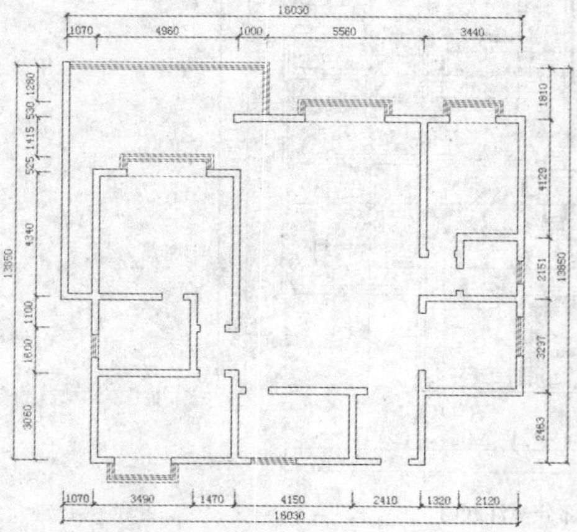

图 11.4.2　删除与天棚无关的平面图块

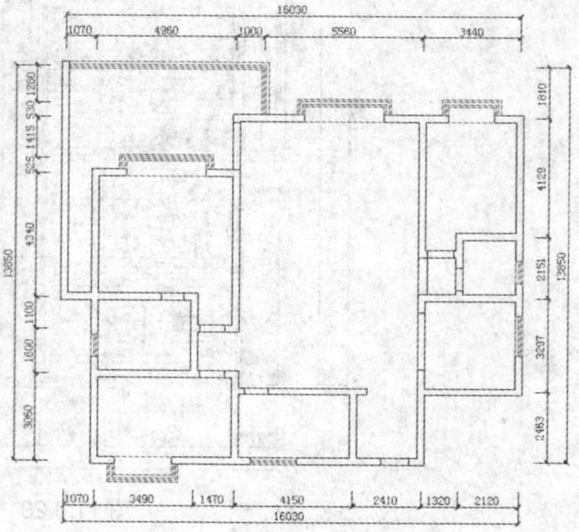

图 11.4.3　绘制天棚线段

（3）利用矩形、直线和偏移命令，绘制进户门天棚造型，如图 11.4.4 所示。

提示：在进户门天棚中，整个户型层高为 2.800 m，进门天棚下吊 300 mm，离地的距离为 2.500 m。

（4）利用直线命令，绘制餐厅天棚造型，如图 11.4.5 所示。

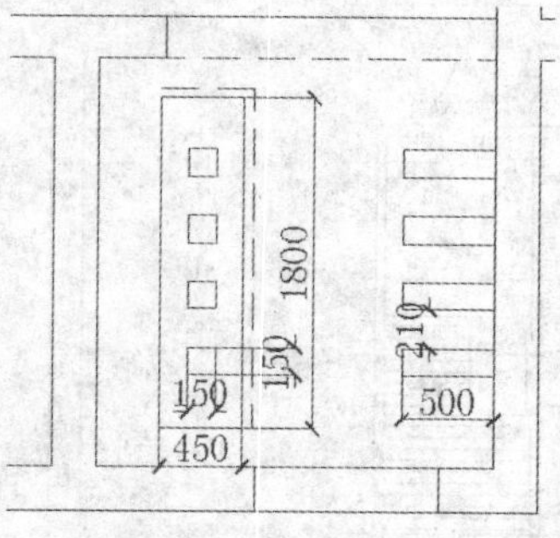

图 11.4.4　绘制进户门天棚造型

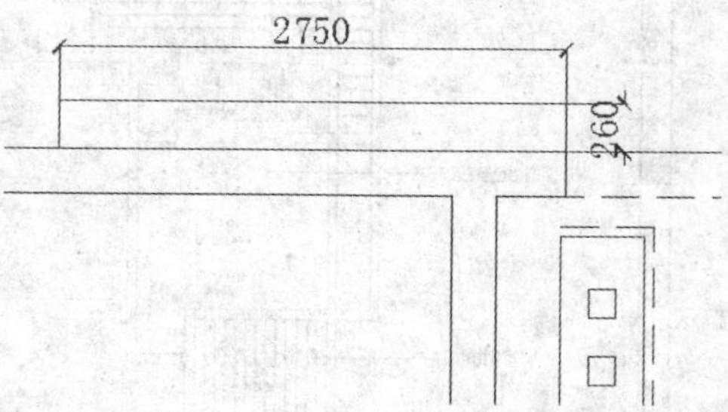

图 11.4.5　绘制餐厅天棚造型

（5）重复直线命令，在错层踏步栏杆的上方绘制造型线段，然后利用偏移命令，将其向上偏移 250。重复偏移命令，将上步完成的餐厅造型线段向上偏移 50，并修改其线型作为灯带，效果如图 11.4.6 所示。

（6）使用偏移和修剪命令绘制客厅天棚造型，效果如图 11.4.7 所示。

（7）利用矩形命令，在花园中绘制一个长为 550，宽为 400 的矩形，作为搭建花架需要的柱子，如图 11.4.8 所示。

（8）使用直线命令绘制搭建花架的辅助线段，效果如图 11.4.9 所示。

（9）利用直线、偏移、复制和修剪等命令绘制花园花台上方的花架，效果如图 11.4.10 所示。

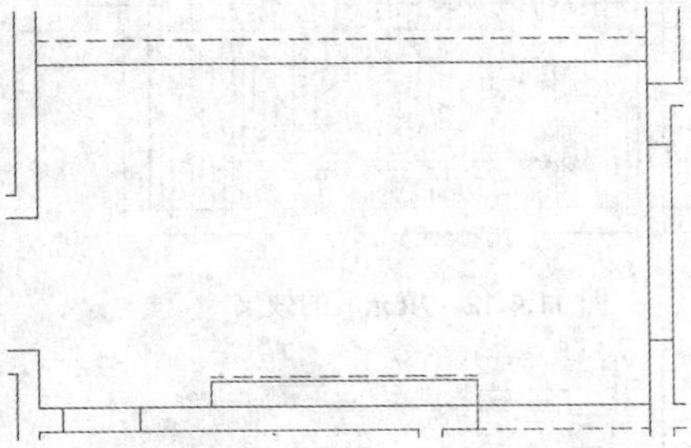

图 11.4.6　绘制餐厅天棚造型

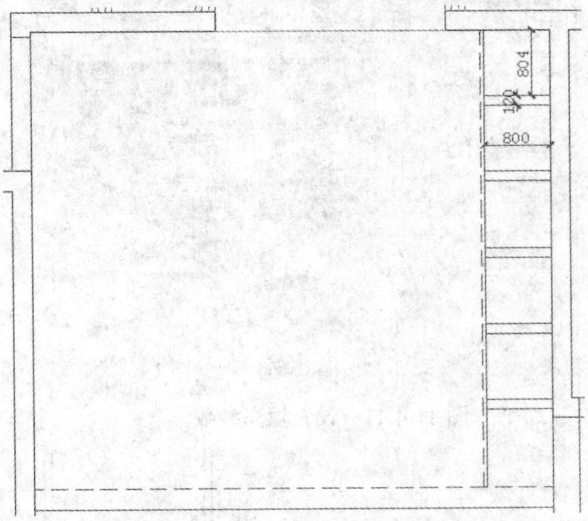

图 11.4.7　绘制客厅天棚造型

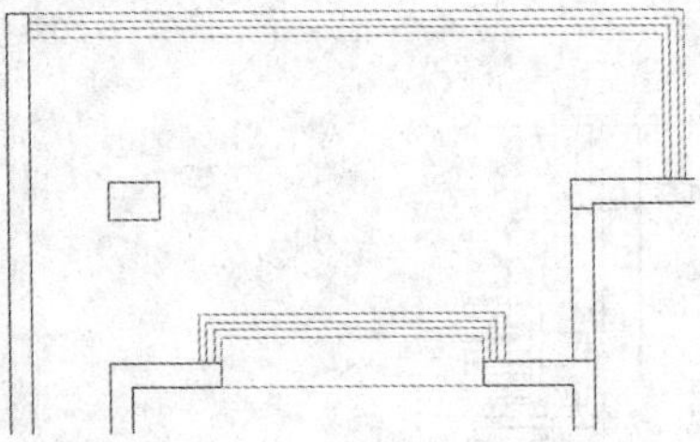

图 11.4.8　绘制矩形

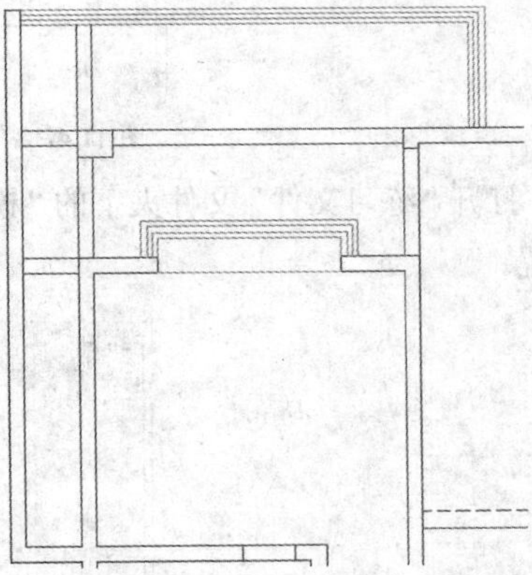

图 11.4.9　绘制搭建花架的辅助线段

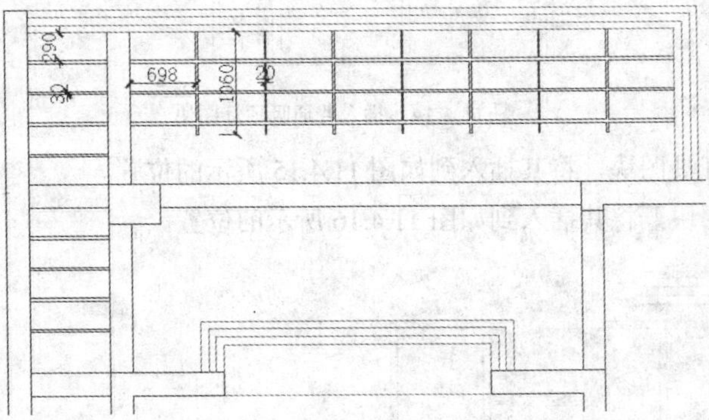

图 11.4.10　绘制花园花台上方的花架

（10）使用图案填充命令对花园进行填充。设置填充参数如图 11.4.11 所示，填充后的效果如图 11.4.12 所示。

提示：将搭建花架的辅助线段的线型转换为 ACAD_IS002W100，表示在搭建花架后，在顶面上看不到辅助线段，所以用虚线表示。

（11）利用偏移和修剪命令绘制卫生间和厨房天棚造型，效果如图 11.4.13 所示。

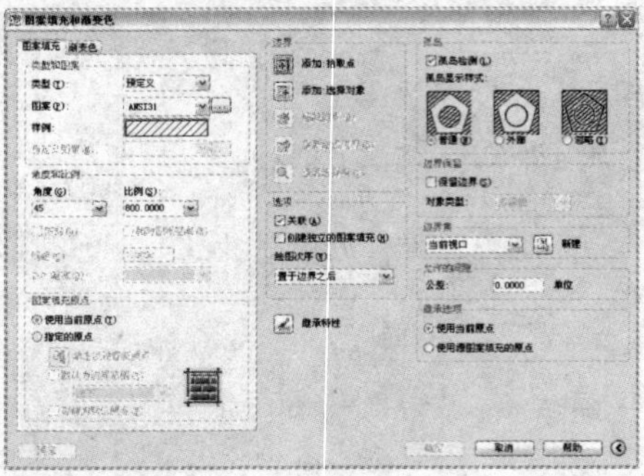

图 11.4.11　设置填充参数

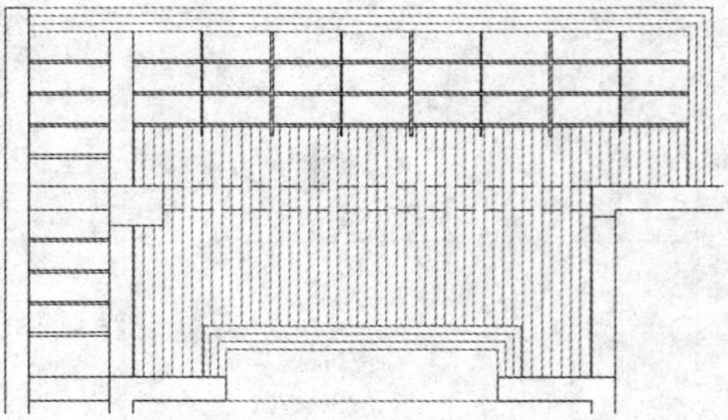

图 11.4.12　填充后的效果

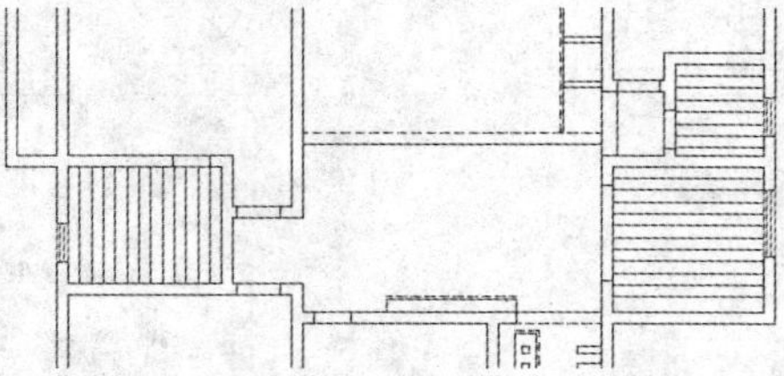

图 11.4.13　绘制卫生间和厨房天棚造型

（12）打开“练习文件”文件夹下的“模块.dwg”，选择普通吸顶灯图块，将其插入到如图 11.4.14 所示的位置。

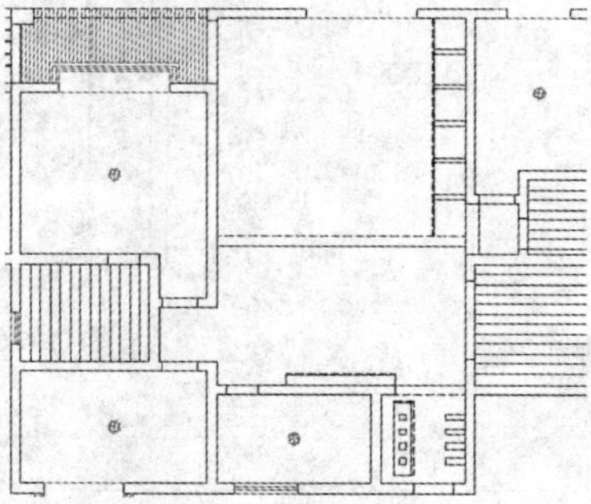

图 11.4.14　插入普通吸顶灯图块

（13）选择其他灯具图块，将其插入到如图 11.4.15 所示的位置。

（14）选择标高图块，将其插入到如图 11.4.16 所示的位置。

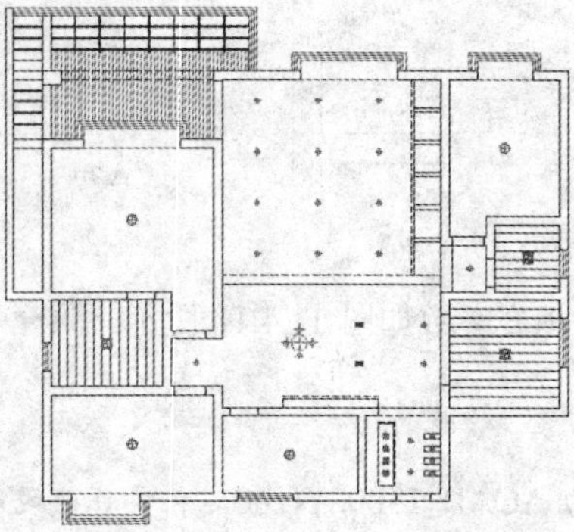

图 11.4.15　插入其他灯具图块

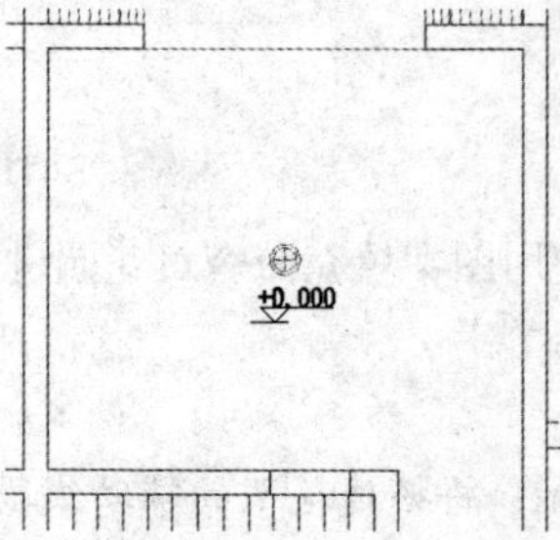

图 11.4.16　插入标高图块

（15）使用复制命令，将插入的标高图块进行多重复制，然后利用多行文字命令对其进行修改，效果如图 11.4.17 所示。

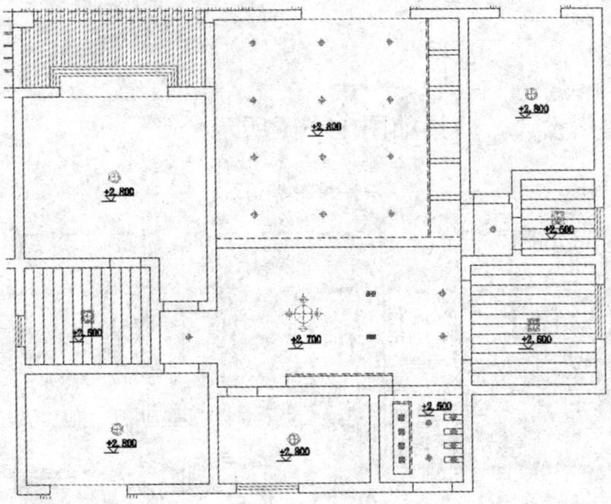

图 11.4.17　标注层高

（16）利用移动命令，将垂直/水平的尺寸标注移动到如图 11.4.18 所示的位置。

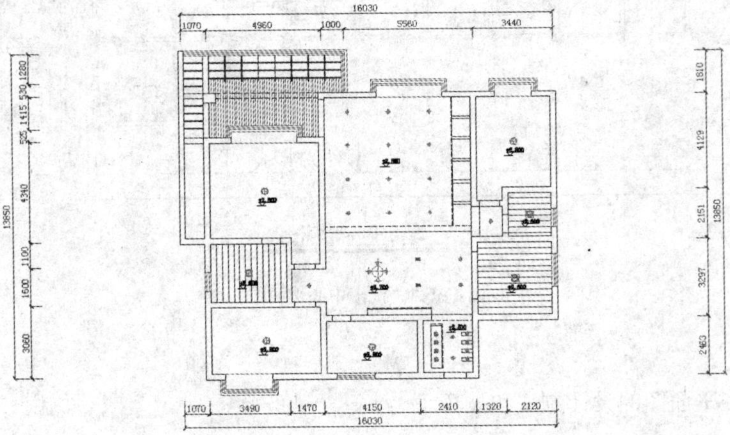

图 11.4.18　移动尺寸标注

（17）设置“文字”层为当前图层，利用引线标注和多行文字命令对图形进行标注说明，如图 11.4.19 所示。

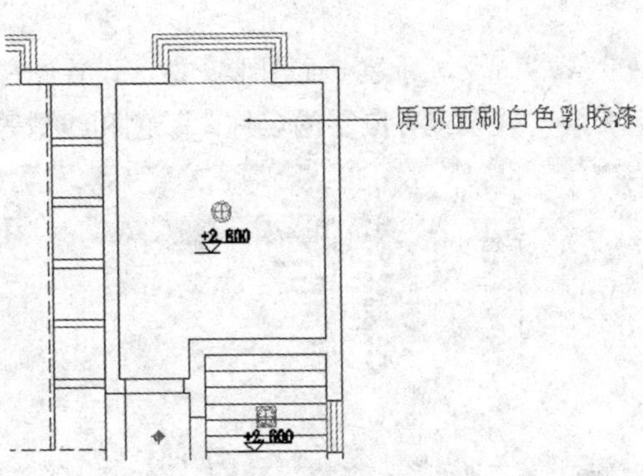

图 11.4.19　标注说明

（18）重复上步操作，标注图形的其他部分，效果如图 11.4.1 所示。

实例 5　洗浴中心平面图设计

1．实例效果

本例制作洗浴中心平面图设计，效果如图 11.5.1 所示。

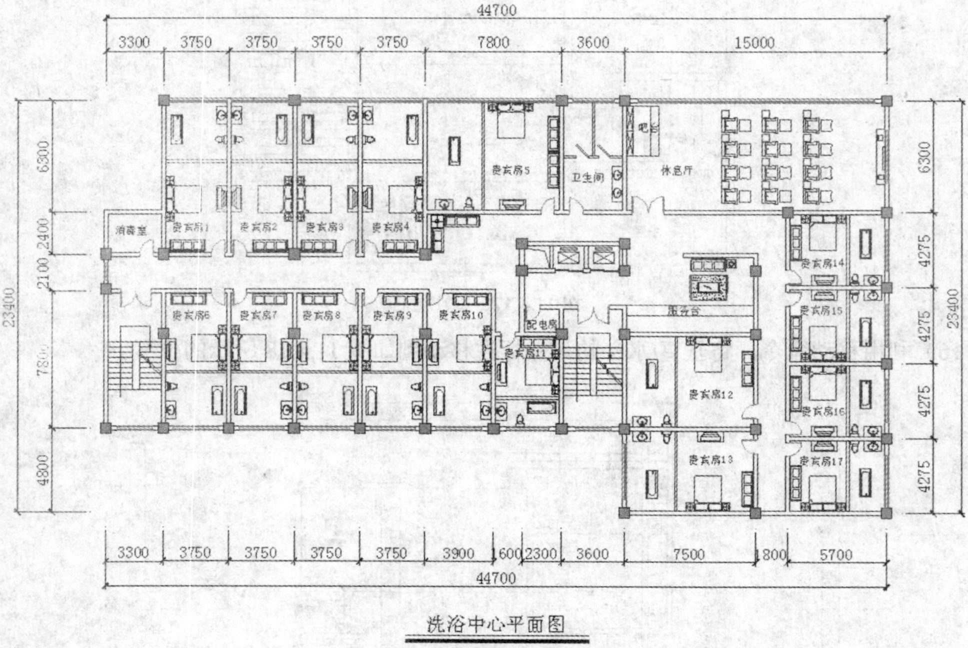

图 11.5.1　洗浴中心平面图

2．实例目的

掌握洗浴中心平面图的设计方法和技巧。

3．本例知识点

在制作过程中将用到矩形、直线、多线、偏移、修剪、多行文字和线性标注等命令。

4．制作过程

（1）选择 文件(F) → 新建(N)... 命令，新建一个图形文件，设置图形文件的绘图界限为 42 000，29 700。根据图层命令创建新图层，并设置各图层的名称、颜色和线型等，如图 11.5.2 所示。

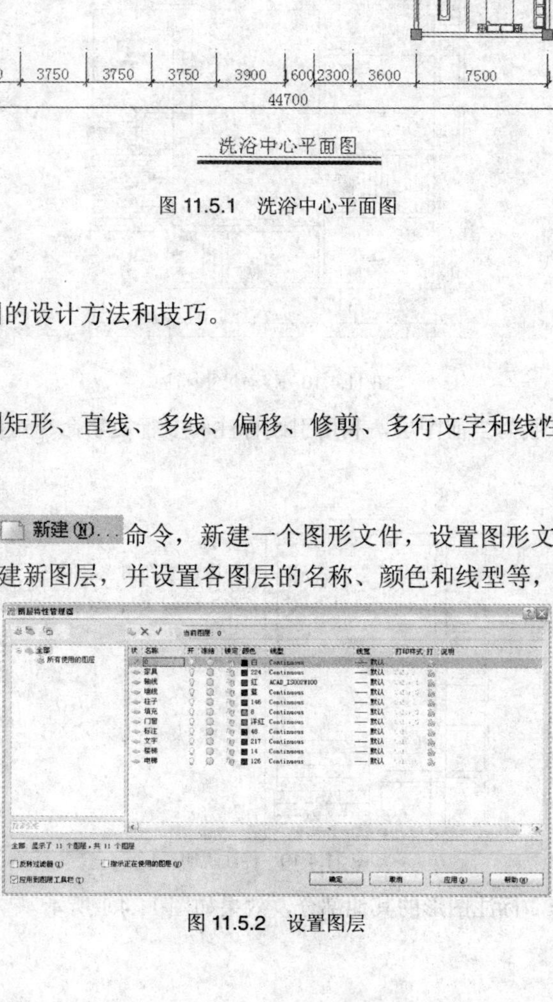

图 11.5.2　设置图层

（2）设置“轴线”层为当前图层，使用直线和偏移命令，绘制洗浴中心的墙体轴线，效果如图 11.5.3 所示。

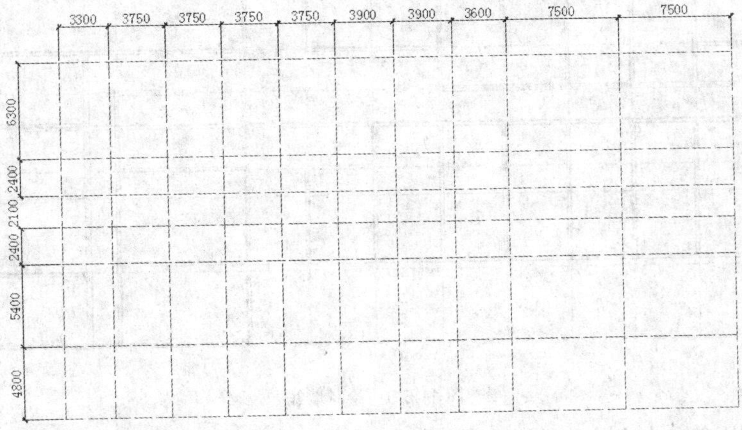

图 11.5.3　绘制墙体轴线

（3）设置“墙线”层为当前图层，设置多线的比例为 240，利用多线命令绘制如图 11.5.4 所示的墙线。

图 11.5.4　绘制墙线

（4）重复使用偏移命令偏移轴线，效果如图 11.5.5 所示。

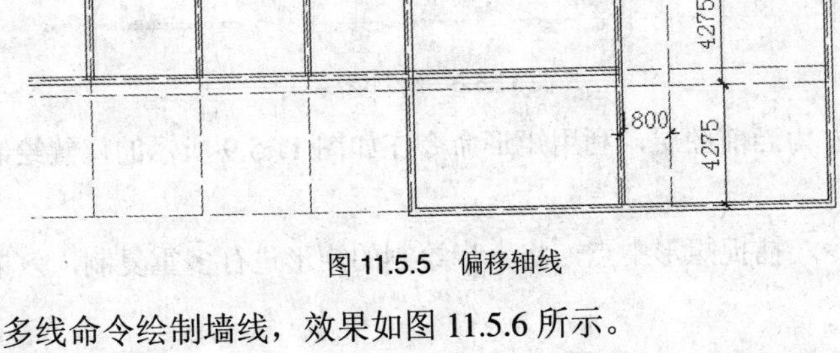

图 11.5.5　偏移轴线

（5）重复使用多线命令绘制墙线，效果如图 11.5.6 所示。

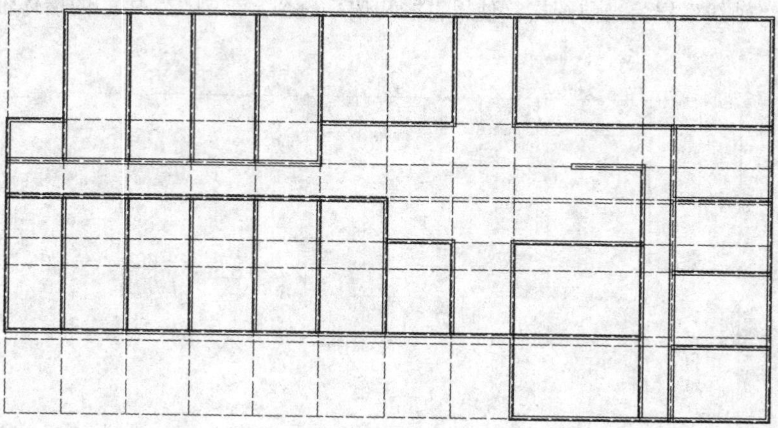

图 11.5.6　绘制墙线

（6）再次利用偏移命令偏移轴线，效果如图 11.5.7 所示。

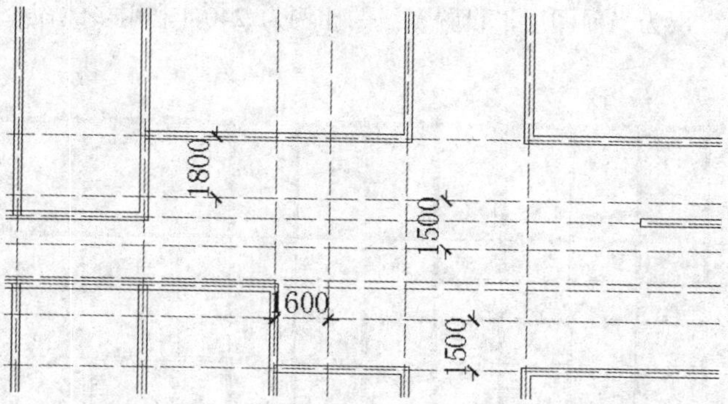

图 11.5.7　偏移轴线

（7）使用多线命令绘制墙线，效果如图 11.5.8 所示。

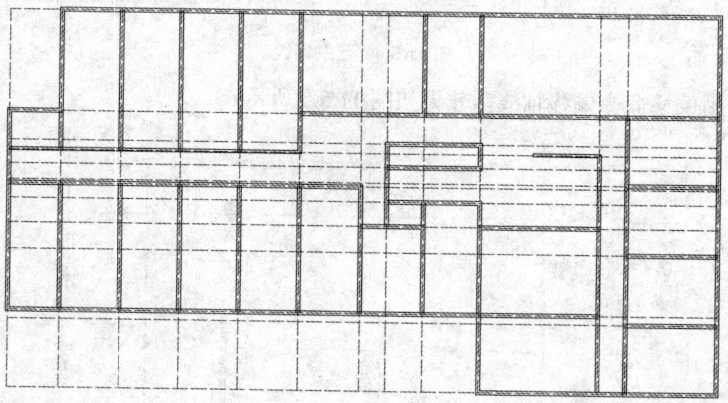

图 11.5.8　绘制墙线

（8）设置“柱子”为当前图层，利用矩形命令在如图 11.5.9 所示的位置绘制一个边长为 600 的正方形。

（9）利用复制命令，捕捉矩形中点，将上步绘制的矩形进行多重复制，效果如图 11.5.10 所示。

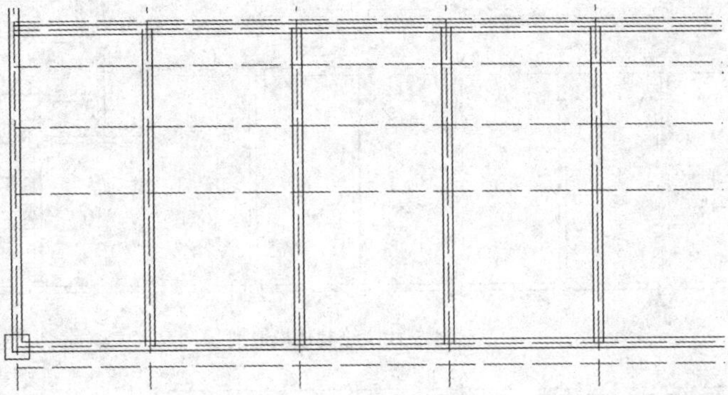

图 11.5.9　绘制矩形

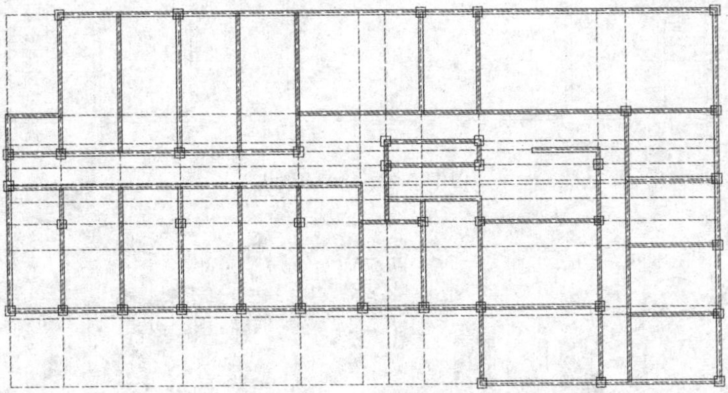

图 11.5.10　复制矩形

（10）隐藏“轴线”层，使用分解命令分解绘制的墙线，然后利用修剪命令对图形进行修剪处理，效果如图 11.5.11 所示。

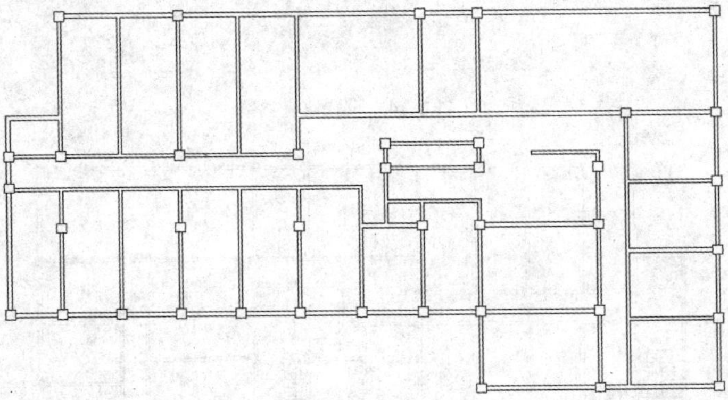

图 11.5.11　修剪图形

（11）设置“楼梯”层为当前图层，利用直线、偏移和修剪命令绘制楼梯造型，设置偏移距离为 300，效果如图 11.5.12 所示。

（12）使用多段线命令绘制一段多段线，表示楼梯走向，效果如图 11.5.13 所示。

（13）设置“填充”层为当前图层，利用图案填充命令对柱子进行填充，设置填充参数如图 11.5.14 所示，填充后的效果如图 11.5.15 所示。

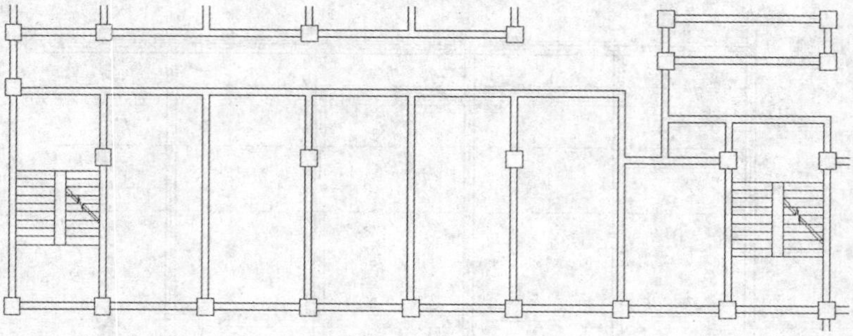

图 11.5.12　绘制楼梯造型

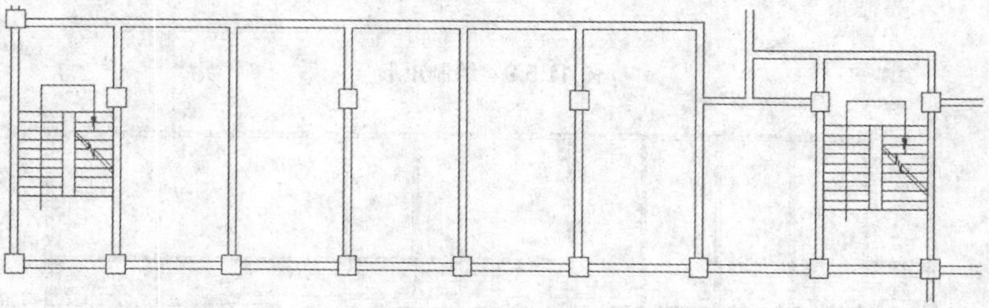

图 11.5.13　绘制多段线

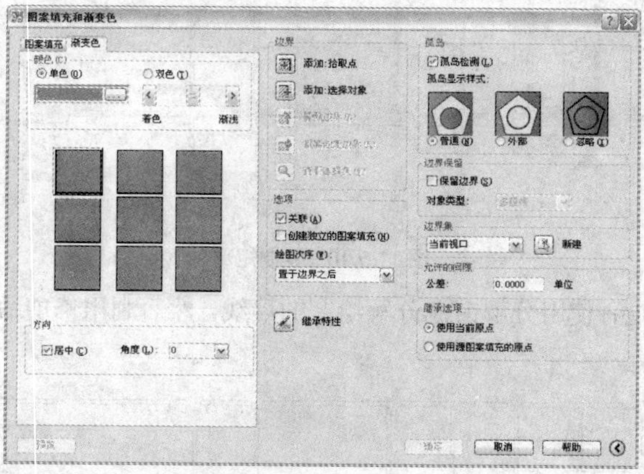

图 11.5.14　设置填充参数

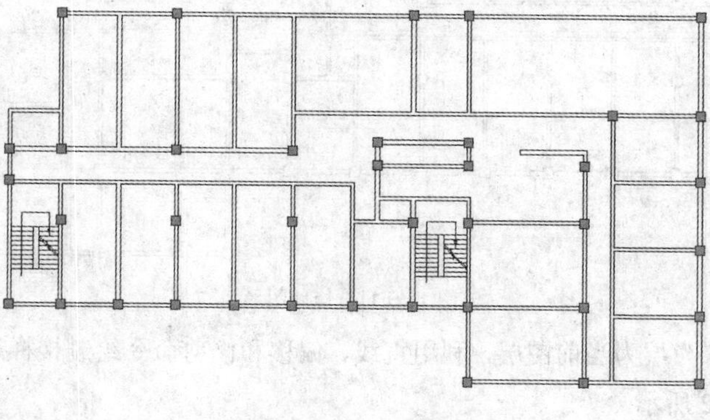

图 11.5.15　填充后的效果

（14）设置“门窗”层为当前图层，利用直线、偏移和修剪命令绘制如图 11.5.16 所示的门洞。

（15）使用矩形和圆弧命令绘制门，并插入到如图 11.5.17 所示的位置。

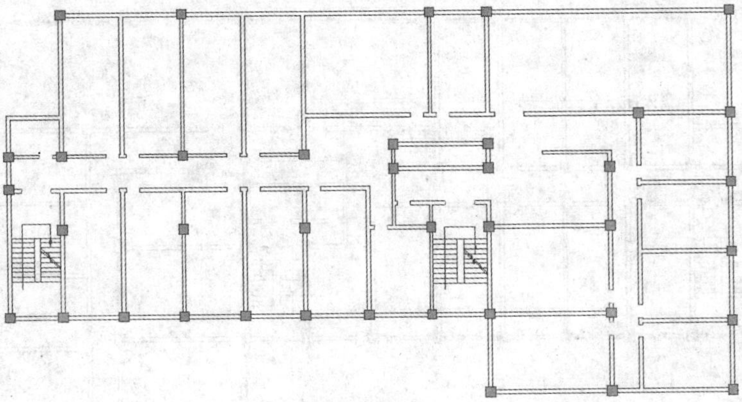

图 11.5.16　绘制门洞

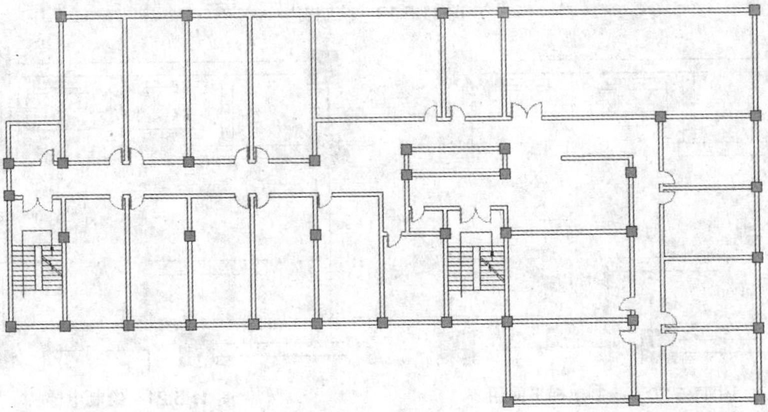

图 11.5.17　插入门

（16）重复使用直线、偏移和修剪命令绘制窗洞，效果如图 11.5.18 所示。

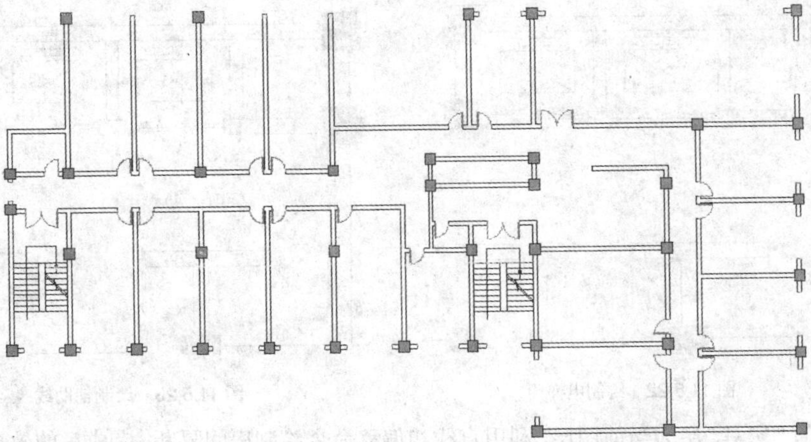

图 11.5.18　绘制窗洞

（17）使用直线和偏移命令绘制窗，效果如图 11.5.19 所示。

（18）设置“电梯”层为当前图层，利用偏移和修剪命令绘制电梯平面图，效果如图 11.5.20 所示。

（19）使用直线命令绘制斜线段表示电梯，效果如图 11.5.21 所示。

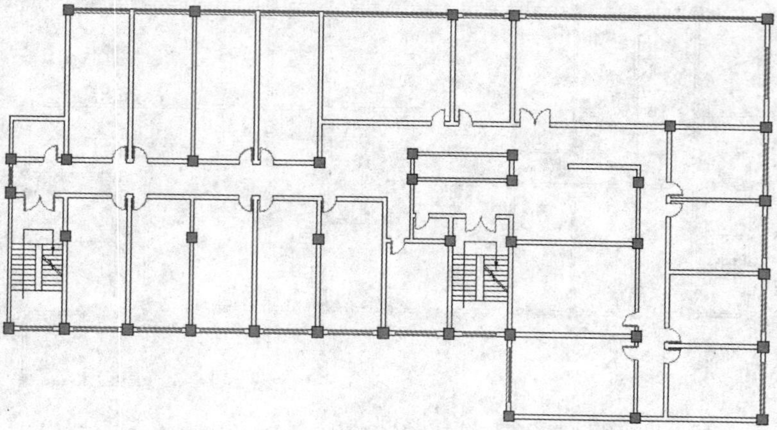

图 11.5.19　绘制窗

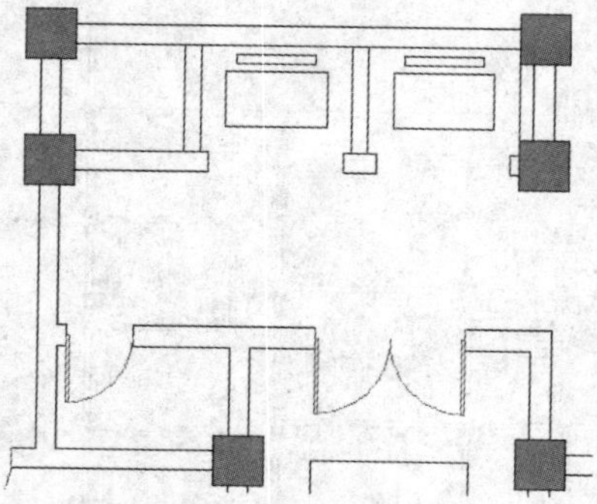

图 11.5.20　绘制电梯平面图

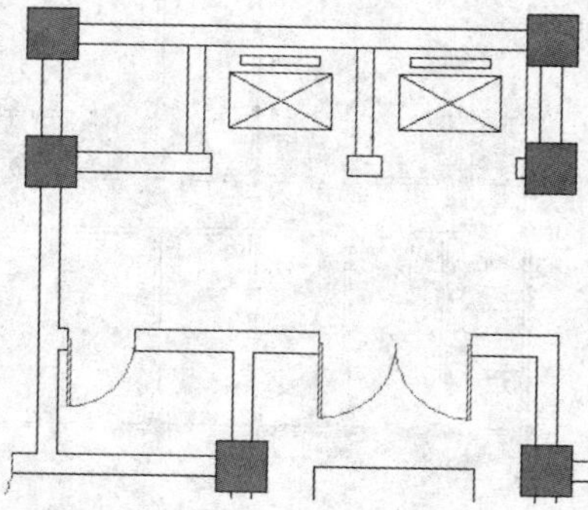

图 11.5.21　绘制电梯

（20）利用矩形命令绘制电梯门，效果如图 11.5.22 所示。

（21）使用直线命令绘制辅助线，如图 11.5.23 所示。

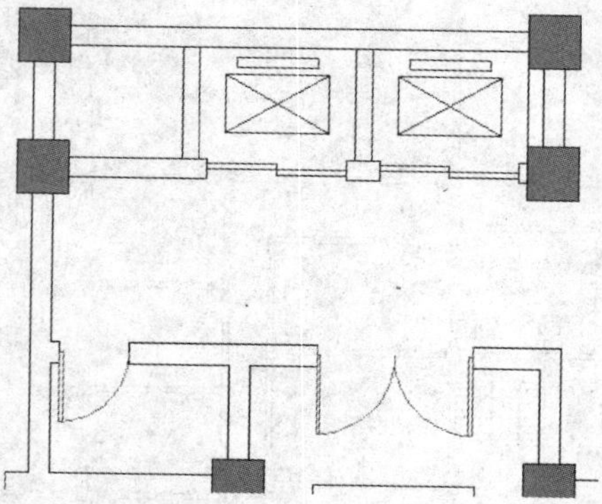

图 11.5.22　绘制电梯门

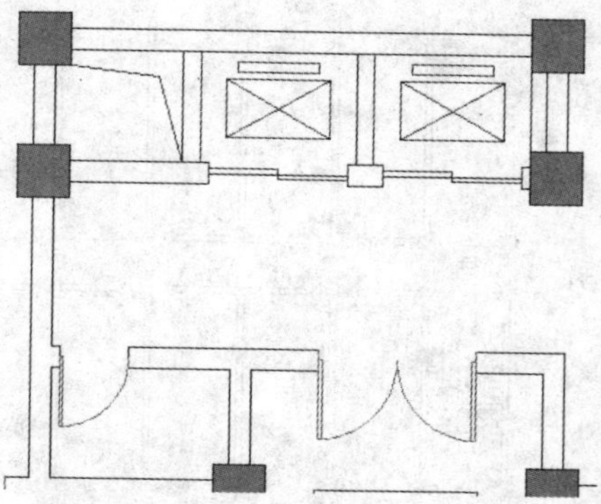

图 11.5.23　绘制辅助线

（22）设置“家具”层为当前图层，利用直线和偏移命令绘制房间隔断，完成后的效果如图 11.5.24 所示。

（23）重复使用直线和修剪命令绘制卫生间的门，效果如图 11.5.25 所示。

（24）打开“练习文件”文件夹下的“模块.dwg”，选择床平面图、电视机平面图和沙发平面图，将其插入到如图 11.5.26 所示的位置。

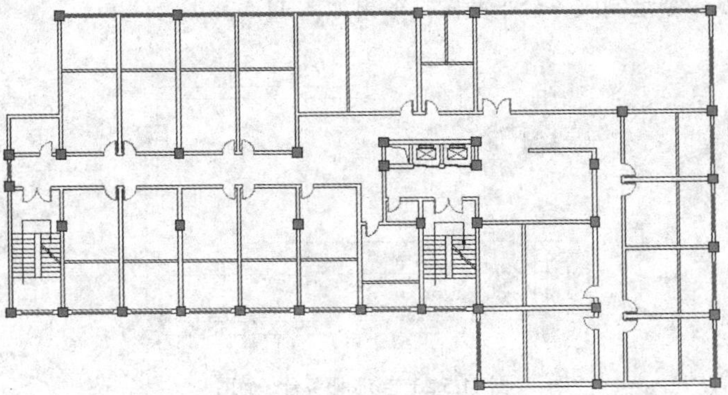

图 11.5.24 绘制隔断

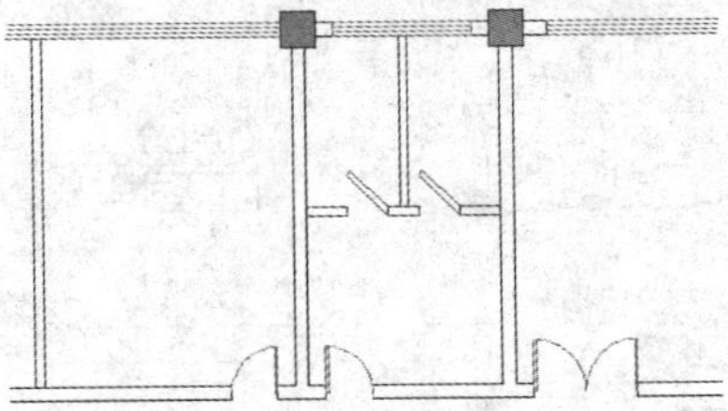

图 11.5.25 绘制卫生间的门

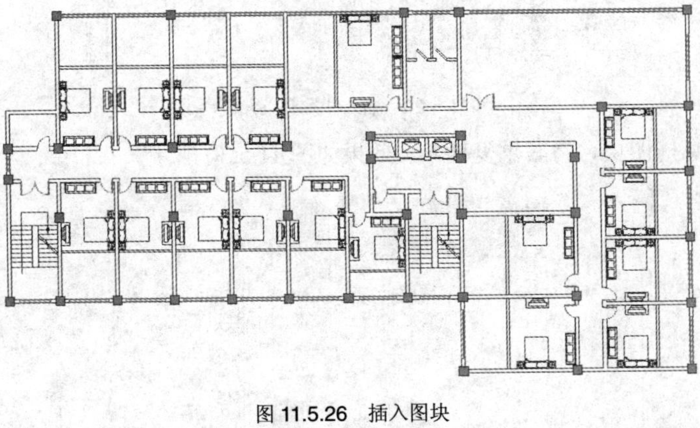

图 11.5.26 插入图块

（25）选择洗脸盆图块、坐便器图块和浴盆图块，将其插入到如图 11.5.27 所示的位置。

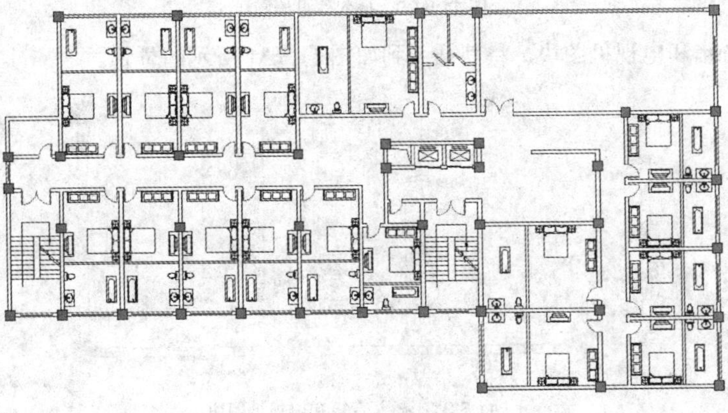

图 11.5.27 插入其他图块

（26）利用直线命令绘制服务台平面图，效果如图 11.5.28 所示。

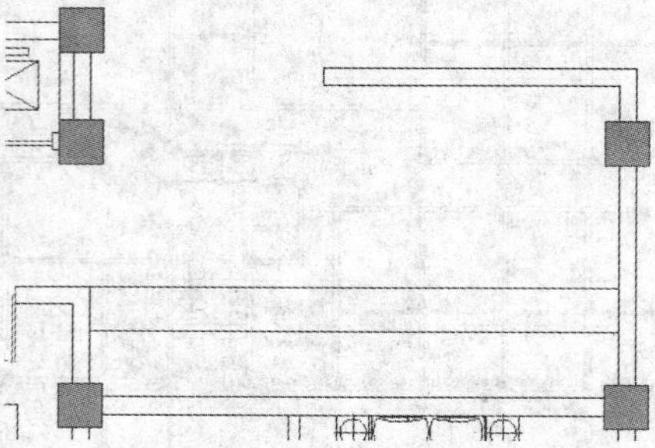

图 11.5.28　绘制服务台平面图

（27）打开“练习文件”文件夹下的“模块.dwg”，选择沙发和茶几图块，将其插入到如图 11.5.29 所示的位置。

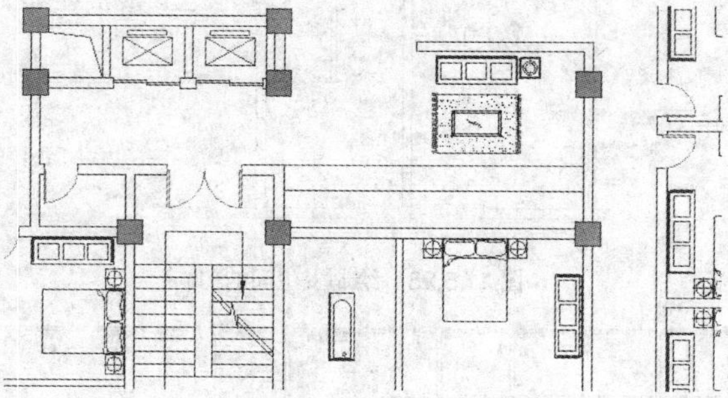

图 11.5.29　插入沙发和茶几图块

（28）选择休息椅图块，将其重复插入，效果如图 11.5.30 所示。

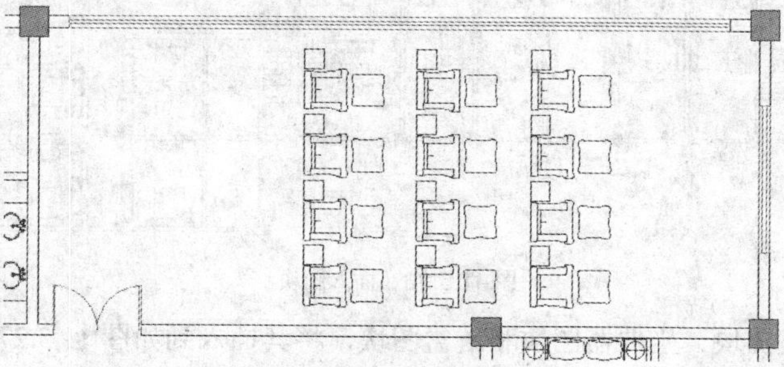

图 11.5.30　插入休息椅图块

（29）选择音箱和电视机图块，将其插入到如图 11.5.31 所示的位置。

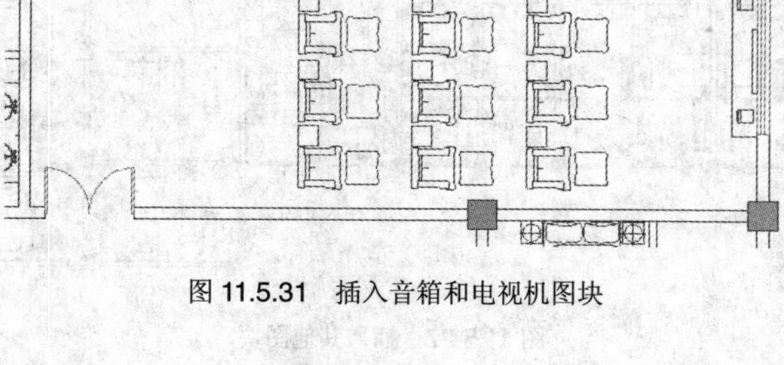

图 11.5.31　插入音箱和电视机图块

（30）使用直线、偏移和修剪命令绘制酒柜平面图，效果如图 11.5.32 所示。

（31）重复使用直线、偏移和修剪命令绘制吧台平面图，效果如图 11.5.33 所示。

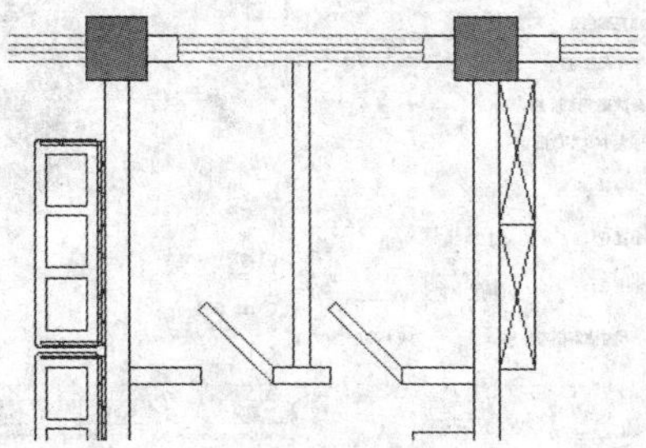

图 11.5.32　绘制酒柜平面图

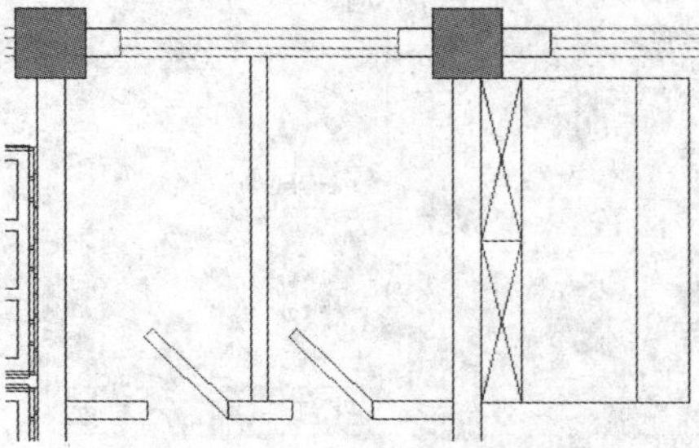

图 11.5.33　绘制吧台平面图

（32）打开“练习文件”文件夹下的“模块.dwg”，选择组合沙发图块，将其插入到如图 11.5.34 所示的位置。

（33）选择 格式(O) → 标注样式(D)... 命令，系统弹出 标注样式管理器 对话框，如图 11.5.35 所示。单击 修改(M)... 按钮，系统弹出 修改标注样式：Standard 对话框。

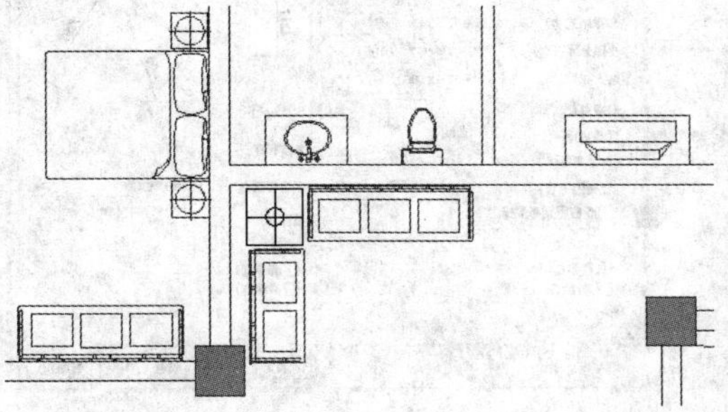

图 11.5.34　插入组合沙发图块

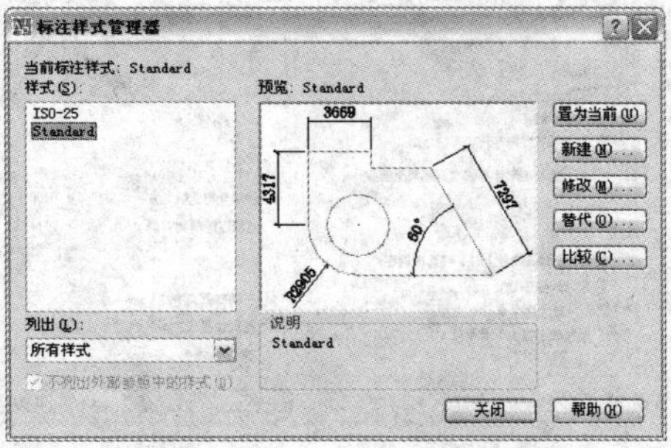

图 11.5.35　“标注样式管理器”对话框

（34）打开 修改标注样式：Standard 对话框中的“直线”选项卡，设置其参数如图 11.5.36 所示。

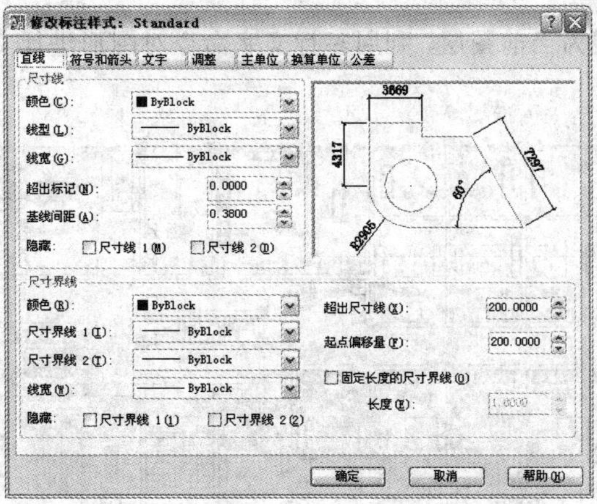

图 11.5.36　“直线”选项卡

（35）打开“符号和箭头”选项卡，设置其参数如图 11.5.37 所示。

（36）打开“文字”选项卡，设置其参数如图 11.5.38 所示。

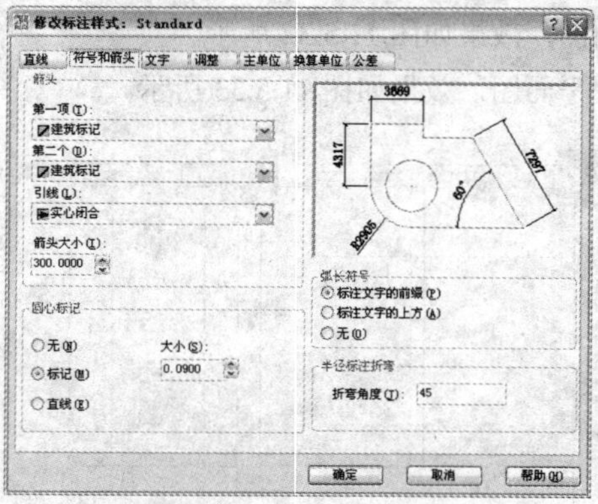

图 11.5.37 “符号和箭头”选项卡

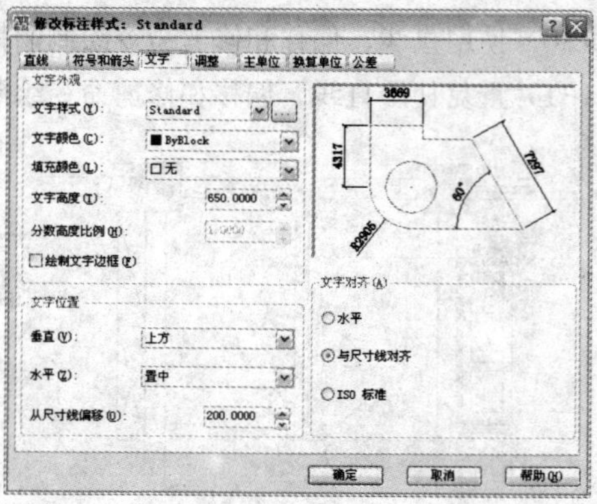

图 11.5.38 “文字”选项卡

（37）打开“调整”选项卡，设置其参数如图 11.5.39 所示。

（38）打开“主单位”选项卡，设置其参数如图 11.5.40 所示。

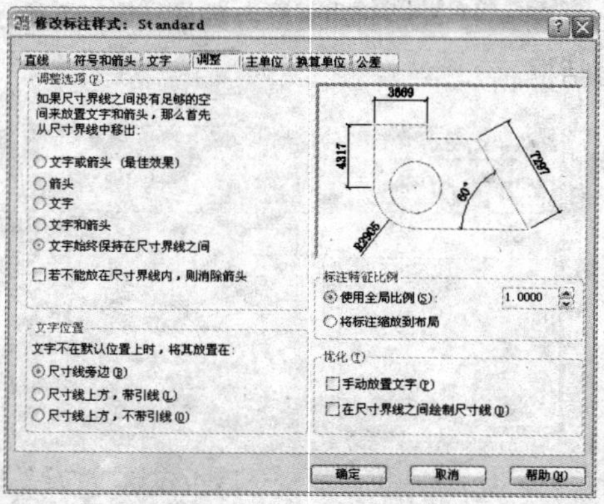

图 11.5.39 “调整”选项卡

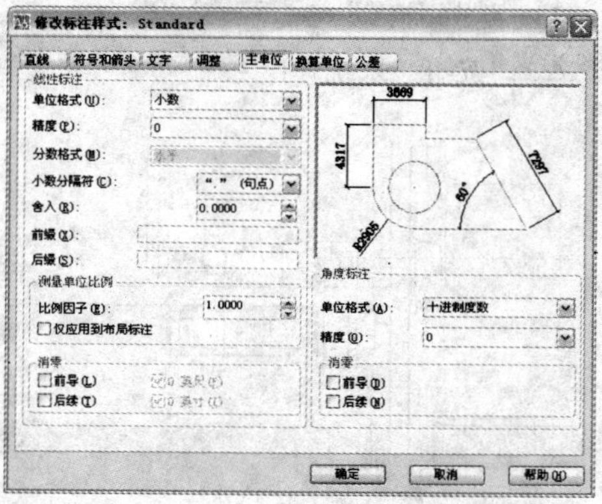

图 11.5.40 “主单位”选项卡

（39）设置完毕后，单击 确定 按钮，系统返回到 标注样式管理器 对话框，将设置的修改的样式置为当前。

（40）设置“文字”层为当前图层，利用多行文字命令对图形进行文字说明，效果如图 11.5.41 所示。

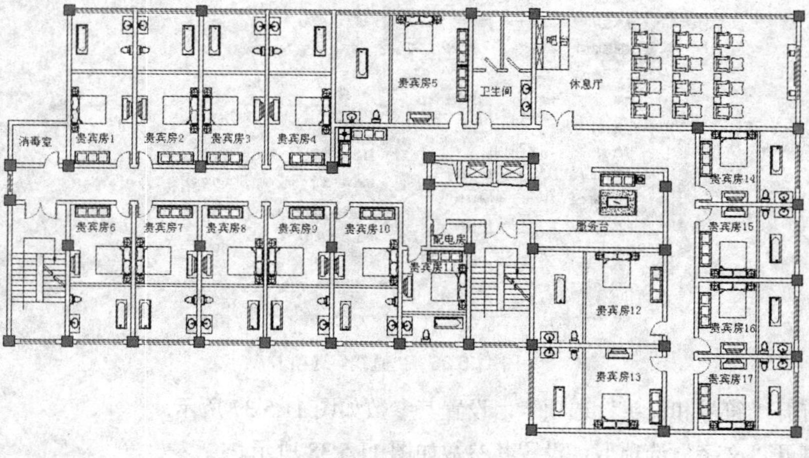

图 11.5.41 文字说明

（41）显示“轴线”层，设置“标注”层为当前图层，利用线性标注命令和连续标注命令对图形进行尺寸标注，如图 11.5.42 所示。

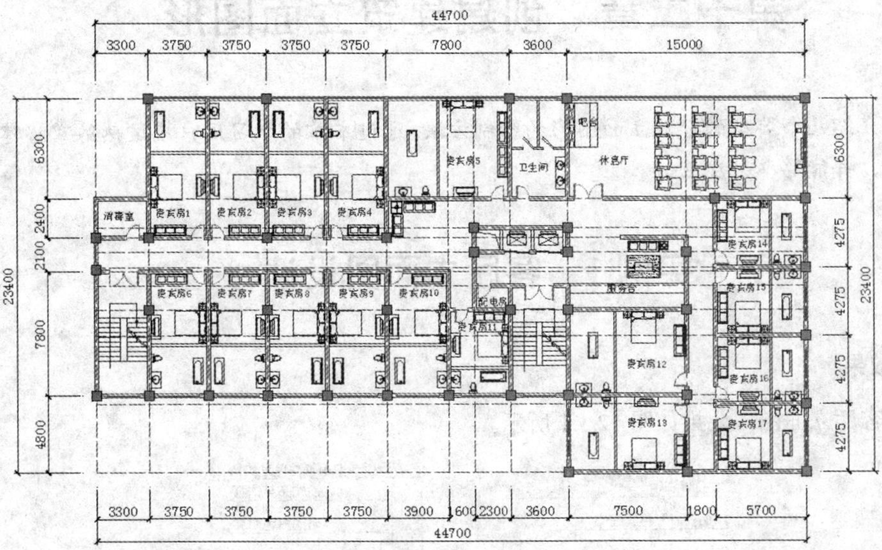

图 11.5.42　尺寸标注

（42）隐藏“轴线”层，设置“文字”层为当前图层，利用多行文字命令对图形进行标题说明，效果如图 11.5.43 所示。

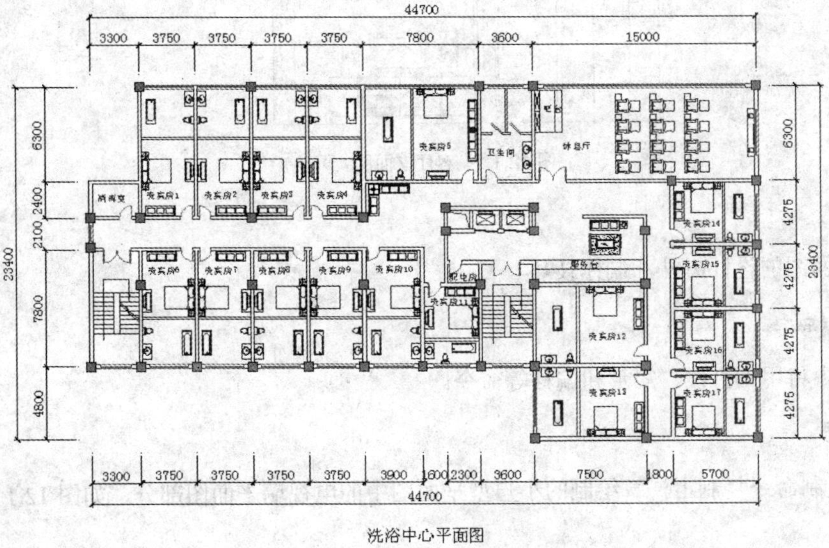

图 11.5.43　标题说明

（43）使用多段线命令绘制标题线，最终效果如图 11.5.1 所示。

第十二章　创建建筑立面图形

本章主要介绍几个典型的建筑立面图形的绘制方法。通过本章的学习用户应该熟练掌握建筑立面图的绘图技巧，并能够举一反三。

实例 1　客厅立面图设计

1. 实例效果

本例制作客厅立面图，效果如图 12.1.1 所示。

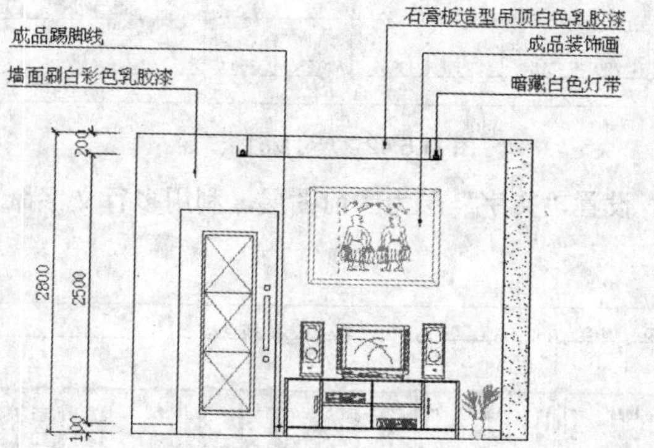

图 12.1.1　客厅立面图

2. 实例目的

掌握客厅立面图的设计方法和制作技巧。

3. 本例知识点

在制作过程中将用到直线、矩形和偏移等命令。

4. 制作过程

（1）使用复制命令复制上一章绘制的小户型平面图中的电视墙平面图部分，如图 12.1.2 所示。

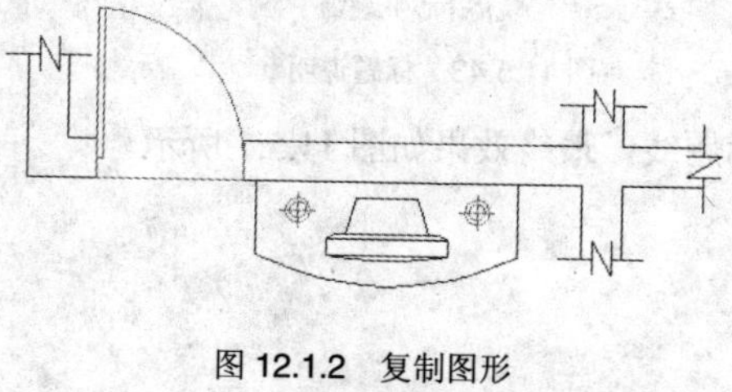

图 12.1.2　复制图形

（2）设置“墙线”层为当前图层，利用直线和偏移命令绘制如图 12.1.3 所示的立体墙线和门线。

（3）利用修剪命令修剪绘制的墙线和门线，如图 12.1.4 所示。

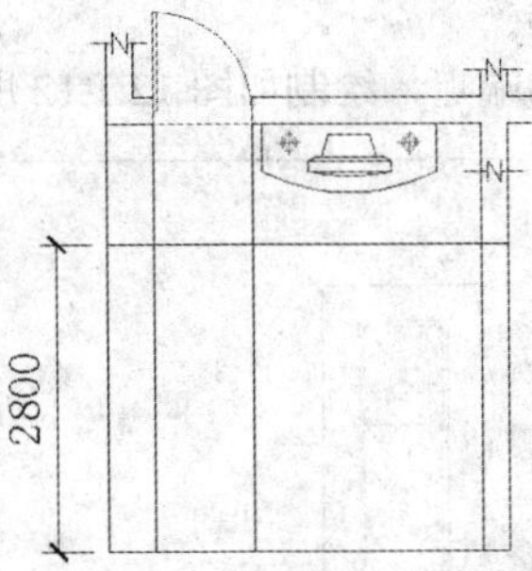

图 12.1.3　绘制墙线和门线

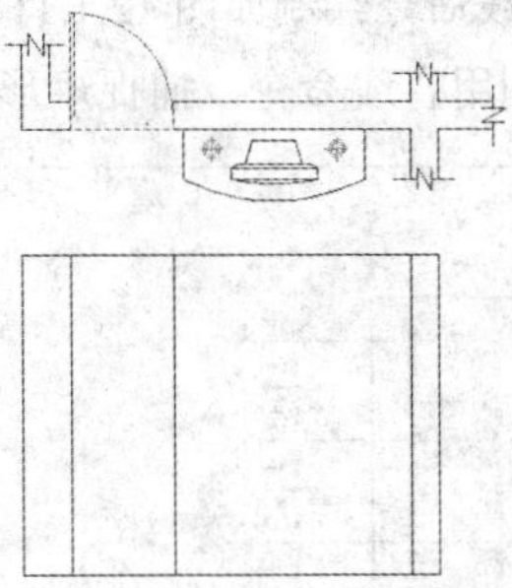

图 12.1.4　修剪墙线和门线

（4）利用图案填充命令填充墙体，设置填充参数如图 12.1.5 所示，填充后的效果如图 12.1.6 所示。

图 12.1.5　设置填充参数

图 12.1.6　填充后的效果

（5）将图形的下边线向上偏移 100 个单位，然后通过修剪命令修剪偏移后的直线，绘制踢脚线如图 12.1.7 所示。

（6）重复使用偏移和修剪命令绘制如图 12.1.8 所示的立面门造型线。

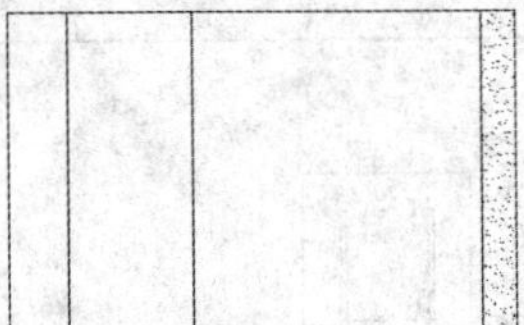

图 12.1.7　绘制踢脚线

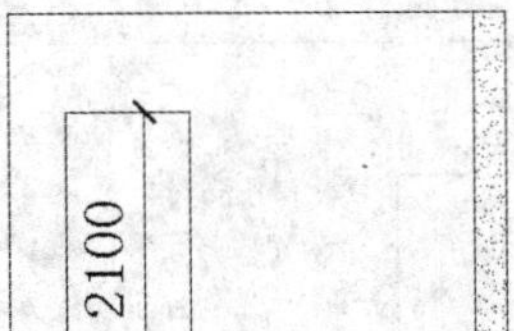

图 12.1.8　绘制立面门造型线

（7）单击“矩形”按钮或者在命令行输入 rectang，在如图 12.1.9 所示的位置绘制一个长为 500，宽为 1700 的矩形。

（8）利用偏移命令将上一步绘制的矩形向里侧偏移 30 个单位，如图 12.1.10 所示。

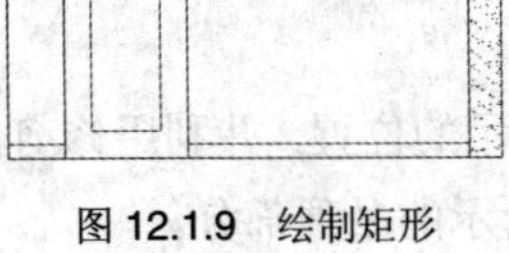

图 12.1.9　绘制矩形

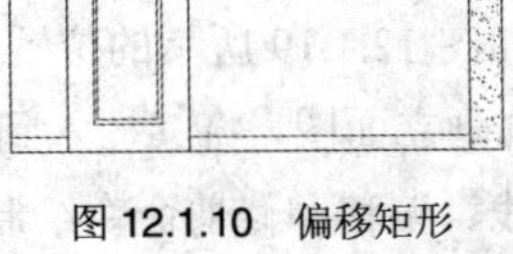

图 12.1.10　偏移矩形

（9）利用直线命令绘制如图 12.1.11 所示的两条直线。

（10）重复利用直线命令，捕捉矩形的角点和直线的端点，绘制如图 12.1.12 所示的图形。

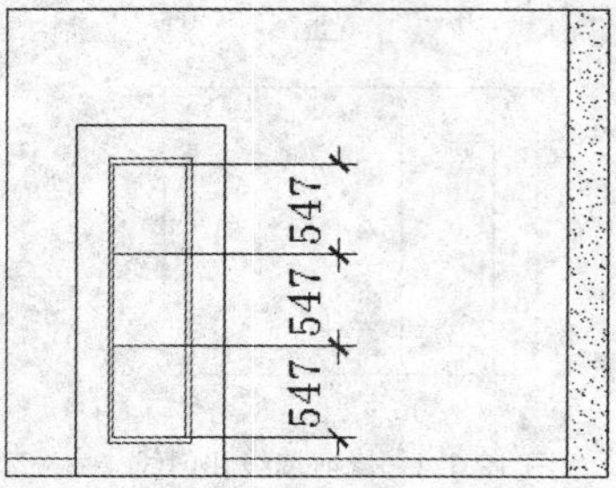

图 12.1.11　绘制直线

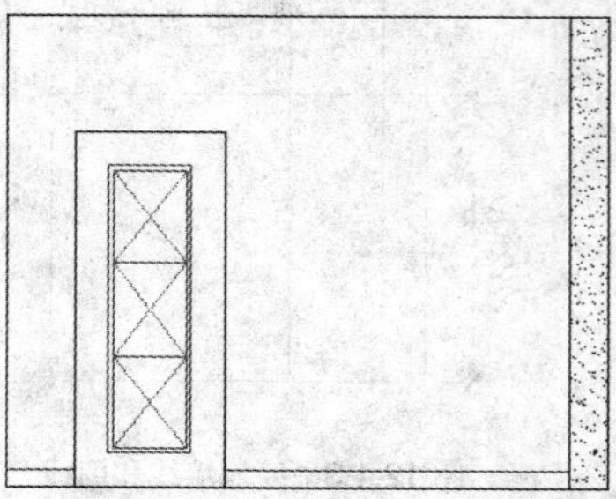

图 12.1.12　绘制直线

（11）利用矩形命令，在如图 12.1.13 所示的位置绘制一个长为 50，宽为 500 的矩形。

（12）重复利用矩形命令，在如图 12.1.14 所示的位置绘制一个边长为 50 的正方形。

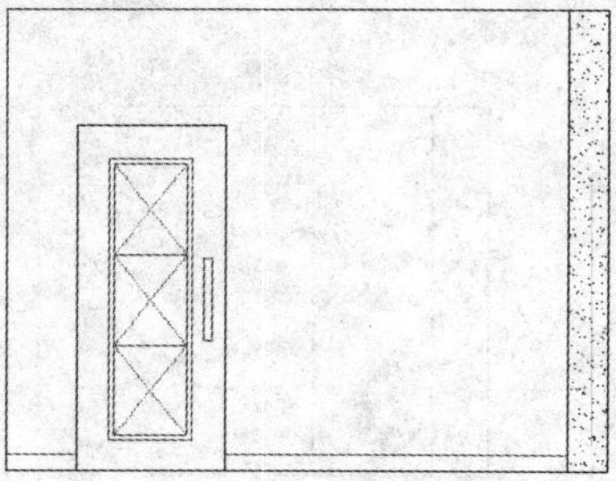

图 12.1.13　绘制矩形

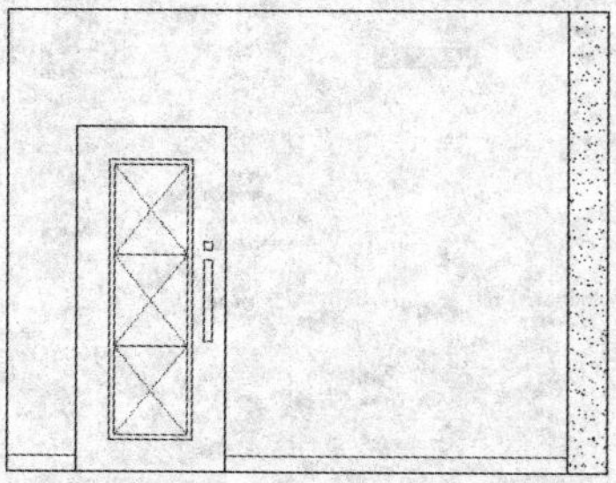

图 12.1.14　绘制正方形

（13）单击“镜像”按钮或者在命令行输入 mirror，将上一步绘制的正方形进行镜像复制，镜像点为步骤（11）绘制矩形左右边线的中点，如图 12.1.15 所示。

（14）绘制电视柜立面图。利用直线、偏移和修剪命令绘制如图 12.1.16 所示的电视柜立面造型。

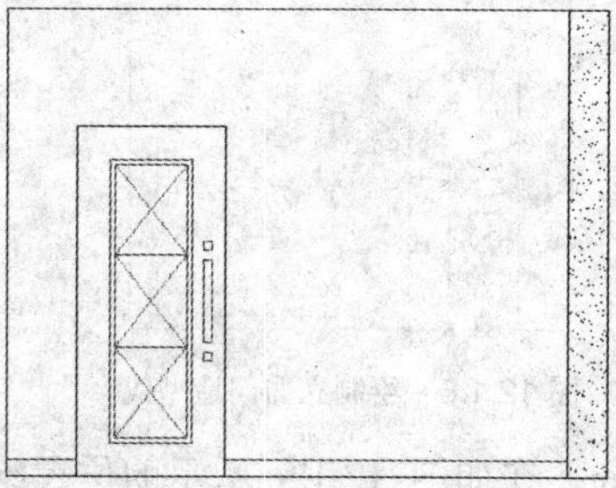

图 12.1.15　镜像图形

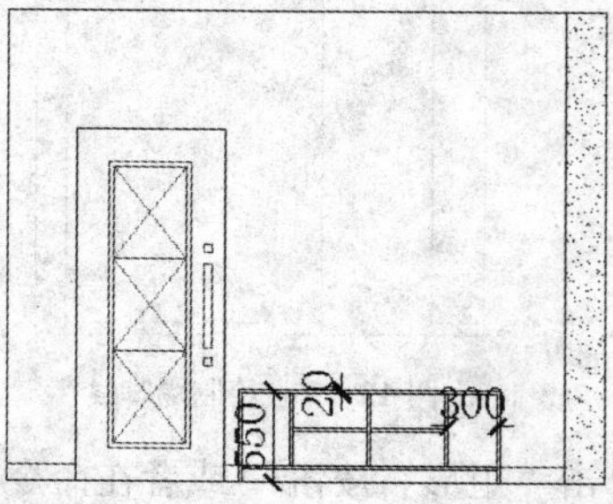

图 12.1.16　绘制电视柜立面造型

（15）重复利用矩形命令在如图 12.1.17 所示的位置绘制一个长为 20，宽为 150 的矩形。

（16）重复利用镜像命令将上步绘制的矩形进行镜像复制，镜像点为电视柜上下边线的中点，效果如图 12.1.18 所示。

（17）打开“练习”文件夹下的“模块.dwg”文件，选择电视机立面图、音箱立面图和影碟机立面图，将其插入到如图 12.1.19 所示的位置。

（18）选择装饰画立面图，将其插入到如图 12.1.20 所示的位置，并利用修剪命令对其进行修剪。

（19）利用直线、偏移和修剪命令绘制如图 12.1.21 所示的吊顶部分。

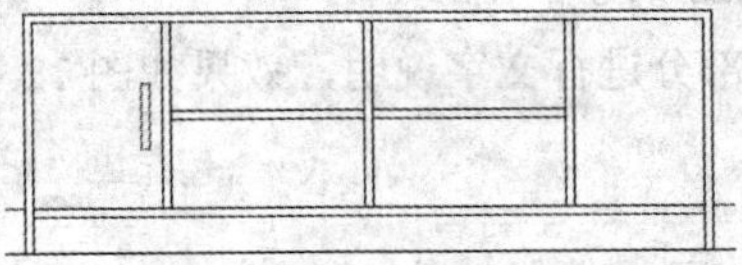

图 12.1.17　绘制矩形

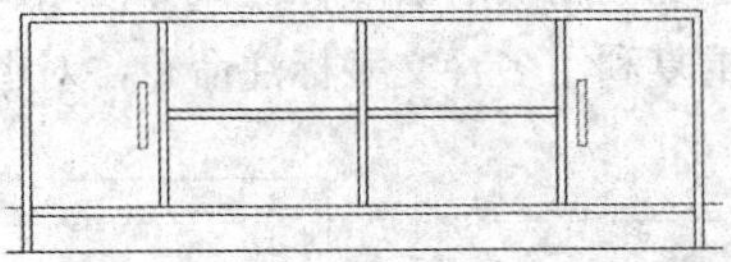

图 12.1.18　镜像矩形

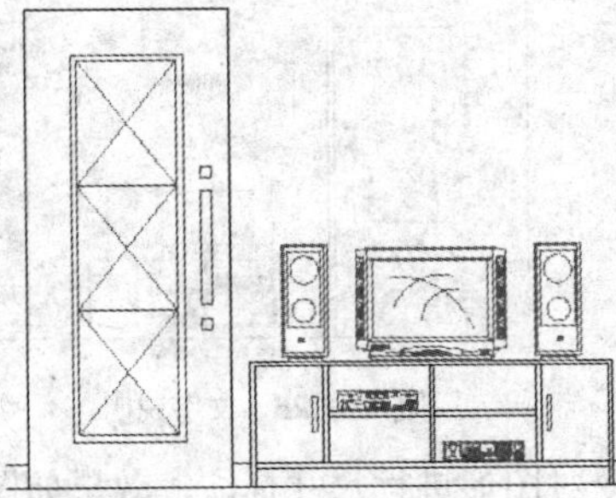

图 12.1.19　插入图块

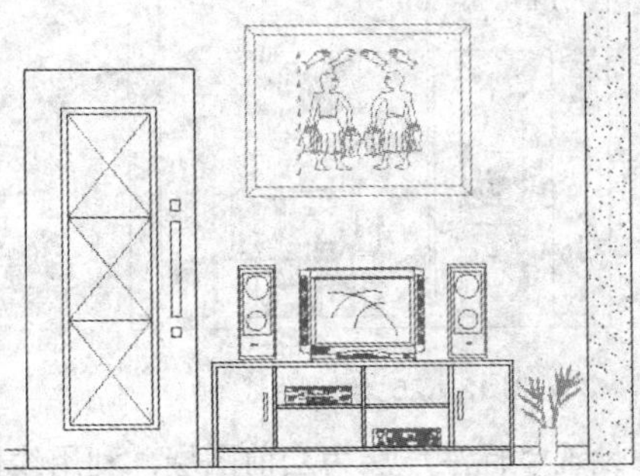

图 12.1.20　插入装饰画立面图

（20）打开“练习”文件夹下的“模块.dwg”文件，选择灯带立面图，将其插入到如图 12.1.22 所示的位置。

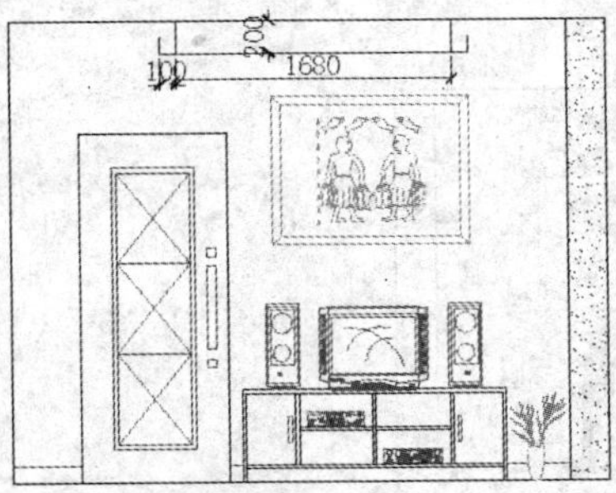

图 12.1.21　绘制吊顶部分

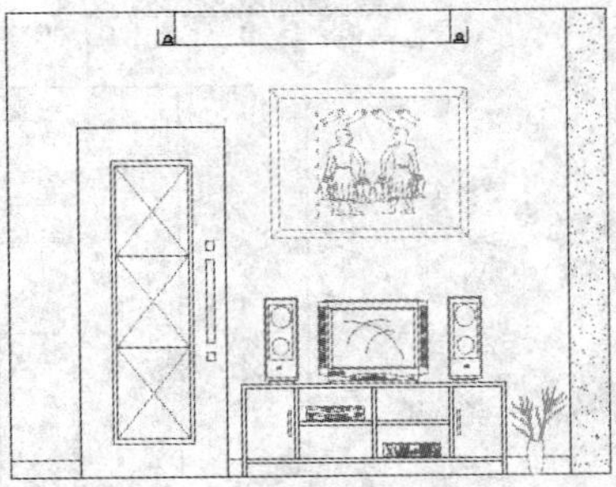

图 12.1.22　插入灯带

（21）设置“文字”层为当前图层，利用快速引线标注命令绘制一条如图 12.1.23 所示的引线。

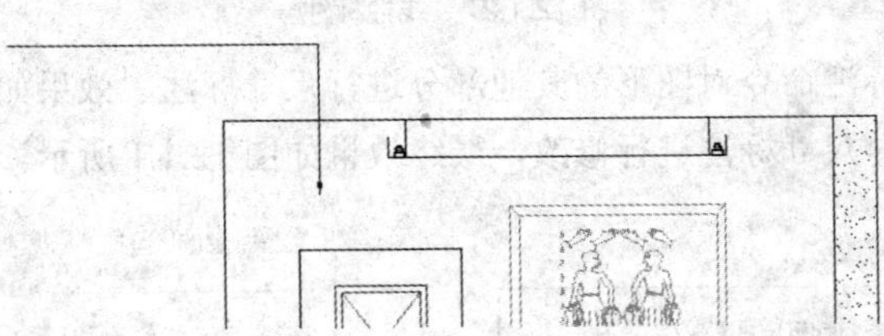

图 12.1.23　绘制引线

（22）利用多行文字命令对图形进行文字说明，如图 12.1.24 所示。

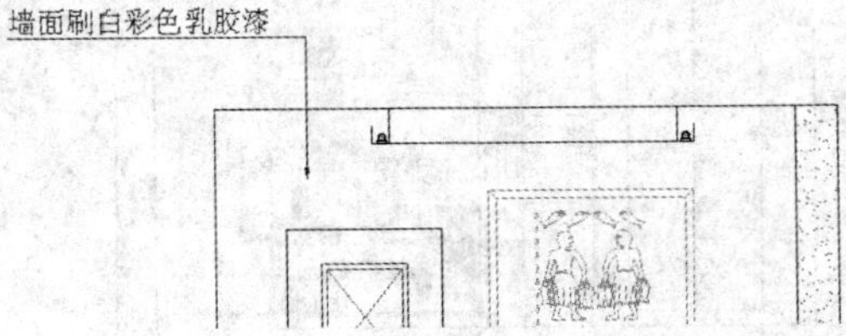

图 12.1.24　标注文字

（23）重复利用快速引线标注命令，绘制如图 12.1.25 所示的引线。

（24）重复利用多行文字标注命令，对图形的其他部分进行文字说明，效果如图 12.1.26 所示。

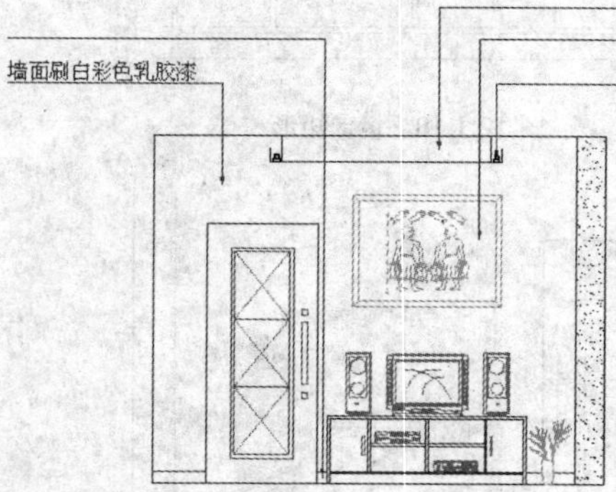

图 12.1.25　绘制引线

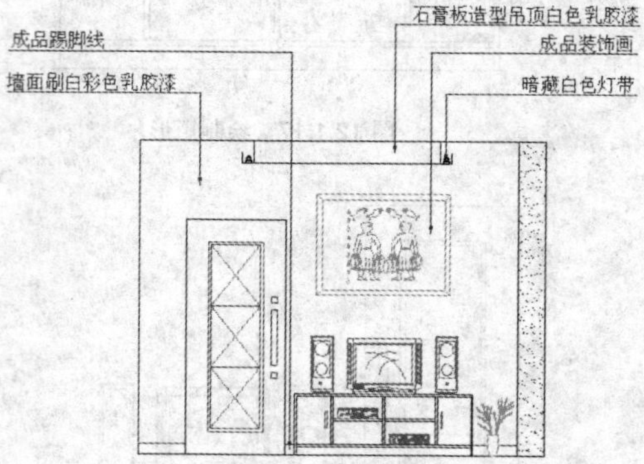

图 12.1.26　文字说明

（25）设置“标注”层为当前图层，利用线性标注命令对图形进行尺寸标注，效果如图 12.1.27 所示。

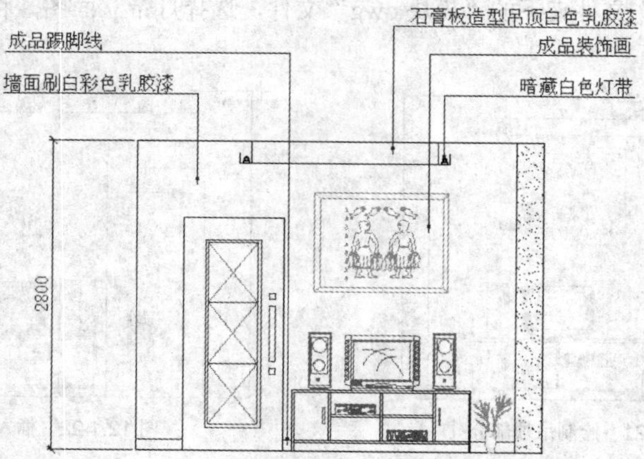

图 12.1.27　线性标注

（26）重复利用线性标注命令对图形的其他部分进行尺寸标注，效果如图 12.1.28 所示。

（27）利用直线命令对尺寸标注进行修改，最终效果如图 12.1.1 所示。

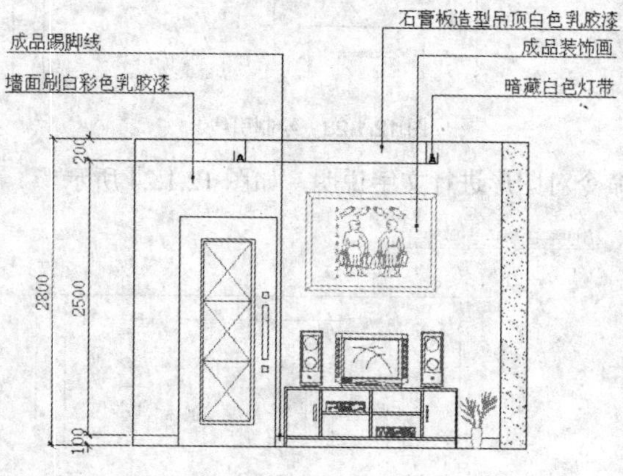

图 12.1.28　线性标注

实例 2　卧室立面图设计

1. 实例效果

本例制作卧室立面图，效果如图 12.2.1 所示。

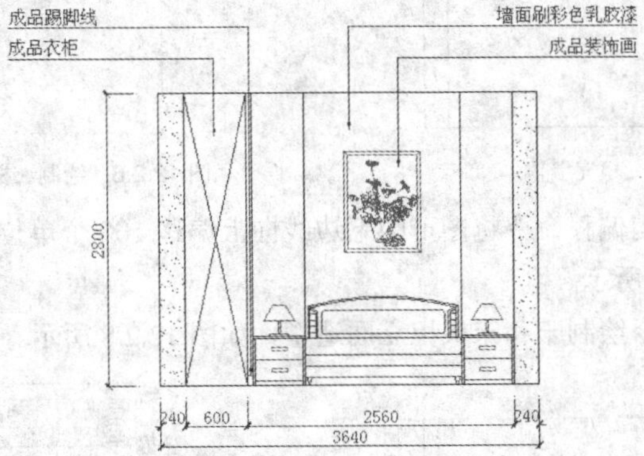

图 12.2.1　卧室立面图

2. 实例目的

掌握卧室立面图的设计方法和制作技巧。

3. 本例知识点

在制作过程中将用到直线、矩形、镜像和修剪等命令。

4. 制作过程

（1）使用复制命令，复制上一章绘制的小户型平面图中的主卧平面图部分，如图 12.2.2 所示。

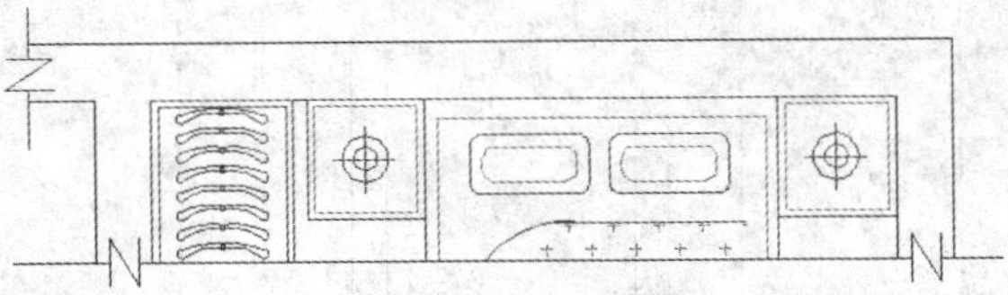

图 12.2.2　复制图形

（2）设置“墙线”层为当前图层，利用直线和偏移命令绘制如图 12.2.3 所示的立体墙线和衣柜线。

（3）利用修剪命令修剪绘制的墙线和衣柜线，如图 12.2.4 所示。

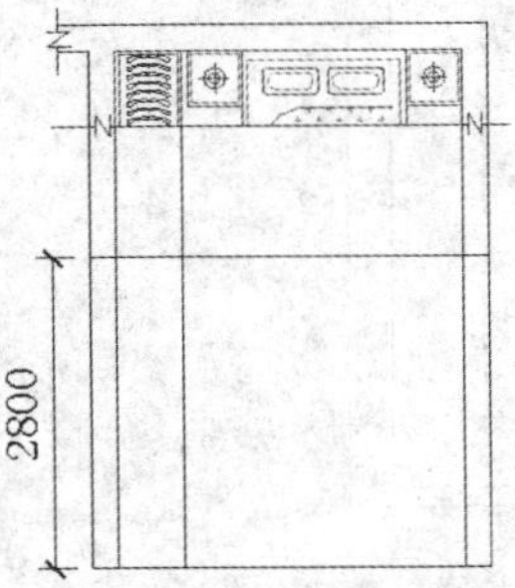

图 12.2.3　绘制墙线和衣柜线

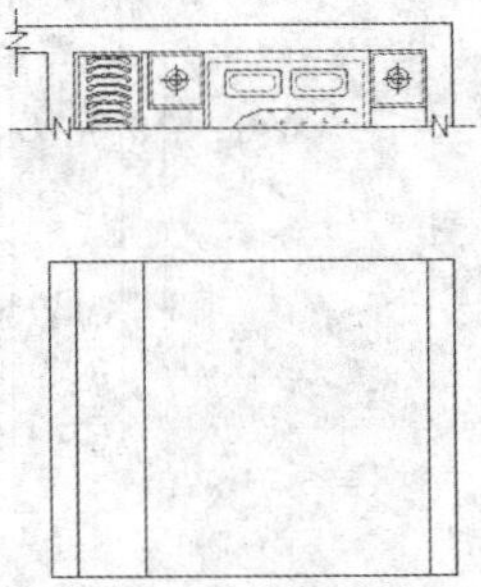

图 12.2.4　修剪墙线和衣柜线

（4）利用图案填充命令填充墙体，效果如图 12.2.5 所示。

（5）利用直线命令绘制衣柜的侧立面，如图 12.2.6 所示。

图 12.2.5　填充墙体

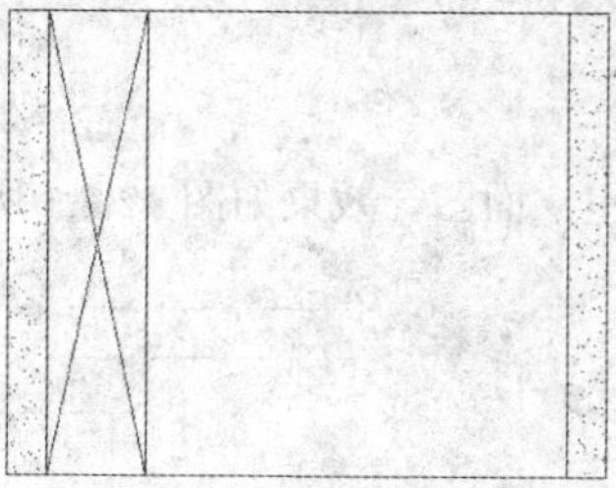

图 12.2.6　绘制衣柜侧立面

（6）绘制踢脚线。利用偏移命令将图形的下边线向上偏移 100 个单位，然后通过修剪命令对其进行修剪，效果如图 12.2.7 所示。

（7）重复利用直线命令绘制床和床头柜立面造型，如图 12.2.8 所示。

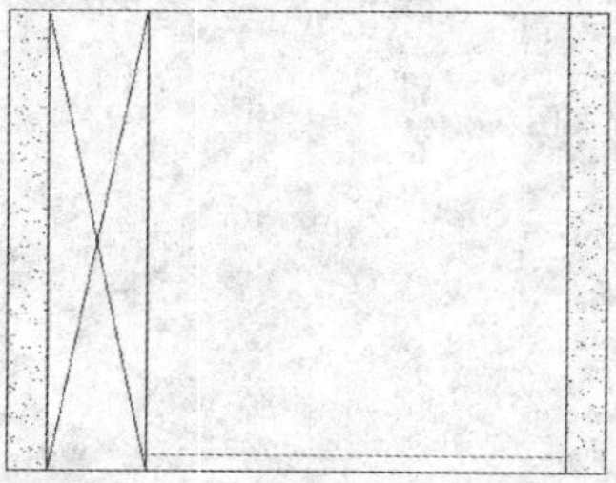

图 12.2.7　绘制踢脚线

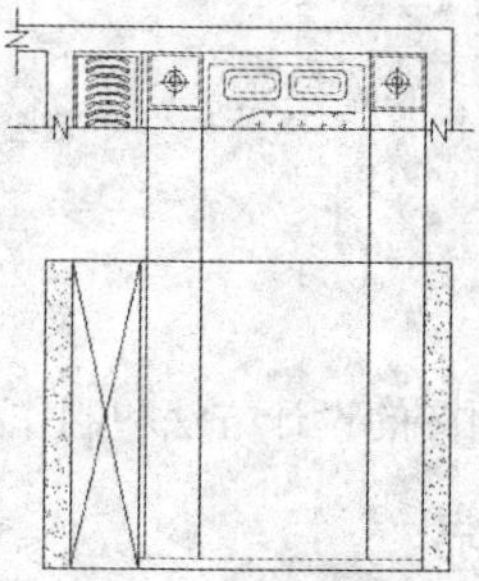

图 12.2.8　绘制床和床头柜立面造型

（8）重复利用修剪命令修剪绘制的图形，如图 12.2.9 所示。

（9）利用直线、偏移和修剪命令绘制床头柜立面造型，如图 12.2.10 所示。

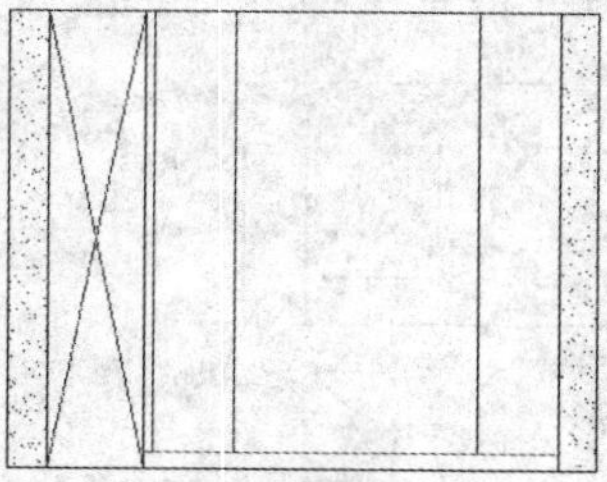

图 12.2.9　修剪图形

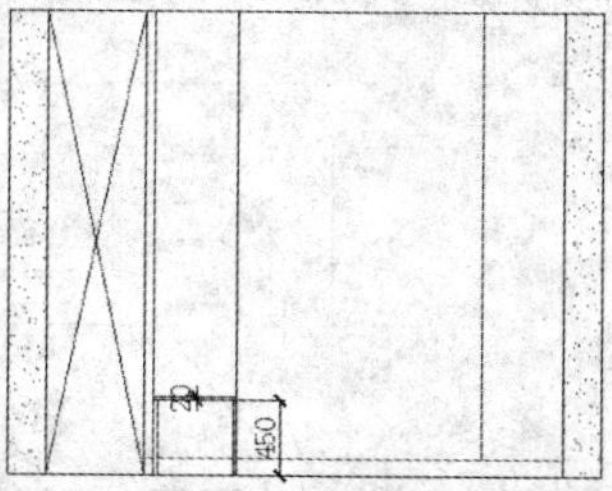

图 12.2.10　绘制床头柜立面造型

（10）重复利用偏移和修剪命令绘制如图 12.2.11 所示的床头柜抽屉。

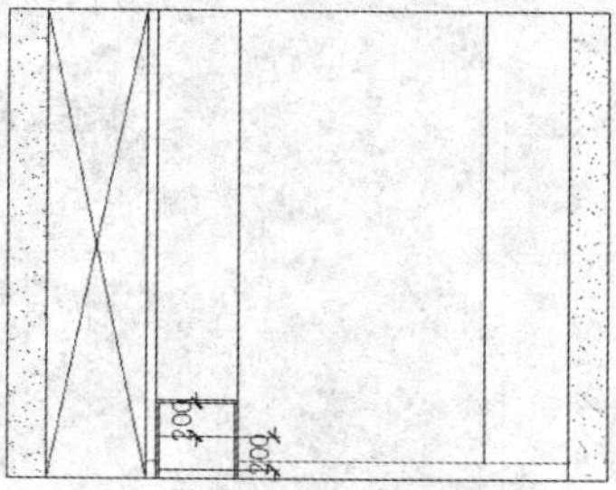

图 12.2.11　绘制床头柜抽屉

（11）利用矩形命令绘制一个长为 150，宽为 28 的床头柜拉手，效果如图 12.2.12 所示。

（12）绘制床头灯。重复利用矩形命令绘制一个长为 180，宽为 20 的台灯底座，如图 12.2.13 所示。

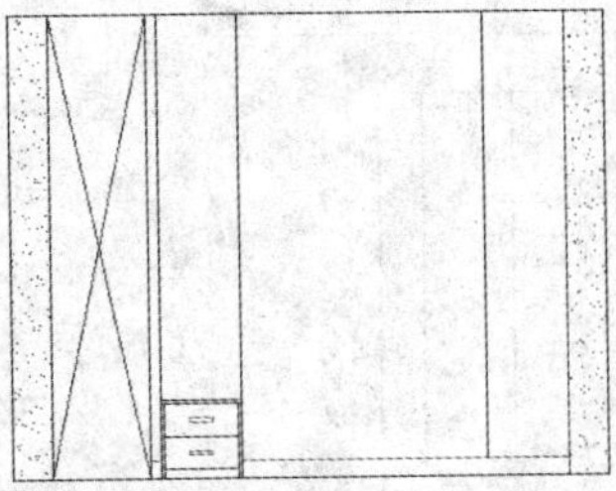

图 12.2.12　绘制床头柜拉手

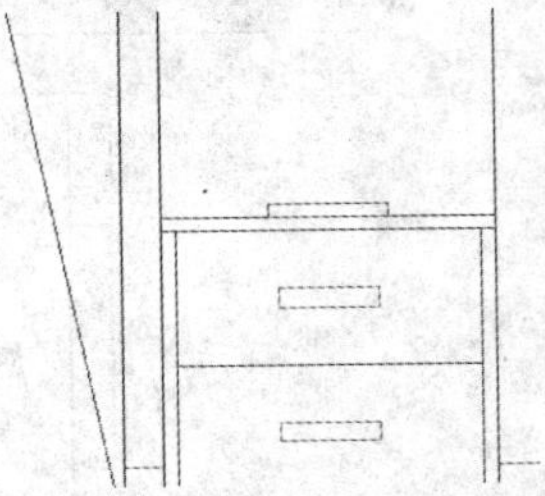

图 12.2.13　绘制台灯底座

（13）利用多段线命令绘制如图 12.2.14 所示的灯罩。

（14）利用圆弧命令绘制如图 12.2.15 所示的灯杆。

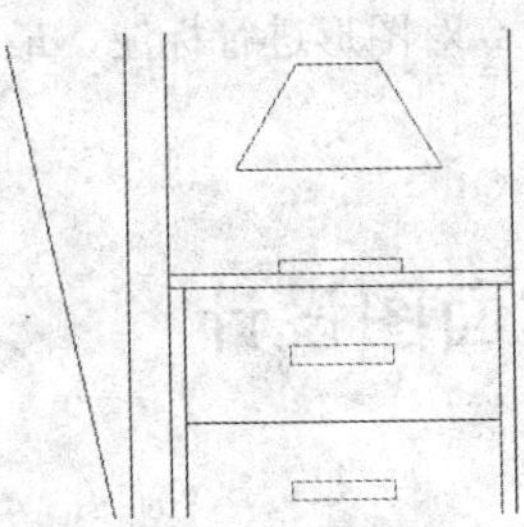

图 12.2.14　绘制灯罩

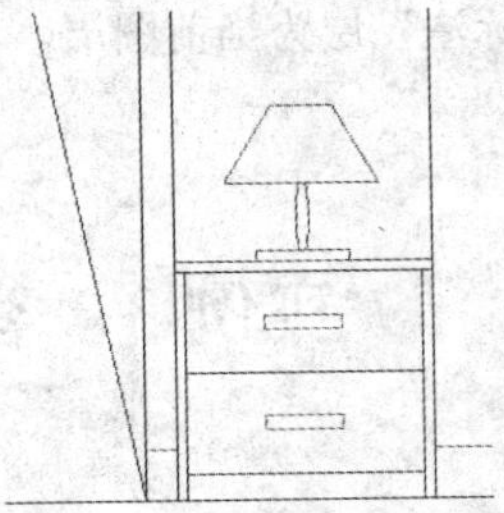

图 12.2.15　绘制灯杆

（15）单击“镜像”按钮或者在命令行输入 mirror，将步骤（9）～（14）绘制的图形进行镜像复制，效果如图 12.2.16 所示。

（16）打开“练习”文件夹下的“模块.dwg”文件，选择床立面图和装饰画立面图，将其插入到如图 12.2.17 所示的位置，并对其进行修剪。

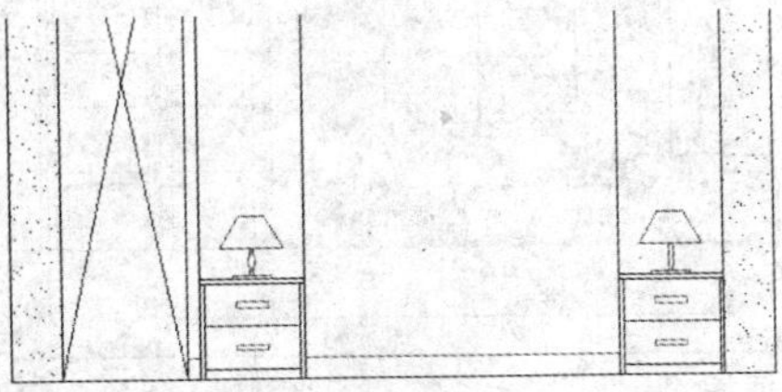

图 12.2.16　镜像图形

图 12.2.17　插入床和装饰画

（17）设置文字层为当前图层，利用快速引线和多行文字命令对图形进行标注说明，如图 12.2.18 所示。

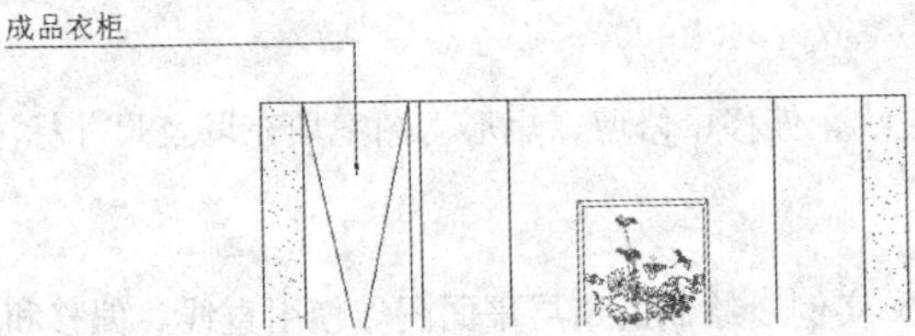

图 12.2.18　标注说明

（18）重复上一步操作步骤，标注其他部分，效果如图 12.2.19 所示。

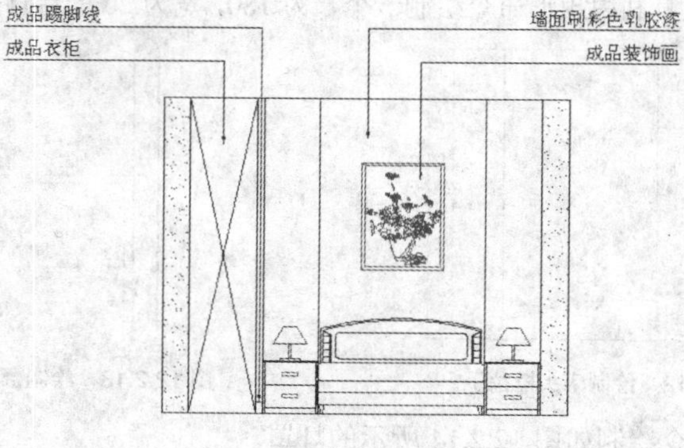

图 12.2.19　标注其他部分

（19）设置“标注”层为当前图层，利用线性标注命令对图形进行标注，最终效果如图 12.2.1 所示。

实例 3　客厅背景立面图设计

1．实例效果

本例制作客厅背景立面图，效果如图 12.3.1 所示。

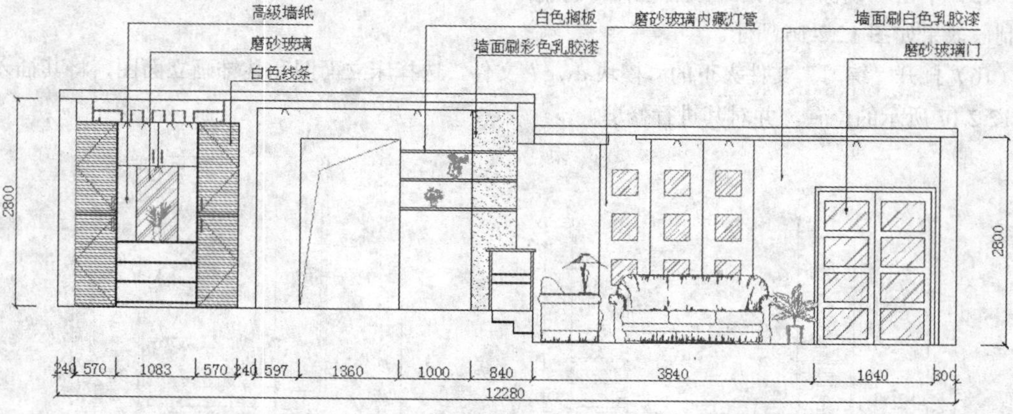

图 12.3.1　客厅背景立面图

2．实例目的

掌握客厅背景立面图的设计方法和技巧。

3．本例知识点

在制作过程中将用到直线、偏移、修剪、矩形、图案填充以及尺寸标注等命令。

4．制作过程

（1）复制本书第十一章实例 3 绘制的错层平面图。使用直线、偏移和修剪命令绘制客厅背景立面图外框，效果如图 12.3.2 所示。

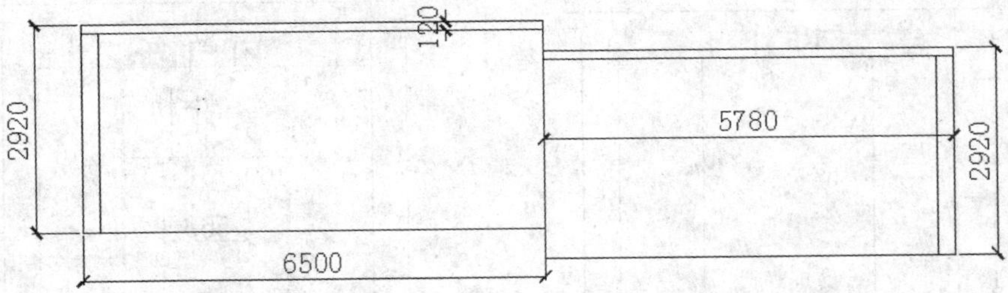

图 12.3.2 绘制客厅背景立面图外框

（2）利用矩形命令，在立面图顶面转角处绘制一个长为 550，宽为 240 的矩形，然后再使用偏移命令，将地面转换处垂直方向的线段依次向右偏移 270 和 280，将水平方向的线段依次向下偏移 150，绘制错层踏步的高度，效果如图 12.3.3 所示。

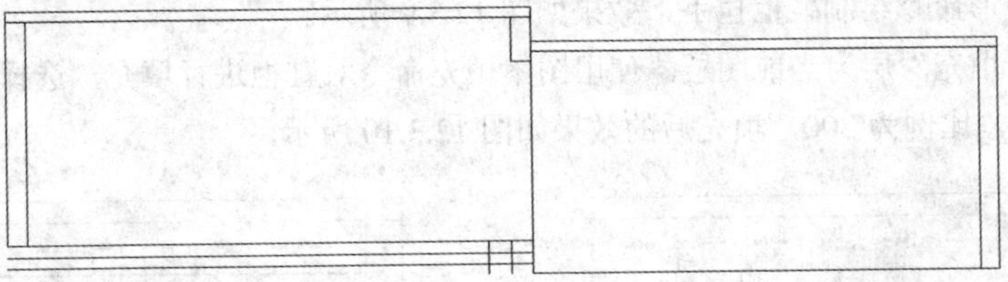

图 12.3.3 绘制错层踏步高度

（3）使用修剪命令修剪偏移后的多段线，如图 12.3.4 所示。

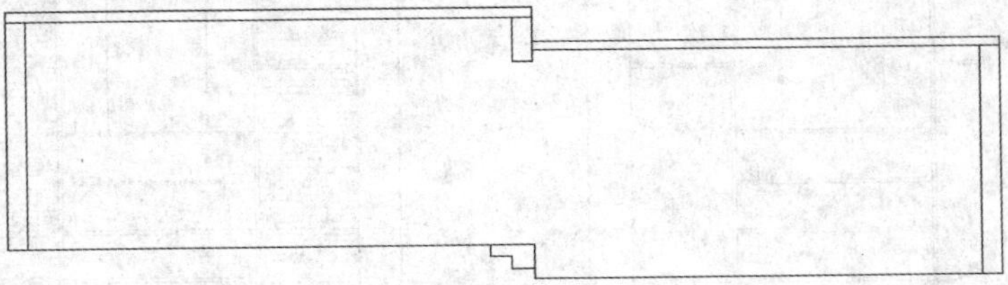

图 12.3.4 修剪图形

（4）利用偏移命令将绘制的踏步线段依次向上偏移 10 个单位，然后使用圆角命令对其进行圆角处理，圆角半径为 10，完成后的效果如图 12.3.5 所示。

（5）使用直线、偏移、修剪和圆命令，绘制立面图过道天棚吊顶，效果如图 12.3.6 所示。

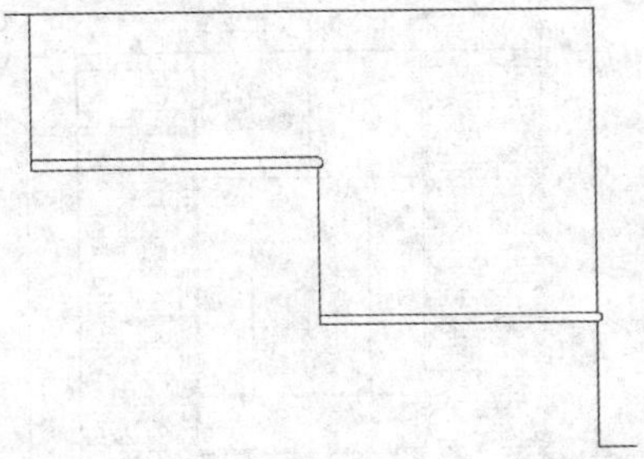

图 12.3.5 圆角踏步

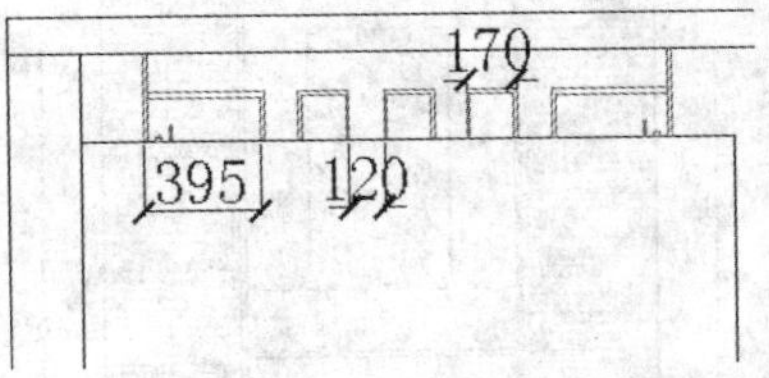

图 12.3.6 绘制立面图过道天棚吊顶

（6）利用偏移命令将左边垂直方向的内墙线段依次向右分别进行偏移，偏移距离为 500 和 1 123，绘制鞋柜的分格。在此之后使用修剪命令修剪多余的线段，效果如图 12.3.7 所示。

（7）使用偏移和修剪命令绘制鞋柜，效果如图 12.3.8 所示。

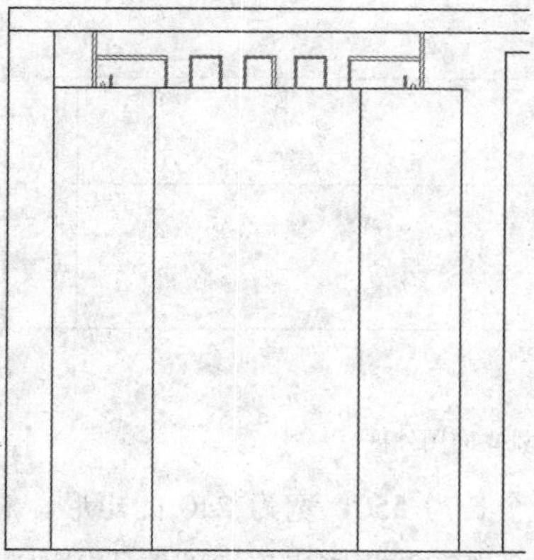

图 12.3.7　绘制鞋柜的分格

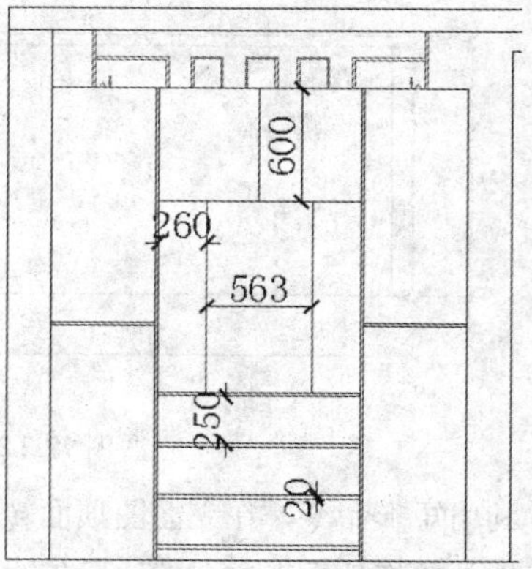

图 12.3.8　绘制鞋柜

（8）利用矩形命令绘制鞋柜拉手，效果如图 12.3.9 所示。

（9）设置“填充”层为当前图层。使用图案填充命令对鞋柜进行填充，选择“ANSI31”图案，设置角度为-45°，比例为 300，填充后的效果如图 12.3.10 所示。

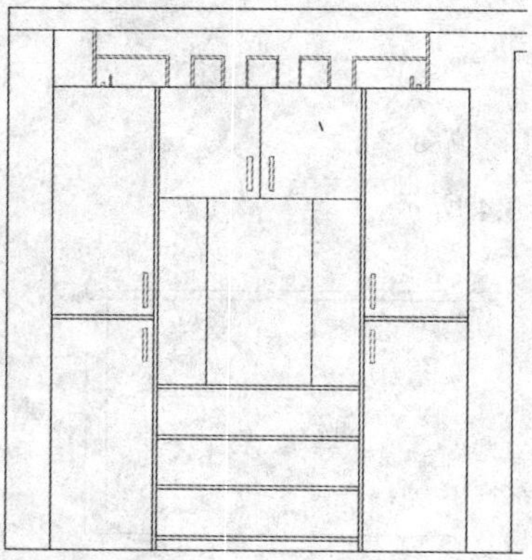

图 12.3.9　绘制鞋柜拉手

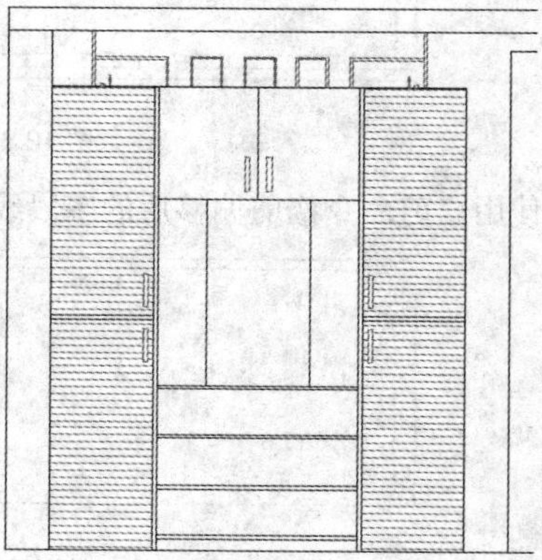

图 12.3.10　填充后的效果

（10）重复利用图案填充命令对鞋柜上方进行填充，填充后的效果如图 12.3.11 所示。

（11）利用直线命令在柜门处绘制虚斜线段，表示柜门的开启方向，效果如图 12.3.12 所示。

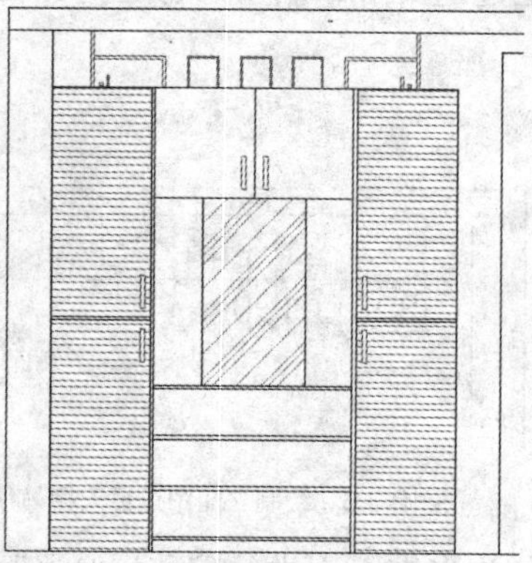

图 12.3.11　填充后的效果

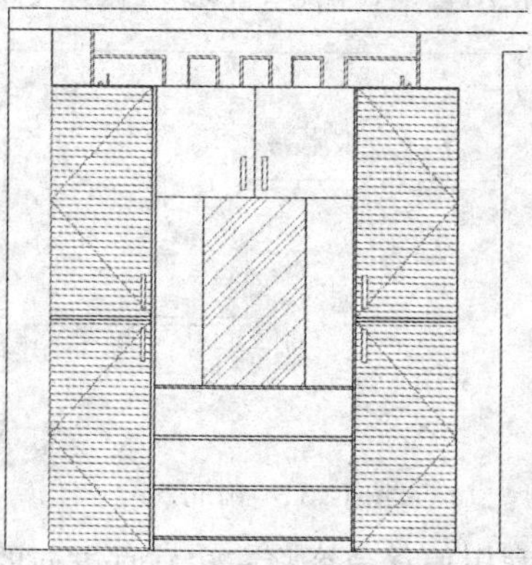

图 12.3.12　绘制虚斜线段

（12）使用直线、偏移和修剪命令绘制过道门洞，效果如图 12.3.13 所示。

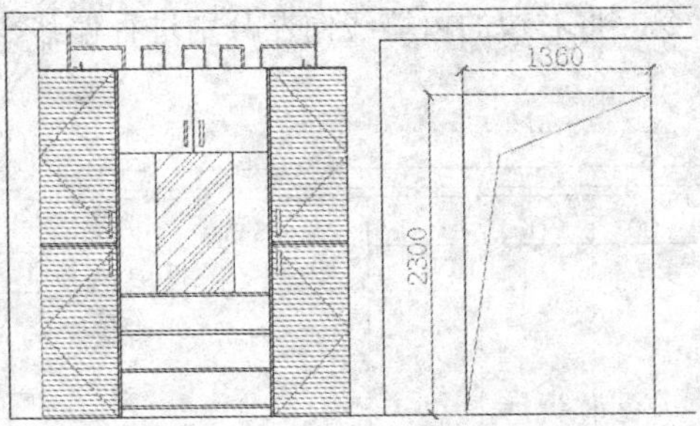

图 12.3.13　绘制过道门洞

（13）重复使用直线、偏移和修剪命令，绘制装饰柜侧立面图，效果如图 12.3.14 所示。

（14）使用直线命令向下绘制垂直线段，然后再使用偏移命令，绘制如图 12.3.15 所示的线段。

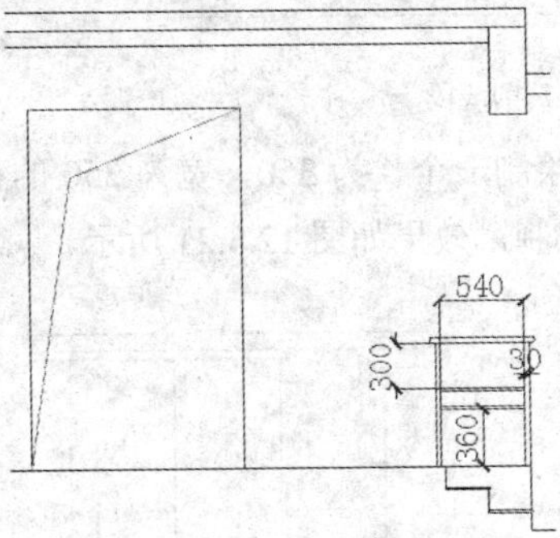

图 12.3.14　绘制装饰柜侧立面图

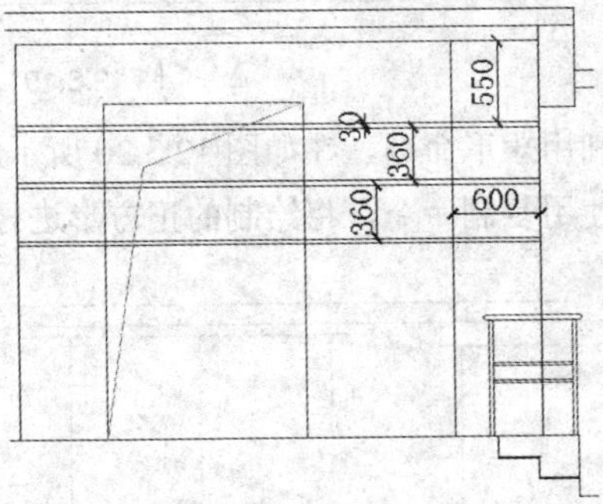

图 12.3.15　偏移直线

（15）利用修剪命令修剪绘制的线段，效果如图 12.3.16 所示。

（16）使用图案填充命令，选择“AR-SAND”图案，设置比例为 60，对图形进行填充，填充后的效果如图 12.3.17 所示。

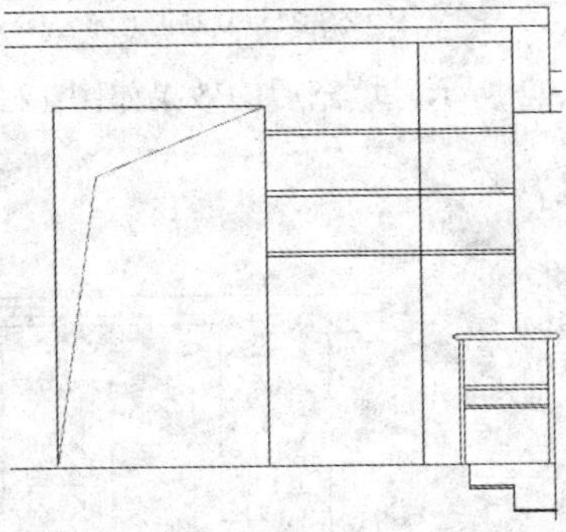

图 12.3.16　修剪图形

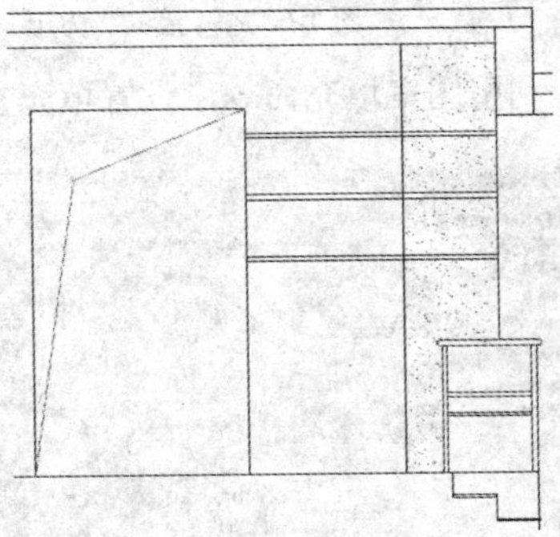

图 12.3.17　填充后的效果

（17）利用偏移和修剪命令绘制客厅天棚造型，效果如图 12.3.18 所示。

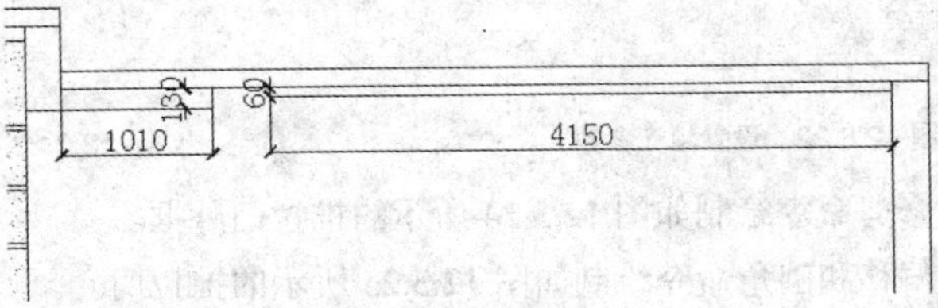

图 12.3.18　绘制客厅天棚造型

（18）重复利用偏移命令，将右边的内墙线向左分别进行偏移，并对其进行修剪，效果如图 12.3.19 所示。

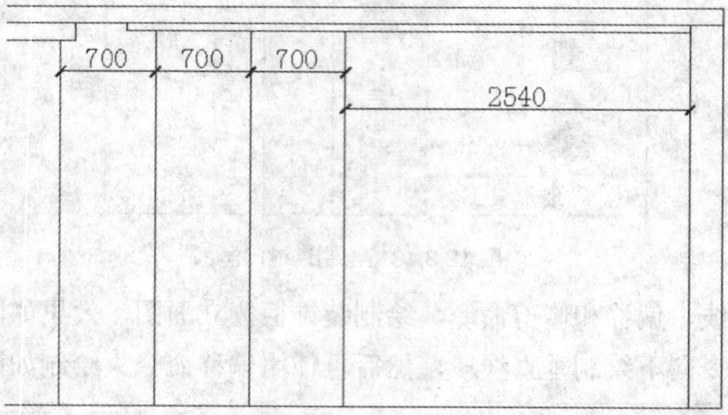

图 12.3.19　修剪偏移后的线段

（19）利用矩形命令，在如图 12.3.20 所示的位置绘制一个长为 350，宽为 350 的正方形。

（20）使用复制命令，将绘制的正方形进行多重复制，效果如图 12.3.21 所示。

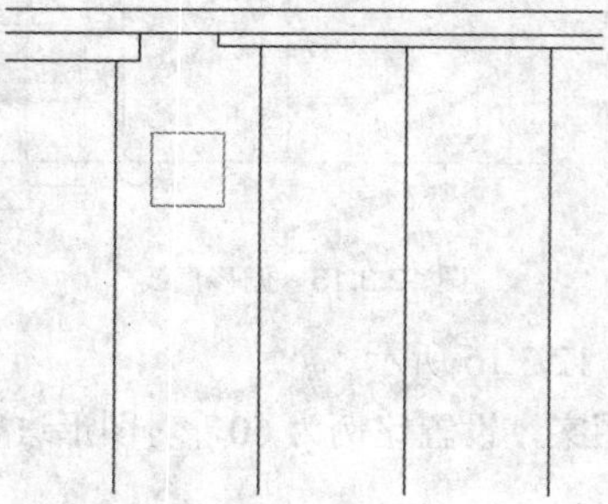

图 12.3.20　绘制正方形

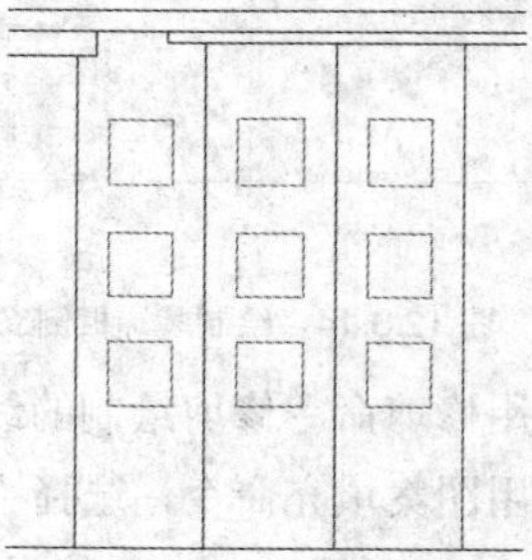

图 12.3.21　复制正方形

（21）利用图案填充命令，设置填充参数如图 12.3.22 所示，填充后的效果如图 12.3.23 所示。

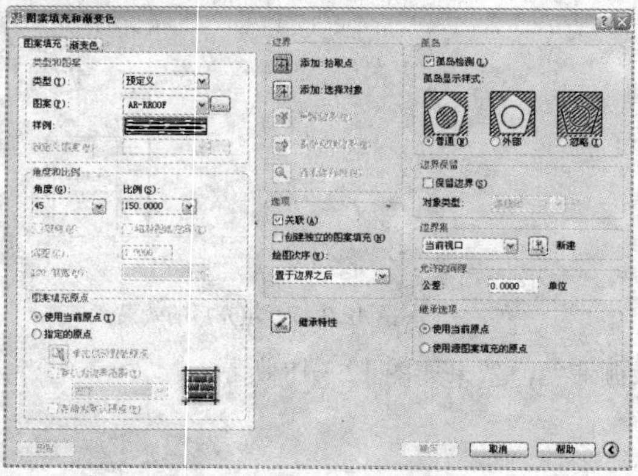

图 12.3.22　设置填充参数

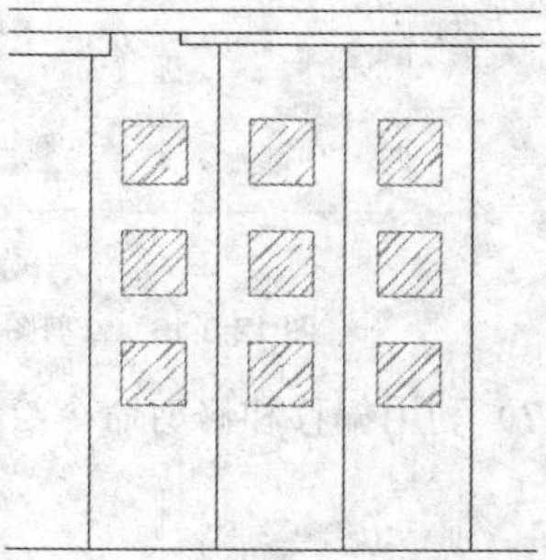

图 12.3.23　填充后的效果

（22）使用偏移和修剪命令绘制如图 12.3.24 所示的推拉门外框。

（23）利用直线、偏移和圆角命令绘制如图 12.3.25 所示的推拉门套。

（24）使用矩形命令，在如图 12.3.26 所示的位置绘制一个长为 600，宽为 400 的矩形。

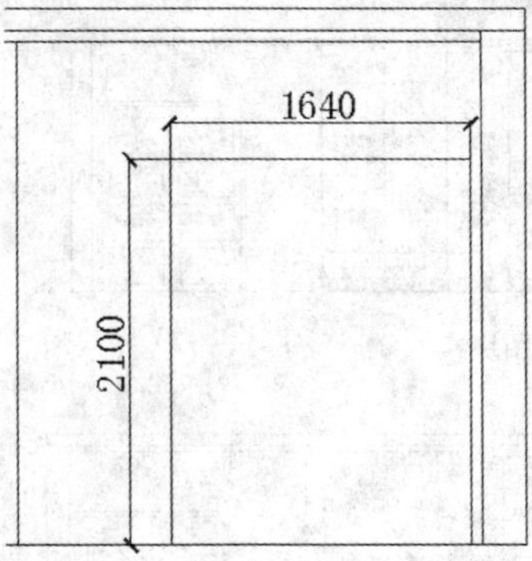

图 12.3.24　绘制推拉门外框

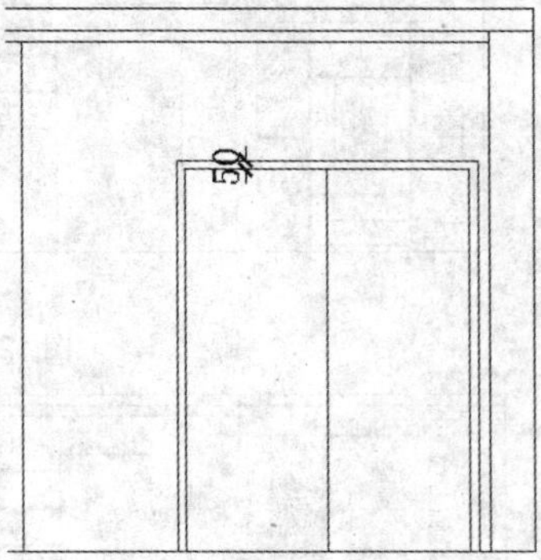

图 12.3.25　绘制推拉门套

（25）利用复制和镜像命令，将上一步绘制的矩形进行镜像复制，效果如图 12.3.27 所示。

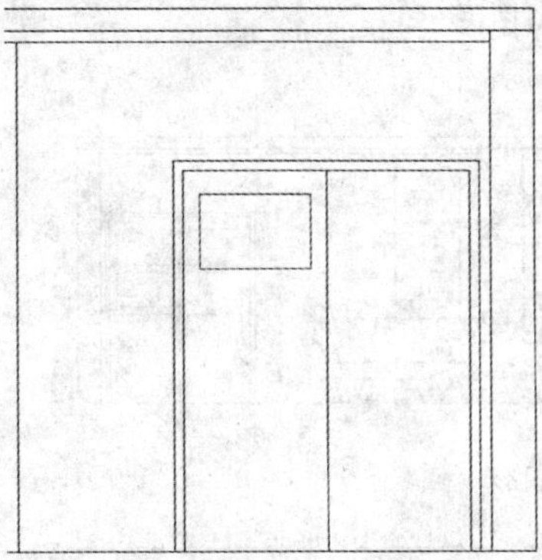

图 12.3.26　绘制矩形

图 12.3.27　复制矩形

（26）重复利用图案填充命令，选择“AR-RROOF”图案，设置角度为 45°，比例为 300，填充后的效果如图 12.3.28 所示。

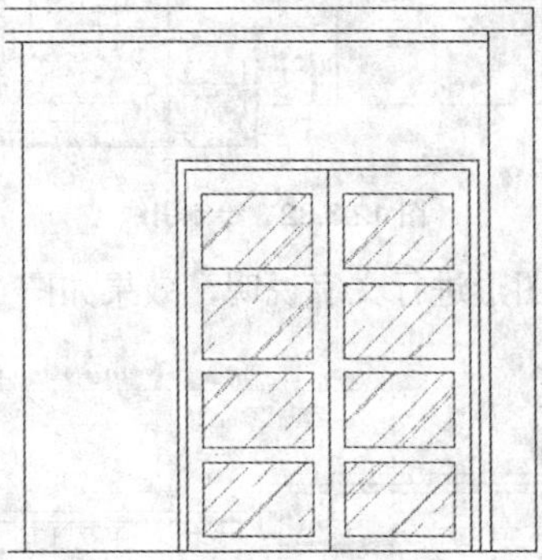

图 12.3.28　填充后的效果

（27）选择“练习文件”文件夹下的“模块.dwg”，选择沙发立面图和装饰画立面图，将其插入到如图 12.3.29 所示的位置。

（28）选择射灯图块，将其插入到如图 12.3.30 所示的位置。

（29）利用修剪命令修剪图形，效果如图 12.3.31 所示。

（30）设置“文字”层为当前图层，利用引线标注命令，绘制需要进行文字说明的图形引出线，效果如图 12.3.32 所示。

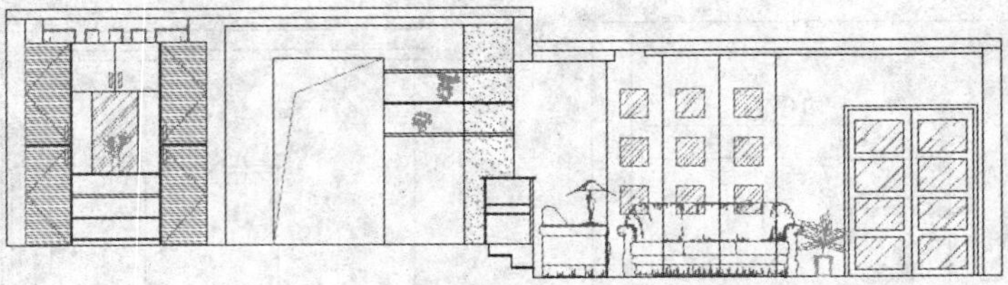

图 12.3.29　插入图块

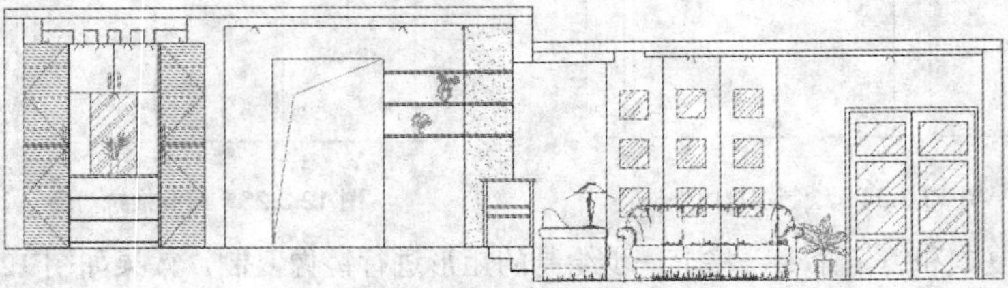

图 12.3.30　插入射灯图块

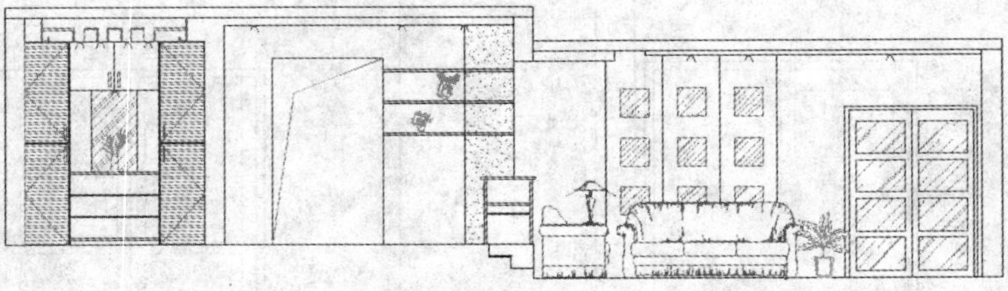

图 12.3.31　修剪图形

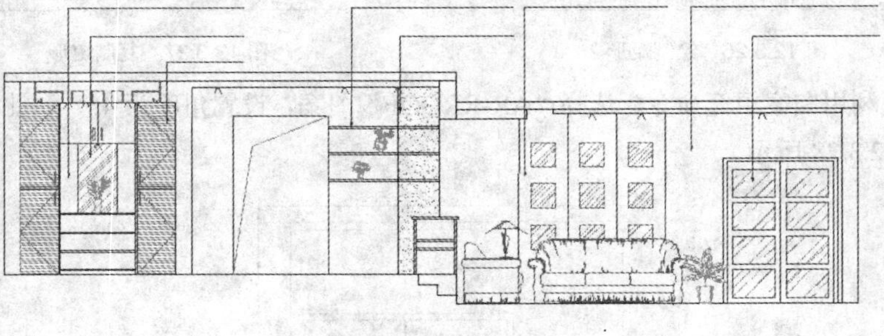

图 12.3.32　绘制引线

（31）利用多行文字命令，对图形进行文字说明，效果如图 12.3.33 所示。

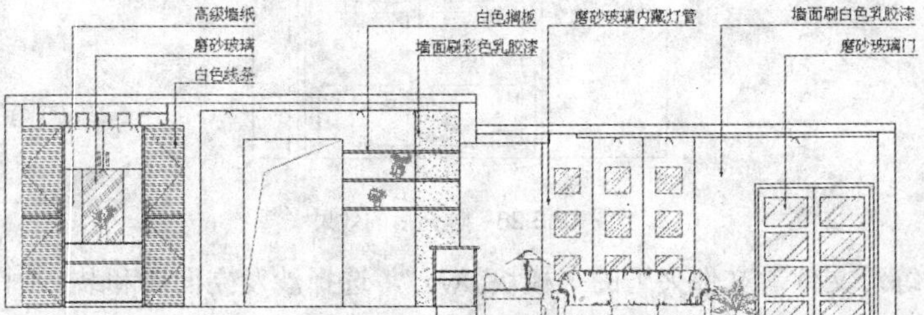

图 12.3.33　文字说明

（32）设置“标注”层为当前图层，利用线性标注和连续标注命令对图形进行尺寸标注，最终效果如图 12.3.1 所示。

实训 1 设置 AutoCAD 2007 绘图环境

1．实训目的

学习使用 AutoCAD 2007 进行绘图环境设置。

2．实训内容

在 AutoCAD 2007 中新建一个图形文件，设置其绘图环境，并以“吊灯平面图”文件名保存。

3．上机操作

（1）选择 文件(F)→ 新建(N)... 命令，新建一个图形文件，系统弹出 选择样板 对话框，在 文件名(N): 文本框中输入“吊灯平面图”，如图 13.1.1 所示。单击 打开(O) 按钮，完成创建新文件操作。

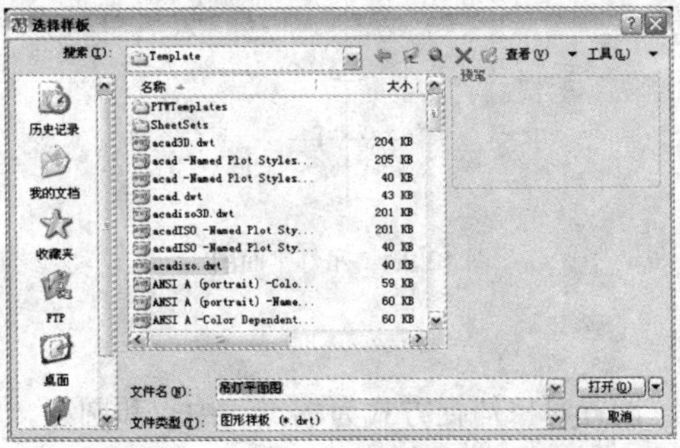

图 13.1.1 “选择样板”对话框

（2）选择 格式(O)→ 图形界限(A) 命令，设置一张 A4 图幅（1500×1500）的绘图界限，并打开界限检验功能。

（3）选择 格式(O)→ 单位(U)... 命令，弹出 图形单位 对话框，在该对话框中设置长度的 类型(T): 为“小数”，精度(P): 为“0.0”；角度的 类型(Y): 为“十进制度数”，精度(N): 为“0”；插入比例 的单位为“毫米”，如图 13.1.2 所示，其余为默认设置。最后单击 确定 按钮，完成图形单位的设置。

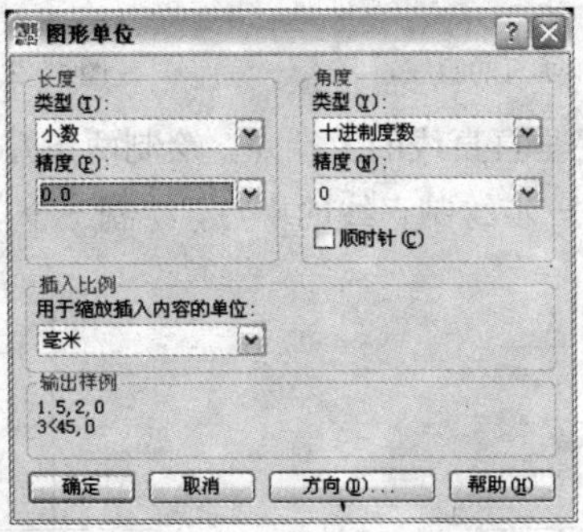

图 13.1.2 “图形单位”对话框

实训 2　利用辅助命令绘制图形

1. 实训目的

学习使用对象捕捉命令绘制图形。

2. 实训内容

使用辅助命令绘制如图 13.2.1 所示的吊灯平面图。

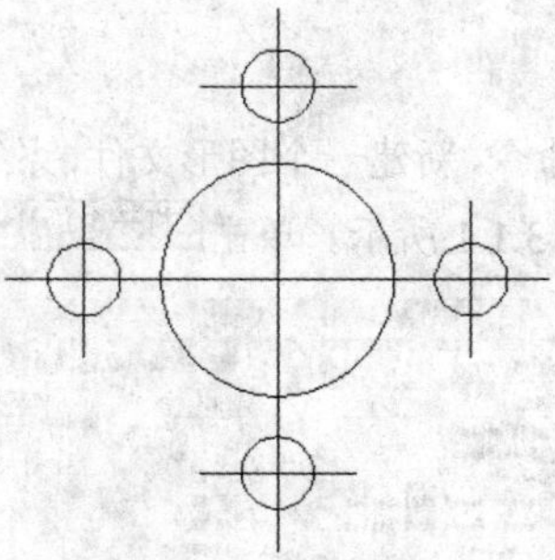

图 13.2.1　吊灯平面图

3. 上机操作

（1）打开对象捕捉功能，设置对象捕捉方式为端点、中点和圆心。

（2）利用直线命令绘制两条互相垂直的直线，如图 13.2.2 所示。

（3）利用圆命令，捕捉互相垂直直线的中心点，绘制一个半径为 225 的圆，如图 13.2.3 所示。

图 13.2.2　绘制互相垂直的直线

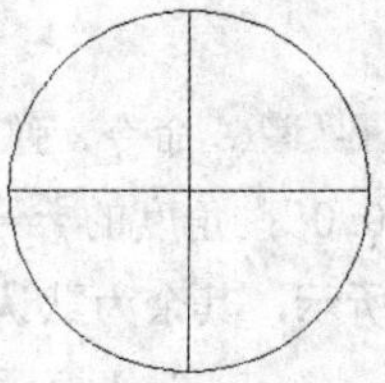

图 13.2.3　绘制圆

（4）重复利用直线命令，捕捉垂直直线的上端点，绘制两条互相垂直的直线，如图 13.2.4 所示。

（5）重复利用圆命令，捕捉上一步绘制直线的中点，绘制一个半径为 70 的圆，如图 13.2.5 所示。

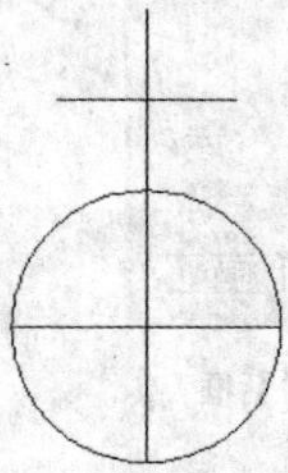

图 13.2.4　绘制垂线

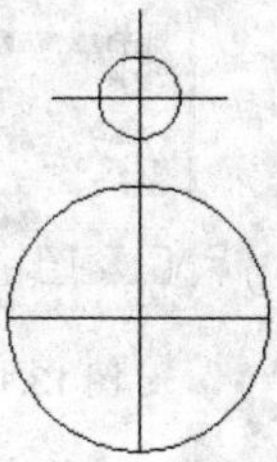

图 13.2.5　绘制圆

（6）利用阵列命令，将步骤（4）和步骤（5）绘制的图形进行环形阵列，最终效果如图 13.2.1 所示。

实训 3 绘制餐桌平面图

1. 实训目的

学习使用基本绘图命令绘制餐桌平面图。

2. 实训内容

使用矩形、偏移、直线、圆弧、镜像、旋转和修剪命令绘制如图 13.3.1 所示的餐桌平面图。

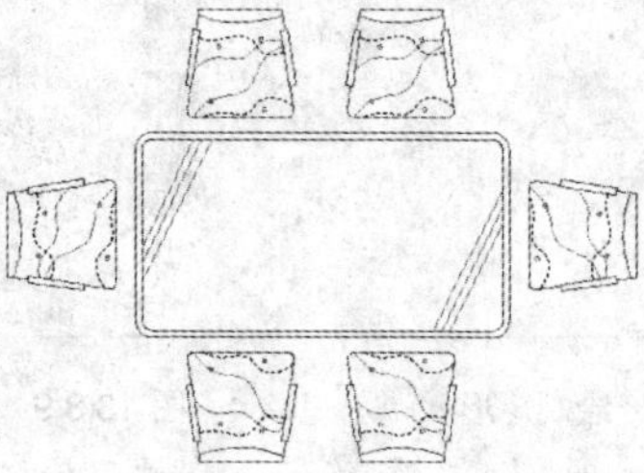

图 13.3.1 餐桌平面图

3. 上机操作

（1）利用矩形命令以原点为角点绘制一个长为 1650，宽为 900 的圆角矩形，圆角半径为 75，如图 13.3.2 所示。

（2）利用偏移命令将矩形向里侧偏移 30 个单位，如图 13.3.3 所示。

图 13.3.2 绘制圆角矩形

图 13.3.3 偏移矩形

（3）利用直线命令在如图 13.3.4 所示的位置绘制 6 条直线。

（4）重复利用直线命令绘制如图 13.3.5 所示的图形。

图 13.3.4 绘制直线

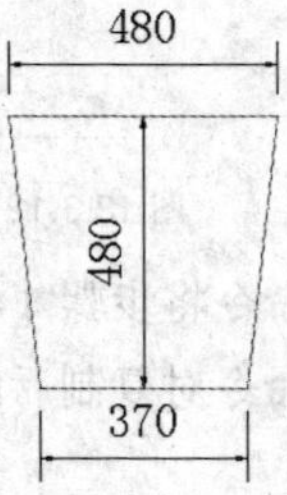

图 13.3.5 绘制图形

（5）利用圆角命令对图形进行圆角处理，圆角半径为 24，如图 13.3.6 所示。

（6）利用圆弧命令在如图 13.3.7 所示的位置绘制一段圆弧。

（7）重复利用矩形命令在如图 13.3.8 所示的位置绘制一个长为 28，宽为 250 的矩形，然后利用旋转命令将矩形旋转 8°。

图 13.3.6　圆角图形

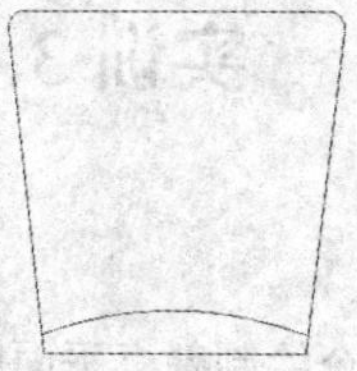

图 13.3.7　绘制圆弧

（8）利用镜像命令将绘制的矩形进行镜像复制，如图 13.3.9 所示。

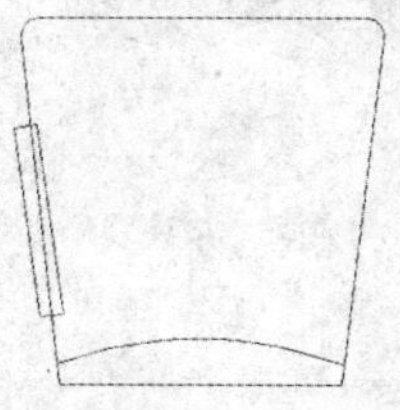

图 13.3.8　绘制矩形

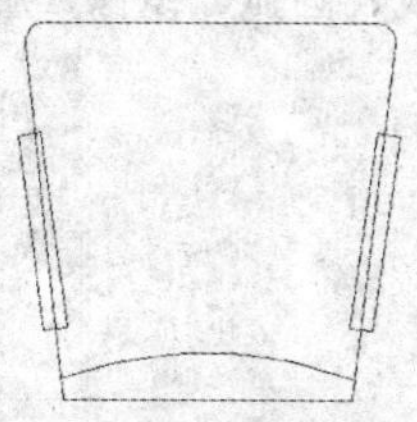

图 13.3.9　镜像矩形

（9）利用修剪命令修剪绘制的图形，如图 13.3.10 所示。

（10）利用样条曲线命令绘制两条如图 13.3.11 所示的样条曲线。

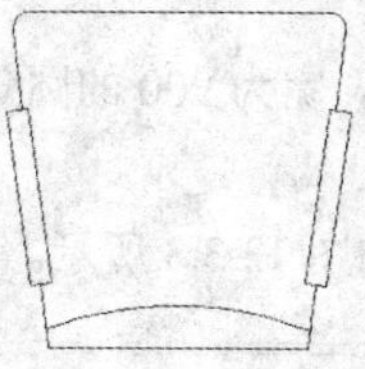

图 13.3.10　修剪图形

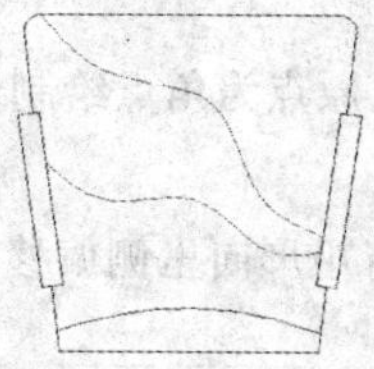

图 13.3.11　绘制样条曲线

（11）利用圆命令在如图 13.3.12 所示的位置绘制 4 个圆。

（12）重复利用样条曲线命令，绘制两条如图 13.3.13 所示的样条曲线，设置其线型为 ACAD_IS003W100。

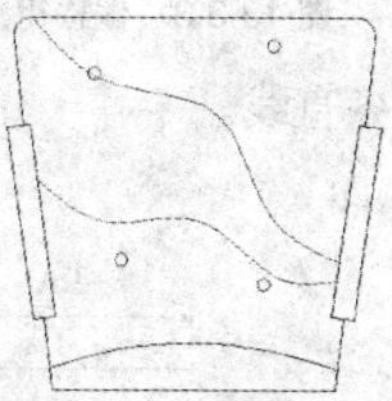

图 13.3.12　绘制圆

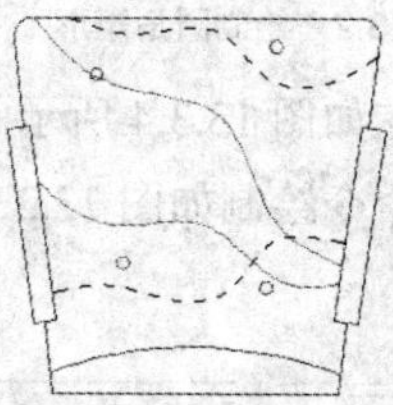

图 13.3.13　绘制样条曲线

（13）利用复制命令将步骤（4）至步骤（12）绘制的图形复制到如图 13.3.14 所示的位置。

（14）利用镜像命令对复制后的图形进行镜像，效果如图 13.3.15 所示。

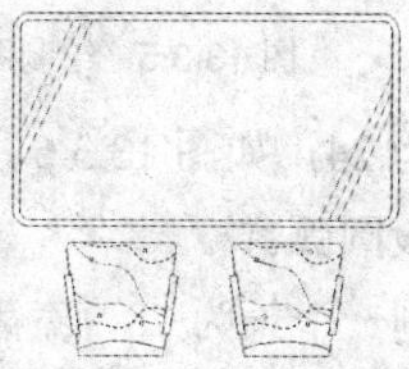

图 13.3.14　复制图形

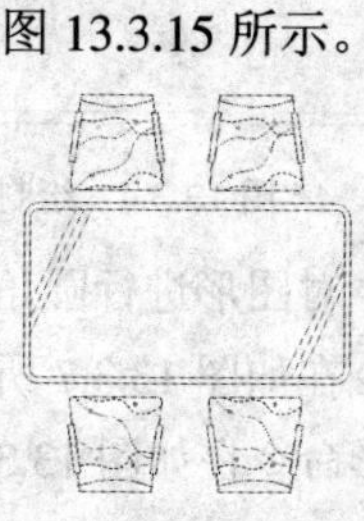

图 13.3.15　镜像图形

（15）重复利用复制和旋转命令，将绘制的椅子平面图进行复制和旋转，效果如图 13.3.16 所示。

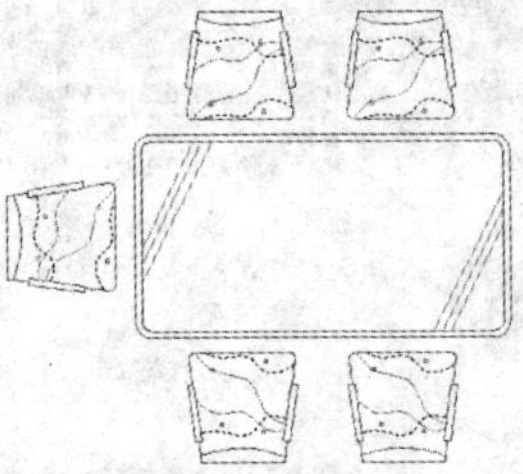

图 13.3.16　复制和旋转椅子平面图

（16）重复利用镜像命令，将上一步创建的椅子平面图进行镜像复制，最终效果如图 13.3.1 所示。

实训 4　利用图层命令绘制图形

1．实训目的

学习使用图层命令创建建筑平面图。

2．实训内容

绘制如图 13.4.1 所示的小户型结构图。

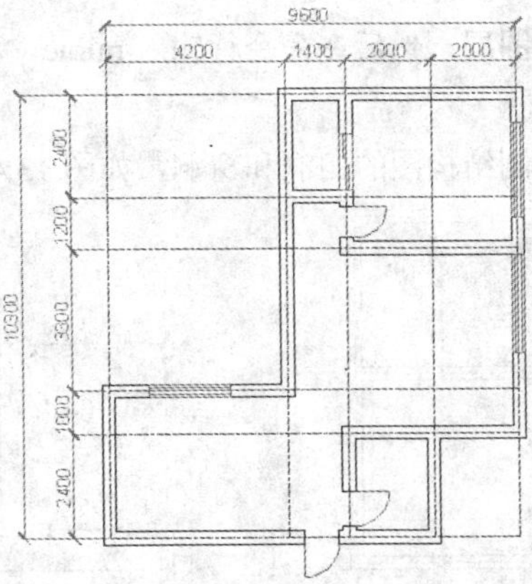

图 13.4.1　小户型结构图

3．上机操作

（1）选择 格式(O) → 图层(L)... 命令，弹出 图层特性管理器 对话框。在该对话框中单击“新建图层”按钮，创建 4 个新图层，名称分别为“辅助”、“门窗”、“墙体”和“尺寸标注”层，颜色分别为“红色”、“品红”、“蓝色”和“132”，线型除“辅助”层为“CENTER”外，其他的选项均为默认设置，设置“辅助”层为当前图层，如图 13.4.2 所示。

（2）单击“直线”按钮或者在命令行直接输入 line，在屏幕上绘制两条互相垂直的辅助线，如图 13.4.3 所示。

（3）单击“偏移”按钮或者在命令行输入 offset，将水平辅助线向上偏移，偏移距离依次分别为 2 400，1 000，3 300，1 200 和 2 400。此后将垂直辅助线向右偏移，偏移距离依次分别为 4 200，1 400，2 000 和 2 000，如图 13.4.4 所示。

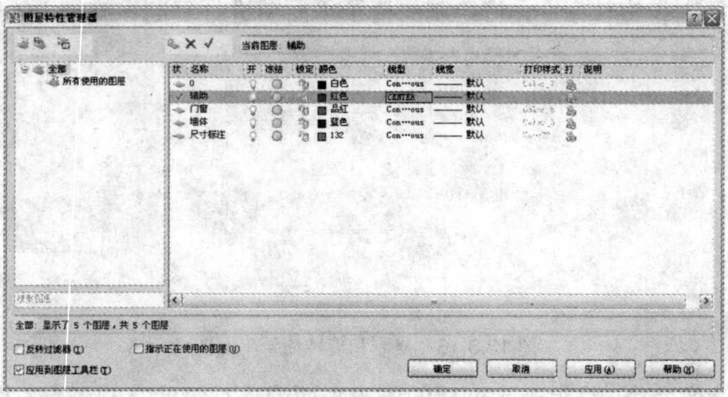

图 13.4.2　“图层特性管理器”对话框

图 13.4.3　绘制辅助线

图 13.4.4　偏移辅助线

（4）设置“墙体”层为当前图层，然后在命令行输入 mline，利用多线命令绘制结构图的墙体，如图 13.4.5 所示。

（5）利用偏移和修剪命令绘制结构图的门洞和窗洞，如图 13.4.6 所示。

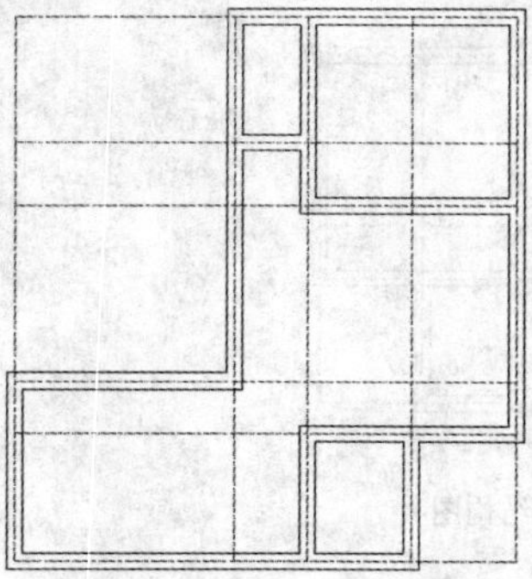

图 13.4.5　绘制墙体

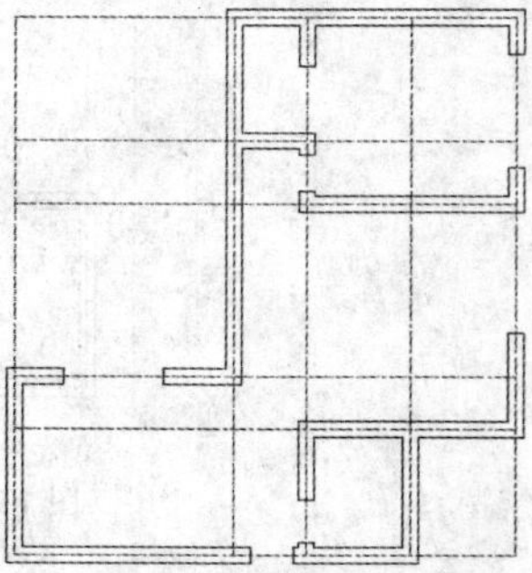

图 13.4.6　偏移和修剪图形

（6）设置“门窗”层为当前图层，利用圆弧和直线命令绘制门窗图块，如图 13.4.7 所示，并将其定义为图块。

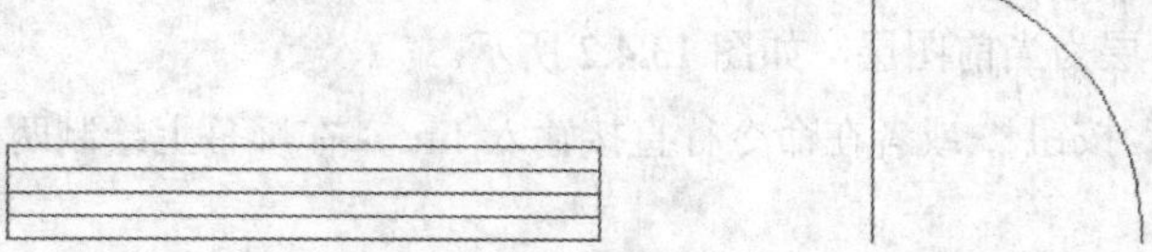

图 13.4.7　绘制门块和窗块

（7）单击“插入块”按钮或者在命令行输入 insert，将其插入到如图 13.4.8 所示的位置。

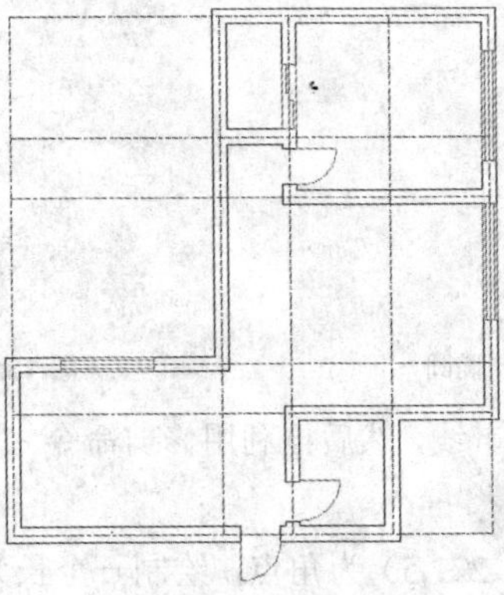

图 13.4.8 插入门块和窗块

（8）设置“尺寸标注”层为当前图层，利用线性标注和连续标注命令对图形进行尺寸标注，如图 13.4.1 所示。

实训 5 创建建筑常用图块

1. 实训目的

学习利用图块命令创建建筑常用图块。

2. 实训内容

绘制如图 13.5.1 所示的洗脸盆平面图块。

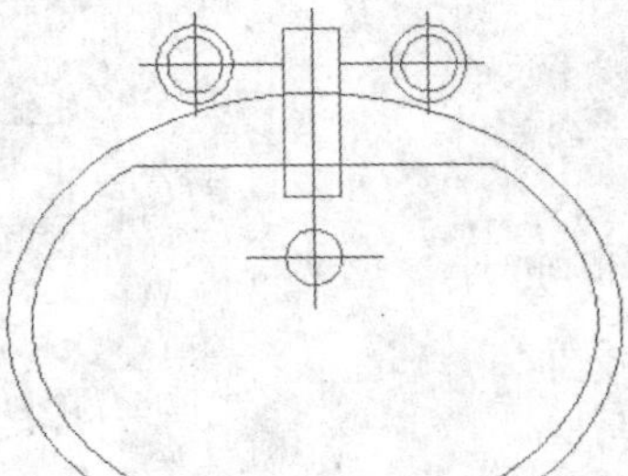

图 13.5.1 洗脸盆平面图块

3. 上机操作

（1）单击“椭圆”按钮或者在命令行输入 ellipse，绘制如图 13.5.2 所示的椭圆。

1）命令：ellipse↙。

2）指定椭圆的轴端点或 [圆弧(A)/中心点(C)]：c↙。

3）指定椭圆的中心点：0,0↙。

4）指定轴的端点：234↙。

5）指定另一条半轴长度或 [旋转(R)]：172.5↙。

（2）单击“偏移”按钮或者在命令行输入 offset，将上一步绘制的椭圆向里侧进行偏移，偏移距离为 18.5，如图 13.5.3 所示。

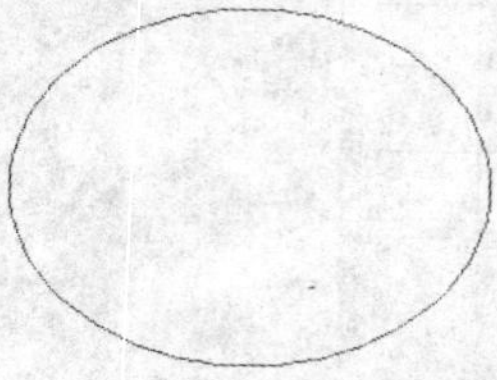

图 13.5.2　绘制椭圆

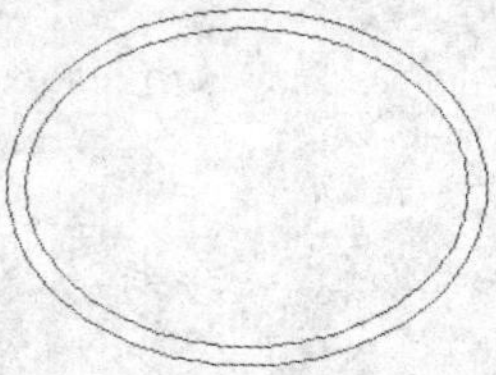

图 13.5.3　偏移椭圆

（3）利用直线命令绘制一条水平线，然后再利用修剪命令修剪绘制的图形，最终结果如图 13.5.4 所示。

（4）利用矩形命令，以点（-21,221.5）为角点，绘制一个长为 42，宽为 126 的矩形，如图 13.5.5 所示。

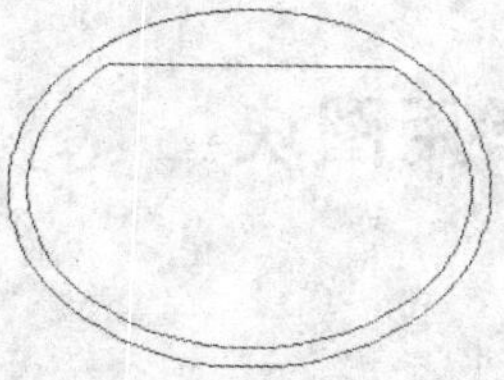

图 13.5.4　修剪图形

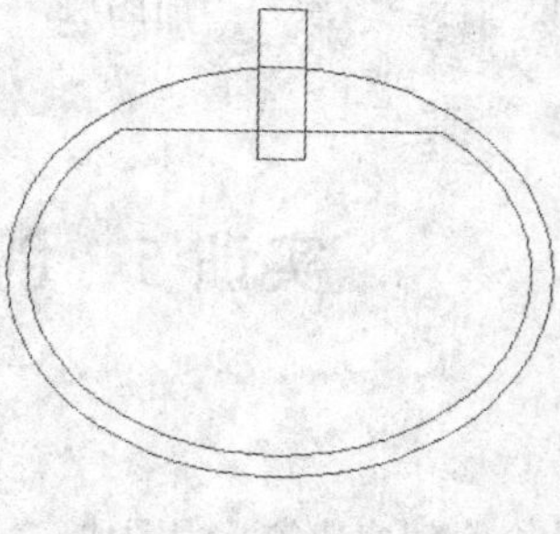

图 13.5.5　绘制矩形

（5）利用直线命令在如图 13.5.6 所示的位置绘制一条长为 224 的垂线。

（6）利用圆和直线命令绘制如图 13.5.7 所示的图形，圆的半径为 21。

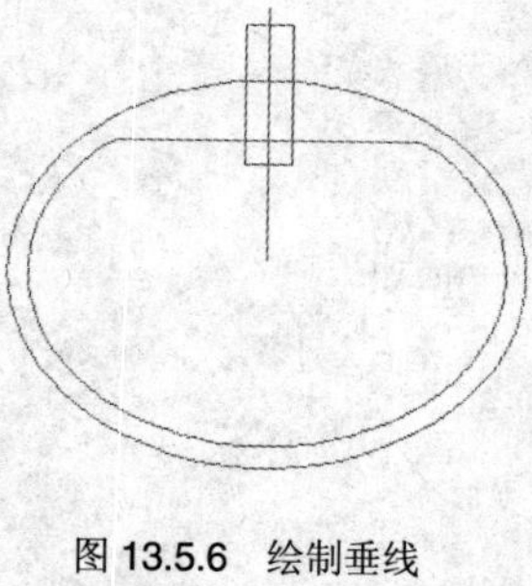

图 13.5.6　绘制垂线

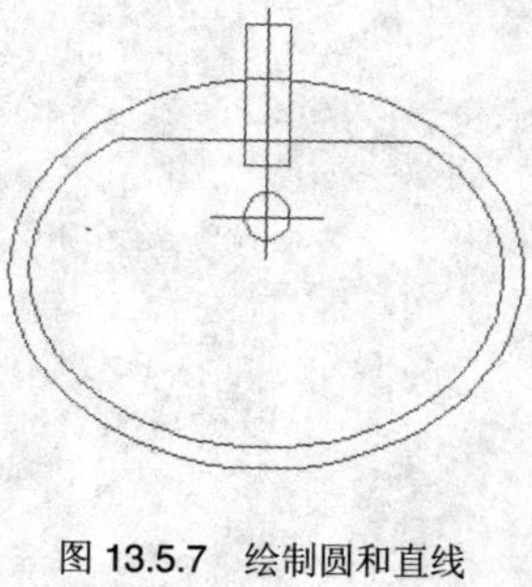

图 13.5.7　绘制圆和直线

（7）重复利用直线和圆命令绘制如图 13.5.8 所示的图形。

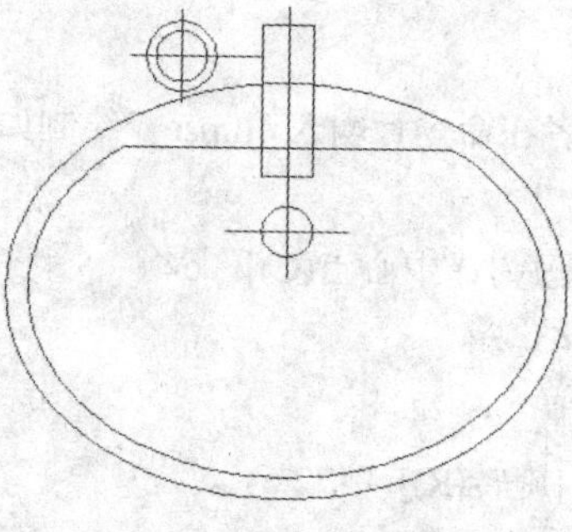

图 13.5.8　绘制圆和直线

（8）利用镜像命令将上一步绘制的图形进行镜像复制，镜像点为步骤（5）绘制直线的两个端点，效果如图 13.5.1 所示。

（9）利用图块命令，将上一步创建的洗脸盆平面创建为外部图块。

实训 6 绘制卧室立面图

1. 实训目的

学习利用文字标注命令和尺寸标注命令绘制建筑立面图。

2. 实训内容

绘制如图 13.6.1 所示的卧室立面图。

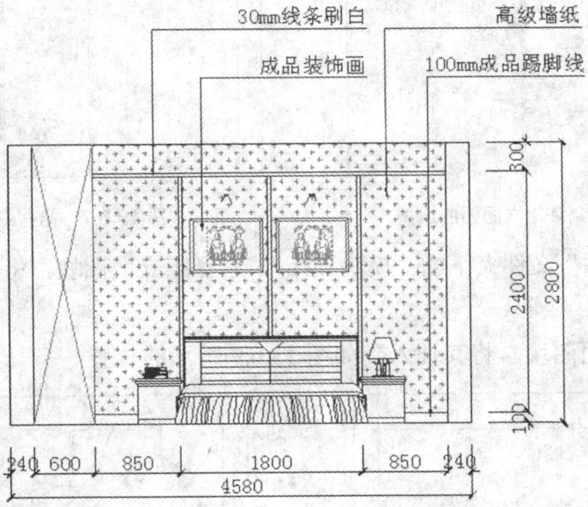

图 13.6.1 卧室立面图

3. 上机操作

（1）利用复制命令，复制本书第十一章绘制的错层平面图，然后使用直线、偏移和修剪命令，绘制卧室背景立面图外框，效果如图 13.6.2 所示。

（2）使用直线命令绘制踢脚线，如图 13.6.3 所示。

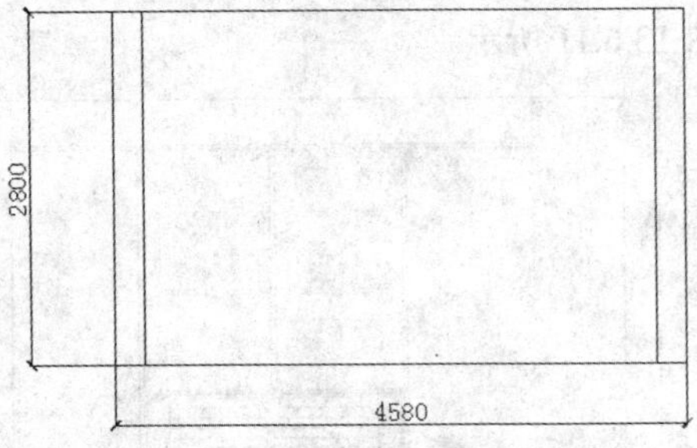

图 13.6.2 绘制卧室背景立面图外框

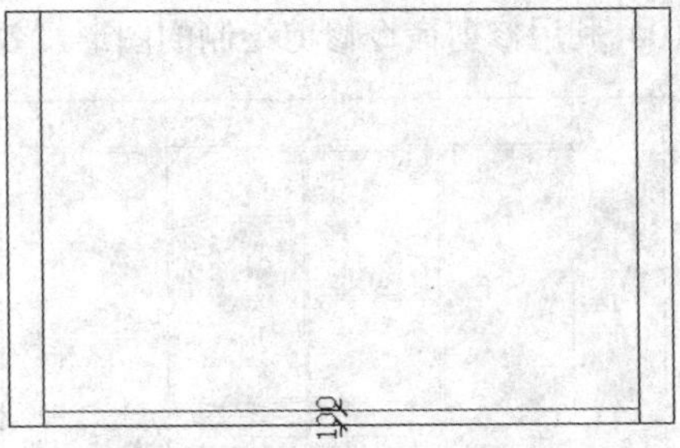

图 13.6.3 绘制踢脚线

（3）利用偏移命令将左边内墙线向右偏移 600 个单位，如图 13.6.4 所示。

（4）使用直线和修剪命令绘制衣柜侧立面，效果如图 13.6.5 所示。

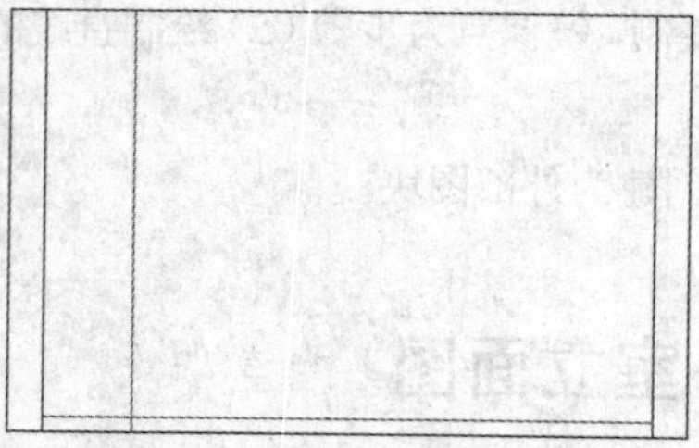

图 13.6.4　偏移直线

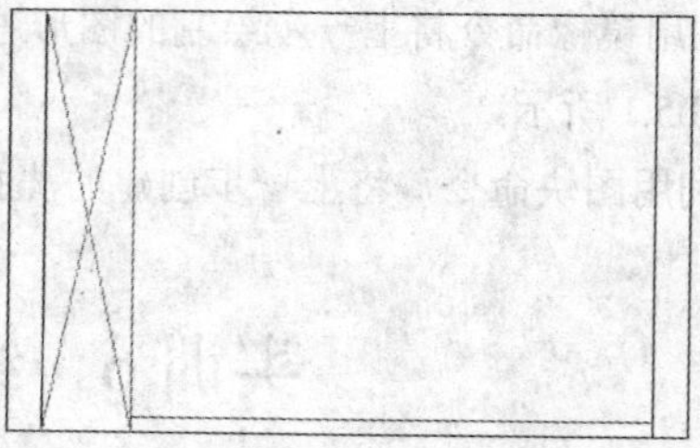

图 13.6.5　绘制衣柜侧立面

（5）重复偏移命令，绘制如图 13.6.6 所示的卧室立面图的造型。

（6）利用修剪命令修剪绘制的卧室立面图造型，如图 13.6.7 所示。

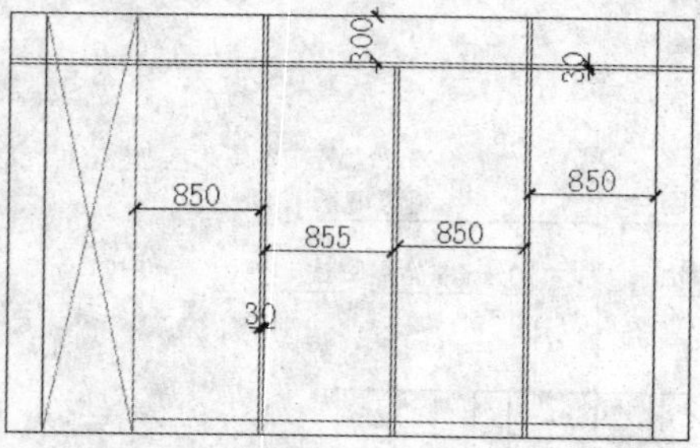

图 13.6.6　绘制卧室立面图的造型

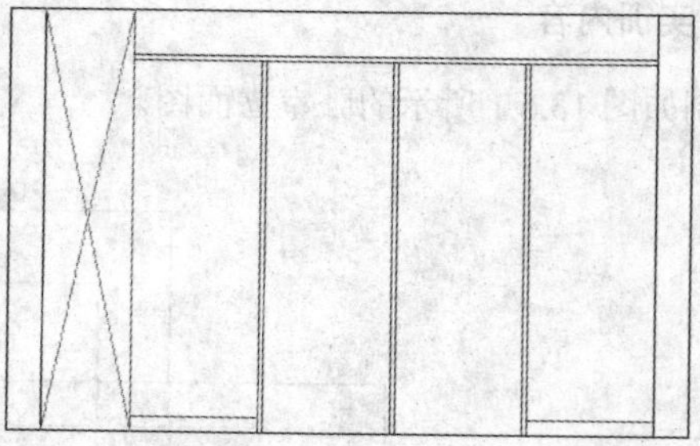

图 13.6.7　修剪卧室立面图造型

（7）打开“练习文件”文件夹下的“模块.dwg”，选择床立面图块，将其插入到如图 13.6.8 所示的位置。

（8）选择装饰画立面图块，将其插入到如图 13.6.9 所示的位置。

图 13.6.8　插入床立面图块

图 13.6.9　插入装饰画立面图块

（9）选择射灯图块，将其插入到如图 13.6.10 所示的位置。

（10）利用修剪命令修剪绘制的图形，效果如图 13.6.11 所示。

图 13.6.10　插入射灯图块

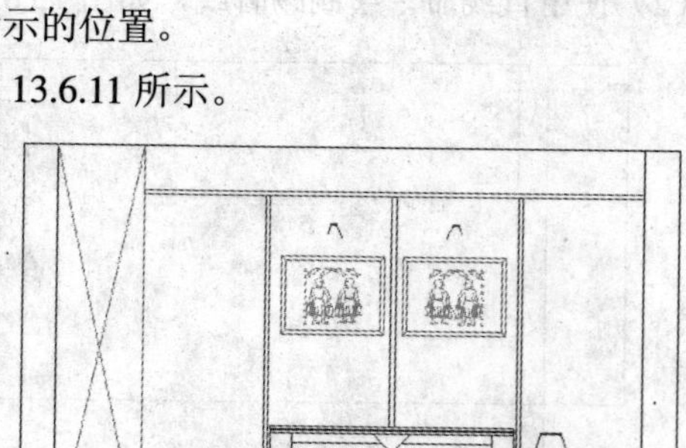

图 13.6.11　修剪图形

（11）使用图案填充命令对立面图的装饰背景进行填充，设置填充参数如图 13.6.12 所示，填充后的效果如图 13.6.13 所示。

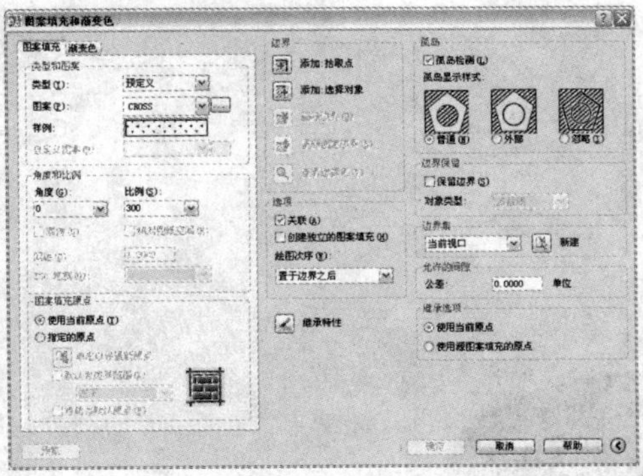

图 13.6.12　设置填充参数

图 13.6.13　填充后的效果

（12）设置“文字”层为当前图层，使用引线标注命令绘制引线，效果如图 13.6.14 所示。

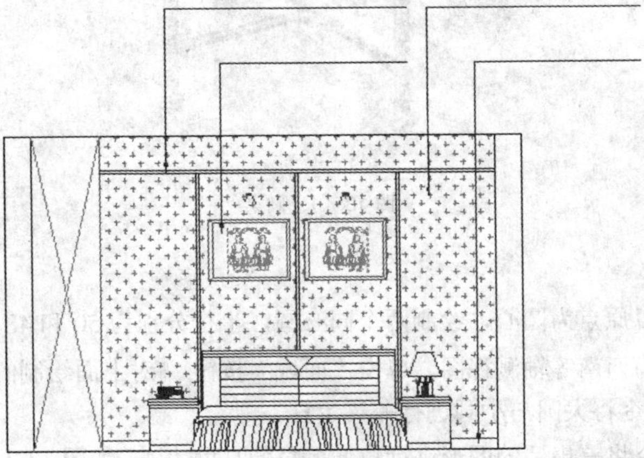

图 13.6.14　绘制引线

（13）利用多行文字命令，对图形进行文字说明，效果如图 13.6.15 所示。

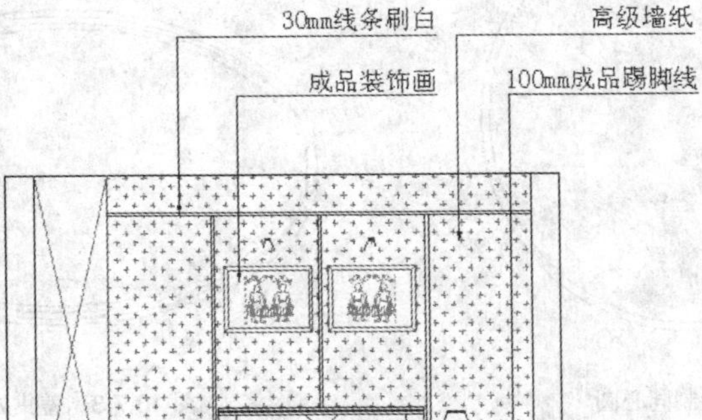

图 13.6.15　文字说明

（14）设置“标注”层为当前图层，利用线性标注和连续标注命令对图形进行尺寸标注，最终效果如图 13.6.1 所示。

实训 7　绘制圆桌

1. 实训目的

学习利用三维绘图命令和渲染命令绘制三维造型。

2. 实训内容

绘制如图 13.7.1 所示的圆桌。

图 13.7.1　圆桌

3. 上机操作

（1）利用圆命令以原点为圆心，绘制两个同心圆，半径分别为 50 和 48，如图 13.7.2 所示。

（2）将视图切换为西南等轴测视图。单击“面域”按钮对上面绘制的同心圆进行面域处理，然后再选择利用差集命令将大圆与小圆进行差集运算。

（3）利用拉伸命令将差集后的图形进行拉伸，拉伸高度为 4，如图 13.7.3 所示。

图 13.7.2　绘制同心圆

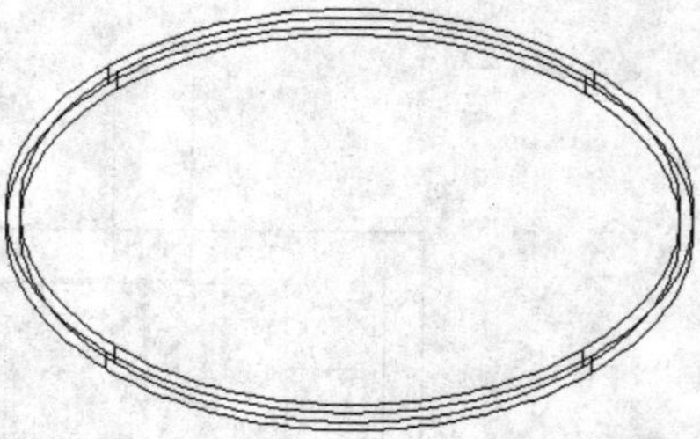

图 13.7.3　差集处理

（4）利用圆柱体命令，以原点为圆心，绘制一个半径为 48，高为 3 的圆柱体，消隐后如图 13.7.4 所示。

（5）将视图切换为俯视图，然后利用圆命令绘制 4 个相同大小的圆，半径为 2，结果如图 13.7.5 所示。

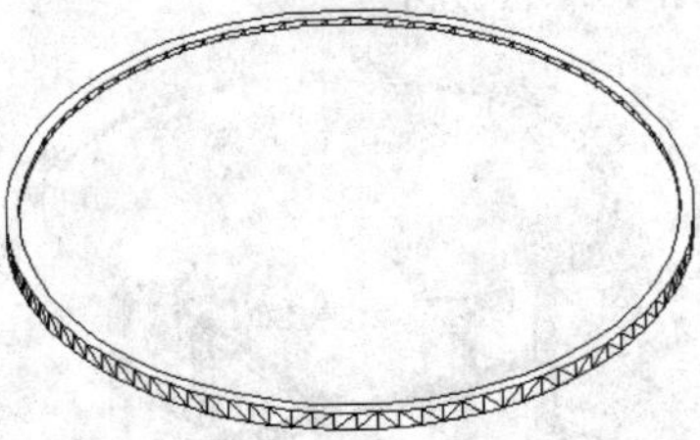

图 13.7.4　绘制圆柱体

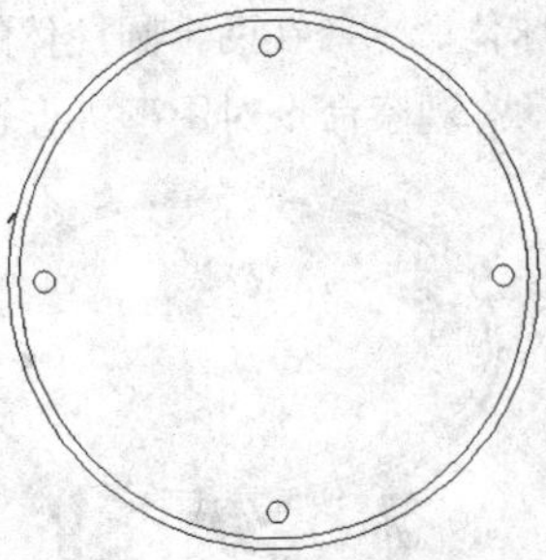

图 13.7.5　绘制圆

（6）切换视图为西南等轴测视图，利用拉伸命令，拉伸上步绘制的 4 个圆，拉伸高度为 55，消隐后如图 13.7.6 所示。

（7）利用球体命令捕捉上步拉伸后的 4 个圆柱体的下底面圆心，绘制一半径为 3.5 的球体，消隐后如图 13.7.7 所示。

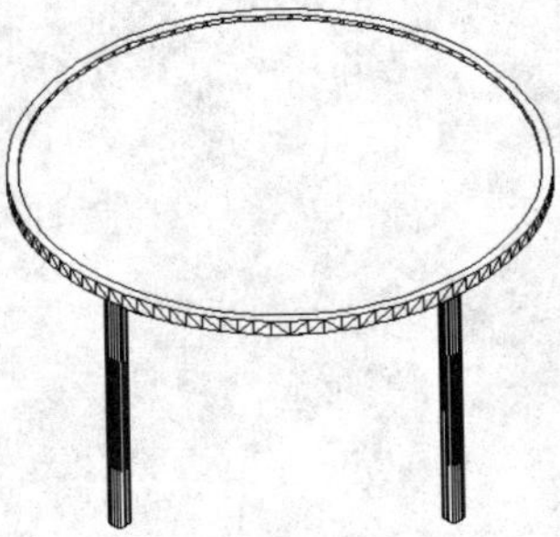

图 13.7.6　拉伸圆

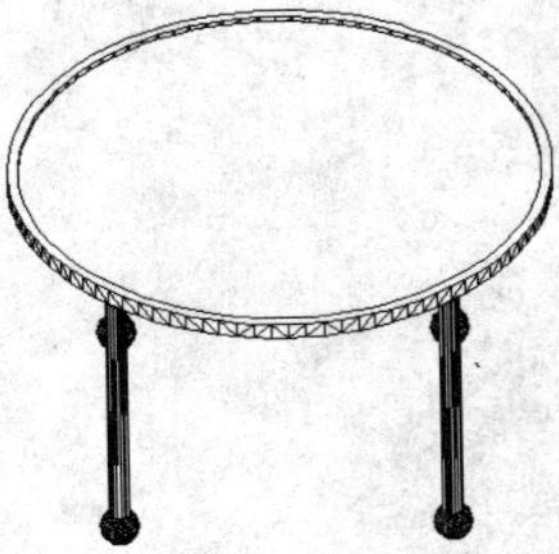

图 13.7.7　绘制球体

（8）切换视图为西南等轴测视图，然后单击“圆柱体”按钮或者在命令行直接输入 cylinder。

1）命令：cylinder↙。

2）当前线框密度：ISOLINES=4。

3）指定圆柱体底面的中心点或 [椭圆(E)]<0,0,0>：捕捉球体的球心。

4）指定圆柱体底面的半径或 [直径(D)]：1.5↙。

5）指定圆柱体高度或 [另一个圆心(C)]：c↙。

6）指定圆柱的另一个圆心：捕捉它的对角球体的球心。

重复上述步骤，利用同样的方法绘制另一个圆柱体，如图 13.7.8 所示。

（9）利用移动命令将上一步绘制的两个圆柱体向上移动 12 个单位，消隐后如图 13.7.9 所示。

图 13.7.8　绘制圆柱体

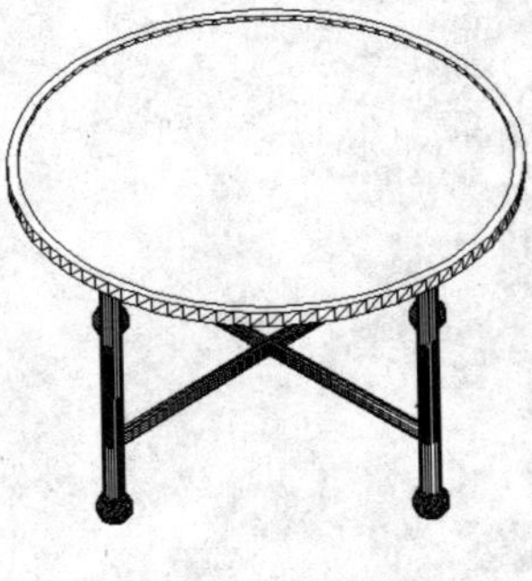

图 13.7.9　移动圆柱体

（10）重复球体命令，在两个圆柱体的交点处绘制一半径为 4 的球体，如图 13.7.10 所示。

（11）利用动态观察命令对图形进行转换，如图 13.7.11 所示。

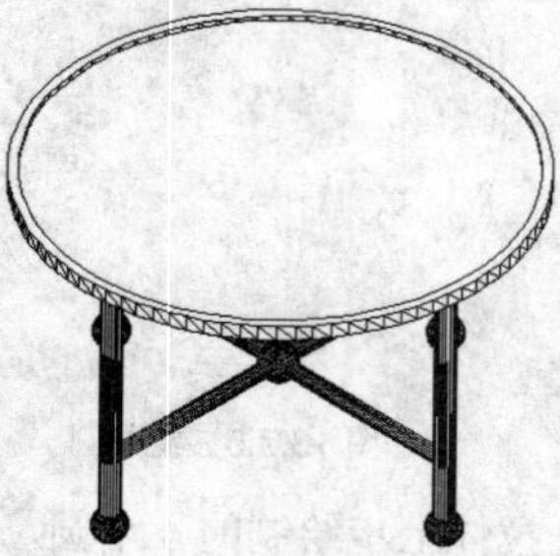

图 13.7.10　绘制球体

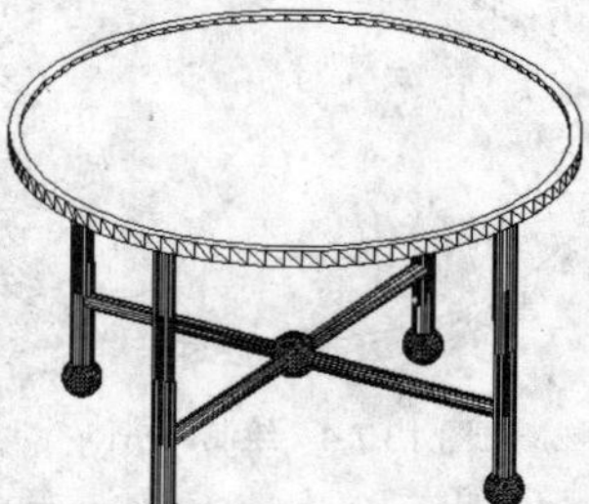

图 13.7.11　转换图形

（12）利用渲染命令对图形进行渲染处理，最终效果如图 13.7.1 所示。